高职高专食品类专业系列规划教材
GAOZHI GAOZHUAN SHIPINLEI ZHUANYE XILIE GUIHUA JIAOCAI

粮油食品加工技术

主　编◇李国平
副主编◇姬玉梅

重庆大学出版社

内 容 提 要

本书在编写时汇集了全国多所高职高专院校具有丰富教学经验的食品专业教师，在内容上充分考虑当前高职高专教学理念，注重“工学结合”模式，具有很强的实用性。本书共分为10章，主要内容包括：粮油食品原料概述，粮油食品加工辅料简介，面点食品加工技术（包括焙烤食品、蒸煮食品和油炸食品等），以及淀粉制品加工，豆制品加工技术，玉米、马铃薯和红薯的加工，粮油食品加工技术，粮食发酵食品加工技术，粮油模拟食品加工技术等。

本书可作为高职院校食品科学专业及相关专业的教材，也可作为食品加工业技术人员的参考用书。

图书在版编目(CIP)数据

粮油食品加工技术/李国平主编.—重庆：重庆大学出版社，2017.1(2023.1重印)
高职高专食品类专业系列规划教材
ISBN 978-7-5689-0287-8

Ⅰ.①粮… Ⅱ.①李… Ⅲ.①粮食加工—高等职业教育—教材②油料加工—高等职业教育—教材 Ⅳ.①TS210.4②TS224

中国版本图书馆CIP数据核字(2016)第290012号

粮油食品加工技术

主 编 李国平
副主编 姬玉梅
策划编辑：袁文华
责任编辑：陈 力 涂 昀 版式设计：袁文华
责任校对：邬小梅 责任印制：赵 晟

*

重庆大学出版社出版发行
出版人：饶帮华
社址：重庆市沙坪坝区大学城西路21号
邮编：401331
电话：(023) 88617190 88617185(中小学)
传真：(023) 88617186 88617166
网址：http://www.cqup.com.cn
邮箱：fxk@cqup.com.cn (营销中心)
全国新华书店经销
POD：重庆新生代彩印技术有限公司

*

开本：787mm×1092mm 1/16 印张：16.25 字数：389千
2017年1月第1版 2023年1月第3次印刷
印数：4 001—5 000
ISBN 978-7-5689-0287-8 定价：39.00元

高职高专食品类专业系列规划教材

GAOZHI GAOZHUAN SHIPINLEI ZHUANYE XILIE GUIHUA JIAOCAI

编委会

参加编写单位

（排名不分先后，以拼音为序）

安徽合肥职业技术学院
重庆三峡职业学院
甘肃农业职业技术学院
甘肃畜牧工程职业技术学院
广东茂名职业技术学院
广东轻工职业技术学院
广西工商职业技术学院
广西邕江大学
河北北方学院
河北交通职业技术学院
河南鹤壁职业技术学院
河南漯河职业技术学院
河南牧业经济学院
河南濮阳职业技术学院
河南商丘职业技术学院
河南永城职业技术学院
黑龙江农业职业技术学院
黑龙江生物科技职业学院
湖北轻工职业技术学院
湖北生物科技职业学院
湖北师范学院
湖南长沙环境保护职业技术学院
湖南食品药品职业学院
内蒙古农业大学
内蒙古商贸职业技术学院
山东畜牧兽医职业学院
山东职业技术学院
山东淄博职业技术学院
山西运城职业技术学院
陕西杨凌职业技术学院
四川化工职业技术学院
四川旅游学院
天津渤海职业技术学院
浙江台州科技职业学院

前言
Foreword

粮油食品加工技术课程主要讲授主要粮食作物的分类、性质和加工技术，是高职食品营养与检测、食品加工技术等专业的专业核心课程，内容主要涵盖米、面、豆、杂粮等物质的加工技术。

现有的同类教材往往存在内容烦琐，重点不突出，理论知识偏多，课堂教学的可行性和实际工作中的实用性不足等问题，不适合现代高职高专院校的教学需要。因此，我们在全国范围内组织、甄选优秀教师，经过艰苦细致的工作，编写了这本颇具特色的教材。秉持“学得懂、能应用、有创新”的编写理念，理论与实践并重，对教材内容进行优化、精减，突出重点。

本书在内容的安排上，比同类教材范围更广，比如说“杂粮、豆制品、粮油发酵制品和粮油功能性食品和模拟食品”等内容，在同类教材是不多见的。

由于参加编写的人员都是长期工作在食品科学专业教学一线的专业老师，他们具有较强的业务水平和严谨的工作态度，因此本书内容的可参考性比较强，不仅可以作为教材，也可作为食品行业技术人员的参考资料。

由于内容覆盖面广的原因，本书不仅可以作为高职院校食品科学专业及其他相关专业“粮油食品加工技术”课程的教学用书，还可作为食品加工技术业人员的参考用书。

本书由湖北生物科技职业学院李国平担任主编，鹤壁职业技术学院姬玉梅担任副主编，山东职业学院张道雷、河南牧业经济学院李和平和甘肃畜牧工程职业学院杨玲参与了编写。其中，第 1 章由姬玉梅编写；第 2 章、第 6 章由李国平编写，第 3 章由李国平、姬玉梅共同编写；第 4 章由张道雷、李国平编写；第 5 章由李和平编写；第 7 章、9 章由杨玲编写；第 8 章由杨玲、李国平共同编写；第 10 章由参与编写的老师共同商量编写；全书最后由李国平进行统稿。

本书参考了众多文献资料，包括书籍、期刊和网上资料，在此一并表示感谢，参考资料列表如有疏漏之处，敬请原谅！由于编者水平有限，编写时间紧，书中难免会有错误之处，恳请读者批评指正。

编　者

2016 年 9 月

目录

Contents

第1章 粮油食品原料概述

学习目标

了解粮油食品生产所用基础原料的分类、结构和化学构成,掌握小麦、稻谷的基本加工方法和加工工艺。了解大豆蛋白的分类,熟悉常见油脂的加工过程,掌握植物油脂的基本加工方法和加工工艺。

技能目标

在食品加工生产中,能够正确选用合适的原料并进行运用。

知识点

大米、小麦、大豆、玉米、高粱、大麦、油脂。

1.1 粮 食

1.1.1 大米

稻谷加工是我国粮油工业的一个重要组成部分。稻谷加工得到的大米,既是我国2/3人口的主要食粮,又是食品工业主要基础原料之一。根据稻谷籽粒的结构,稻谷加工主要由稻谷清理、砻谷及砻下物分离、碾米及成品整理3大部分组成。

1)稻谷的分类、籽粒结构和化学构成

(1)稻谷的分类

稻谷的分类方法很多,按稻谷的生长方式分为水稻和旱稻;按生长的季节和生长期的长短不同分早稻(90~120 d)、中稻(120~150 d)、晚稻(150~170 d);按粒形粒质分籼稻、粳稻和糯稻。

在中国粮油质量国家标准中,稻谷按其粒形和粒质分为3类:

①第1类:籼稻谷,即籼型非糯性稻谷。根据粒质和收获季节又分为早籼稻谷和晚籼稻谷。

②第 2 类:粳稻谷,即粳型非糯性稻谷。根据粒质和收获季节又分为早粳稻谷和晚粳稻谷。

③第 3 类:糯稻谷,按其粒形和粒质分为籼糯稻谷和粳糯稻谷两类。

稻谷经砻谷机脱去颖壳后即可得到糙米。

(2)籽粒结构

稻谷籽粒的外形结构主要由颖(稻壳)和颖果(糙米)两部分组成。具体结构见图 1.1。

①颖:稻谷的颖由内颖、外颖、护颖和颖尖 4 部分组成。内颖、外颖各 1 瓣,外颖比内颖略长而大;内颖、外颖沿边缘卷起成钩状,外颖朝里,内颖朝外,二者互相钩合包住颖果,起保护颖果作用。稻谷经砻谷机脱壳后,内颖、外颖即脱落,脱下来的颖通称稻壳。外颖顶端尖锐,称为颖尖,颖尖伸长则为芒。芒的有无及长短随品种不同而异。

②颖果:糙米属颖果,它的表面平滑有光泽。在糙米米粒中,我们把米粒有胚的一面称为腹白,无胚的一面称为背面。糙米米粒表面共有 5 条纵向沟纹,背面的一条称为背沟,两侧各有两条称为米沟。糙米沟纹处的皮层在碾米时很难全部除去,对于同一品种的稻谷,沟纹处留皮越多,可以认为加工精度越低,所以大米加工精度常以粒面和背沟的留皮程度来表示。有的糙米在腹部或米粒中心部位表现出不透明的白斑,这就是腹白或心白。腹白和心白是稻谷生长过程中因气候、雨量、肥料等不适宜而造成的。

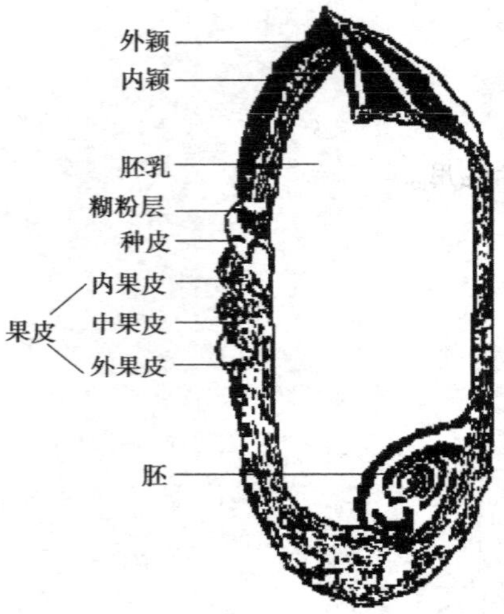

图 1.1　稻谷的籽粒结构

颖果由皮层、胚乳和胚 3 部分组成,如图 1.1 所示。皮层包括果皮、种皮和糊粉层。胚位于颖果的下腹部,富含脂肪、蛋白质及维生素等。由于胚中含有大量易氧化酸败的脂肪,所以带胚的米粒不易储藏。胚与胚乳联结不紧密,在碾制过程中胚容易脱落。糙米经加工碾去皮层和胚,留下的胚乳,即为食用的大米。大米主要由胚乳构成,胚乳则主要由淀粉细胞构成,淀粉细胞的间隙中填充有部分的蛋白质。若填充的蛋白质较多,则胚乳的结构紧密而坚硬,米粒呈透明状,截面光滑平整;若填充的蛋白质较少,则胚乳的结构疏松,米粒呈半透明状或不透明状,断面粗糙呈粉状。

(3)化学构成

稻谷的主要化学成分有水、蛋白质、脂肪、淀粉、纤维素、矿物质等,此外还含有一定量的维生素。

稻谷的水分包括游离水和结合水两种。它们对稻米的加工过程有重要影响。

蛋白质是稻米营养品质的主要指标。不同品种、不同类型的稻米其蛋白质含量不同。同一籽粒内,蛋白质的分布也不均匀,胚内含量最高,且胚内其他营养成分含量也较高,因此将胚保留在大米中的留胚米比普通大米营养价值高。值得注意的是,糙米皮层的蛋白质也比胚乳的高,因此,从营养的角度看,糙米或低精度的大米显然优于高精度大米。虽然大米胚乳中的蛋白质含量较少,但它是谷物蛋白质中生理价值最高的一种,其氨基酸组成比较平衡。

淀粉是稻谷中的重要化学成分，含量一般在70%左右。淀粉主要存在于胚乳中，稻壳、胚和糠层中几乎不含淀粉。稻谷中直链淀粉和支链淀粉的含量和比率影响稻米的品质，糯米淀粉几乎都是由支链淀粉组成，不含直链淀粉；粳米中直链淀粉要多一些，而籼米胚乳中的直链淀粉则更多。含直链淀粉多，则米质松散、食用品质低，因此人们一般不喜欢吃籼米，但它特别适合用来加工米粉。而粳米和糯米所含的直链淀粉少或没有，米质较黏稠，食用品质好，除供直接食用外，还可用来加工年糕等食品。

稻谷中脂肪含量为2%左右，而且分布很不均匀，胚中含量最高，其次是种皮和糊粉层，胚乳中含量极少。米糠主要由糊粉层和胚芽组成，含丰富的脂类物质。一般加工精度较高的大米，其脂肪含量较低，所以也可用大米脂肪含量评定其加工精度。稻米脂类含量是影响米饭可口性的主要因素，而且油脂含量越高，米饭光泽越好。

稻谷的矿物质有铝、钙、铁、钾、镁、锰、硅等。灰分间接表示稻谷的矿物质含量。稻谷的矿物质含量因生长土壤及品种的不同而不同。稻谷的矿物质主要存在于稻壳、胚及皮层中，胚乳中含量极少。稻谷的维生素主要分布于胚和糊粉层中，多属于水溶性B族维生素，几乎不含维生素A和维生素D。

由此可见，大米中维生素和矿物质的含量比稻谷籽粒中的含量低，导致其营养价值的下降，蒸谷米和强化米正是为了弥补这方面的不足而出现的。

2）稻谷加工的一般过程

稻谷加工的一般过程如图1.2所示。

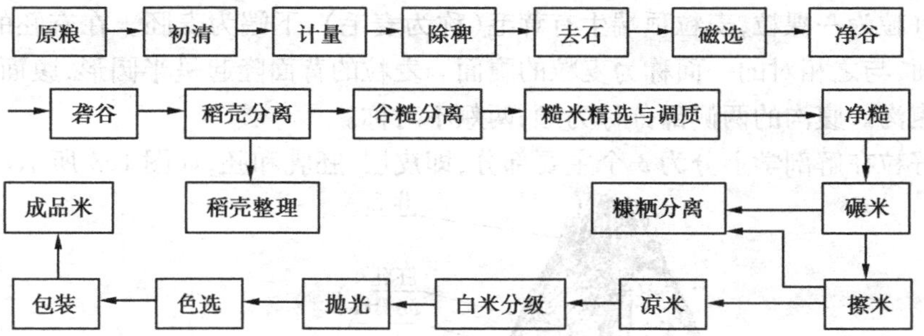

图1.2 稻谷加工过程

糙米经过多台串联的米机碾制成一定精度白米的工艺过程称为多机碾白。多机碾白因为碾白道数多，故各道碾米机的碾白作用比较缓和，加工精度均匀，米温低，米粒容易保持完整，碎米少，出米率较高；在产量相同的情况下，电耗并不增加。目前，许多碾米厂采用三机出白或四机出白。

碾米这一工序的关键在于选好米机，并应根据常年加工成品米的等级与种类，合理地确定碾米的道数。

擦米的目的是擦除黏附在米粒表面上的糠粉，使米粒表面光洁，提高成品米的外观色泽，同时也利于成品米的储藏与米糠的回收利用，还可使后续白米分级设备的工作面不易堵塞，保证分级效果。为此，擦米工序应紧接碾米工序之后。

所谓抛光，实质上是湿法擦米，它是将符合一定精度的白米，经着水、润湿以后，送入专用设备（白米抛光机）内，在一定温度下，米粒表面的淀粉胶质化，使得米粒晶莹光洁、不黏附糠粉、不脱落米粉，从而改善其储存性能，提高其商品价值。

1.1.2 小麦

小麦加工是将小麦转化成面制食品的原料——小麦粉的过程。小麦加工主要由小麦预处理、小麦制粉、面粉后处理3大部分组成。

1)小麦的分类、籽粒结构和化学构成

(1)小麦的分类

通常对小麦按以下3种方式进行分类。

①冬小麦和春小麦:小麦按播种季节分为冬小麦和春小麦两种。冬小麦秋末冬初播种,第二年夏初收获,生长期较长,品质较好;春小麦春季播种,当年秋季收获。

②白麦和红麦:小麦按麦粒的皮色分为白皮小麦和红皮小麦两种,简称为白麦和红麦。白麦的皮层呈白色、乳白色或黄白色,红麦的皮层呈深红色或红褐色。

③硬麦和软麦:小麦按麦粒胚乳结构分为硬质小麦和软质小麦两种,简称为硬麦和软麦。麦粒的胚乳结构呈角质(玻璃质)和粉质两种状态。角质胚乳的结构紧密,呈半透明状;而粉质胚乳的结构疏松,呈石膏状。角质占麦粒横截面1/2以上的籽粒为角质粒;而角质不足麦粒横截面1/2(包括1/2)的70%为粉质粒。我国规定:一批小麦中含角质粒70%以上为硬质小麦;而含粉质粒70%以上为软质小麦。

(2)小麦的籽粒结构

小麦籽粒为一裸粒,麦粒顶端生有茸毛(称为麦毛),下端为麦胚。在有胚的一面称为麦粒的背面,与之相对的一面称为麦粒的腹面。麦粒的背面隆起呈半圆形,腹面凹陷,有一沟槽称为腹沟。腹沟的两侧部分称为颊,两颊不对称。

小麦籽粒在解剖学上分为3个主要部分,即皮层、胚乳和胚,如图1.3所示。

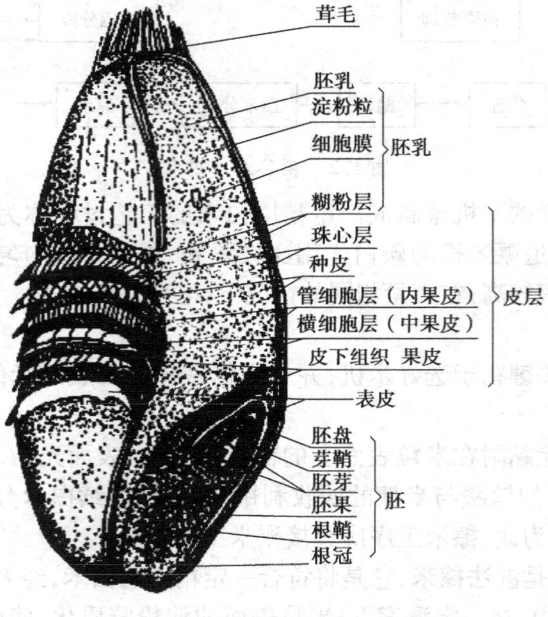

图1.3 小麦的籽粒结构

①皮层：皮层也称麦皮，其质量占整粒的13.5%左右。皮层除糊粉层外，其余部分含粗纤维较多，口感粗糙，人体难以消化吸收，应尽量避免将其磨入面粉中。

糊粉层也称内皮层或外胚乳，其质量占皮层的40%～50%。糊粉层具有较为丰富的营养，粗纤维含量较外皮层少，因此在生产低等级面粉时，可将糊粉层磨入面粉中，以提高出粉率；但由于糊粉层中含有不易消化的纤维素、五聚糖且灰分很高，混入面粉后对产品的精度有影响，因此在生产高等级面粉时，不宜将糊粉层磨入面粉中。

磨制面粉时，难免有少量皮层被破碎而混入面粉中，这些粒度与面粉相同的皮层称为麸星，麸星的颜色对面粉的精度有影响，精度越高的面粉麸星的含量越低。另外，白麦皮色浅，产品色泽好，精度高，出粉率较同等红麦高。

②胚乳：胚乳被皮层包裹，其质量占整粒的84%左右，含有大量的淀粉和一定量的蛋白质，易于人体消化吸收，是制粉过程中重要的提取部分。小麦的胚乳含量越高，其出粉率就越高。胚乳中蛋白质的数量和质量是影响面粉品质的决定性因素。

胚乳有角质胚乳和粉质胚乳之分。二者具有不同的加工品质、食用品质和营养品质。

③胚：胚的含量占麦粒质量的2.5%左右。胚是麦粒中生命活动最强的部分，完整的胚有利于小麦的水分调节。胚中含有大量的蛋白质、脂肪及酶类。但胚混入面粉后，会影响面粉的色泽，储藏时容易变质，因此，在生产高等级面粉时不宜将胚磨入粉中。麦胚具有极高的营养价值，可在生产过程中将其提取加以综合利用。

(3)小麦的化学构成

麦粒的化学成分主要有水分、蛋白质、糖类、脂类、维生素、矿物质等，其中对小麦粉品质影响最大的是蛋白质。

麦粒各组成部分化学成分的含量相差很大，分布不平衡。研究这些特性有助于小麦的合理加工、利用和储藏。

①水分：按水分存在的状态，小麦中的水分可分为游离水和结合水。小麦入磨前必须进行水分调节，以保证小麦的最佳含水量。这是保证面粉质量、提高出粉率、降低动力消耗的关键。

②淀粉：淀粉是小麦的主要化学成分，是面制食品中能量的主要来源。淀粉全部集中在胚乳中，也是面粉的主要成分。按质量计小麦胚乳中有3/4是淀粉，其状态与性质对面粉有较大的影响。近年来发现，小麦淀粉对面制食品特别是对面条等东方传统食品的品质影响极大，面条的口感、柔软度和光滑度都与淀粉有很大的关系。

③蛋白质与面筋：蛋白质是小麦的第二大组成成分。而蛋白质是人类和动物的重要营养成分，并且小麦蛋白质的质和量在小麦的功能、用途中起重要作用。影响面粉品质的因素有很多，其中最主要的就是其中蛋白质的含量，面粉中的蛋白质在盐水中容易形成面筋，因此，面粉能够产生面筋的多少一般就代表其蛋白质含量的高低。所谓低筋面粉、中筋面粉和高筋面粉，就是说明蛋白质含量由低到高的各种等级的面粉。

小麦中的蛋白质主要有清蛋白、球蛋白、麦胶蛋白和麦谷蛋白4种，其中清蛋白和球蛋白主要集中在糊粉层和胚中，胚乳中含量较低；麦胶蛋白和麦谷蛋白基本上只存在于小麦的胚乳中。

在小麦粉中加入适量的水后可揉成面团，将面团在水中搓洗时，淀粉和水溶性物质渐渐离开面团，最后只剩下一块具有黏合性、延伸性的胶皮状物质，这就是所谓的湿面筋。湿面筋低温干燥后可得到干面筋(又称活性谷朊粉)。一般将面筋质量占试样小麦粉质量的百分率称为面筋的含量。

面筋的主要成分为麦胶蛋白和麦谷蛋白,所以面筋基本上仅存在于小麦胚乳中,其分布不均匀。在胚乳中心部分的面筋量少质高,在胚乳外缘部分的面筋量多而质差。

小麦的面筋含量主要取决于小麦的品种,一般硬麦面筋含量高而且品质好。小麦在发芽、发热、冻伤、虫蚀、霉变后,其面筋的数量与质量都将明显降低。

在生产专用小麦粉时,主要根据蛋白质的含量和质量来选择原料。小麦蛋白质的数量和质量可通过小麦粉面团的性质来评定。利用粉质仪可测定面粉的吸水量、稳定时间等参数,运用这些参数可对面团特性进行定量分析,是检测专用小麦粉质量的重要依据。

④纤维素:纤维素不能被人体消化吸收,混入面粉中将影响其食用品质和色泽,它主要分布在小麦外皮层中。因此面粉中的纤维素含量越低,面粉的精度就越高。

⑤脂肪:小麦中的脂肪多为不饱和脂肪酸,主要存在于胚和糊粉层中,胚中脂肪含量最高,占14%左右,易被氧化而酸败。

⑥灰分:灰分在小麦皮层中含量最高,胚乳中含量最低。灰分是衡量面粉加工精度的重要指标,面粉的精度越高,其灰分就越低。生产高精度、低灰分的面粉是目前小麦加工工艺和设备研究的重点。

2)面粉的制作

面粉的制作流程如图1.4所示。

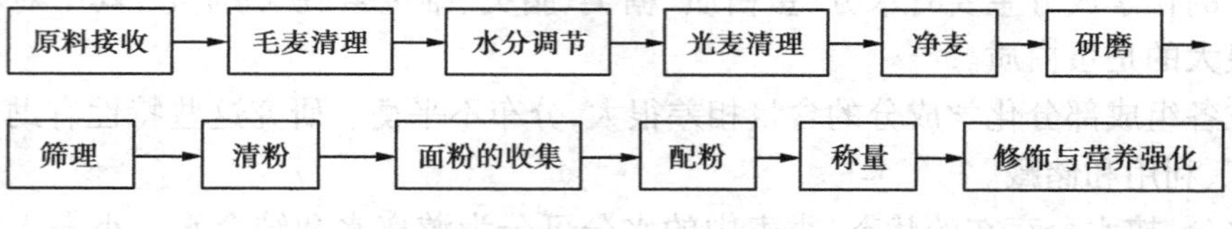

图1.4　面粉的制作流程

新加工的面粉呈浅黄色,存放后,可自然氧化而改善色泽。为了加速面粉氧化的速度,以前常利用过氧化苯甲酰作为漂白剂将面粉进行漂白,但由于过氧化苯甲酰过量地添加会破坏面粉中的营养成分,同时也可能对人体产生不良影响,目前正在征求意见的新小麦粉国家标准中将有望禁止其添加。

3)通用小麦粉与专用粉

(1)通用小麦粉

通用小麦粉适合制作一般食品,根据GB 1355—86的规定,通用小麦粉按其加工精度的不同,从高到低可分为特制一等粉、特制二等粉、标准粉和普通粉4个等级,质量指标有加工精度、灰分、粗细度、面筋质、含砂量、磁性金属物、水分、脂肪酸值、气味和口味等,不同等级的小麦粉主要在加工精度、灰分、粗细度的要求上有所不同。但目前我国小麦粉的国家标准已远远落后于市场标准,新的小麦粉国家标准的颁布已势在必行。

(2)专用小麦粉及其分类

所谓专用小麦粉,就是专门用于制作某种食品的小麦粉,简称专用粉。目前市场上的专用小麦粉较多,如面包粉、面条粉、馒头粉、饺子粉、饼干粉、糕点粉、自发粉、营养保健类小麦粉、预混合小麦粉等,这里仅对应用较多的几类专用小麦粉进行简单介绍。

①面包类小麦粉：面包粉应采用筋力强的小麦加工，制成的面团有弹性，能生产出体积大、结构细密而均匀的面包。面包质量和面包体积与面粉的蛋白质含量成正比，并与蛋白质的质量有关。为此，制作面包用的面粉，必须具有数量多而质量好的蛋白质。

②面条类小麦粉：面条粉包括各类湿面、挂面和方便面用小麦粉。一般应选择中等偏上的蛋白质和筋力。面粉蛋白质含量过高，面条煮熟后口感较硬，弹性差，适口性低，加工比较困难，在压片和切条后会收缩、变厚，且表面会变粗。若蛋白质含量过低，面条易流变，韧性和咬劲差，生产过程中会拉长、变薄，容易断裂，耐煮性差，容易糊汤和断条。

③馒头类小麦粉：馒头的质量不仅与面筋的数量有关，更与面筋的质量、淀粉的含量、淀粉的类型和灰分等因素有关。馒头对面粉的要求一般为中筋粉，馒头粉对白度要求较高，灰分一般应低于0.6%。

④饺子类小麦粉：饺子、馄饨类水煮食品，一般和面时加水量较多，要求面团光滑有弹性，延伸性好、易擀制、不回缩，制成的饺子表皮光滑有光泽，晶莹透亮，耐煮，口感筋道，咬劲足。因此，饺子粉应具有较高的吸水率，面筋质含量在25%～32%，稳定时间大于3 min，与馒头专用粉类似。太强的筋力，会使得揉制很费力，展开后很容易收缩，并且煮熟后口感较硬。而筋力较弱时，水煮过程中容易破皮、混汤，口感比较黏。

⑤饼干、糕点类小麦粉。

a. 饼干粉：饼干的种类很多，不同种类的饼干要配合不同品质的面粉，才能体现出各种饼干的特点。饼干粉要求面筋的弹性、韧性、延伸性都较低，但可塑性必须良好，故而制作饼干必须采用低筋和中筋的面粉，面粉粒度要细。

b. 糕点粉：糕点种类很多，中式糕点配方中小麦粉占40%～60%，西式糕点中小麦粉用量变化较大。大多数糕点要求小麦粉具有较低的蛋白质含量、较少的灰分和较低的筋力。因此，糕点粉一般采用低筋小麦加工。

4）小麦粉的贮藏

新磨制的小麦粉特别是用新小麦磨制时，由于硫氢基含量较高，蛋白酶活力也较强，因此面团黏性大，缺乏弹性和韧性，筋力差。使用这种粉制作的面包体积小，组织结构粗糙不匀，形状扁平，易坍塌收缩，颜色发暗，品质极差。如果经过一段时间的贮存，硫氢基就会被空气中的氧气所氧化，生成二硫基，小麦粉中的面筋就会得到加强，焙烤性能就会有所改善，因而上述缺点就会得到克服，这种现象称为小麦粉的（熟化）或（成熟）。小麦粉的熟化时间一般需要3～4周。温度越高，熟化时间越短。小麦粉在长期贮藏期间，其质量的保持主要取决于水分含量。小麦粉贮存的安全水分随其加工精度的不同而不同，国家标准规定特制一等粉和特制二等粉的水分为（13.5±0.5）%，也就是说不得超过14.0%；标准粉因精度低，脂肪含量多，酶活力高，所以水分更应低些，国家标准规定为（13.5±0.5）%。贮藏环境的条件对小麦粉的贮藏安全性有极大的影响。环境温度高，相对湿度大，小麦粉吸水快，容易变质；因此要求其贮藏环境的条件为：温度18～24 ℃，相对湿度55%～65%。

5）面团流变学性能的测定

面粉是烘焙食品最主要的原料，决定面粉品质的主要因素是面筋的数量和质量，而面筋是在面粉加水搅拌过程中形成的，即在面团中形成的，其工艺性质全部寓于面团性质之中；因此，面粉烘焙品质的好坏可以通过测定面团的流变学性能更直接、准确地得到鉴定。

面团流变学性能的测定可以为小麦的合理加工和小麦面粉的正确使用提供科学依据。

粉质仪是使用最普通的面团性能测定仪器，它是根据搅拌的原理将面团性能的各种数据记录在曲线图上。它主要进行面团和面特性分析，测定面团的指标主要有：面粉的吸水率、面团的形成时间、面团的稳定性等。通过粉质仪测定可以计算面粉的吸水率及评价面团揉制时的稳定性和其他多种特性。

(1)吸水率

小麦粉的吸水率高，则做面包时加水量大，这样不仅能提高单位重量小麦粉的面包出品率，而且能做出疏松柔软、存放时间较长的优质面包，但也有吸水率大的小麦粉做出的面包品质不良的情况，因此，并非吸水率越高越好。一般面筋含量多、质量好的小麦粉吸水率较高。美国要求面包粉的吸水率为(60±2.5)%。

(2)面团形成时间

面团形成时间指从开始加水直至面团稠度达最大时所需搅拌的时间，准确到0.5 min。一般软麦的弹性差，形成时间短，为1～4 min，不适宜做面包。硬麦弹性强，形成时间在4 min以上。美国面包粉的形成时间要求为(7.5±0.5)min，我国商品小麦粉的形成时间平均为2.3 min。

(3)稳定时间

稳定时间即时间差异，指粉质曲线首次达到最大稠度和离开最大稠度时的时间差，准确到0.5 min。美国面包粉的稳定时间要求为(12±1.5)min。

面团的稳定性好，反映其对剪切力降解有较强的抵抗力，也就意味着其麦谷蛋白的二硫键牢固，或者这些二硫键处在十分恰当的位置上。过度稳定的面粉可使用半胱氨酸这类试剂使之降到适当的程度或与稳定性差的面粉搭配使用。面团的稳定性说明面团的耐拌搅拌程度。稳定时间越长，韧性越好面筋的强度越大，面团加工性质好。稳定性是粉质仪测定的重要指标，曲线的宽度反映面团或其中面筋弹性，越宽弹性越大。

拉伸仪是一种测定面粉筋力强度和面粉改良剂(强筋剂)改良效果的可靠检测仪器，它是通过检测面团的延伸阻力和延伸长度，由计算机对所采集到的数据进行分析，并绘制延伸图，计算出面团延伸性、延伸阻力、曲线面积、拉力比等指标，从而评价面粉品质和面粉改良剂的改进效果。它以同时测定面团的延伸性和韧性或称抗延伸性。使用该仪器时，为了使所测数据准确可靠，应首先用粉质仪的搅拌器来调制面团，然后称取150 g面团在拉伸仪上滚圆、发酵，拉伸至面团断裂。面团断裂后重新整形再重复上述操作3次。根据数据绘制的拉伸图可将小麦粉划分成弱力粉、中力粉、强力粉、特强力粉。

1.1.3 大豆

大豆是世界上最古老的农作物，又是新兴起来的世界性五大主栽作物。我国是大豆的故乡，先秦时大豆就已成为重要的粮食作物，唐宋以来大豆种植地区逐步向长江流域扩展，目前我国各省区几乎都有栽培，主要产地是在东北三省和黄淮海地区。大豆与黍、稷、麦、稻一起被称为“五谷”。根据食物营养分析，它含有大量的蛋白质(35%左右)以及矿物质(钙、磷、铁、钾等)和维生素(如胡萝卜素、维生素 B_1、维生素 B_2、维生素 B_3 和维生素C等)。大豆为豆科之冠。

1)大豆的分类

(1)大豆按其播种季节的不同,可分为春大豆、夏大豆、秋大豆和冬大豆4类

①春大豆:春大豆一般在春天播种,10月份收获。在我国主要分布于东北三省,河北、山西中北部、陕西北部。

②夏大豆:夏大豆大多是在小麦等冬季作物收获后再播种,耕作制度为麦豆轮作的一年二熟制或二年三熟制。在我国主要分布于黄淮平原和长江流域各省。

③秋大豆:秋大豆通常是在早稻收割后再播种,当大豆收获后再播种冬季作物,形成一年三熟制。我国浙江、江西的中南部、湖南的南部以及福建和台湾种植秋大豆较多。

④冬大豆:冬大豆主要分布于广东、广西及云南的南部。这些地区冬季气温高,终年无霜,春、夏、秋、冬四季均可种植大豆。所以这些地区有冬季播种的大豆,但播种面积不大。

在大豆区划的基础上,以某些形态及生理性状为依据,区分大豆品种,并按一定的标准和程序予以分群归类。中国根据地区和栽培制度分别将其归类为:北方春大豆型、黄淮春大豆型、黄淮夏大豆型、南方春大豆型、南方夏大豆型、南方秋大豆型和冬大豆型。

(2)大豆按种皮的颜色和粒形分为5类

黄大豆(种皮为黄色。按粒形又分为东北黄大豆和一般黄大豆两类)、青大豆(种皮为青色)、黑大色(种皮为黑色)、其他色大豆(种皮为褐色、粽色、赤色等单一颜色的大豆)、饲料豆(秣食豆)。

2)大豆的籽粒结构

大豆种子由种皮、子叶和胚3部分组成。种皮是一层薄而光滑的组织体,由纤维素较多的细胞组成,占籽粒质量的8%;子叶是大豆中体积最大的营养部分,也是含油和蛋白质最多的部分,占籽粒质量的90%;胚占籽粒质量的2%。

3)大豆的化学组成

大豆主要是由蛋白质、脂肪、糖类、矿物质、磷脂、维生素等多种营养成分组成。在大豆的加工过程中,大豆的化学成分会发生各种变化。

美国的大豆主要用于榨油,大豆的品种也按照高含油量、低蛋白的方向进行基因改良和育种。日本的大豆主要用于加工豆腐和纳豆等豆制品,因而蛋白质含量通常较高而油脂类成分含量较低。我国的大豆还是以家庭小规模生产和经营为主,对不同用途的蛋白质和油脂含量差异很大的大豆也没有进行分别管理和储藏,因而大大降低了我国大豆在国际市场上的竞争力。

(1)蛋白质

蛋白质是大豆最重要的成分之一。依品种不同,大豆的蛋白质含量也有较大差异。我国的大豆蛋白质含量一般在40%左右,个别品种可达50%以上。大豆蛋白的氨基酸组成相当完全,除蛋氨酸和半胱氨酸含量较少外,其余必需氨基酸含量均达到或超过了世界卫生组织推荐的必需氨基酸需要量水平。由此可见,大豆蛋白质是一种优质的完全蛋白质。大豆蛋白中赖氨酸的含量特别丰富,而谷类食品恰好缺乏赖氨酸,因此,在谷物类食品中添加适量大豆蛋白或大豆制品,或将大豆制品与谷物类食品配合食用,可以弥补谷物类食品中缺乏的赖氨酸,使谷物类食品的营养价值得到进一步提高。

(2)脂肪

在一般大豆品种中,脂肪含量为18%~22%,高的品种可达28.6%。大豆脂肪呈黄色液体,为半干性油,凝固点在-15 ℃。大豆脂肪中含有丰富的不饱和脂肪酸(约60%)。由于不饱和脂肪酸具有防止胆固醇在血管中沉积及溶解沉积在血管中胆固醇的功能,因此,大量食用大豆制品或大豆油对人体是有益的。但从大豆制品加工与储藏特性来看,由于不饱和脂肪酸稳定性较差、易氧化,因此,不饱和脂肪酸含量高又不利于大豆制品的加工与储藏,对此必须加以注意。大豆脂肪还是决定大豆制品营养和风味的重要物质之一。大豆油脂中的脂肪酸甘油酯约占95%,其中不饱和脂肪酸占80%~90%,饱和脂肪酸占6%~24%,完全没有胆固醇,其脂肪酸的成分由亚油酸、油酸、软脂酸、亚麻酸、硬脂酸组成,其中亚油酸、亚麻酸为不饱和的必需脂肪酸,而必需脂肪酸不仅是所有生物膜组织正常发挥作用的基础,而且是某些生理调节物质的前体,如果人体缺乏必需脂肪酸,会出现许多异常症状。

大豆籽粒中磷脂含量非常丰富,为1.2%~3.2%,其以卵磷脂、脑磷脂和肌醇磷脂的形式存在。磷脂是含磷的类似脂肪的物质,在人和动物体的脂肪和糖类的转变过程中起着重要作用。同时,磷脂是优良的乳化剂,因此,它的存在对大豆制品,特别是大豆饮料的稳定性和口感有着很重要的作用。

大豆脂肪在人体内消化率高达97.5%,因此它是优质食用油。

(3)碳水化合物

大豆中约含有25%的碳水化合物,主要是纤维素,还有少量低聚糖(包括蔗糖、棉籽糖、水苏糖)和多糖。成熟的大豆几乎不含淀粉(为0.4%~0.9%)。大豆中的碳水化合物除蔗糖外,均难以被人体吸收。一部分糖类物质在肠道中还易成为微生物的营养源而在肠道内产生气体,但这些碳水化合物在加工过程中多因溶于水而被除去。

(4)维生素与矿物质

大豆中含有多种维生素,特别是B族维生素含量较多。不过大豆中的维生素总含量较少,脂溶性维生素更少。在加工中,由于受加热、精制或氧化多被破坏或除去,很少转移到产品中去。

大豆中矿物质的含量与种类是非常丰富的,有十余种。大豆中矿物质的总量一般为4.0%~4.5%。其中钾的含量最多,最高含量占干物质的2.39%;钙的含量是鸡蛋的8倍多,是牛奶的3.6倍多;磷的含量是鸡蛋的3倍多,是牛奶的7倍多;铁的含量是鸡蛋的5倍,是牛奶的60倍。此外,还含有硒、铝、铬、镍等微量元素。大豆在发芽过程中,其植酸酶被激活,矿物质元素游离出来,从而使其生物利用率明显提高,因此可以说豆芽菜是一种非常好的蔬菜。

(5)酶类

现已发现大豆中的酶有30多种,主要是淀粉酶、蛋白酶、脂肪氧化酶、解脂酶、尿素酶等,这些酶受热易破坏。脂肪氧化酶活性很高,当大豆细胞壁破碎后,只要有少量水分就会使脂肪氧化,产生豆腥味物质。因此,在进行豆制品加工时,应采取一定措施来抑制酶的活性。

(6)大豆异黄酮与大豆皂苷

大豆中还含有大豆异黄酮、大豆皂苷等对人体健康有益的生理活性物质。

美国科学家研究发现大豆异黄酮在恶性肿瘤的孕育中可有效地阻止新血管增生的生理过程,断绝癌细胞的养料来源,从而延缓或阻止病变或癌变,达到防癌的作用。除具有抗癌作用外,大豆异黄酮还具有许多其他重要的生理活性,如抗氧化、抗溶血,对心血管疾病、骨质疏松症以及更年期综合征等均具有预防甚至治愈作用。

大豆皂苷为苷类化合物中的一种,属多环类化合物,它是引起大豆食品产生苦涩味的因子之一。它在大豆籽粒中的含量达0.1% ~0.5%,子叶中含量为0.2% ~0.3%。大豆中含有皂苷类成分,能降低血中胆固醇和甘油三酯的含量从而降低血脂,可以抑制血小板减少和凝血酶引起的血栓纤维蛋白的形成,具有抗血栓作用。它还可以阻止油脂过氧化引起的皮肤疾病,减少皮肤病的发生。最近的研究发现大豆皂苷具有抗肿瘤活性,它可以明显抑制肿瘤的生长,能直接杀伤肿瘤细胞,特别是对人类白血病细胞 DNA 合成有很强的抑制作用,同时对人类免疫缺陷病毒(HIV)的致病力和传染性具有抑制效果,它还对 X 射线具有防护作用,可加强人体的免疫力。

(7)抗营养因子

大豆的籽粒中含有许多能降低其营养价值的物质,即若干种抗营养因子,其中主要的有胰蛋白酶抑制剂、脂肪氧化酶、尿素酶、磷脂酶 D 和血球凝集素等。这些抗营养因子有的能抑制人或动物体内胰蛋白酶的活性,使人或动物不能正常地消化吸收蛋白质,甚至会造成人畜轻度中毒。因此,人食用未充分煮熟的大豆或喝了没有煮开的豆浆,会引起腹胀、腹泻、呕吐、胃肠胀气等现象,严重的还会导致全身虚弱、呼吸急促。在多数情况下,抗营养因子可在加热或萌发与发酵过程中受到破坏,从而大大降低其活性,进而使大豆可以被人类食用或动物饲用。

1.1.4 玉米

玉米,亦称玉蜀黍、包谷、苞米、棒子。粤语称为粟米,闽南语称作番麦。是一年生禾本科草本植物,是重要的粮食作物和重要的饲料来源,也是全世界总产量最高的粮食作物。玉米素有长寿食品的美称,含有丰富的蛋白质、脂肪、维生素、微量元素、纤维素及多糖等,具有开发高营养、高生物学功能食品的巨大潜力。关于玉米的更多介绍参见第 6 章内容。

1.1.5 高粱

高粱属一年生草本植物。性喜温暖,抗旱、耐涝。按性状及用途可分为食用高粱、糖用高粱、帚用高粱等类。中国栽培较广,以东北各地为最多。食用高粱谷粒供食用、酿酒。糖用高粱的秆可制糖浆或生食;帚用高粱的穗可制笤帚或炊帚。嫩叶阴干青贮或晒干后可作饲料,颖果能入药,能燥湿祛痰,宁心安神,属于经济作物。

高粱籽粒加工后即成为高粱米,在我国、朝鲜、原苏联、印度及非洲等地皆为食粮。食用方法主要是为炊饭或磨制成粉后再做成其他各种食品,比如面条、面卷、煎饼、蒸糕、粘糕等。除食用外,高粱可制淀粉、制糖、酿酒和制酒精等。20 世纪 50 年代初,高粱籽粒曾是中国东北地区的主食，茅台酒、泸州老窖、汾酒等名酒，主要以高粱为原料。甜高粱的茎秆含有大量的汁液和糖分，是近年来新兴的一种糖料作物、饲料作物和能源作物。

1.2 油脂

1.2.1 油脂的种类

油脂是粮油食品加工中的重要原辅材料。根据其来源，可分为两类，天然油脂和人造油脂。从植物种子或动物组织中提取的油脂称为天然油脂；天然油又分为植物油和动物油；以天然油脂为原料经过化学处理而产生新物质的油脂称为人造油脂；这两类油脂现在在食品工业上都有应用。

1.2.2 油脂的组成成分

油脂的组成成分主要为三酰甘油（水解后生成甘油和脂肪酸，脂肪酸又分为饱和脂肪酸和不饱和脂肪酸）和磷脂（包括卵磷脂、脑磷脂和肌醇磷脂）等物质。其中的脂肪酸的饱和度与油脂的熔点有关。植物油脂一般含不饱和脂肪酸多，常温下多为液态（棕榈油、椰子油和可可脂等除外），动物油脂和人造油脂一般含饱和脂肪酸多（氢化油就是通过氢化加成反应降低了脂肪酸的不饱和度），常温下多为固态。液态植物油其营养价值往往高于固态油脂，但是，在稳定性和加工性能方面常常不如固态油脂。油脂不仅是粮油加工产品的重要原料，它还影响到产品的色、香、味、形、内部质构和贮藏稳定性。

磷脂是重要的乳化剂，且具有很高的营养价值。传统加工过程中的所谓油脚，即含有较多的磷脂。现代化的油脂精制过程，往往去掉了部分磷脂和其他营养物质，降低了油脂的营养价值；这一点与大米、小麦的加工过程相似。

1.2.3 常见植物油

常见植物油有菜油、豆油、花生油、玉米油、棉籽油、葵花籽油、核桃油、米糠油、茶籽油、橄榄油、棕榈油、椰子油、可可脂等。

①菜油：菜油是从油菜种子中提取出来的一种颜色青黄、气味特殊的油料。如果用来油炸，会使产品具有较好的色泽。焙烤食品中用它不多，一般作为烹调用油或制作色拉油。

②豆油：豆油是大豆中提取出来的一种油脂，其营养丰富，一般作为烹调用油或制作色拉油；其凝固点低、起酥性差，焙烤食品中一般在蛋糕的制作中常常使用。

③花生油：花生油是从花生米中提取出来的，因其饱和脂肪酸含量较高，故其凝固点较其他植物油较高（棕榈油、椰子油除外），为-3～3 ℃。在广式月饼的皮料制作时，常常用到它。

④玉米油:玉米油又称玉蜀黍油,是从玉米胚中提取的油。玉米油是一种高品质的食用植物油,它含有86%的不饱和脂肪酸,其中56%是亚油酸,人体吸收率可达97%以上;它含有丰富的维生素E,对人体细胞分裂、延缓衰老有一定作用。它色泽金黄透明,清香扑鼻,很适合快速烹炒和煎炸用油,它既可以保持蔬菜和食品的色泽、香味,又不损失营养价值。

⑤芝麻油:芝麻油是从芝麻中提取出来的,由于具有浓郁香气,又称香油。其中的小磨香油香味醇厚,品质最佳。芝麻油营养丰富,具有抗氧化性,耐贮藏,不宜酸败。因其价格较高,一般仅用于高级焙烤食品的馅料中,也可用于饼干或糕点的皮料中作为增香剂。

⑥棉籽油:棉籽油是以棉籽制浸的油,可用于烹调食用,亦可用于工业生产作为原料。棉籽油中含有大量的必需脂肪酸,其中亚油酸的含量最高,可达44.0%~55.0%,亚油酸能抑制人体血液中的胆固醇,有利于保护人体健康。此外,棉籽油中还含有21.6%~24.8%的棕榈酸、1.9%~2.4%的硬脂酸、18%~30.7%的油酸、0~0.1%的花生酸,人体对棉油的消化吸收率为98%。

棉酚的存在对棉籽油品质造成许多不利影响。首先,由于游离棉酚的生物毒性,为了保证棉籽油食用安全,在棉籽油生产过程中,必须全力将其脱除达到标准要求;其次,游离棉酚及其衍生物是强发性色素,毛油中的棉酚使其呈现红色至棕色特征,相关精炼工序如不能将其脱除干净,棉酚会随着生产过程中温度升高等变化而变性,造成色泽固定难以脱除;再次,游离棉酚活性强,容易与油脂、油料中多种物质发生氧化、聚合等变性反应,生成一系列对棉籽油、棉籽粕品质有不良影响的物质。因此,棉籽油如果其中的棉酚等有害成分含量在安全限量范围下,是对人体非常有利的一种食用植物油。

⑦葵花籽:葵花籽油具有诱人的清香味,含有十分丰富的营养物质。亚油酸的含量高于大豆油、花生油、棉籽油、芝麻油。高浓度的亚油酸在营养学上具有重要意义。其含有丰富的维生素E,约0.12%;胡萝卜素约0.045%;植物甾醇0.4%;磷脂0.2%。这些成分能和亚油酸相互作用,进一步增强了亚油酸降低胆固醇的功效。

⑧核桃油:核桃油是以核桃仁为原料,压榨而成的植物油。核桃的油脂含量高达65%~70%,居所有木本油料之首,有"树上油库"的美誉。核桃油除主要作营养保健油直接食用外,还可在制作糕点和营养食品中作添加剂用。

⑨米糠油:米糠油有很好的抗氧化稳定性,精炼米糠油色泽淡黄,油中含80%以上的不饱和脂肪酸,其中油酸含量很高,因此人体对米糠油的消化吸收率较高;它具有降低人体血脂的功能,是一种良好的食用油脂。由于米糠油精炼成本比较高,得油率低,因此对米糠油目前只能大量用于制造肥皂、润滑油、脂肪酸。

⑩茶油:茶油取自油茶籽(含油58%~60%),呈浅黄色,澄清透明,气味清香。精炼后的茶油是良好的食用油脂。它的化学组成和物理、化学常数与橄榄油相近,油酸的含量在80%以上,亚油酸,饱和脂肪酸的含量较少。除食用外,茶油可作制造发油及皂类的原料。

⑪橄榄油:橄榄油是由新鲜的油橄榄果实直接冷榨而成的,不经加热和化学处理,保留了天然营养成分。橄榄油被认为是迄今所发现的油脂中最适合人体营养的油脂。油脂呈淡黄绿色,具有特殊温和令人喜爱的香味和滋味。而且酸值低(通常为0.2~2.0),在低温(接近于10 ℃)时仍然透明,因此橄榄油是理想的凉拌用油和烹任用油。

⑫棕榈油：棕榈油是从油棕榈树的果实中提取出来的一种油脂，色泽白，无异味，凝固点高，常温下呈固态；可塑性比较好，因此是饼干制作时的常用油脂，也是目前世界上生产量、消费量和国际贸易量最大的植物油品种，与大豆油、菜籽油并称为"世界三大植物油"，拥有超过五千年的食用历史。它是由饱和脂肪(约50%)、单不饱和脂肪、多不饱和脂肪三种成分混合构成的。人体对棕榈油的消化和吸收率超过97%，和其他所有植物食用油一样，棕榈油本身不含有胆固醇。由于其含饱和脂肪酸较多，稳定性较好，不容易发生氧化变质，烟点高，故用作油炸食品比较合适。根据熔点不同，棕榈油有很多的品种，其中熔点为24 ℃的才适合作为食用油脂。

⑬椰子油：椰子油得自椰子肉(干)，为白色或淡黄色脂肪。椰子油的脂肪酸组成中饱和含量达90%以上，熔点为24～27 ℃。椰子油目前在食品工业上应用不多，但是其独特的理化性质，应该在焙烤食品的生产中发挥良好作用。

⑭可可脂：可可脂是从可可液块中取出的乳黄色硬性天然植物油脂，具有浓重而优美的独特香味；不仅具有相当坚实和脆裂的特性，而且不容易发哈酸败。它是巧克力的理想、专用油脂，几乎具备了各种植物油脂的一切优点。可可脂中的甘油酯以多类型并存，导致形成多晶特性，可可脂的熔点就取决于他的晶体形式。巧克力加工过程中的调温工艺就是使可可脂熔化物冷却时形成稳定的可可脂晶体结构的过程。可可脂有α、γ、β'和β结晶，熔点分别为17、23、26和35～37 ℃。制作巧克力通常只会用到熔点最高的β结晶，单一结晶结构会令质地细滑。

⑮磷脂：磷脂包括卵磷脂、脑磷脂等，主要成分是甘油磷脂和鞘磷脂；具有极高的营养价值，但是在油脂的精加工过程中，其损失较大。因其良好的乳化性，在焙烤食品中也能够发挥很好的作用。

1.2.4 常见动物油

常见动物油有猪油、牛油、羊油、奶油等。

①猪油：猪油是从猪的组织中提取出来的油脂，其熔点高(36～40 ℃)，色泽洁白，起酥性、可塑性较好，广泛应用于糕点生产上。猪板油也应用在苏式、广式和宁式糕点的馅料中。其稳定性比奶油差，要防止酸败。含胆固醇较高也是其缺点之一。

②牛、羊油：牛、羊油是从牛、羊组织中提取的脂肪。有特殊气味，需要经熔炼脱臭后才能使用。其熔点分别为(40～46 ℃)和(43～55 ℃)，因此，常温下呈固态。其可塑性和起酥性都比较好，便于成型、操作，在欧洲国家大量用于酥类糕点。由于其熔点高于人体体温，故不宜消化。一般的焙烤类食品中，还是用量不多。

③奶油：奶油又名黄油、白脱油，是从牛奶中提取出来的乳脂；柔软，有奶香味和多种营养物质；凝固点为15～25 ℃，熔点为28～30 ℃，常温下呈半固态。对其加工的过程中又充入了1%～5%的空气，具有良好的硬度、乳化性和可塑性，是西式糕点生产的重要原料；但是，与人造奶油相比，其价格较高，稳定性也不太好，不耐贮藏。

1.2.5 常见人造油脂

常见的人造油脂有氢化油、人造奶油、起酥油、植脂末、代可可脂、类可可脂等。

①氢化油:氢化油亦称硬化油,是指通过氢气与天然油脂中的不饱和脂肪酸中的双键发生加成反应,增加了饱和脂肪酸的含量,改变了其熔点和诸多性能。常作为人造奶油、起酥油、植脂末、代可可脂等人造油的原料。但是,由于氢化油中反式脂肪酸的问题,近来对与其相关产品的安全性有争议。

②人造奶油:人造奶油又名麦琪淋和玛琪淋,是目前世界上使用最广泛的油脂之一;它是以氢化油为主要原料,添加适量的牛乳和乳制品、色素、香料、乳化剂、防腐剂、抗氧化剂、食盐和维生素,经混合、乳化等工序而制成的一种固体油脂。它具有良好的乳化和加工性能(这方面比天然奶油好),价格比较低,常常代替奶油。人造奶油有多个品种,如面包用人造奶油、起酥制品用人造奶油和通用人造奶油,在使用中要注意选择。

③起酥油:起酥油是指精炼的动植物油脂、氢化油或这些油脂的混合物,经混合、冷却塑化而加工出来的具有乳化性、可塑性等加工性能的固态或液态油脂产品。起酥油的加工及用途与人造奶油有相似之处,只是配方比较简单;一般呈白色,不宜直接食用,可以作为食品加工的原料油脂;起酥油与人造黄油的主要区别是起酥油中没有水相;另外,起酥油不能直接食用,是食品加工用油脂,多用于面包、饼干等糕点的加工。国外也有将其作为油炸用油。

④植脂末:植脂末又称奶精,是以精制植物油或氢化植物油、酪蛋白等为主要原料,添加葡萄糖浆、乳化剂等物质制成的新型产品。该产品在食品生产和加工中具有特殊的作用,同时也是一种现代食品。植脂末具有良好的水溶性,多乳多散性,在水中形成均匀的奶液状,可以在乳品、面食及冰品中全部或部分代替全脂奶粉,从而在保持产品品质稳定的前提下,可降低生产成本。植脂末能改善食品的内部组织,增香增脂,是口感细腻,润滑厚实,并富有奶味,故又是咖啡制品的好伴侣;可用于速溶麦片、蛋糕、饼干等,使蛋糕组织细腻,提高弹性。将其用于用于饼干生产,可提高产品的起酥性,饼干不易走油等。

⑤代可可脂:代可可脂也是以氢化植物油为主要原料,再添加其它成分而制作的一种人造硬脂,其三甘酯的组成与天然可可脂完全不同,而在物理性能上接近天然可可脂。代可可脂口感较差,没有香味,通常溶点要比可可脂高一些。除此之外,由于其原料含氢化油,其食品安全性问题也是应该注意的。

⑥类可可脂:从广义上说来,类可可脂仍然是代可可脂,即不从可可豆中直接经提炼获取可可脂,而采用现代食品加工工艺,对棕榈油、牛油树脂、沙罗脂等油脂进行加工,获取与可可脂分子结构类似的油脂。但是,与传统代可可脂制作过程不同,类可可脂主要采用提纯、蒸馏和调温的制作方法。因此,不论是在口感上或者营养上,类可可脂都要比传统代可可脂略胜一筹。类可可脂本身没有以往代可可脂所具有的反式脂肪酸,这就降低了人们食用代可可脂巧克力制品患糖尿病、老年痴呆症、心脏病的风险。也正因为如此,类可可脂的价格与代可可脂的价格相比要高出一些,其熔点和天然可可脂相近(30 ~ 34 ℃),这一系列优点促使了传统代可可脂巧克力制品向类可可脂产品的优化升级。

1.2.6 油脂的提炼与加工

1)植物油脂的提取与精炼

(1)植物油的提取

植物油的提取主要有压榨、浸出和水代3种方法。

①压榨法:借助于机械外力的作用,将油脂从油料中挤压出来的取油方法称为压榨法取油。压榨时,受榨料坯的粒子受到强大的压力作用,油脂从榨料空隙中被挤压出来,榨料粒子经弹性变形形成坚硬的油饼。

②浸出法:浸出法取油是应用固-液萃取的原理,选用某种能够溶解油脂的有机溶剂,经过对油料的喷淋和浸泡作用,使油料中的油脂被萃取出来的一种取油方法。浸出法取油具有粕中残油率低(出油率高)、劳动强度低、工作环境佳、粕的质量好等优点,是一种先进的制油方法,目前已普遍使用。

③水代法:水代法是"以水代油法"的简称。该法是利用油料中非油物质对油和水的亲和力不同,以及油水之间的相对密度不同,在准备好的油料中加入适量的水,经过一系列的工艺程序,将油脂和亲水物质(如部分蛋白质、碳水化合物等)分开。该种方法一般适应于高油料,如芝麻、花生等,典型产品为小磨香油。此法的优点在于设备简单,操作简便,油的风味保持得好;缺点是生产效率低,劳动强度大,渣粕的残油率高,生产成本也较高。虽然该法还存在诸多弊端,但它却具有独特的取油机理和优点,有待于进一步从理论和实践上进行研究提高。

无论采取哪种方法取油,在提取之前都应对植物油料进行预处理。

原料的预处理是在原料取油之前对油料进行清理除杂,并将其制成具有一定结构性能的物料,以符合不同取油工艺的要求。原料的预处理包括原料的清理、剥壳、干燥、破碎、软化、轧坯、挤压膨化和蒸炒等工序。

(2)植物油脂的精炼

经压榨、浸出或水代法制取得到的未经精炼的植物油脂称为粗油,俗称毛油。毛油的主要成分是混合脂肪酸——甘油三酯,俗称中性油,此外,毛油中还含有数量不等的各类非甘油三酯成分,这些成分统称为杂质。油脂中的杂质并非对人体都有害,有些杂质反而有很高的利用价值。采用一系列手段将有害杂质分离,以提高油脂品质、使用价值及保证储藏稳定性的精制过程称为精炼。

①油脂精炼的目的:毛油中某些杂质的存在,不仅影响油脂的食用价值和安全储藏,而且给深加工带来困难,但精炼的目的又不是将油中所有的杂质都除去,而是将其中对食用、储藏、工业生产等有害无益的杂质除去,如棉酚、蛋白质、磷脂、黏液物、水分等除去,而有益的"杂质",如生育酚等要保留。因此,油脂精炼的目的是根据不同的要求和用途,将不需要的和有害的杂质从油脂中除去,并尽量减少中性油和有益成分的损失,以得到符合一定质量标准的成品油。

②油脂精炼的主要工序。

a. 毛油中悬浮杂质的脱除:毛油中悬浮杂质的存在,对毛油的输送、暂存及油脂精炼效果均将产生不良影响,因此,必须在制油工艺之后及时将其从毛油中除去。

目前,工业上常用的分离悬浮杂质的方法有自然沉降、过滤、离心分离、分子膜分离法等,其中过滤法使用得较为普遍。过滤分离法是借助于压滤机、输油泵、过滤介质,在重力或机械动力作用下使液体过滤布,杂质被截留成滤饼,从而达到清除悬浮杂质的目的。

b. 脱胶:脱除油中胶溶性杂质的工艺过程称为脱胶。

油脂中的胶溶性杂质不仅影响油脂的稳定性,而且影响油脂精炼和深度加工的工艺效果,因此,毛油精炼必须首先脱除胶溶性杂质,而毛油中的胶溶性杂质以磷脂为主,故油厂常将脱胶称为脱磷。

c. 脱酸:脱除毛油中游离脂肪酸的过程称为脱酸。

毛油中的游离脂肪酸一是来源于油料内部;二是甘油三酯在制油过程中分解游离出来的。不同种类的油脂,组成其甘油三酯的脂肪酸不同,则所含游离脂肪酸的种类也不同。油脂中游离脂肪酸含量过高,会产生刺激性气味影响油脂的风味,进一步加速中性油的水解酸败、游离脂肪酸存在于油脂中,还会使磷脂、糖脂、蛋白质等胶溶性杂质和脂溶性杂质在油中的溶解度增加,它本身还是油脂、磷脂水解的催化剂。总之,游离脂肪酸存在于油脂中会导致油脂的物理化学稳定性削弱,必须尽力除去。

脱酸的方法有碱炼、蒸馏、溶剂萃取及酯化等,其中应用最广泛的为碱炼脱酸和蒸馏法脱酸。碱炼脱酸又称化学脱酸,而蒸馏脱酸又称物理精炼法脱酸。碱炼法是用碱中和油脂中的游离脂肪酸,所生成的皂化物吸附部分其他杂质,而从油中沉降分离的精炼方法。

d. 脱色:纯净的甘油三酯呈液态时无色,呈固态时为白色,但常见的各种油脂都带有不同的颜色,这是因为油脂中含有数量和品种各不相同的色素所致,这些色素有些是天然色素,主要有叶绿素、类胡萝卜素等,有些是油料在储藏、加工过程中新生成的色素。油脂中的色素影响油脂的外观和稳定性,要生产较高品质的油脂就必须进行脱色处理。油脂脱色的方法很多,工业生产中应用最广泛的是吸附法,此外还有加热脱色、氧化脱色、化学试剂脱色法等。吸附脱色就是将某些对色素具有较强选择性吸附作用的物质(如活性白土、活性炭等)加入油中,在一定的工艺条件下,它们能吸附油脂中的色素,因而降低了油色的过程。但从毛油到成品油,油中色素的去除并不完全靠脱色工段,事实上碱炼、酸炼、氢化、脱臭工段都有明显的脱色作用。

e. 脱臭:纯粹的甘油三酯是没有气味的,但用不同方法制得的天然油脂都具有程度不等的各种气味,人们把这些气味统称为臭味。除去油脂中臭味的工艺过程称为油脂的“脱臭”。随着人们生活水平的提高,食用优质、多品种的油脂的需要越来越迫切。例如,用于制取人造奶油、代可可脂的植物油,就不允许有任何气味。因此,脱臭在油脂加工中的地位日趋重要。

f. 脱蜡:植物油脂中大多含有一些蜡。蜡的主要成分是高级脂肪酸和高级脂肪醇形成的酯,通常称作蜡质。蜡主要来自于油料种子的皮壳。料坯中皮壳含量高,制得的毛油含蜡量就高。蜡在 40 ℃以上溶解于油脂,因此,无论压榨法还是浸出法制得的毛油中,一般都含有一定量的蜡质。各种毛油的含蜡量有很大的差异,大多数含量极微,制油和加工过程中可不必考虑,有些则较高,如米糠油、葵花籽油。蜡可使油呈浑浊状,使油透明度和消化吸收率降低,并使油的滋味和适口性变差,从而降低了食用油的营养价值。为了提高食用油脂的质量并充分利用植物油蜡源,应对油脂进行脱蜡。

2)常见植物油脂制品的加工

食用油脂产品分为普通食用油、高级食用油及食用油脂制品。高级食用油主要是高级烹调油和色拉油。食用油脂制品是以全精炼油为主要原料,再经过进一步加工制成的产品,所以也称"二次产品",如调和油、人造奶油、起酥油、调味油等。

(1)色拉油

色拉油是指各种植物原油经脱胶、脱色、脱臭(脱脂)等加工程序精制而成的高级食用植物油。主要用作凉拌或作酱、调味料的原料油。市场上出售的色拉油主要有大豆色拉油、油菜籽色拉油、米糠色拉油、棉籽色拉油、葵花子色拉油和花生色拉油。

(2)调和油

调和油是指用两种或两种以上的优质食用油脂,按科学的比例调配成的具有某些功能特性的高级食用油。

调和油按使用功能分类可分为风味调和油、营养调和油和煎炸调和油。

①风味调和油:根据人们爱吃花生油、芝麻油的习惯,可以把菜籽油、米糠油和棉籽油等经全精炼,然后与香味浓郁的花生油或芝麻油按一定比例调和,制成"轻味花生油"或"轻味芝麻油"。

②营养调和油:利用玉米胚芽油、葵花籽油、红花籽油、米糠油和大豆油可配制富含亚油酸和维生素 E,而且比例合理的营养保健油,供高血压、冠心病以及某必需脂肪酸缺乏症患者食用。

③煎炸调和油:用氢化油和经全精炼的棉籽油、菜籽油、猪油或其他油脂可调配成脂肪酸组成平衡、起酥性能好和烟点高的煎炸用油脂。

调和油按品质分类的可分为调和色拉油、调和高级烹调油和调和一级油。

①调和色拉油:两种以上食用油在精炼前或精炼后经科学调配而成的色拉油。

②调和高级烹调油:两种以上食用油在精炼前或精炼后经科学调配而成的高级烹调油。

③调和一级油:选用高级烹调油(或色拉油)与另一种精制一级食用油(玉米胚芽油、红花籽油、浓香花生油、芝麻油)经科学调配而成的高级食用油脂。

调和油的加工较简便,在一般全精炼车间均可调制,不需添置特殊设备。调制风味调和油时,将各原料油脂按比例输入调和罐,在 35 ~ 40 ℃下搅拌混合 30 min 即可。如要调制高亚油酸营养油,则需在常温下进行,并加入一定量的维生素 E;如要调制饱和程度较高的煎炸调和油,则调和时温度要高些,一般为 50 ~ 60 ℃,最好再按规定加入一定量的抗氧化剂。

所有调和油在包装前最好经过安全过滤机,以除去调和过程中偶然混入的不溶性杂质。

3)动物油脂的提取

除黄油以外,动物油脂的提取一般采用的是熬炼法,即将动物组织中含脂肪多的部分机械切碎后,加入适量水,在锅中加热,在沸水蒸发的同时,油脂也逐渐从组织中分离出来。

4)人造油脂的加工

人造油脂一般是以氢化或脂交换后的植物油为原料,再添加其他辅料,经过一系列加工工序后得到的产品。

本章小结

本章主要讲述了在粮油食品加工中常用的粮食和油脂的分类、化学组成、结构以及加工方法，特别是在食品加工中的性能。这些知识对于后面内容的学习具有重要的参考价值。

复习思考题

1. 稻谷分为哪几类？它们的质地、口感和化学成分有什么不同？这些不同之处对相关食品的加工有什么影响？请结合生产、生活实际举例说明。

2. 面粉的质量与小麦的品种有什么关系？与小麦的加工、面粉的贮藏时间有什么关系？

3. 决定面粉品质的主要因素是什么？有哪些指标可以反映面粉品质？

4. 大豆蛋白与小麦蛋白有什么相同与不同之处？这些异同对食品加工中有什么影响？

5. 如何科学评价豆浆的营养价值？制作豆浆要注意什么问题？

6. 动物性油脂常温下都是固态的吗？植物性油脂常温下都是液态的吗？油脂的熔点与其化学组成有什么关系？与食品加工又有什么关系？

7. 如何正确评价人造油脂？

8. 结合稻谷、小麦和油料的加工情况，说说加工精度对产品质量有什么影响？

第2章 粮油食品加工辅料简介

学习目标

了解几种粮油食品加工辅料的名称,包括学名、俗名;它们的理化性质;在食品加工中的用途和用法。

技能目标

在食品加工生产中,能够正确选用合适的辅助材料并进行运用。

知识点

糖、食盐、蛋品、酵母菌、化学膨松剂、酸度调节剂、改良剂、凝固剂、水及其他食品添加物。

2.1 糖

糖在粮油食品的加工中不仅具有营养、调味作用,而且对于粮油加工食品诸多方面的性质产生影响。用于食品加工的糖有很多种类,常用的糖有蔗糖、饴糖、淀粉糖浆、果葡糖浆、转化糖浆和蜂蜜等,下面分别进行简单介绍。

2.1.1 蔗糖

蔗糖可由甘蔗和甜菜制得,其分子可以水解为葡萄糖和果糖;由于其属于非还原性糖,因此不具有抗氧化性,难以发生美拉德反应。焙烤食品中常用的白砂糖、糖粉、绵白糖、红糖、黄砂糖和冰糖等都与蔗糖有关。不论是红糖、黄糖、白砂糖、冰糖,起初的提炼方法都是一样的,之所以会成为不同颜色、形态的糖,在于最后精制程度不同。纯度越高,颜色越白。红糖与黄糖虽然含杂质较多,但营养成分也保留较好。

1)白砂糖

白砂糖颜色洁白,甜味纯正。在水中溶解度较大,随着温度升高,会部分转化为葡萄糖和果糖。在酸性条件下,转化速度和转化率都会提高。白砂糖的熔点在160~180℃,如果将其单独加热，则其在160℃时开始熔化，再加热则生成葡萄糖和果糖的混合物，当温度高达170～220℃时，则发生焦糖化反应生成黑色的焦糖。温度超过220℃时，则发生碳化。为了使白砂糖在面团中能均匀分布且快速溶解，应将其磨碎后再用，或直接采用绵白糖；也可以将晶体状的白砂糖用热水溶解，等降温后再加入面粉中。

2）糖粉

糖粉是由白砂糖经过喷雾干燥或直接粉碎而制得的洁白的粉末状糖类，颗粒非常细，常常掺入3%～10%的淀粉混合物（一般为玉米淀粉），有防潮及防止糖粒纠结的作用。糖粉可经网筛过滤，筛在西点成品上做表面装饰。

3）绵白糖

绵白糖简称绵糖，制作时在糖粉中喷入了2.5%左右的转化糖浆，故绵白糖的纯度不如白砂糖高；但是甜度比白糖高，价格也比砂糖高。

4）红糖

红糖经甘蔗经榨汁，浓缩形成的带蜜糖。红糖按结晶颗粒不同，分为赤砂糖、红糖粉、块糖等，因没有经过高度精练，几乎保留了蔗汁中的全部成分，除了具备糖的功能外，还含有维生素和微量元素，如铁、锌、锰、铬、铜等，营养成分比白砂糖高很多。

5）黄砂糖

黄砂糖是经过简单精制的甘蔗糖。精制过程中去除杂质的程度和白糖不一样，含有少量矿物质及有机物，因此带有黄色；红糖则是未经精制的粗糖，颜色很深。

6）冰糖

冰糖是砂糖的结晶再制品。自然生成的冰糖有白色、微黄、淡灰等色。焙烤食品中可用来做糕点类食品的馅料。

2.1.2 饴糖

饴糖是由大米、高粱等含淀粉较多的粮食在熟化后经大麦芽（效果较好）或小麦芽等种子胚芽的催化而得的一种葡萄糖、麦芽糖和糊精及微量蛋白质、矿物质等的混合物。其相对甜度较低，为32～36。麦芽糖的熔点较低，为102～103 ℃，对热也不稳定（焦化点约110 ℃），且含有较多的还原糖，因此在食品焙烤时容易发生焦糖化反应和美拉德反应，使食品着色。由于饴糖中主要含有糊精，糊精的水溶液黏度较大，因此，饴糖可以作为糕点制品中的抗结晶剂；但糊精含量多的饴糖对热的传导性不良。饴糖的持水性强，可保持食品的柔软性，是面筋的改良剂，可使食品的质地均匀，内部组织具有细微的气孔，心部具有柔软性，体积增大。

2.1.3 淀粉糖浆

淀粉糖浆又称葡萄糖浆、化学稀、糖稀，是玉米淀粉在酸或酶的作用下得到的水解产物，经脱色、浓缩而成的一种黏稠液体，其主要成分是葡萄糖、多种麦芽糖、糊精和多糖，相对甜度为68～74。与饴糖相似，在焙烤食品的加工中有多种优点。只是价格较高，仅在高档饼干中有使用。

葡萄糖是淀粉糖浆的主要成分，熔点为146 ℃，低于蔗糖，在制品中着色比蔗糖快。由于其有还原性，所以具有防止再结晶的功能。在挂明浆的产品中，淀粉糖浆是不可缺少的原料。结晶的葡萄糖吸湿性差，但极易溶于水中；溶解于水中的葡萄糖溶液具有较强的吸湿性，这对于食品在一定时间内保持质地松软有着重要的作用。

与葡萄糖相反，固体麦芽糖吸湿性很强，而含水的麦芽糖则吸水性不大。在淀粉糖浆中含有一定量的麦芽糖，使淀粉糖浆的着色和抗结晶作用更加突出。

糊精是白色或微黄色的结晶体的粉末或微粒，无甜味，几乎无吸湿性，能溶于水，在热水中则胀润而糊化具有极强的黏性。糊精在淀粉糖浆中的含量多少，直接影响其黏度，同时，也间接的影响食品在加工过程中热的传导性。正是由于糊精具有较大的黏稠性，因而可以防止蔗糖分子的结晶反砂作用。

2.1.4 转化糖浆

蔗糖在酸的作用下能水解成葡萄糖与果糖，这种变化称为转化，这种葡萄糖与果糖的混合水溶液经浓缩后所得到的产品称为转化糖浆。正常的转化糖浆应为澄清的浅黄色溶液，具有特殊的风味。它的干固物70%～75%，完全转化后的转化糖浆，所生成的转化糖量可达全部干固物的99%以上。

此糖浆可长时间保存而不结晶，多数用在广式月饼皮、沙琪玛和各种代替砂糖的产品中。由于其中葡萄糖和果糖的存在，其比蔗糖更益于美拉德反应的发生，从而使烘焙产品呈现出特有的色泽与香味。

转化糖浆应随用随配，不宜作长时间贮放。在缺乏淀粉糖浆和饴糖的地区，可以用转化糖浆代替。转化糖浆可部分用于面包和饼干中，在浆皮类月饼等软皮糕点中可全部使用，也可用于糕点、面包馅料的调制。

由于气候和资源的原因，最初的转化糖浆只产于南方（广东、广西等地区），因为制取转化糖浆需要柠檬果和甘蔗汁，这也许是许多糕皮月饼被称为广式月饼的原因。转化糖浆是制作广式月饼的重要原料，在后面关于月饼的制作部分会有详细说明。

2.1.5 果葡糖浆

果葡糖浆是将淀粉经酶法水解制成葡萄糖，再用异构酶将部分葡萄糖转化为果糖（天然糖中最甜的糖，为蔗糖的1.5倍）而得到的甜度很高的糖浆；因为它的组成主要是果糖和葡萄糖；故称为"果葡糖浆"，是一种重要的甜味剂。工业生产的果葡糖浆按其中果糖的含量分为3类。第一代果葡糖浆含果糖42%；第二代果葡糖浆含果糖55%；第三代果葡糖浆含果糖90%。显然，第三代果葡糖浆甜度最高。目前大量生产的是含果糖42%的产品，其甜度与蔗糖相当。

果葡糖浆常常可以替代蔗糖，其风味与口感要优于蔗糖，风味有点类似天然果汁；由于果糖的存在，具有清香、爽口的感觉。另一方面果葡糖浆在40℃以下时具有冷甜特性，甜度随温度的降低而升高。在食品、饮料等中以果葡糖浆替代蔗糖，不仅技术上可行，而且可凸显果葡糖浆清香、爽口的特性。果葡糖浆可以在面包中全部代替蔗糖，特别是在低糖主食面包中使用时更加有效，因为该糖浆中主要成分是葡萄糖和果糖，酵母可以直接利用，故发酵速度快。果葡糖浆在面包中使用量过多时，即超过相当于15%蔗糖量以上，发酵速度会降低，面包内部组织较黏，组织过软，咀嚼性较差。

2.1.6 蜂蜜

蜜蜂采集花蜜（大部分是蔗糖），经唾液中的蚁酸水解成蜂蜜。蜂蜜的主要成分是转化糖，大约含果糖37%、葡萄糖36%、蔗糖2%、水分18%和其他营养和芳香物质。由于其价格较高，在焙烤食品中应用不多。

2.1.7 各种糖的选用

糖可以影响产品特别是烘焙食品的色、香、味、形。糖类物质除了起到甜味剂的作用外，还会影响到焦糖化反应和美拉德反应的发生。食品生产时选用什么糖，应该考虑糖的甜度、溶解度、结晶性、吸湿性、保潮性、抗氧化性、渗透压、黏度、熔点、焦化点和还原性等因素。因此我们首先应该了解糖的一些性质和作用。

由于白砂糖是非还原性糖，所以与面团中的蛋白质发生美拉德反应的几率很小，因此不宜于作为面包表面上色用的涂料成分，面应以饴糖（含较多的麦芽糖）和含果糖较多的蜂蜜、果葡糖浆、转化糖浆等代替之；这些糖与含蛋白质（或多肽、氨基酸）较多的物料如蛋清、豆浆、牛奶、酸奶等混合后，经高温烘烤而发生美拉德反应，这样就可以赋予面包相应的色泽和风味。不过有资料说蔗糖经过发酵后已经完全转化为葡萄糖和果糖，也可以使面包产生很好的红棕色。

2.2 食 盐

2.2.1 食盐的化学成分与分类

食盐是日常生活必需品，是重要的食品工业原料，主要化学成分是氯化钠，其他成分随来源和加工状况而有所不同。比如说海盐就含有少量氯化镁、氯化钾，还含有硫酸钙、硫酸镁、硫酸钠、硫酸钾和碳酸镁等；精制碘盐就含有一定比例的碘酸钾。天然盐根据其来源有矿盐（地下盐矿开采来的盐）、海盐（海水盐田晒制的盐）和池盐（从咸水湖采取的盐）等。

2.2.2 食盐的作用

1)食盐能改善面团的理化性质

食盐是人体重要的营养物质,也是一种主要的咸味剂。咸味是“百味之首”,所以在面团中添加适量食盐不仅可以产生咸味,而且咸味对其他风味有调节作用。例如,少量食盐能使酸味、甜味、鲜味增强,而大量使用时会使酸味减弱,甚至产生苦味。

少量的食盐(1% ~1.5%)能增强面筋的筋力和弹性强度,增加面包的持气能力。食盐易溶于水,并形成水化离子,使溶液的渗透压增加。因此,在面团中加入适量的食盐,可以抑制蛋白酶的活性,减少其对面筋蛋白的破坏;食盐还可以增加面筋的吸水能力;食盐与面筋蛋白直接作用,可以降低蛋白质的溶解度等,从而可以提高面筋生成率,并使面筋质地紧密,韧性和弹性增强(低筋面粉可多用,高筋面粉可少用),使面团持气能力提高等。

食盐可使面包瓤色变白且有光泽,使面包组织细密,蜂窝壁薄而透明,从而可以刺激人的食欲。食盐也是淀粉酶的活化剂,可促进淀粉水解,增加甜度。

2)食盐对面团发酵速度的影响

食盐对面团发酵速度的影响有两方面:一方面,食盐是酵母的必需养分之一,因此在面团中添加适量食盐,有利于酵母的生长繁殖,加速面团发酵;另一方面,酵母对食盐渗透压抵抗力较弱,因此,面团中食盐使用量过多时,会抑制酵母的生长繁殖,从而导致面团发酵能力减慢。

2.3 蛋 品

粮油食品加工中使用的蛋主要是鸡蛋,在焙烤类食品特别是蛋糕、蛋卷、鸡蛋面包和蛋黄饼干中用量较大。蛋制品则包括了全蛋粉、蛋黄粉等。全蛋粉是将鸡蛋去壳后,经喷雾高温干燥而成。

2.3.1 鸡蛋的组成与理化性质

鸡蛋包括蛋壳、蛋白和蛋黄 3 个部分。蛋壳的主要成分是碳酸钙。蛋白、蛋黄主要由水分、蛋白质、脂类、糖类、矿物质和维生素等组成;蛋白中水分大约占 87 %,蛋白质大约占 12%,其他物质很少;而蛋黄中水分大约占 58%,蛋白质大约占 16 %,脂类大约占 30%(包括约 20% 的脂肪和 10%磷脂),维生素比蛋白中多。

鲜蛋白的 pH 为 7.2 ~7.6,蛋黄的 pH 为 6.0 ~6.4,全蛋液呈中性。在贮存过程中,随着 CO_2 的不断蒸发,蛋液的 pH 不断升高。因此,可以根据蛋液的 pH 来判断蛋的新鲜程度。

一般认为蛋白液的冰点为-0.48 ℃,蛋黄液的冰点为-0.58 ℃,带壳蛋贮藏时的适宜温度为的-1.5~2 ℃,温度太低易将蛋壳冻裂。

蛋黄中含有卵磷脂,这是一种天然乳化剂,能促进水、油等物质的混合,增加持水性。从而使制品质地均匀、细腻,疏松柔软。

2.3.2 蛋白的起泡性

蛋白是一种亲水胶体,具有良好的起泡性。在加入面团时,能够促进产品体积的膨大;在单独搅打时,也能够吸收空气形成泡沫。泡沫的形成与蛋白液的黏度、温度、pH、油脂和新鲜度有关。搅打蛋白时,常常加入糖,可以增加黏度,增强泡沫的稳定性。但是,葡萄糖、果糖等还原糖与蛋白质在一起容易发生美拉德反应而变色,因此应该适用非还原性的蔗糖。

新鲜蛋白在30 ℃时黏度最稳定,起泡性也最好。温度太高或太低都不利于起泡,因此要注意搅打时蛋白的温度,另外,高速搅拌会产生热量,使蛋白温度升高。

蛋白在偏酸性条件下形成的泡沫比较稳定,因此在搅打蛋白时常常加入酸性磷酸盐、酸性酒石酸钾、醋酸及柠檬酸等来调节蛋白的pH。油是一种消泡剂,打蛋白时不能碰到油。有时蛋黄与蛋白分开搅拌,就是因为蛋黄中含有较多的油脂的缘故。新鲜蛋的起泡性好,不新鲜的蛋起泡性差。

2.3.3 对食品色、香味、形和营养价值的影响

蛋黄的加入,能够使制品产生黄色;蛋品本身的营养价值对产品的也是一种营养强化。在面包胚表面涂上一层蛋液,在烘焙时能够发生美拉德反应,产生诱人的色泽。

2.4 乳　品

乳品是生产面包糕点的重要辅料,不但能增加制品的营养成分,而且在工艺性能方面也可以发挥重要作用。乳品中的蛋白质可分为可溶解的乳清蛋白和悬浮的酪蛋白(占蛋白质总量的80%~82%)两类。酪蛋白在20 ℃,pH为4.6时易沉淀。这时残留于溶液上清液中的蛋白质即是乳清蛋白。由于酪蛋验难以消化,而乳清蛋白则容易消化。因此乳清蛋白较酪蛋白的营养价值高。人乳与牛乳相反,其中酪蛋白少而乳清蛋白多,因此可以通过在牛乳中添加乳清蛋白的含量来配制出接近人乳的营养奶粉。

乳清蛋白是作为干酪工业的副产品而产生的。目前常用的乳清制品有乳清粉和乳清蛋白浓缩物(WPC)。WPC具有乳化、胶凝等作用,在烘焙制品中可部分代替鸡蛋、奶粉。在油炸食品中可减少耗油量,降低成本。

在面包、糕点中所使用的乳制品有鲜乳、全脂乳粉、脱脂乳粉、甜炼乳和淡炼乳等。奶油也是从乳中提取的。面团中添加乳粉,可以提高面团的吸水率、筋力、搅拌耐力,可改善制品的组织结构,延缓老化,提高营养价值,同时也是焙烤食品的着色剂。另外,酸奶的发

酵过程使奶中糖、蛋白质有20%左右被水解成为小的分子(如葡萄糖、半乳糖和乳酸、小的肽链和氨基酸)这使得其营养价值与加工性能都与鲜奶不同。

2.5 酵母菌

2.5.1 酵母菌简介

酵母是一种单细胞真菌,是人类文明史中被应用得最早的微生物;目前已知有1 000多种。酵母菌在自然界分布广泛,主要生长在偏酸性的潮湿的含糖环境中。可作为食品食用,也可用于食品发酵。在发酵食品如面包、馒头、酿酒等食品的生产中酵母菌十分重要。多数酵母可以分离于富含糖类的环境中,如一些水果(葡萄、苹果、桃等)或者植物分泌物(如仙人掌的汁)。

酵母菌生长的最适温度一般在26~30 ℃。在低于水的冰点或者高于47 ℃的温度下,酵母细胞一般不能生长。酵母菌能在pH为3.0~7.5的范围内生长,生长的的最适pH为4.5~5.0。像细菌一样,酵母菌必须有水才能存活,但酵母需要的水分比细菌少,某些酵母能在水分极少的环境中生长,如蜂蜜和果酱,这表明它们对渗透压有相当高的耐受性。酿酒酵母(也称面包酵母)是人们最常提到的一类,几千年前人类就用其发酵面包和酒类,在发酵面包和馒头的过程中面团中会放出二氧化碳而使面团膨胀。

酵母菌在有氧和无氧的环境中都能生长,是兼性厌氧菌。在有氧的情况下,它把糖分解成二氧化碳和水且酵母菌生长较快;在缺氧的情况下,酵母菌把糖分解成酒精和二氧化碳。

2.5.2 几种酵母菌

1)茶酵母

人们在制作红茶时,首先会将茶杀青,之后进行低温发酵,发酵之后,酵母菌便功成身退,沉淀在底部。这时的酵母菌早已吸收了茶的精华养分,此时如果将其捞起,经过洗净、消毒、干燥,就制成了茶酵母。茶酵母所含的茶多酚具有高于Ve10倍的抗氧化能力,能有效降血脂,改善由肥胖及血脂偏高引起疾病。

2)啤酒酵母

人类在1883年开始分离培养酵母并将它用于酿造啤酒。啤酒酵母除用于酿造啤酒、酒精及其他的饮料酒外,还可发酵面包。菌体维生素、蛋白质含量高,可作食用、药用和饲料酵母,还可以从其中提取细胞色素C、核酸、谷胱甘肽、凝血质、辅酶A和三磷酸腺苷等。在维生素的微生物测定中,常用啤酒酵母测定生物素、泛酸、硫胺素、吡哆醇和肌醇等。

啤酒酵母在麦芽汁琼脂培养基上菌落为乳白色,有光泽,平坦,边缘整齐。无性繁殖以芽殖为主。能发酵葡萄糖、麦芽糖、半乳糖和蔗糖，不能发酵乳糖和蜜二糖。

3）面包酵母

（1）面包酵母的种类

面包酵母又分压榨酵母、活性干酵母和快速活性干酵母。

①压榨酵母：采用酿酒酵母生产的含水分70% ~73%的块状产品。呈淡黄色，具有紧密的结构且易粉碎，有强的发面能力。在0 ℃能保藏2 ~3 个月的产品最初是用板框压滤机将离心后的酵母乳压榨脱水得到的，因而被称为压榨酵母，俗称鲜酵母。新鲜的压缩酵母不宜冷藏过久，如果保存的时间过长，酵母会开始变为棕褐色，而且冷藏期延长的话，酵母作为膨松剂的效果会降低。发面时，其用量为面粉量的1% ~2%，发面温度为28 ~30 ℃，如果温度超过54 ℃，酵母便会失去活性。发面时间随酵母用量、发面温度和面团含糖量等因素而异，一般为1 ~3 h。

②活性干酵母：采用酿酒酵母生产的含水分8%左右、颗粒状、具有发面能力的干酵母产品。它是采用具有耐干燥能力、发酵力稳定的酵母经培养得到鲜酵母，再经挤压成型和干燥而制成。发酵效果与压榨酵母相近。产品用真空或充惰性气体（如氮气或二氧化碳）的铝箔袋或金属罐包装，货架寿命为半年到1 年。与压榨酵母相比，它具有保藏期长，不需低温保藏，运输和使用方便等优点。

③快速活性干酵母：一种新型的具有快速高效发酵力的细小颗粒状（直径小于1 mm）产品。水分含量为4% ~6%。它是在活性干酵母的基础上，采用遗传工程技术获得高度耐干燥的酿酒酵母菌株，经特殊的营养配比和严格的增殖培养条件以及采用流化床干燥设备干燥而得。与活性干酵母相同，采用真空或充惰性气体保藏，货架寿命为1 年以上。与活性干酵母相比，颗粒较小，发酵力高，使用时不需先水化而可直接与面粉混合加水制成面团发酵，在短时间内发酵完毕即可焙烤成食品。

（2）影响面包酵母菌活性的因素

在面包的实际生产中，酵母的发酵受到以下因素的影响。

①温度：酵母的活性受温度的影响很大，酵母在温度太高（>50 ℃）的水中，可能会被杀死。在温度太低（<15 ℃）的水中，活性大大降低。因此，不能用冷水（<10 ℃）与酵母直接接触，以免破坏酵母的活性。酵母生长的适宜温度为27 ~32 ℃，最适温度为27 ~28 ℃。实际生产中，发酵的最佳温度为26.7 ~27.8 ℃。当温度超过30 ℃时（32 ~38 ℃为快速反应阶段），会使面包外表色泽变暗，内部纹理变粗内，酸度上升，颜色变暗。如果是二次发酵法，会使第二次调粉时的加水量减少，面团弹性降低，产品收得率下降。

有资料说，当温度达到35 ~38 ℃时，产气量达到最大；因此，面团的醒发温度应该控制在35 ~40 ℃；也有人主张38 ~40 ℃。

发酵时温度太高，酵母衰老快，也易产生杂菌。醋酸菌的最适温度为35 ℃，乳酸菌为37 ℃；因此，发酵时的最高温度不要超过35 ℃，否则会提高面包的酸度。

②pH 值：面团的pH 值最适于4 ~6。微酸性（pH 为5 ~6）环境有利于酵母的生长，最适pH 为5.0 ~5.8。酸性太强，会促进淀粉、蛋白质的水解，软化面筋，降低面团的持气性，也会使面团的口味偏酸。碱性太强时，不利于酵母菌的生长，同时会使面团发黄。当pH<4 或pH>8 时，酵母的活性都将受到大大的抑制。如果需要，我们可以通过加入苏打、小苏

打、醋酸、乳酸或柠檬酸等物质进行酸碱度的调节。

③渗透压:酵母菌的细胞外有一半透性细胞膜,外界物质浓度的高低影响酵母细胞的活性。面团中的糖、盐等成分均可以产生渗透压。渗透压过高,会使酵母体内的原生质和水分渗出细胞膜,造成质壁分离,使酵母菌无法正常生长直至死亡。耐盐性和耐糖性是酵母菌的两个重要指标。现在流行的即发干酵母,就有耐糖和不耐糖之分;不同种类的酵母耐渗透压的能力也不同。干酵母比鲜酵母有较强的耐渗透压能力。当然也有一些酵母在高浓度下仍可生存,并发酵。因此,对于不同的面包产品,应该合理选用适宜的酵母,避免出现生产事故。

在面包生产中,影响渗透压大小的主要是糖、盐这两种原料。当配方中的糖量<5%时,对酵母的发酵不起抑制作用,反而可促进酵母发酵作用。当超过6%时,便会抑制发酵作用,如果超过10%时,发酵速度会明显减慢,在葡萄糖、果糖、蔗糖和麦芽糖中,麦芽糖的抑制作用比前三种糖小,这是因为麦芽糖的渗透压比其他糖要低;当盐的用量达到2%时,发酵即受影响。

④糖:糖作为酵母的营养物质,有利于促进酵母菌的生长繁殖;但如果过量则对酵母不利。一般来说,糖在面粉中的含量以4%~8%为宜,超过8%时,会抑制酵母菌的生长。可以被酵母直接采用的糖是葡萄糖、果糖。蔗糖则需要经过酵母中的转化酶的作用,分解为葡萄糖和果糖后,再为发酵提供能源。还有麦芽糖,是由面粉中的淀粉酶分解面粉内的破碎淀粉而得到的,经酵母中的麦芽糖酶转化变成2分子葡萄糖后也可以被利用。

⑤油脂:过多油脂的存在会影响酵母菌的生长,因此,在二次发酵法生产面包时,不宜过早加入油脂。

⑥水分:水是酵母生长繁殖所必需的物质,任何营养物质都必须借助于水的介质作用才能为酵母所吸收利用。因此,搅拌时加水量多,较软的面团,发酵速度也较快。

水的硬度:硬度的高低可以反映水中含有Ca^{2+}、Mg^{2+}等金属离子的多少。硬度过高,易使面筋硬化,不利于酵母菌的生长。使面包口感粗糙,易掉渣。遇到硬水,可采用煮沸的方法降低其硬度。在工艺上可采用增加酵母菌的用量,提高发酵温度,延长发酵时间等。由于Ca^{2+}、Mg^{2+}等金属离子本身是酵母菌的营养成分,所以当硬度过低时,面团又难以起发,易塌陷。这时可采用添加$CaCO_3$、$CaSO_4$来进行改善。面包用水以8°~12°为好。

(3)面包酵母的使用方法

①预处理:如果是即发活性干酵母,可与面粉直接混合,再加温水搅拌;也可加入面糊中或38 ℃左右的温水中活化15 min,然后再调粉。注意,酵母菌应尽量避免其与油脂、高浓度的糖、盐等物质直接接触。

当室温超过30 ℃时,干酵母应在搅拌完成前的5~6 min(此时面团初步形成)干撒在面团上搅拌均匀。原因是温度太高时,过早地加入酵母菌,会出现边搅拌边发酵的情况,这会影响到面团的搅拌质量。

鲜酵母与活性干酵母在使用前一般要经过活化处理,活化方法为:用30~35 ℃的温水活化15~20 min;或将鲜酵母投入24~30 ℃的温水中,加入少量糖(不可多),搅匀,静置20~30 min;当表面出现大量气泡时,即可投入生产。

鲜酵母在高速搅拌机中使用时，可不用水活化。活性干酵母的活化方法是：10 g 的酵母+70 g 的水（27 ~30 ℃）+5 g 砂糖，发酵驯化 30 ~45 min 即可使用；也有将葡萄糖、饴糖、麦芽糖、脱脂奶粉放入酵母水中搅拌成乳浊液备用的情况（注意浓度适当）。

②酵母的加入量：酵母用量的多少不仅影响产品质量，也影响到生产效率和经济效益。酵母用量太少会使发酵时间过长，不仅浪费工时，延长生产周期，增加生产成本；而且面筋容易塌陷，影响面包质量。反之，酵母用量太多，面团发酵太快，会使面包结构粗糙，过多的酵母还会产生明显的酵母味，影响面包风味。

通常使用一次发酵法制作主食咸面包时，酵母可用 1.5% ~2%（以鲜酵母计）。二次发酵法则可降为 0.75% ~1%。快速发酵法则需增加至 2.5% ~3%。当然，酵母的用量还需根据许多因素进行调整，包括酵母活性、原料性质、配方、面包制作方法以及操作条件等。例如，筋力强的小麦粉发酵时间长，酵母可适当多用。配方中糖、盐等渗透压高的原料用量大时，酵母应多用些。发酵温度高，面团发酵快，酵母可节省些。面包制作方法不同时，所用酵母量也不同。一般快速发酵法用量最多，一次发酵法次之，二次发酵法最省。此外，酵母的品质也有很大关系，活力高的酵母用量可以少些。

使用不同种类的酵母，其用量比例如下：

鲜酵母：活性干酵母：即发活性干酵母=100：（45 ~50）：（30 ~35）

一般来说，干酵母的用量为面粉质量的 0.2% ~1%。加多加少应考虑以下因素：

a. 发酵方法：发酵的次数越多，酵母的用量就越少。因此，快速发酵法用量最多，一次发酵法次之，二次发酵法用量最少。

b. 配方：辅料越多，特别是糖、盐的用量高时，其对酵母菌的渗透压也大，这时要多加酵母。鸡蛋、奶粉用量多，面团韧性增强，也应增加用量。因此，点心面包的用量多，主食面包的用量少。

c. 面粉的筋力：筋力大，用量多；筋力小，用量少。

d. 季节：夏天少，冬天多。

e. 面团的软硬度：加水多的面团，发酵快，可少用酵母。加水少的面团，则应多加酵母。

f. 水质：硬度高的水要多加，硬度低的水则要少加。

g. 酵母的质量：不管什么酵母，随着保藏时间的延长，其活性都有不同程度的降低，用量自然会随之增加。鲜酵母的贮存期为 3 ~4 周，活性干酵母的贮存期为 1 年左右，即发干酵母的贮存期为 3 ~5 年（充氮密封条件下；如果开封后，其贮存期会大大缩短。因此，开封后的酵母应注意密封，于阴凉、干燥处保存）。不同酵母的用量比为：鲜酵母：活性干酵母：即发干酵母=1：0.5：0.3。

（4）不同面包酵母的发酵特性

发酵特性是指酵母生长的速度、发酵耐力的强弱和发酵后劲的大小。所谓的酵母后劲，是指酵母在面团发酵过程中，前一阶段发酵速度较慢，越往后发酵速度越快，产气量多且产气时间长，面团膨胀大；而且面团发酵适度后，仍能在一定时间内（15 ~20 min）保持不塌陷。

发酵的耐力强，后劲大的面包酵母，可使产品体积大，组织疏松有弹性；反之，不仅产品体积小，组织紧密，缺乏弹性，而且面团在醒发过程中易塌陷。酵母的这一特性在面包的生产工艺中是非常重要的，它有利于工人对发酵工序的控制，有利于醒发和烘焙工序的衔接，减少面团醒发期间的损失和次品。

酵母后劲小或无后劲是指在发酵的前一阶段速度较快，越往后发酵速度越慢，产气量减小，到了发酵高峰后，酵母停止产气气活动，面团如果不及时入炉烘焙，再继续发酵就会使面团因其内部气压减小而凹陷、收缩成为废品。使用后劲小或无后劲的酵母的面团，在醒发过程中相当难控制，稍一过度，就会使面团塌陷而不能烘焙。

因此，使用一种酵母时，应该通过小型发酵实验摸索出它的特性和规律，制订出正确的发酵工艺后，再大批量投入生产，以免造成不应有的损失。

(5)面包酵母的选购

①注意产品的生产日期：应选购生产日期最近或在保质期内的产品。

②要选用包装坚硬的酵母：因为即发活性干酵母采用的是真空密封包装，如果包装袋变软，说明可能漏气，干酵母接触空气后，对其活性不利。

③要选购适合面包配方要求的酵母：即使是同一品牌的即发活性干酵母，也有不同的包装颜色或印有不同的文字，以区别适合什么配方（主要是指高糖、低糖）的产品。高糖配方（糖与面粉比例高于8%）应选用高糖酵母，低糖配方（糖与面粉比例低于8%）应选用低糖酵母。不能交叉使用。

(6)面包酵母的贮藏

酵母菌是有寿命的，存放时间越长，存活酵母越少。如果是没有开封的，按标签说明保存；如果开封，用完后应立即密封并在低温阴凉处（或冰箱中）保存。保存时间太长（特别是开封过的）的酵母，应该检验其活性然后使用。

需要说明的是，面团的发酵除了采用上述产品外，还有其他物质可以选用。如酒种（米酒、醪糟）、啤酒花种、酸面团（大麦酸面团、小麦酸面团，其中包含酵母菌、醋酸菌和乳酸菌等）和老面团等。

2.6 化学膨松剂

2.6.1 碳酸钠

碳酸钠（Na_2CO_3）又名纯碱，但分类属于盐，不属于碱。国际贸易中又名苏打或碱灰。它是一种重要的有机化工原料，主要用于平板玻璃、玻璃制品和陶瓷釉的生产。还广泛用于生活洗涤、酸类中和以及食品加工等。在食品工业中主要用作酸度调节剂和膨松剂。

2.6.2 碳酸钾

碳酸钾（K_2CO_3）为无色或白色结晶体或粉末，具有强碱性，可由化工厂工业制取，也可由植物灰分浸提而得。

①蓬灰：主要成分是碳酸钾，分子式 K_2CO_3。蓬灰是用蓬柴草烧制而成的草灰，经过上百年的使用。灰蓬，有些地方又叫水蓬、飞蓬、蓬柴。生于丘陵、山地、荒滩，是一种含碱较高的草本植物。可用于面条、混沌皮中，能产生特殊风味、色泽和韧性。

②枧水：枧水是广式月饼的传统辅料，主要含有 K_2CO_3 和 Na_2CO_3。关于枧水的知识，详见第3章3.2节。

2.6.3 碳酸氢钠

碳酸氢钠（$NaHCO_3$）俗称小苏打，白色晶体粉末、无臭、味咸。加热至50 ℃时开始产生 CO_2。水溶液呈弱碱性（25 ℃，0.8%的水溶液的pH为8.3），遇酸则强烈分解，在面团中使用时，可因产生大量 CO_2 而使其膨松，但也由于产生了碳酸钠而使面团碱性增强。

2.6.4 碳酸氢铵

碳酸氢铵（NH_4HCO_3）俗称臭粉，加热分解后产生 CO_2 和 NH_3，因此其对膨松效果明显。但由于的氨气产生的原因，产品会带氨臭味。可单独使用，也可与碳酸氢钠、发酵粉复配使用。与碳酸氢钠复配使用的配方大致如表2.1所示。

表2.1 碳酸氢铵与碳酸氢钠复配使用的配方

	酥性饼干	韧性饼干	甜酥饼干	酥性糕点
$NaHCO_3$	0.2%~0.3%	0.35%~5.4%	0.15%~0.2%	0.2%~0.6%
NH_4HCO_3	0.5%~0.6%	0.7%~0.8%	0.3%~0.4%	0.16%~0.45%

2.6.5 十二水合硫酸铝钾

十二水合硫酸铝钾（$KAl(SO_4)_2 \cdot 12H_2O$），又称明矾、白矾、钾矾、钾铝矾、钾明矾，是含有结晶水的硫酸钾和硫酸铝的复盐。天然明矾为无色立方晶体，加工后可呈粉末状；无臭，味微甜带涩。水溶液呈酸性，常与碱性膨松剂复配使用，相互中和并产生气体。明矾与碳酸氢钠反应缓慢，产气不快。二者相互中和，并使食品酥脆。可用于油炸食品如油条、麻花、兰花豆等。例如，在油条中的用量为1%~3%。用量多，制品质地硬而脆，但食品也会因此而带止涩味。可用于配制发泡打粉，有时比例达50%左右。也可用作净水剂，用量为0.01%。

中医认为，“白矾味酸，化痰解毒，治症多能，难以尽述”。但是，有资料说，长期、过量使用含铝制品，可能对人体产生危害。

2.6.6 十二水合硫酸铝铵

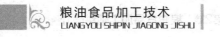

十二水合硫酸铝铵($NH_4Al(SO_4)_2 \cdot 12H_2O$),又称铵明矾,由硫酸铝溶液与硫酸铵溶液反应,并经冷却结晶、离心分离、洗涤和干燥制得。可以代替钾明矾作净水剂和膨松剂使用。中国规定可用于油炸食品、虾片、豆制品、发酵粉、威夫饼干、膨化食品和水产品,要求铝的残留量≤100 mg/kg。由于铵明矾中的铝和铁盐遇蔬菜中的色素形成络盐而不褪色,可作为腌菜的护色剂。用铵矾的收敛作用,可改善某些食品的咀嚼感。面包、糕饼类的膨松剂原料(酸性剂),添加量为小麦粉的0.15% ~0.5%。

硫酸铝铵是一种合法的食品添加剂。只要不超过国家规定的最大用量,对人体就不会产生消极影响。但如果长期使用,铝元素会在体内蓄积,超过一定量时,容易患上神经系统疾病。根据世界卫生组织的评估,规定铝的每日摄入量为0~0.6 mg/kg,kg指人的质量,即一个60 kg的人允许摄入量最高为36 mg。

自2014年7月起,全国执行新规,馒头、发糕等面制品(除油炸面制品、挂浆用的面糊、裹粉、煎炸粉外)不能添加含铝膨松剂明矾(硫酸铝钾和硫酸铝铵),而在膨化食品中也不再允许使用任何含铝食品添加剂。

2.6.7 泡打粉

泡打粉属于一种复合膨松剂,以往的泡打粉一般主要成分为明矾(钾明矾或铵明矾),现在由于人们对铝元素的防范意识,配方中去掉了明矾。下面为4种泡打粉的配方:

①香甜泡打粉a:硫酸铝铵(无水物)40%、碳酸氢钠38%、碳酸钙16%、食用玉米淀粉、蒸馏单硬脂酸甘油脂≤2%、糖精钠≤0.1%、食用香精≤0.06%。

②香甜泡打粉b:钾明矾(无水物)46%、碳酸氢钠、碳酸钙、淀粉、糖精钠0.3%、香兰素。

③香甜泡打粉c:无水硫酸铝钾47%、碳酸氢钠42%、碳酸钙5%、食用玉米淀粉、蒸馏单硬脂酸甘油脂≤2%、糖精钠≤0.3%、食用香精≤0.06%。

④无铝害双效泡打粉:焦磷酸二氢二钠48.5%、碳酸氢钠39.2%、碳酸钙7.7%、食用淀粉。

2.7 酸度调节剂

食品原料的酸碱度需要酸性物质和碱性物质一起来调节,以上所说的碳酸钠、碳酸钾、碳酸氢钠属于碱性物质。这里主要介绍几种酸性物质。

2.7.1 柠檬酸

柠檬酸亦称枸橼酸。可带一分子结晶水或不带结晶水，为无色半透明结晶，或白色晶体颗粒或粉末，有强酸味。存在于柠檬、柚子、柑橘等酸味水果中。酸味柔和爽快，如果与柠檬酸钠复配使用，酸味更加柔美。在粮油食品加工中可作为面团的酸度调节剂。也可以取鲜果直接捏汁使用。

2.7.2 酒石酸氢钾

酒石酸氢钾俗称塔塔粉，为白色晶体粉末；无臭，有愉快的清凉酸味；是酿造葡萄酒时的副产品，17 ℃下其饱和水溶液的 pH 为 3.66。产气缓慢，可作膨松剂和酸度调节剂。本品主要用于焙烤食品，用量不作规定，最大可达膨松剂总量的 1/3。L-酒石酸也可用作膨松剂，具有速效膨松的作用，焙烤食品中用量为 0.1%，在布丁食品中用量为 0.006%。

塔塔粉是制作戚风蛋糕必不可少的原材料之一。戚风蛋糕是利用蛋清来起发的，蛋清是偏碱性，pH 达到 7.6，而且蛋储存得越久，蛋白的碱性就越强。而蛋清在偏酸的环境下也就是 pH 在 4.6 ~4.8 时才能形成膨松安定的泡沫，起发后才能添加大量的其他配料下去。而用大量蛋白做制作的食物都有碱味且色带黄，加了塔塔粉不但可中和碱味，颜色也会较雪白。戚风蛋糕正是将蛋清和蛋黄分开搅拌，蛋清搅拌起发后需要拌入蛋黄部分的面糊下去，如果没有添加塔塔粉的蛋清虽然能打发，但是要加入蛋黄面糊下去则会下陷，不能成型。所以可以利用塔塔粉的这一特性来达到最佳效果。如果没有塔塔粉，也可以用一些酸性原料如柠檬汁或橘子汁或者白醋来代替，但是使用的份量要斟酌，因为这些果汁的酸度不一。

2.7.3 葡萄糖酸-δ-内酯

在水溶液中能够缓慢水解，开始时味甜，然后转而成酸味。其溶液在室温下放置 2 h 左右，即水解成 55% ~60% 的葡萄糖酸和 40% ~45% 的内酯的混合物。2% 葡萄糖酸-δ-内酯水溶液的 pH 为 3.2，2 h 后变为 2.3。葡萄糖酸-δ-内酯在食品加工中可作为酸度调节剂，也可作为豆腐加工中的凝固剂。

2.7.4 乳酸

工业上制备乳酸，是用淀粉、葡萄糖或牛乳原料，接种乳酸杆菌经发酵生成乳酸而得。乳酸可作为酸度调节剂、防腐剂和风味增强剂。

2.7.5 醋酸

醋酸学名乙酸，可由酿造或乙醇、乙烯通过化学反应制取。100% 的乙酸在 16.75 ℃ 凝固成冰状结晶，故纯乙酸又称冰醋酸。

2.8 改良剂

2.8.1 乳化剂

乳化剂是将两种互不相溶的液体能够相互溶解的物质。其在食品中不仅仅是起到油水相溶的作用,还有其他许多作用。

1)乳化剂在粮油食品中的作用

①能控制、改进油脂的结晶:如油脂中甘油酸脂呈现的多熔点现象,是同质多晶的出现所造成的。这种现象与两方面的因素有关:一是脂肪酸分子烃链的上下堆砌方式不同;二是倾斜角度不同。控制了食品中油脂的结晶结构,就可以改善口感,乳化剂有这方面的作用。

②本身的二亲特性,可以增加食品组分间的亲和性,降低界面张力,提高食品质量。与淀粉形成络合物,使产品得到较好的瓤结构,增大食品体积,保鲜防老化。与原料中的蛋白质及脂肪络合,可改善食品结构及流变特性,增强面团强度,提高食品持水性。

③乳化剂可被吸附在气液界面,降低了界面张力,增加了气体和液体接触的面积,有利于发泡和泡沫的稳定。

④有杀菌,促进营养吸收的作用。

2)在食品中常用的乳化剂的种类

(1)单硬脂酰甘油酯

单硬脂酰甘油酯简称单甘酯,是由硬脂酸与甘油在催化剂存在下加热酯化制得,呈微黄色、蜡状固体,不溶于水。既是水/油型乳化剂,又可作为油/水型乳化剂的稳定剂。使用范围为油脂,专用面粉等,其最大使用量为6 g/kg,对糕点的制造也有效果,添加量一般在0.2% ~0.5%。单甘酯具有杀菌、防霉、抗氧化和乳化作用,是食品添加剂中的一个老品种,在食品工业中有着重要地位。在粗杂粮类食品开发中,单甘酯可作为蛋白质的改良剂。例如,在豆腐凝固剂中,加入适量的单甘酯,不仅豆腐细嫩、观感好,而且得率提高,起到了凝固助剂的作用。

(2)硬脂酰乳酸钙钠

硬脂酰乳酸钙钠可用于面包、馒头、饺子、面条的专用粉中。在面包、馒头专用粉的搅拌过程中,能增加面团的耐性和耐机械加工性,增加面团对配料变化的耐受力。在面团发酵方面有助于获得较高成品率和相当好的产品质量,能改进发面制品内部结构和质地,加固发面制品边壁。从而改进了堆放性能,有利于成品包装运输,改善成品的切片功能,且成品口感细腻,有咬劲。硬脂酰乳酸钙钠和面团中的淀粉作用而使面包、馒头组织柔软,有弹性,保水性增强,保鲜期延长。在饺子、面条专用粉中,硬脂酰乳酸钙钠能使面团耐机械搅拌性好,制作饺子面皮时,不黏棍及壁器同时,面皮之间不粘连。在成品蒸煮时饺子不易破裂。在制作面条时，面条之间不粘连，面条不浑汤，不易断条，淀粉流失少。

（3）大豆磷脂

大豆磷脂主要是卵磷脂和肌醇磷脂。本品一般为制作豆油时的副产品。先将大豆油的油脚中的溶剂蒸发除去，用乙醚、乙醇提取磷脂类物质，在丙酮中沉淀，将粗结晶的磷脂沉淀分离，沉淀分享后的黄色初级产品，在 60 ℃下减压干燥，再将重结晶精制而得磷脂。大豆磷脂纯品是白色固体或半透明的黏稠物质，稍有特异臭，可分散溶解于水，在水中呈胶体溶液。溶于氯仿、乙醚、四氯化碳等有机溶剂。有吸湿性，在糕点制造中应用较广。在制造添有杂粮的饼干中添加大豆磷脂，则脂肪容易与粮食成分混合均匀，可以防止黏棍。使用量为面粉的1% ~2%。在油脂中也可以使用大豆磷脂，奶油中约添加0.2%，酥油中添加0.5%，可降低油脂的稠度。

3）有效使用乳化剂的粮油食品

（1）发面产品类

世界各国在面包中普遍使用甘油硬脂酸酯类，添加量为面粉质量的0.1% ~0.5%，所制得的面包体积大、气泡小而分布均匀。面包表皮和质地都更加柔软、细腻，颜色增白，还能够促进组分混合均匀，口味也得到进一步改善。特别是能够有效地阻止面包在储存运输过程中发干、变硬和发霉，延长货架期，防止老化。

添加时，先将其与和面水混合，再加入面粉中。在馒头、包子和大饼中添加乳化剂，均可以起到与相同的效果。

面包、饼干等食品中乳化剂的添加量一般不超过面粉的1%；通常为0.3% ~0.5%。如果添加的目的主要是乳化，则应以配方中的油脂总量为参照基准，一般为油脂的2% ~4%。大豆磷脂有一定的异味，在烘焙食品中的添加量一般为面粉质量的1.0% ~1.5%。

（2）面条、米线类

在保鲜面、长寿面、米线、米粉生产时添加硬脂酰乳酸盐，可增加面团弹性，降低米浆黏性，提高生产效率。

添加乳化剂后，面条制品在煮沸时不易糊烂，在食用时由于产品内部的筋力和表面光滑度有所提高而增加了咀嚼的劲道和爽滑感。乳化剂在面条、米粉中添加的方法有多种。有的将微细粉末状商品直接与面粉、米粉混合；有的将乳化剂和水、油脂等原料共同制成乳状液，用来拌和米粉、面粉，而最有效的方法是将固体状的乳化剂商品溶于热水中，冷却后用来拌和米粉、面粉。

（3）豆类食品

在豆腐加工中，当豆浆煮沸至温度80 ℃时，添加豆浆质量0.1%的单硬脂酰甘油酯，经搅拌均匀后再添加凝固剂，可提高豆腐得率9% ~13%。同时豆腐制品质地更加细腻，成型后不易破碎，口味也更佳。由于添加了单硬脂酰甘油酯，对豆浆煮沸过程有消泡作用，可以防止溢锅，这是因为乳化剂在低温条件下有发泡作用，而在高温时却有良好的消泡作用的缘故。在大豆蛋白中添加乳化剂，可使大豆蛋白的乳化功能得到改善。水中分散性增强。在大豆蛋白为配料的速食食品中，常常添加乳化剂。

（4）方便食品

目前，蛋白饮料、方便面、麦片、方便饭之类方便食品较快地增长和普及，而乳化剂的作用是提高此类商品的冲、泡、调性能和延长贮存期，故几乎无一不使用乳化剂。由于添加了乳化剂，能够显著地提高水的润湿和渗透，可使方便食品迅速地分散于水中，缩短开水冲泡食用的时间。食品乳化剂在方便食品中的使用量一般为0.1%～1.0%。

(5)糕点、饼干类

糕点、饼干类食品中的油脂含量近年来不断地增加，油脂用量的增加是为了提高高档糕点、饼干的脆性。乳化剂使油脂均匀地分散在饼干中，防止油脂从饼干中渗出，提高其脆性、保水性和防老化性能。在以各种粮食制作的糕点、饼干中添加面粉质量0.6%的甘油单硬脂酸酯或蔗糖脂肪酸酯，能达到上述目的。以蛋糕为例，将乳化剂对蛋糕生产的技术促进作用阐述如下。

①蛋糕传统生产工艺的缺点：要了解在蛋糕中为什么使用乳化剂，就必须首先了解蛋糕的传统生产工艺，了解蛋糕制作及影响蛋糕质量的关键因素是打蛋工序，即鸡蛋的起泡程度和泡沫的稳定性。起泡越充分，泡沫越稳定，则制出的蛋糕质量越好。蛋糕的传统工艺是采用糖、蛋快速搅打法，突出缺点是打发时间长，起泡不充分，泡沫稳定性差，工艺技术要求严格。例如，遇到夏季高温和碰撞等干扰时，泡沫很容易消失。因此鸡蛋与糖在搅打过程中一旦达到要求的泡沫体积，就要立即将面粉、水、膨松剂等物料混入蛋糖混合泡沫中调成面糊，调糊时间很短(10～30 s)，然后马上将面糊入炉烘烤，才能保证蛋糕质量。如果打蛋完成后不立即加入面粉等物料进行调糊，调糊后立即进行烘烤，遇到夏季高温和碰撞等干扰时，泡沫很容易消失，蛋糕制作就会失败。另外，鸡蛋泡沫蛋白膜的强度是有限的，膨胀到一定的程度就达到了极限。超过此极限，蛋白膜就要破裂，空气就消失，蛋糕也就做不成了；故蛋糕的传统打蛋工艺在技术上要求非常严格。此外，如果仅靠鸡蛋蛋白包住气体，也无法使蛋糕达到理想的膨胀程度、均匀的组织结构、细腻的口感等。

因此，传统生产工艺无法保证蛋糕质量，蛋糕内部气孔分布不均匀、气孔壁厚、组织不细腻、口感粗糙、易干硬。

②蛋糕油的作用：乳化剂的应用是对蛋糕传统生产工艺的技术促进。20世纪50年代以前，人们制作蛋糕时主要使用手工打蛋，劳动强度之大不难想象，蛋糕质量更无法保障。20世纪50年代以后，国内才逐步开始使用变速打蛋机，劳动强度大大降低，蛋糕质量也显著提高。国际上已于20世纪60—70年代在蛋糕中使用乳化剂。我国是在20世纪80年代末开始进口蛋糕油，在20世纪90年代初，国内逐步开始形成产业化，并很快在全国烘焙业内得到了推广应用。在蛋糕中应用乳化剂即蛋糕油作为蛋糕起泡剂，是对近百年的传统海绵蛋糕生产工艺的一次技术创新。

乳化剂对蛋糕生产工艺的技术促进表现在以下7个方面。

a.缩短打蛋时间：在搅打蛋糖混合物时，可使蛋糖混合液快速起泡。乳化剂的起泡性和稳定性是其在蛋糕生产中最主要的功能特性，可使传统打蛋时间缩短50%～70%，提高了生产效率，缩短了生产周期。

b.提高蛋糕面糊泡沫的稳定性：使用蛋糕油以后大大提高了蛋糕面糊泡沫的稳定性。即使面糊搅打完了以后放置一段时间，泡沫也不会消失，放置几个小时后仍不会塌落，这既为实际生产提供了极大的方便，又保证了蛋糕质量。而未使用蛋糕油的面糊，放置几小时后泡沫消失严重，比体积大大下降，而且无法制出合格的蛋糕。

将使用了蛋糕油的面糊放置几小时，观察其体积下降程度，发现使用了蛋糕油的面糊比体积下降很少。

c. 简化蛋糕生产工艺流程：可使传统的蛋糕面糊分步搅打法变为一步搅打法，可将所有原辅料混合后一起打成均匀的，确保质量的蛋糕面糊，大大缩短了生产周期。

d. 显著改善蛋糕的质量：乳化剂可与蛋糕面糊中的蛋白质形成复合膜，提高了复合膜的强度，使气泡稳定，配料分布均匀。蛋糕油能显著地改善蛋糕的综合品质。

e. 显著增大蛋糕体积：可显著增大蛋糕体积约30%，增加蛋糕的膨松度、弹性。使用蛋糕油后，面糊比体积较对照提高32.9%，蛋糕比体积较对照提高33.3%。比体积是面糊充气多少和蛋糕质量优劣的重要指标。比体积越大，面糊内充气越多，说明蛋糕质量越好。

f. 提高蛋糕的出品率：由于乳化剂具有强烈的亲水性，可增加蛋糕中液体（水、牛奶、果汁等）的使用量，故可大大提高蛋糕的出品率。

g. 延长蛋糕的保鲜期：由于乳化剂能与淀粉、蛋白质形成复合物，并具有良好的保水性，可使蛋糕保存较长时间，蛋糕内部湿润、柔软、不干硬。

③蛋糕油的配方：蛋糕油之所以引起蛋糕生产工艺的变革，最主要是因为其是多种乳化剂和稳定剂复合配制成的多功能蛋糕添加剂。蛋糕油一般是含有20%～40%的乳化剂的膏状或粉状混合物。

④蛋糕油的使用方法：蛋糕油主要是用作生产海棉蛋糕时的发泡剂和泡沫稳定剂。目前，蛋糕油的商品形态主要是膏状。使用方法如下：

a. 蛋+糖+水，高速搅打5 min；加入蛋糕油后再高速搅打5 min；再加入面粉、膨松剂、香料、其他配料，低速搅拌1 min，高速搅打1 min拌匀即可。

b. 蛋+糖+1/3水，高速搅打5 min；加入蛋糕油后再高速搅打5 min；加入面粉低速拌匀后，再高速搅打1～2 min加入油和剩余水高速拌匀即可。

c. 蛋+糖+1/3水，高速搅打5 min；加入面粉、蛋糕油、剩余水高速搅打5 min；中速拌匀，再用低速排除多余气体。此方法主要用于蛋糕卷的制作。

⑤蛋糕油使用不当造成的后果：尽管蛋糕油有许多优点，但是，如果使用不当，也会适得其反。在使用时，使用量应掌握好。其使用量与鸡蛋、膨松剂和水的用量有密切关系。一般蛋越多，蛋糕油用得越少。蛋用得越少，面粉就会用得越多，蛋糕油的用量也相应增加，蛋糕档次也随之下降。膨松剂多，蛋糕油也会少。水多，则蛋糕油也多。气温高的季节用量少，气温低的季节用量多。蛋糕油应该在糖、蛋搅打起泡、膨胀后再加入，然后继续搅打。

⑥使用了蛋糕油后在面糊的烘烤：由于蛋糕油的加入，增加了面糊的含水量，如果不注意烘烤温度，容易造成蛋糕内部湿度大的问题，因此这时的入炉温度不应该低于180 ℃。如生产小型涤棉蛋糕，入炉温度应该在180 ℃，2 min后提高到190 ℃以上，4 min后提高到200 ℃，8 min后提高到210 ℃。

2.8.2 氧化剂与还原剂

氧化剂可以氧化硫氢基团形成二硫键来增加面筋的筋力，同时具有漂白和提高面团弹性和韧性的作用；而还原剂则相反。在高筋面团搅拌时加入慢速氧化剂与还原剂，可以达到减小搅拌阻力，缩短搅拌时间并保持产品最终质量的目的。抗坏血酸在有氧条件下（比如在敞口搅拌机内）起氧化剂的作用，在无氧的条件下（在封闭系统的高速搅拌机内）起还原剂的作用。氧化剂中的溴酸钾因其安全性问题已被禁止使用,而抗坏血酸作为其代用品之一正在被广泛应用。

氧化剂一般很少单独使用,因为用量极少而无法与面粉混合均匀。一般都是配成复合型的面包添加剂使用。

2.8.3 小麦活性面筋

小麦活性面筋,亦称活性面筋、谷朊粉。它们是从小麦中提取出来的天然面筋蛋白质,蛋白质含量为75% ~80%。其中麦谷蛋白分子较大,分子量在$(5 \sim 100) \times 10^4$;麦胶蛋白分子相对较小,但很均匀,分子量在$(2 \sim 4) \times 10^4$。麦谷蛋白具有良好的弹性和韧性,但延展性差;麦胶蛋白具有良好的延展性,但弹性和韧性差;这两种蛋白质共同形成了面筋,弥补了各自的缺陷。

活性面筋是一种优良的面团改良剂,广泛用于面包、面条的生产中,也可用于肉类制品中作为保水剂。除了作为面团改良剂以外,活性面筋还可以增加食品的蛋白质含量。

活性面筋主要用于筋力较弱的面粉中以提高筋度,面包面粉中的添加量一般为0.5% ~1.5%。使用时,活性面筋要先与面粉混合,不可以直接加水,以防结块。活性面筋最大的缺点就是在水中易形成面筋球而难与面粉混合均匀以发挥应有的作用。因此,往往只有60% ~70%的活性面筋能够发挥作用。这时如果能够加入适量的乳化剂就能够避免这种情况的出现。

2.8.4 蛋白酶,淀粉酶

蛋白酶能够分解蛋白质成肽、氨基酸等物质,降低筋度,提高面团的可塑性。由于蛋白酶对蛋白质的分解是不可逆的,因此使用时要慎重。

面粉中可被酵母利用的糖很少,往面粉中添加适量的淀粉酶,可以将淀粉水解为可被酵母利用的糖,这样不仅可以加快发酵的速度,还能够改善面包风味、表皮色泽、柔软度和抗老化等性质。淀粉酶常常以麦芽粉的形式作为面团改良剂的成分。

2.9 凝固剂

豆浆经过煮浆后要靠凝固剂消除蛋白质表面的负电荷,才能发生胶凝。目前使用的凝固剂主要有:石膏(主要成分 $CaSO_4$)、盐卤(主要成分 $MgCl_2$)、葡萄糖酸-δ-内酯(GDL)和氯化钙($CaCl_2$),醋酸钙也是一种比较好的凝固剂。这些凝固剂量的胶凝作用,受到它们的胶凝能力、溶解度、离子强度(即对 pH 值的变化)等差别而有差异。所以在使用方法和使用量方面而有差异。不同的豆制品应选用不同的凝固剂。如豆腐、百叶宜采用石膏;豆腐干、油豆腐、豆腐脑、豆腐乳宜采用浓度为则宜采用 25°Bé 左右的盐卤。

2.9.1 石膏

石膏主要化学成分为硫酸钙,根据其结晶水的含量而分为生石膏、半熟石膏、熟石膏、过熟石膏4种。对豆浆的凝固作用以生石膏最快,熟石膏较慢,过熟石膏则几乎不起作用。用石膏作凝固剂制得的豆腐,其持水性、弹性较盐卤制得的好,质地也更加细腻。因此制嫩豆腐的凝固剂以采用石膏为好。没有经过烘焙的石膏,在使用时凝固作用快,成品的弹性足,但操作较难掌握;因此,一般均采用熟石膏。生石膏则必须经过烘焙并研成粉末后才能使用。其烘焙过程如下:把生石膏破碎成0.5~1 kg的小块放在煮浆灶第二孔炉膛二侧。石膏的纹路要顺着火势的走向,且不宜堆得太高、太多,以免影响烧火。每次堆放以25 kg为宜。如按每天烧火8 h计,约在烘焙3 d后,将石膏上下翻转再烘焙3 d。熟石膏为白色无光亮结晶体,取出后刷尽炉灰,放置20 d后即可使用。经烘焙的石膏如内部还残留有石膏晶体,则应继续烘焙,否则生、熟石膏混在一起是做不好豆腐的。同时,石膏也不能烘焙过度,否则会变成过熟石膏。

熟石膏粉直接撒在豆浆中难以起凝固作用,必须制成石膏浆方能使用。制法是取经过烘焙的石膏0.5 kg,放入研钵内,用研杆将石膏略加粉碎后,加入等量水,用研杆研磨,并陆续添加1.5~2 kg的水,待石膏成细腻浓稠状后,再加水2 kg搅拌,使水和石膏浆混合均匀。片刻后,颗粒较粗的往下沉淀,取其悬浮液可备点浆用。

用生石膏作凝固剂制得的豆腐,弹性较好,但由于凝固速度太快,操作较难掌握;因此,一般均采用熟石膏。石膏主要用于生产南豆腐。

石膏使用前应加水混合,然后采用冲浆法加入热豆浆内。所谓冲浆法即把需要加入的石膏和少量的熟浆放入同一容器中,然后把其余的熟浆同时冲入容器中,即可凝固成脑。使用石膏作凝固剂,豆浆的温度不宜太高,否则豆腐发硬,一般温度控制在85 ℃左右较为适宜。用石膏制成的豆腐,由于含有硫酸钙,因此会有一点苦涩味。石膏的最大使用量规定为1.5 g/kg。

2.9.2 卤水

卤水又称盐卤,是海水制盐后的副产品,味苦,故称苦卤,有固体和液体两种。液体浓度一般为25~27°Bé。固体是含氯化镁约46%的卤块。无论是液体还是固体,使用时均需调成浓度为15~16°Bé的溶液。用盐卤作凝固剂,蛋白质凝固速度快,蛋白质的网状结构容易收缩,制品持水性差,一般适合于制豆腐干、干豆腐等含水量比较低的产品。制得的产品没有涩味,口味较好。

盐卤的成分比较复杂,除主要成分氯化镁之外,还含有一定量的氯化钙、氯化钠、氯化钾以及硫酸钙、硫酸镁等,且随产地、批次的不同成分差异很大。所以在使用量上不能一概而论。大致范围是每100 kg大豆需卤水(以固体计)2.5 kg。为了解决盐卤点豆腐,凝固速度快,不易操作的问题,日本学者提出了加缓释剂的方法,如在用卤水点脑的同时或之前,在豆浆中添加0.02%~0.03%的出芽短梗孢糖(它是由淀粉糖浆生产的无色、无味、无毒的可溶性多糖,其结构是麦芽三糖通过α-1,6链聚合而成的直链)。豆浆凝固速度减慢,加工出的豆腐光滑、细腻,风味良好,成品率高,而且操作容易掌握。在大豆磨糊时,加入大豆质量5%～30%的小麦胚芽,也可以收到同样的效果。另外,事先将盐卤、水、食用油、乳化剂混合均匀制成稳定的盐卤分散液,然后点浆,同样会减缓凝固速度。使用的油脂可以是植物油,也可以是动物油;乳化剂以大豆磷脂与甘油酯为好。

2.9.3 葡萄糖酸内酯

葡萄糖酸内酯是一种起源于日、美的新型酸类凝固剂;近年来开始大量使用,为白色晶体,易溶于水。它溶于水中以后会逐渐被分解为葡萄酸,分解的速度一般随温度的升高而加快。加入了内酯的熟豆浆,当温度达到60 ℃时,大豆蛋白质开始凝固,在80～90 ℃时,凝固成的蛋白质凝胶持水性最佳,制成的豆腐弹性大、有劲、质地润滑爽口。葡萄糖酸内酯适合作原浆袋装豆腐,便于机械化生产。在低温的豆浆(30 ℃左右)中,加入葡萄糖酸内酯,然后把豆浆灌入袋内封口,再加热,产生葡萄糖酸,豆浆即成豆腐。

内酯的使用量一般为0.25%～0.3%(以豆浆计)。用葡萄糖酸-δ-内酯制得的豆腐,口味平淡,若同时添加一定量的保护剂,不但可以改善风味,而且还可以改变凝固质量。常用的保护剂量有磷酸氢二钠、磷酸二氢钠、酒石酸钠以及复合磷酸盐,使用量在0.2%左右。

用葡萄糖酸-δ-内酯生产豆腐的特殊意义在于加工生产包装灭菌豆腐,以延长豆腐保藏期。最适加入量为0.25%～0.26%(对豆浆)。内酯豆腐是当今唯一能连续化生产的豆腐。其生产方法是将煮沸的豆浆冷却至40 ℃以下,然后按比例将葡萄糖酸-δ-内酯加入豆浆中,均匀混合,装入盒内,密封,隔水加热至要求温度,保持一定的时间。随着温度的升高,豆浆中的葡萄糖酸-δ-内酯逐渐水解成葡萄糖酸,使蛋白质发生酸凝固。这样一次加热就可以达到凝固和杀菌双重目的。葡萄糖酸-δ-内酯的特点是在水溶液中能够缓慢水解,具有特殊的迟效作用,使溶液的pH值下降,对蛋白质凝固起到很好的作用。盒装豆腐形态完整,质地细腻,滑嫩爽口,保水性好,防腐性好,保存期长,一般在夏季放置2～3 d不变质。缺点是豆腐稍带酸味。

2.9.4 卤片

卤片是用盐卤加工提炼的氯化镁固体,分子式 $MgCl_2 \cdot 6H_2O$,易溶于水,水溶液呈酸性。卤片性质与盐卤相仿,含氯化钠镁约97%。由于该产品含氯化镁较盐卤高,故为较好的大豆蛋白凝固剂。使用前应用水溶解,浓度掌握在6～20°Bé。使用前,应用水稀释成液体,其浓度根据需要掌握在6～20°Bé。

2.9.5 复合凝固剂

用两种或两种以上的凝固剂按适当比例混合而成。参与配制复合凝固剂的物质有:硫酸钙、葡萄糖酸内酯、氯化钠、氯化镁、蔗糖脂肪酸酯、葡萄糖、山药粉、多聚磷酸钠、碳酸钙、硫酸镁、谷氨酸钙、甘油单脂肪酸酯、反丁烯乙酸单钠、乳酸钙、5'-肌氨酸钠、磷酸氢二钾、碳酸钙、有机酸(乙酸、乳酸、葡萄糖酸、丁二酸、苹果酸、柠檬酸、氨基酸)及其钠、钙和镁盐、硫酸亚铁等。

2.10 水

水质的优劣对粮油加工产品的质量有较大的影响，特别是面包类产品对水质的要求更为严格。除应符合饮用水的标准外，对水的硬度和 pH 值也有一定的要求。

2.10.1 卫生要求

粮油食品用水应符合国家规定的饮用水卫生标准，透明无色，无异味，无有害微生物和致病菌，无污染。

2.10.2 硬度要求

硬度是反映水中矿物质（主要是钙、镁盐）多少的一个指标。通常将 1 L 水中含有 10 mg氧化钙（或相当于）的硬度定为一度。面包生产应该使用中等硬水（其硬度可为 8 ~ 18°）。其中某些盐类可以强化面筋，并可用作酵母的营养物。硬度太高，会使面筋韧性过大，延长发酵时间，面包体积小，口感粗糙，易掉渣。反之硬度太低，会使面筋过度弱化，吸水率下降，面团太软太黏，而且容易坍塌，影响面包体积和品质。对于硬度不合适的水，必须预先经过一定的处理，方可用于面包生产。如果水质太软，可添加少量磷酸钙、硫酸钙，或者适当增加酵母营养剂的用量，以增加水的硬度；反之，如果水质太硬，可用加热煮沸等方法处理，使硬度降低。不过在实际生产中往往采用更方便的方法，例如增加酵母用量，以加快发酵过程，并使面筋得到一定程度的软化。也可以在面团中加入一定量的麦芽添加剂，或者减少食盐或酵母营养剂的用量。

2.10.3 pH 值要求

面包酵母最适宜的 pH 为 5.2 ~ 5.6，微酸性的水有利于酵母生长，适合生产面包；不过酸性太强的水，会使发酵速度过快，面筋过分软化，影响面包的外形和口味，酸性过大的水可适当加碱中和。碱性水是不适合面包生产的；此外，碱性过大还会部分溶解面筋，并使面筋变软，面团缺乏弹性，持气性降低，使面包心组织结构粗糙不匀，而且颜色发黄，气味变劣。水的碱性一般来自水中所含的碳酸盐、碳酸氢盐、氢氧化物等。处理的方法可以加入适量的乳酸、醋酸或磷酸二氢钙等加以中和。自来水的 pH 值一般为 7.2 ~ 8.5，应进行酸化处理。

2.11 其他食品添加物

2.11.1 面粉增白剂

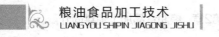

面粉增白剂的有效成分过氧化苯甲酰(BPO),学名为稀释过氧化苯甲酰,它是我国20世纪80年代末从国外引进并开始在面粉中普遍使用的食品添加剂,面粉增白剂主要是用来漂白面粉,同时加快面粉的后熟。2011年3月1日,卫生部等多部门发公告,自2011年5月1日起,禁止生产以及在面粉中添加食品添加剂过氧化苯甲酰、过氧化钙,同时设置两个月合理过渡期。

2.11.2 植物胶

常用的植物胶有瓜尔豆胶、海藻胶、魔芋胶和羧甲基纤维素钠(CMC)等。加入一定量的植物胶,可增加面团的持水性和黏弹性,使面团滑爽不浑汤。同时可以降低油炸食品的吸油率。

2.11.3 油脂及含油食品中的抗氧化剂

叔丁基羟基茴香醚(BHA)、二叔丁基羟基甲苯(BHT)、叔丁基对苯二酚(TBHQ)、没食子酸丙酯(PG)、茶多酚(TP)、维生素E等。其中的茶多酚(TP)和维生素E因安全性较好而受到人们的关注。

2.11.4 酒类

在腐乳的后发酵过程中,需要添加剂一些含酒精的原料,如白酒、黄酒等。酒精可以抑制杂菌的生长,同时又是腐乳香气的重要前驱物质,能促进腐乳香气的形成。如果用白酒,则宜用纯粮食酒,酒精度数在50°以上。如果想增加风味,黄酒或酒酿效果更佳。

2.11.5 红曲

红曲也称红米、红曲米、丹曲。它是通过红曲霉在蒸熟的米饭上繁殖生长而制成的富含红曲霉红素的紫红色米饭。其是红腐乳生产必备的着色剂,也可用于其他食品的着色。

2.11.6 吉士粉

吉士粉是一种香料粉，呈粉末状，浅黄色或浅橙黄色，具有浓郁的奶香味和果香味，系由疏松剂、稳定剂、食用香精、食用色素、奶粉、淀粉和填充剂组合而成。吉士粉原在西餐中主要用于制作糕点和布丁，后来通过香港厨师引进，才用于中式烹调。吉士粉易溶化，适用于软、香、滑的冷热甜点之中（如蛋糕、蛋卷、包馅、面包、蛋挞等糕点中），主要取其特殊的香气和味道，是一种较理想的食品香料粉。

本章小结)))

本章主要讲述了几类在粮油食品加工中常用的辅助材料的名称、化学组成、理化性质，特别是在食品加工中的性能。这些知识对于后面内容的学习具有重要的参考价值。

复习思考题)))

1. 从多糖、低聚糖和单糖几方面，说说糖类在食品加工中的作用。
2. 食品中使用食盐除了调味以外，还有什么作用？
3. 食品加工中使用鸡蛋有什么利弊？
4. 面团发酵的酵母菌可以从哪些途径获得？酵母菌的种类有哪些？影响其生长的因子有哪些？如何保存酵母菌？
5. 影响食品物料膨松的因素有哪些？它们各有什么特点？
6. 面团改良剂一般会含有哪些成份？各有什么作用？

第3章 面点食品加工技术

学习目标

了解几种主要的焙烤、蒸煮、油炸食品的加工技术。

技能目标

能够掌握几种主要焙烤、蒸煮和油炸食品的工艺流程,生产出合格的产品。

知识点

面包、饼干、蛋糕、月饼、馒头、花卷、包子、饺子、挂面、方便面、麻花、油条。

3.1 焙烤类食品

3.1.1 焙烤食品简介

焙烤食品从广义上讲,泛指用面粉等粮食原料与多种辅料相调配,经过发酵或不发酵、成型和焙烤熟制工艺,制成的具有一定色、香、味、形、质的各种食品。主要包括面包、饼干、蛋糕、月饼等食品。

面包是以面粉为主料,经过发酵然后烘烤的一种食品。它起源于古代埃及。面包的生产技术是在明代万历年间传入我国的,但制面发酵技术在我国三国时期就已经出现。

饼干是以面粉、糖、油等主要原料经机制焙烤而成的食品。具有口感酥松、营养丰富、体积轻巧、便于携带和容易保存的特点。其发展历史悠久,但使用机械成批生产饼干的时间并不长。

蛋糕俗称鸡蛋糕,是以鲜鸡蛋为主要原料,面粉、食糖、奶油等为辅助原料,经搅打、调糊、上模、烘烤(或蒸制、炸制)等工序精制而成。蛋糕具有色泽新鲜、组织细腻、质地松软、富有弹性、甜美可口、味道芳香、营养丰富等特点,是糕点中的主要品种之一,也是糕点中含蛋量最高的食品。

蛋糕可分为蒸蛋糕、烤蛋糕、炸蛋糕和凝冻蛋糕四大类。其中以烤蛋糕最为普遍,尤其是烤蛋糕中的装饰蛋糕，不但要有美观的外表，还要使蛋糕具有一定的内在质量，包括色泽、香型、口味、形状、营养等要素。

月饼是久负盛名的汉族传统小吃，深受中国人民喜爱，是在中秋节的节令食品。据说中秋节吃月饼的习俗始于唐朝。北宋苏东坡留有“小饼如嚼月，中有酥和饴”的诗句。时至今日，月饼品种繁多，风味因地而异。其中广式、京式、苏式、潮式和滇式等月饼被中国南北各地的人们所喜爱。

中西糕点品种繁多，制作历史悠久。我国2 000多年前的《周礼》中就有记载。唐宋时期糕点已发展为商品；元、明、清代得到继承和发展。清代的糕点作坊已遍及城乡。我国幅员辽阔，各地风俗不一，口味各异；至今已形成京、苏、广、闽、潮、川、宁绍、高桥等各种地方风味。

由于焙烤食品都经过高温烘焙，因此，含水量少，易于保存；且质地松脆，食用方便，色、香、味、形俱佳，有挡不住的诱惑；从而吸引着广大的消费者。

3.1.2 我国焙烤食品工业的发展动态和趋势

1）原辅材料逐步规格化、专用化

①面粉是焙烤食品的主要原料，而不同焙烤食品对面粉的要求也不同。例如面包需要高面筋面粉（蛋白质含量为11%～13%）；饼干则大多需要中筋面粉（蛋白质含量为8%～10%）；而大多数糕点需要低筋面粉（蛋白质含量在8%以下）。根据这些要求，我国开始生产不同规格的面包专用粉、饼干专用粉，特别在广东、上海、北京等地的焙烤食品工厂已使用进口或国产的专用粉。这是改变我国焙烤食品工业落后的措施之一，抓产品质量就应该从基础原料抓起。我国政府大力提倡改善粮食品种结构，鼓励农民生产优质粮食，这也为生产专用面粉创造了条件。

②酵母是发酵类焙烤食品重要原料之一。我国使用的酵母有鲜酵母和从20世纪80年代中期开始引进的即发活性干酵母。这些酵母发酵能力强、后劲足，面包质量风味好，为面包质量的提高创造了条件。

③人造奶油与起酥油已开始规模化生产并上市供应。

④乳化剂、面团改良剂、复合膨松剂、增稠剂、香精、香料、防腐剂、发泡剂（蛋糕油）、甜味剂的改善和质量的提高，对改善焙烤食品品质，增加保鲜期作用显著。

⑤植脂奶油、粉末油脂、粉末糖浆、全糖粉、果冻粉、塔塔粉等新材料在20世纪90年代相继上市，也大大改变了焙烤食品的品质。

2）生产工艺的改进和技术日趋成熟

焙烤食品生产由手工、半机械化向全自动化的转变，使陈旧的工艺得到了更新和改进。许多国际上先进的工艺已被采用。面包的一次发酵法、二次发酵法，饼干的热粉韧性操作法、冷粉酥性操作法，华夫饼干、水泡饼干的生产技术，已在上海、广东等地采用。国外面包生产上的冷冻面团法、过夜面团法、快速发酵法、低温发酵法、两次搅拌一次发酵法；饼干生产上的半发酵工艺、面团辊切冲印成形工艺、喷油技术、包装技术；蛋糕生产的一次搅打法，蛋清、蛋黄分打法，面团冷冻折叠起酥工艺等新技术，为我国焙烤食品质量上档次起到了重要作用。同时，我国焙烤工业生产设备也做了大量更新，引进了多功能和变速搅拌机、自动分割滚圆机、连续分割滚圆机、控温控湿发酵箱、全自动冷藏发酵箱、冷藏醒发箱、全自动煤气炉、控温控湿旋转炉等。同时，还引进了许多先进的生产线，如汉堡包生产线、丹麦面包生产线、饼干辊切式生产线等。这些工艺和设备的引进改变了旧式手工操作和不卫生的局面。许多产品还采用了新的包装技术，如真空包装、充气包装、无菌包装等，为延长产品保存期提供了保证。

3.1.3 焙烤食品工艺概述

焙烤食品制作工艺过程一般包括原料、辅料的配备与处理（配料、混合、乳化、成形等），烘焙和冷却，包装三大工序。由于焙烤食品种类繁多，各具特色，其制作工艺也各不相同，具体工艺技术在各类焙烤食品中详细叙述，现仅将其共性技术概述如下。

1）制订配方

配方是生产一种食品的首道工序。确定产品的原辅料分量的科学组合，对于产品的色、香、味、形和质量档次有很大的影响，因此必须考虑以下几方面的因素：

（1）风味特色

产品的风味是产品特色的表现。内销产品要考虑地区性、民族性及风俗习惯。外销产品要考虑本产品的特色和外销国的习惯，使产品既要畅销，又要树立品牌，还要有多样性。如方便面就有素食型和非素食型。

（2）营养与保健

要根据不同的消费人群摄入的营养分量配制原辅材料，区分成人、老人、儿童、孕妇的不同需要进行配制。如儿童、孕妇需要蛋白质较多，老人需要脂肪较少。运动员及年轻人对蛋白质、热量、维生素的要求都高。

以上原则可以因品种不同而不同。各类食品都有它的一般配方与特色配方，要在实践中不断地完善，不断地提高，以满足消费者的要求

2）原辅材料混合

混合是在配方确定后的第一个操作。将配备好的原辅料进行机械混合，使之达到吸附、浸出、溶解；通过互相作用，形成良好的接触而成为一体。

（1）对流混合

对流混合是对于互不相容成分的混合，由于混合器运动部件表面对物料的相对运动，使混合物的混合均匀程度不断提高；因物料内部不存在分子扩散现象，只是物料间的相互掺和，故称之为对流混合，如调制水油面团。

（2）扩散混合

扩散混合是互溶物料的混合。除有对流混合外，还由于混合物均匀度的提高，各物料之间的接触面增大，增加了溶解扩散的速度，使混合物的区域浓度和平均浓度之间的偏差缩小。这时混合过程就变为以扩散为主的过程，故称为扩散混合。

(3)剪切力混合

剪切力混合是利用剪切力的作用使配料的各成分被拉成越来越薄的料层,使其中一种成分所占的区域越来越弱,从而获得均匀的混合体。在调制高黏度浆体或塑性固体时,都是依靠剪切力混合来完成的。

在原料混合(和面)过程中,这3种类型不断出现,从而使面团调制均匀。

(4)乳化技术

乳化是一种特殊的混合操作,是将两种不相容的液体进行混合,是一种液体中的微粒被粉碎成细小的球体,然后分散到另一种液体的微粒之中,成为乳化液。在焙烤食品原料混合中,大多数乳化液为水与油的混合液,不过水相不一定是纯水,可能含有糖、盐和其他有机物或胶体。油相也可能混有各种脂类物质。为了加速乳化,形成稳定的乳化液,在操作时采取添加乳化剂或者用均质机的机械力量,以达到尽快乳化的目的。

①添加乳化剂:常用的乳化剂有天然的乳化剂,如脂肪酸、丙二醇、藻酸酯、山梨糖醇、脂肪酸酯等,它们既有亲油性,又有亲水性。常用的方法有3种,第一种是转相法,制作以油为分散相的乳化液即水包油型(O/W)的乳化液时,应将乳化剂溶解于油相。每次加少量水,最初成为均匀的W/O型乳化剂,加水到接近转相点时,进行充分搅拌。至完全成为转相物之后,加余下的水稀释到所要求的乳化液。如果要制取的是W/O型乳化液即以水为分散相的乳化液,则过程相反。第二种是浆体法,如制作O/W型乳化物时,在少量水中加入全部乳化剂,然后每次加少量油,制成黏稠的浆体,经充分搅拌,使油相成微滴分散后将其加入全部的水相中进行稀释即可。第三种是同时乳化法,这是混合两相而产生乳化剂的方法。例如先将脂肪酸和碱分别溶解于油相和水相。然后将其混合并搅拌从而在界面上形成乳化剂而进行乳化,由于组成乳化剂的成分事先完全溶解,所以所得的乳化液比较均匀稳定。

②利用均质机:均质机乳化法是在高压条件下的机械强制分散法,当高压物料通过阀盘与阀座之间时,由于高速产生强烈的剪切力,使液滴发生变形或破裂,对用乳化剂难以充分乳化的高黏度制品,则用此法十分有效。同时在冷却时再加入稳定剂(海藻浸出胶、阿拉伯树胶)进行处理,使均质机乳化的微粒得到稳定。

3)膨松技术

焙烤食品的原料必须通过添加生物膨松剂、化学膨松剂或机械压延、搅打或加压膨胀等方式,使原辅物料的体积发生变化,由硬变松,由小变大,达到各种焙烤食品各自不同的要求,现分别简述如下。

(1)微生物发酵法

微生物发酵法是利用酵母的发酵作用产生气体,使面团膨松。如在馒头、面包制作时面团必须先发酵;有的饼干也需发酵。

(2)化学膨松法

化学膨松法是利用化学膨松物质,如小苏打、碳酸氢铵调和到面团中。在烘焙中这些物质受热分解,放出气体,使制品形成多孔状的膨松体;但制品风味不及酵母发酵的好。不过在面团中糖分多,含油量高时,由于脂肪能在酵母细胞外形成油膜,使之与外界水分和其他物质隔绝,从而酵母受重糖、重油的影响而不能繁殖,不能起到发酵作用,这样就必须采用化学膨松剂来使面团疏松。

蛋白质的含量也会影响到制品的膨松性。

做面包时用高筋面粉，做油炸面窝时用较多的黄豆，都会使制品产生较好的膨松效果。另外，含蛋白质多的面团，辅以物理的搅拌、揉捏和压延会促进面筋网络的形成，对制品的膨松性会产生比较大的影响影响；因此，做馒头、包子、面包等面点时搅面、和面是一道重要工序。做鸡蛋糕时，对蛋液进行搅打以至起泡，对制品的膨松性有决定性影响。

对膨松性要求不是很高的面点如月饼、麻花等产品，往往会选用低筋面粉或在面粉中掺入淀粉以降低面粉筋度。

(3)物理膨松法

有些糕点是采用面团包裹油脂，经过机械压延，从而使制品结构形成许多层次而达到膨松。由于面团吸水之后形成面筋，制成的面团具有弹性和延伸性。将这种面团折叠起来就会互相粘连，分不出层次。如果将面团包油脂，经多次压延、折叠、再压延，制作成酥层面团。再经烘焙成熟后，其产品由于各层次中水分在烘焙中气化，使层次中有一定空隙，又因有油层而不粘连，产品结构层次分明，口感膨松；这种使面团膨松的方式在含油量多的糕点中常使用。在以鸡蛋白、奶油等胶状黏稠物为原料时，用此法可使制品在加热时气泡受热膨胀而使组织疏松，制品口感较好。

膨化技术也属于物理膨胀法，不过是利用压力使原料在高压下突然变为常压，原料在瞬间膨胀几百倍，从而使淀粉的分子间力或结构破坏，形成体积膨松的膨化食品，目前膨化食品已使用连续膨化设备进行生产。

4)成形技术

焙烤食品在烘焙之前，必须进行成形，使产品外观、组织结构、规格达到要求的外形。成形方法由手工成形、印模成形、机械成形。除具有民族性、地域性的传统食品外，一般用机械成形；无论饼干、面包等都一样。现在月饼的成形包馅也机械化了。常用的方法有切片、挤注和滚印。不同的焙烤食品根据要求的形状的不同采用不同的成形方式。

5)烘焙工艺

烘焙是形成焙烤食品特色的关键工艺，它使食品既具有良好的色、香、味、形，又能达到松、脆、酥的品味。烘焙干燥方式常用的有以下两种。

(1)烘焙

将成形的食品放入烤炉，经过高温加热使产品成熟。如饼干、面包、糕点等。当生坯入炉就受到高温包围，淀粉和蛋白质发生一系列的物理、化学变化。开始时制品表面受到高温影响使水分大量蒸发，淀粉糊化，糖分焦化，外表形成薄薄的外壳，外部水分逐渐转变为气态向坯内转移，使生坯熟化，形成疏松状态。烘焙温度的高低是关键因素。温度合适，可使产品外形丰满，形状整齐，色泽黄亮，内部松脆。对炉温、面火、底火的调节，高低温先后的形式和烘焙时间都要根据制品种类、要求不同而调节。例如水分含量低的饼干、香糕等要采用低温烘焙，达到熟而不焦；而含水量较高的面包，体积膨胀时要用中温烘焙；广式月饼的外皮不要求变形，馅心又都是熟的，炉温可稍高一些。

(2)油炸

油炸是以油脂为热传导的介质，以油的高沸点温度来驱走原料中的水分，使制品松发香脆。糕点中的“油货”、方便面等制品均采用了油炸工艺。油温和油炸时间因品种不同而异。方便面的油炸温度一般为150～180 ℃，糕点油炸温度：温油法约为150 ℃，可使制品外脆里酥，色泽淡黄，有层次，容易张开，又不碎裂。热油法，油温在200 ℃以上时下锅，主要品种有巧果、排叉等，还有的制品要用250～270 ℃的高温速炸，使产品开花，达到膨化的目的。如果加压到可使制品体积进一步膨胀即成为膨化食品。

6）冷却、包装

焙烤食品出炉或出锅后，必须立即进行冷却。一般需冷却到40 ℃以下才能包装。冷却方式有自然冷却法，即焙烤食品出炉或出油锅后用自然风冷却。这种方式仅适于少数品种，多数都需用电风扇吹风冷却，如饼干出炉后在车间内设置的长条运输带上，即加上电风扇吹风冷却；方便面出油炉后，通过冷却机降温强制冷却，3 min即可达到接近室温，产品冷却后即进入包装。包装方式也分手工包装和机械包装，随着包装工艺的发展，现在饼干、方便面的包装都已进入自动化。

以上所述六大工序所有焙烤食品都必须具备，具体工艺参数、设备规格，各不相同，要根据产品特性，灵活应用。

3.1.4 几种焙烤食品的制作工艺

1）面包

面包是以小麦粉、酵母、盐和水为基本原料，再添加其他辅料（糖、油等添加剂），经调粉、发酵、整形、醒发、烘烤等工序生产的一类方便食品。面包按用途分为主食面包和点心面包；按口味分为甜面包和咸面包；按柔软度分为硬式面包和软式面包；按成型方法分为普通面包和花色面包；按配料不同分为水果面包、椰蓉面包、巧克力面包、全麦面包、奶油面包、大豆蛋白面包等。

（1）主要原辅材料的选择与处理

①面粉：面包的品质虽然可以通过添加改良剂得到提高，但最重要的还是选择高质量的面包粉，也就是说，面包粉本身的品质是制作高质量面包最重要的物质基础。在选择面包粉时应从以下几方面考虑。

a. 小麦粉的筋力：所谓筋力是指面筋的含量及其品质，它是决定面包质量的极为重要的因素。筋力不足会使面包品质大为下降；因此面包粉要有足够数量的蛋白质和优质的面筋。

b. 搅拌耐力和发酵耐力：所谓搅拌（发酵）耐力，是指面团能承受的超过了预定的搅拌（发酵）时间的能力。搅拌（发酵）耐力好的小麦粉，即使搅拌（发酵）时间略有超过，也能制作出优质面包。此外，这种小麦粉的适应性强，容易操作，也容易保证产品的质量。

c. 吸水量：小麦粉的吸水量影响到面包的品质。吸水量高，不仅面包心更柔软，而且货架期长，有利于产品的保鲜与贮藏。另一方面，吸水量还直接与经济效益有关。吸水量高，出品率也高，可以降低产品成本。

d. 小麦粉颜色：它影响到面包心的颜色。粉色越白，不仅面包心越白，还说明小麦粉的精度高，适于面包制作。不过依靠过度漂白使粉色变白并不可取。

一般来说，做面包要求高筋面粉；白度高的面粉适合加工颜色洁白的面包；发酵耐力强的面粉适应性也强,有利于保证产品的质量,减少损失;面粉吸水率高,可以提高面包的出品率,降低成本,使面包口感柔软,保存时间也相应延长。新面粉要经过1~2个月的贮存后(熟化、陈化)再使用,使用前要根据季节变化进行调温处理,最好用筛子对其进行过筛处理。

②酵母:酵母是一种单细胞真菌,在有氧和无氧环境下都能生存,属于兼性厌氧菌。酵母营专性或兼性好氧生活,目前未知专性厌氧的酵母。在氧气充分时,发酵型的酵母菌可以将糖类氧化分解为二氧化碳和水,当氧气缺乏时,发酵型的酵母通过将糖类转化为乳酸或二氧化碳和乙醇(俗称酒精)来获取能量。在面团发酵过程中,面团体积膨胀是因为产生大量二氧化碳的结果,面团有酸味是产生了乳酸、醋酸等酸性物质的结果,有酒味则是因为产生了乙醇的结果。酵母是面包面团起发的主要因素,相关知识请详见第2章。

③食盐:食盐焙烤食品制作的重要辅料之一;其用量虽不多,但是作用很大。即使最简单的法式硬面包,可以不用糖,但是必须要用盐。

a. 食盐的作用。

• 改善风味:盐本身是一种调味物质,对产品中的其有风味物质有引出和衬托的作用;与砂糖等物料配合使用,可产生独特风味。

• 调节和控制发酵速度:盐的含量超过1%(以面粉计)时,就能产生明显的渗透压,对酵母发酵有抑制作用。因此,可以通过调整配方中的含盐量来控制面团的发酵速度,产生良好的面筋网络。

• 增强面筋的筋力:低筋面粉可多用,高筋面粉可少用。

• 改善面包的内部颜色:食盐本身无漂白作用,但因其可以改变面包内部的组织结构,故可以使面包内部变白。

• 做面包时增加面团搅拌时间:如果在搅拌开始时即加入食盐,会增加搅拌时间50%~100%。现代面包生产技术多采用后加盐法。

b. 食盐的使用量:食盐在面包中应该加多少,主要取决于面包的类型和民族习惯。国际上多数咸面包的食盐用量为2%,也有用到2.5%的,但决不应达到3%。因为这不仅使咸味过分,而且其渗透压会大大影响酵母的发酵。我国的咸面包用盐量为1.5%~2%。至于甜面包,食盐用量均在1%以下。食盐用量除了考虑上述主要因素外,还可根据下列情况进行适当调整。一般在面粉筋力较强,水质较硬,发酵时间太长,面团改良剂使用量较多,冬季温度偏低等情况下,食盐用量应减少些;反之,可多用些。

食盐在面包中的使用量一般为1.0%~1.5%。食盐对面包品质的影响见表3.1。但是,具体的使用量还要考虑如下一些因素。

面粉的筋力(低筋粉多用,高筋粉少用)、配方中加糖、盐的量(因二者均产生渗透压作用)、配方中油脂用量(油脂较多时,食盐用量应增加)、配方中乳粉、鸡蛋、面团改良剂的用量(这些物质较多时,食盐用量应减少)、季节(夏季温度较高时,应增加食盐用量,冬、秋季节温度较低时,食盐用量应减少)、水质(水质较硬时,应减少食盐用量,水质较软时应增加食盐用量)、发酵时间(需延长发酵时间时,可增加用盐量;需要缩短发酵时间时,则应减少用盐量)。

表 3.1 食盐对面包品质的影响

用盐量/%	体积/100 g 面包 cm^3	面包纹理	面包质地	内部色泽
1.5	560	气孔均匀而细小	细腻柔软	乳白色
0	400	气孔大且不均匀	粗糙略硬	灰白带暗色

c.食盐的添加方法:无论采用什么制作方法,盐都要采用后加盐法,即在面团搅拌的最后阶段加入。一般在面团的面筋扩展阶段后期,即面团不再粘附搅拌机缸壁时,盐作为最后原料加入,然后搅拌 5 ~6 min 即可。使用时,应先用温水溶解,然后过滤除去杂质后加入。

一次发酵法和快速发酵法的加盐方法按上述要求,而二次发酵法则需要在主面团的最后搅拌阶段加入。

d.食盐的选择:应选用溶解速度快的精盐。

④糖:糖在面包中不仅有调味,增加营养的作用,而且对酵母菌的生长,面团性质、制品的贮藏期、质地和口感产生影响。糖的高渗透压能抑制微生物的生长繁殖;糖在面粉中的使用量以4% ~8%为宜,超过8%会抑制酵母菌的生长。作为面团改良剂,糖可以降低蛋白质的膨润度,造成搅拌过程中面筋的形成程度降低,弹性减弱,此过程称为面粉的反水化作用。糖对面粉的反水化作用,双糖比单糖作用大,溶解的砂糖溶液比糖粉的作用大。虽然糖粉在搅拌过程中亦逐渐吸水溶解,但此过程甚为缓慢和不完全;影响面团吸水率和搅拌时间。高糖配方的面包,其吸水率降低,搅拌的时间比低糖面包要延长50%左右。故制作高糖面包时,最好使用高速搅拌机;而其吸水性和持水性则影响制品的质地和口感。

在面包生产中常用的糖有白砂糖、饴糖、转化糖浆、果葡糖浆等。

白砂糖是非还原性糖,与面团中的蛋白质发生美拉德反应的概率很小,不宜于作为面包表面上色用的涂料成分,宜以含单糖或麦芽糖成分较高的饴糖、转化糖浆、果葡糖浆等代替。

白砂糖应经过粉碎机打成粉末状,或直接采用棉白糖,或将晶体状的白砂糖用温水溶解后使用,糖浆可直接使用。关于糖类的知识参见第2章。

⑤油脂:油脂可以润滑面筋网络,改善产品的颗粒性和结构,增加产品的柔软性,使面包易于切片,增大面包体积,增强面团持气性,提高产品的营养价值和食用质量并延长货架期。为保证油脂能够在面团中均匀地分散,应根据季节和温度的变化,选用不同熔点的油脂。冬季或气温较低,宜选用熔点较低的油脂;夏季或气温较高,则相反。还要注意,做面包时加入油脂的时间不能过早、过多,否则会抑制酵母菌的生长,不利于面团的发酵。

面包生产中可以选用的油脂有植物油、猪油、奶油、面包用人造奶油、乳化起酥油和面包用液体起酥油等。油脂在面包中可用也可以不用,使用量最多不超过8%。

⑥面团改良剂:面团改良剂包括乳化剂、蛋白质原料、酶等。其中有很多类乳化剂在面包生产的整个过程中可以很好地消除由于加入较多的大豆粉产生的豆腥味、体积小等问题,而且有很好的抗老化和保鲜的作用。乳化剂的添加量通常为0.3% ~0.5%,如果添加的目的主要是乳化,一般为油脂的2% ~4%。关于面团改良剂的相关知识参见第2章。

现在有一种新的产品叫面包改良剂,是由乳化剂、氧化剂、酶制剂、无机盐和填充剂等组成的复配型食品添加剂(或者只含有其中的几种成分),用于面包制作可促进面包柔软和增加面包烘烤弹性,并有效延缓面包老化等作用。目前市面上的面包改良剂大概由下列物质中的几种组成:玉米淀粉、全脂豆粉、大豆纤维、葡萄糖、V_C、真菌淀粉酶、α-淀粉酶、木聚糖酶、半纤维素酶、硬脂酰乳酸钠、硬脂酰乳酸钙、大豆磷脂、双乙酰酒石酰单双甘油酯、硫酸钙、磷酸二氢钙等。

面包改良剂在面包中的使用量一般为面粉质量的0.5%左右,最高不超过1%。

(2)制作面包的一般工艺流程

①一次发酵法:原辅材料处理→面团调制→发酵→整形→醒发→烘烤→饰面(刷显色液、光亮剂)→再烘烤→冷却→包装→成品。

②二次发酵法:部分配料→第一次面团调制(不要放油)→第一次发酵→第二次面团调制(此时要加入全部余料)→第二次发酵→分块整形→装盘→醒发→烘烤→饰面(刷显色液、光亮剂)→再烘烤→冷却→包装→成品。

③快速发酵法:原辅材料处理→面团调制→静置→分割→中间醒发→成型→最终发酵→烘烤→饰面(刷显色液、光亮剂)→再烘烤→冷却→包装→成品。

④冷冻面团法:原辅材料处理→面团调制→发酵→整形→冷冻→解冻→醒发→烘烤→饰面(刷显色液、光亮剂)→再烘烤→冷却→包装→成品。

以上方法比较起来:一次发酵法加工面包生产周期短、风味好、口感优良,但成品瓤膜厚、易硬化;二次发酵法加工的产品瓤膜薄、质地柔软,老化慢,但生产周期长、劳动强度大;快速发酵法加工面包生产周期短、出品率高,但成品发酵香味不足、瓤膜厚、易老化;冷冻面团法是面包加工的一种新的工艺方法,有利于实现面包生产的规模化和现代化。

(3)工艺要点

①面团搅拌(也称调粉、和面)。

a. 搅拌的作用:使各种原辅材料均匀混合;加快面粉吸水、膨润形成面筋的速度;扩展面筋,使面团具有良好的加工性能。

b. 面团搅拌的6个阶段:原料混合→面筋形成→面筋扩展→搅拌完成→搅拌过度→破坏面筋。

c. 搅拌时的投料顺序(以最常用的一次发酵和快速发酵为例来说明):首先加入水、糖、面包改良剂等置于搅拌机中搅拌;然后加入面粉、酵母。当面团已经形成,面筋还未充分扩展时再加入油脂。油脂加入过早,会影响面筋的形成和酵母菌的生长;最后加入盐。

d. 面团的温度:搅拌时要注意控制面团的温度。原料温度、气温、搅拌时的摩擦会影响到面团温度。必要时,可用加热水或加冰的方式来控制温度。

e. 搅拌的时间:一般为15~20 min,如果使用变速搅拌机,时间可缩短至10~12 min。搅拌不足或过度都不好。影响搅拌时间的因素有很多,如面粉质量、搅拌机转速、水质、面团温度和酸碱度、各种辅助材料的性质等。搅拌的具体时间还可通过感官鉴定来判断,即取出一小块面团,如果能将其拉成一片完整的半透明薄膜,就可以停止搅拌。

②发酵。

a. 面团在发酵过程中的变化:发酵不仅是酵母菌在面团中生长繁殖的过程,也是蛋白质、淀粉等物质发生一系列变化的过程。发酵改变了面团的组织结构、化学成分,产生了许多的芳香、风味物质。

b. 影响面团发酵的因素：油脂、温度、酸碱度、酵母活性和用量、渗透压、小麦粉的精度和成熟度、乳品和蛋品的加入、水分、搅拌程度等。

c. 发酵的工艺条件：发酵的工艺条件主要包括了发酵的温度、湿度和发酵时间。这几项工艺参数的确定要依据面包的品种，面团的干湿度等因素确定。参考数据为：温度28～30 ℃，相对湿度80%～85%，时间1.5 h。

d. 发酵成熟度的判断。

• 回落法：面团正中央开始往下回落，即为发酵成熟。回落幅度过大，表示发酵过度。

• 手触法：用手指按压面团，面团既不弹回，也不下落，表示发酵成熟。弹性太好，发酵不足；很快凹陷，发酵过度。

• 拉丝法：将面团用手拉扯如出现丝瓜瓤子状，表示发酵成熟。无面丝，发酵不足；面丝太多太细且易断，发酵过度。

• 温度法：发酵成熟后，面团温度上升4～6 ℃。

• pH值法：面团发酵前的pH约为6.0，发酵成熟后下降到5.0左右。低于5.0表示发酵过度。

• 表面气孔法：面团表面紧密，无气孔，不透明，表示发酵不足；面团表面有均匀、细密的半透明气孔表示发酵成熟；面团表面气孔很大且有裂纹，表示面团发酵过度。

• 嗅觉法：如果面团略有酸味，发酵成熟；没有酸味，发酵不足；酸味过重，发酵过头。

发酵过头的面团，烘烤时起发性好，但出炉后易塌陷、收缩变形，内部有大的气孔且气孔不均匀，面包有酸味。

③整形：将发酵好的面团做成一定形状的面包坯叫整形。整形包括分块、称量、搓圆、醒发、压片、成型、装盘或装模等工序。整形室的温度通常为25～28 ℃，湿度为65%～70%。因为整形过程中面团仍在发酵，故时间不能太长。

压片的目的是为了赶跑面团中不均匀的大气泡。我国传统面包加工工艺中没有此工序，故面包内部组织比较粗糙，气孔多、大且不均匀。

成型好的面包应立即装盘。装盘前应将烤盘加热到60～70 ℃再刷油，然后冷却到30～32 ℃时装入面胚；也可以在烤盘中放入油纸或在无油纸上刷上油，用来盛放面包坯。

④饧发：装盘后的面胚在温度27～40 ℃，湿度80%～90%的饧发室进行再次发酵，参考时间为35～65 min，饧发程度为面胚体积变大2～3倍为宜，也可以根据面团的透明度、弹性来判断。

⑤装饰：面包表面装饰大体上分为3类，颜色、光亮度和花色材料。面包烘烤过程中会发生颜色的改变。这与美拉德反应、焦糖化反应发生有关，因此我们可以根据反应的原理（还原糖、蛋白质、多肽、氨基酸、碱性条件等）自行选择、配制合适的饰面液并在实验中进行筛选，有些面包店也采用刷蛋液的方式来进行面包上色；增加光亮度一般用液态油脂；花色材料装饰有白砂糖、果仁（芝麻、花生、核桃、椰丝等）、奶油和巧克力等。

⑥烘焙。

a. 烘焙过程中的变化：面胚在高温焙烤环境下，体积膨胀；淀粉糊化并水解，蛋白质变性凝固并水解。在烘烤温度达到150 ℃以上时，蛋白质（或多肽、氨基酸等）与还原糖发生美拉德反应。随着温度升高，面包表面的糖类还会发生焦糖化反应。

美拉德反应和焦糖化反应的发生，可使面包表皮部分发生良好的颜色变化，产生诱人的香味物质等;但是,美拉德反应也会造成像赖氨酸等氨基酸的营养损失。

b.烘焙工艺:从饧发室取出盛有生坯的烤盘时,应轻拿轻放,不得剧烈振动和用手触摸面坯;还要防止水珠滴落其上,以免面团跑气塌陷;也不得在电风扇下长时间吹风,防止表皮干裂。

• 关于烘焙温度:不管采用什么样的烤炉,面包烘烤时均需采用3段温区控制的方法。

烘焙初期:应当在较低的温度和相对湿度较高的条件下烘烤,且上火要低于下火,这样有利于水分蒸发充分,面包体积最大限度地膨胀。此时的下火可设置为180~185 ℃,而上火温度则应当低于120 ℃,相对湿度60%~70%;对于烘烤普通100~150 g的小圆面包,此阶段的烘焙时间为5~6 min。

烘焙中期:此阶段面坯淀粉已经糊化,体积不再膨胀,酵母停止活动;这时应提高温度使面包定型,上下火可设置为200~210 ℃,烘焙时间为3~4 min。

烘焙末期:此时面包基本成熟和定型,这时的烘烤目的是使表皮增香、增色。因此,上火可设置为220~230 ℃,下火为140~160 ℃。下火如果温度过高,会使面包底部焦煳。

对于不可控制上下火的烤箱,可采取逐步升温加热的方法。3个阶段的温度先后设置为:180~185 ℃,190~210 ℃,220~230 ℃。

另外,关于烘焙温度的选择,还应该考虑一下油脂在高温下的变化特别是"发烟"这一情况;因为油脂一旦发烟,就标志着油脂劣变的开始。各种油脂的发烟点不同。一般来说,油脂在200 ℃左右的温度下可能会发烟。高温烘烤后打开烤箱时,会有烟雾冒出,油烟对健康不利,操作人员应当有防范意识,避免油烟危害。

• 关于烘焙时间:一般受温度、面胚体积和形状、面包配料和湿度等因素影响。温度高,时间就短,但这样可能会造成面包起发不充分,内部组织发黏。当面胚体积较大时,应采用低温,长时间烘烤。如果面胚在500 g以上,烘焙时间0.5~1 h。

• 关于炉内湿度:炉内湿度对于面包质量有重要影响。湿度过低,面胚水分蒸发过快,面包皮过早形成并增厚,产生硬壳,表皮干燥无光泽。限制了面包体积膨胀,增加质量损失。适宜的湿度,可以增加炉内蒸汽的对流,促进热交换速度,供给表皮淀粉糊化时所需要的水分,烤好的面包皮薄且有光泽。先进的烤炉,一般有湿度控制装置;大型面包生产线,由于一次进入的面包坯量大,其蒸发出来的水分本身就可以进行湿度调节。对于小型烤箱,可以通过在炉内放置水盆来进行湿度的调节。法式硬面包在烘烤时,需要通入大量的蒸汽。

• 关于环境卫生:如果是在较小的空间下用烤箱烘烤面包,且烘烤时烤盘、纸垫或面胚表面粘有油脂,那么油脂在高于其发烟点的温度下会产生有毒烟雾,这些烟雾会污染环境,危害健康;因此,应该注意烤房内的空气流通;特别在开烤箱的时候,工作人员应该采取适当的防护措施。

⑦冷却:面包刚从烤炉内出来时,温度是内低外高,湿度是内高外低。出炉以后,面包内外温度和湿度都会发生变化;表皮由硬变软,富有弹性;内部水分降低,弹性增强。这种变化过程与外界环境的温度、湿度有重要关系。环境温度过低,表面骤然降温,会使表面收缩,不利于内部水分的蒸发,造成破皮或黏心;环境湿度太低,面包会失去水分过多,这时表面干燥、坚硬。环境过于潮湿时,不利于面包内外水分的蒸发,会使面包瓤太软,黏度大,不利于切片。所以,冷却条件对于面包品质有重要影响。冷却的方法有自然冷却和通风冷

却。面包冷却场所以温度22～26 ℃、相对湿度75%、空气流速180～240 m/min为宜。刚刚出炉的烤盘，温度很高，要注意防止人员烫伤。

圆形面包出炉后，不应立即倒盘，应连盘一起冷却到表皮变软、弹性恢复后再行包装。听形面包出炉后即可出听冷却。摆放时，面包之间不要摆放太紧密，以免影响蒸发、散热。冷却过程也要注意环境卫生，特别是刷有糖、蛋液的面包，易受到有害微生物和不洁物的污染。

⑧包装：过冷却或切片的面包，要及时进行包装。包装的目的是：面包保持清洁卫生，防止水分蒸发、淀粉老化，改善外观，引人食欲。包装室的相对湿度最好为75%～80%。当面包温度降到32～38 ℃时进行包装比较合适。

⑨贮存：面包在贮藏过程中主要要解决"老化"和腐败变质两个问题。

a. 面包的老化：经过一段时间的贮藏后，面包变硬、易掉渣、风味变差的现象称为老化。老化主要是由于糊化后的淀粉失去所吸水分而引起的，老化后的面包消化吸收率也会下降。面包在温度30 ℃，湿度80%的环境中，老化进程缓慢。

在温度为60 ℃时，面包在24～48 h内保持新鲜；在20～40 ℃，老化会缓慢进行；在-2～20 ℃，温度越低老化速度越快；在-7～-5 ℃，由于面包水分的冻结，老化速度急剧减慢；在-20～-18 ℃，由于面包中80%的水分冻结，很长时间不会发生老化。

面包中添加3%以上的黑麦，防老化效果显著；加入了20%的脱脂奶粉的面包，可以保持一星期不老化；糖类、蛋白质、油脂的添加有延缓老化的作用；乳化剂、糊精、α化马铃薯粉、阿拉伯树胶、刺槐豆、海藻酸盐类等物质也因其保水作用而有延缓老化的作用。良好包装延缓老化的原因也在于此。

搅拌面团时高速搅拌比低速搅拌得到的产品难老化；发酵到最佳程度的面团防老化效果较好；采用中种发酵法生产的面包比直接发酵法生产的面包老化慢。

已经老化的面包，当重新加热到50 ℃以上时，可以恢复到新鲜、柔软状态。

b. 面包的防腐：由细菌引起的瓤心发黏和由霉菌引起的表皮发霉都表示面包的腐败变质。防止瓤心发黏可采用低温长时间发酵以降低面包的pH值、烤熟烤透、低温包装和保藏。防止面包皮发霉的措施有清洁环境，降低环境中的霉菌数量；使用丙酸钙等防腐剂，面包中丙酸钙的添加量为面粉质量的0.2%。

2)饼干

饼干是以小麦粉(或糯米粉)为主要原料，加入(或不加入)糖、油、膨松剂等食品添加剂，经调粉、成型、烘烤制成的水分低于6.5%的松脆食品。

饼干品种花色繁多，按加工工艺的不同将饼干分为酥性饼干、韧性饼干、发酵饼干、压缩饼干、曲奇饼干、夹心饼干、威化饼干、蛋圆饼干、蛋卷及煎饼、装饰饼干、水泡饼干及其他类饼干共12类。

(1)常见饼干的加工工艺流程

①韧性饼干：面粉和淀粉→过筛→调粉→静置→辊压→冲压成型→烘烤→冷却→整理→成品。

②酥性饼干：面粉、淀粉→过筛→调粉→辊轧→成型→拾头子→烘烤→冷却→拣次品→成品。

③苏打饼干(发酵饼干)：第一次调面→第一次发酵→第二次调面→第二次发酵→辊

轧、包油酥→成型→烘烤→冷却→整理→包装→成品。

④威化(夹心)饼干:面粉、淀粉、水、疏松剂→搅拌调浆→浇料→烘烤(威化片子)。

↓

糖粉、油脂、香料、其他→搅拌混合→馅料→夹心→压片→切割→整理→包装→成品。

⑤杏元(蛋黄)饼干:原料混合→蛋浆打擦→过滤→拌粉→成型→烘烤→冷却→整理→装听→成品。

(2)原材料的选择与处理

①面粉:饼干用粉一般选用灰分含量低,粗细度要求能够通过150 μm的网筛,筋力小的低筋面粉。不同类型饼干对湿面筋的含量要求略有区别。一般来说,当面粉面筋含量过高时,饼干硬度高,韧性好,但易变形、起泡,酥性差;面筋含量过低、筋力弱,则饼干容易出现裂纹,易破碎。

a. 韧性饼干:生产韧性饼干宜选用湿面筋含量在21%～28%的面粉为宜。对面筋含量过高的小麦面粉,应加入适量淀粉进行稀释、调整。

b. 甜酥性饼干:生产甜酥性饼干的面粉要用软质小麦加工的弱筋粉,要求湿面筋含量为19%～22%,如果筋力过强,仍需用淀粉调整。

c. 发酵饼干:发酵饼干一般采用二次发酵法生产技术,两次投料所选用面粉也有一定差别。第一次发酵时,由于发酵时间较长,为了使面团能够经受较长时间的发酵而不导致面团弹性过度降低,应选用湿面筋含量在30%左右、筋力强的面粉;第二次面团发酵时,时间较短,宜选用湿面筋含量为24%～26%、筋力稍弱的面粉。

d. 威化饼干:威化饼干为多孔性结构,具有入口即化的特点,除夹心部分外,其配方中基本不含油和糖。此类饼干要求面粉中的面筋含量一定要适中,筋力要适宜,湿面筋要求为23%～24%。如果说面粉的筋力太差,生产出来的威化饼干易破碎,同时,生产过程易粘模;如果面筋筋力太大,则在调浆过程中起筋,生产出来的威化饼干不干硬、不松脆。

e. 杏元饼干:由于杏元饼干要求口感酥脆,因此在面粉的选用上应该为低筋面粉,湿面筋含量控制在20%左右。

②淀粉:当小麦粉的筋力过高时,需要添加淀粉以稀释面筋蛋白,降低面团的筋力。常添加的淀粉有小麦淀粉、玉米淀粉和马铃薯淀粉和红薯淀粉;使用不同淀粉生产的饼干,风味各有不同;比如说一种小馒头饼干,可以马铃薯淀粉为主料。淀粉在使用前的处理方法和前面讲过的面粉基本相同,使用量一般为面粉质量的5%～8%。

③油脂:饼干对油脂的风味、起酥性和稳定性有较高的要求。不同品种的饼干,要求又有所差别。

a. 韧性饼干:普通韧性饼干用油量一般为面粉质量的6%～8%,这时多选用品质纯净的棕榈油;有些中高档饼干的含量油量达到10%～20%,这时更应该选用风味愉快的油脂。常用的有棕榈油、奶油、人造奶油等。由于韧性饼干通常在调粉操作时添加的亚硫酸盐类改良剂能促使油脂酸败,故不宜选用不饱和脂肪酸较高的植物油。

b. 酥性饼干:酥性与甜酥性饼干的用油量一般为面粉质量的14%～30%。其中的曲奇饼干类则达到40%～60%(这种饼干应选用风味好的优质黄油)。甜酥性饼干要求油脂稳定性和起酥性较好,熔点较高,否则因用量较大而油脂熔点太低导致油脂流散度增加,发生"走油"现象。

c. 发酵饼干：苏打饼干是一种发酵饼干，其酥松度和层次结构是衡量产品质量的主要指标。因为这种饼干缺乏对油脂有保护作用的糖，所以要求所用油脂酥性和稳定性都好，尤其是起酥性方面比韧性饼干要求更高；使用比例为面粉质量的12%左右。

油脂加入面粉时，液体植物油、猪油等可以直接使用。奶油、人造奶油、氢化油、棕榈油等油脂，低温时硬度较高，不易与其他物料混合均匀，此时可用文火加热或用搅拌机搅拌软化后使用。油脂加热软化时要掌握火候，不宜完全熔化，否则会破坏其乳化结构，降低产品质量，而且会造成饼干"走油"。加热软化后的油脂是否需要冷却，应根据面团的温度要求而定。

④糖：饼干中常用的糖有白砂糖、饴糖、转化糖浆和果萄糖浆等。其中白砂糖最为常用，其他几种因含较多的还原性糖，易发生美拉德反应而使饼干上色。

砂糖一般是将其粉碎成糖粉或溶化成糖浆后使用。有时为了保证细度，磨碎后糖粉还要过筛。将砂糖溶化为糖浆，加水量一般为砂糖量的30%～40%。加热深化时，要控制好温度并不断搅拌，以防焦煳。溶化好的糖浆，趁热过滤，冷却后备用。

⑤疏松剂

a. 化学疏松剂：常用的有小苏打、臭粉等；它们可单独使用，也可以混合使用；化学疏松剂的使用总量约占面粉质量的0.5%～2.0%。表3.2中的数据可供参考。

表3.2 饼干中糖、油和化学膨松剂的使用比例

面团类型	糖、油、面粉的比例	小苏打/%	臭粉/%
酥性面团	糖：油=2：1，(糖+油)：面粉=1：2	0.60～0.65	0.5～0.6
韧性面团	糖：油=3：1，(糖+油)：面粉=1：2.5	0.9～1.0	0.75～1.0
甜酥面团	糖：油=1.8：1，(糖+油)：面粉=1：1.7	0.30～0.35	0.15～0.20

b. 生物疏松剂——酵母：酵母的知识，参见第2章。

苏打饼干和半发酵饼干使用的疏松剂是酵母，其余则多使用化学疏松剂。使用酵母要求低油低糖的环境，需要发酵设备，生产周期也较长。

⑥蛋白质添加剂：不少饼干中为了改善饼干质构、增加营养等目的，常常需要加入蛋白质含量较高的原料如大豆蛋白、乳制品、蛋制品等。作者通过实验发现，用大豆蛋白（实验时是用浓豆浆参与调粉）可以较好地达到这个目的。增加大豆蛋白的使用量应该是饼干、面包等烘焙食品的生产中一个值得关注的问题，因为，饼干中使用过多的蛋制品，不仅会使产品产生某些人难以接受的蛋腥味，而且为许多有特殊饮食要求的人们所排斥，同时也增加了生产成本，抬高了市场价格。

⑦香精香料：香精香料（如香兰素）在食品中的使用量一般为面粉质量的0.05%～0.1%。乙基香兰素的香味比香兰素强3～4倍，可酌情减少用量。这类物质一般用水、面粉进行稀释后使用。

⑧面团改良剂：亚硫酸氢钠、焦亚硫酸钠等还原性物质，可将—S—S—键断裂成—SH，从而使面团筋力、弹性减小，塑性增大。缩短搅拌时间，可使产品形态平整，表面光泽好。从安全性等角度考虑，焦亚硫酸钠优于亚硫酸氢钠（规定使用量以SO_2计不超过0.03%）。其他的改良剂有蛋白酶、淀粉酶和乳化剂等。

(3)面团调制

面团调制就是将选好的各种原料按比例、次序等要求加入和面机中进行调制。一般认为,制作饼干是否成功,选择原料占50%,调粉操作占25%,焙烤占20%,其他各项只占5%。

面团调制不仅决定着辊压、成型操作能否顺利进行,而且对产品外部形态、花纹、疏松度以及内部的组织结构等质量产生重要影响。生产不同类型的饼干,所需面团的加工性能不同,在面团调制工艺上区别很大。

①酥性或甜酥性面团的调制:酥性或甜酥性面团因其温度接近或略低于常温,比韧性面团的温度低得多,故俗称冷粉(甜酥性饼干20~26 ℃,酥性饼干26~30 ℃)。调粉时面团的温度一般利用水温来控制,夏季气温高,可用冰水调制面团。调制时要最重要的是控制面筋的形成,减少水化作用,因此,要注意以下几方面的问题:

a.配料顺序:除面粉外,其他物质首先混合,此称辅料预混。预混前,对于粉状、固体原料要求先过筛、打碎或熔化。待混合、乳化均匀后,再加入面粉。当脂肪、乳制品较多时,要适当添加单甘油酸酯、卵磷脂等。

b.水量与水温:酥性面团含水16%~18%为宜。一般来说,糖、油较多的面团加水亦多。控制面筋的形成程度是调粉的关键,而加水量与此有直接关系,加水太多,容易使面筋形成过度,造成损失;调粉过程中不可随意加水,否则容易“起筋”。

c.淀粉和头子的加入量:淀粉的加入可抑制面筋的形成,一般只能使用面粉量的5%~8%,甜酥性面团一般不加。头子就是面胚冲印成型后余下的面皮,面团筋力弱时可适量加入。

d.调粉时间:时间的长短与所用的糖、油和水量有关。含水多的面团(含水16%~18%)调制时间短(13~15 min),含水少的面团(含水13%~15%)调制时间长(16~18 min)。调制时间还与气温、桨形、机器转速有关。最好在搅拌时通过手感来判别面团的成熟度。即取出一小块面团观察有无水分、油脂外露;再进行搓、捏,如果面团不黏手,软硬适度,面团上有清晰的手纹痕迹;当用手拉断时感觉稍有联结力和延伸力,断头没有缩短的弹性现象,说明面团的可塑性良好,已达到最佳程度。

e.静置时间:静置就是将调好的面团放置一段时间(5~10 min)。如果调制时面筋形成不足,静置是一种补救措施;如果面团已达正常,面团无须静置。静置在韧性面团制作时常被采用。

②韧性面团的调制:韧性面团调制的温度为36~40 ℃,故俗称热粉。为获得理想的韧性面团,在调粉时要严格控制两个阶段:一是形成致密的面筋网络;二是面筋网络部分松弛,面团变得柔软而光滑。

a.配料顺序:韧性面团调粉时可一次将面粉、水、糖、淀粉等投入到和面机中混合,然后再加入油脂进行搅拌。如果使用改良剂,应在面团初步形成时(约调制10 min后)添加,然后在调制过程中加入膨松剂、香精香料。

b.面团温度:韧性面团调制的温度控制在36~40 ℃为宜。因此,夏天应用温水调面,冬天则使用80~95 ℃的糖水直接冲入面粉中。韧性面团的搅拌强度大、时间长,产生的热量较多,在调制完成后温度比酥性面团要高。

c.加水量:一般为面粉质量的22%~28%。韧性面团通常要求比较柔软,加水量受糖、油、面粉质量、调粉时间和面团温度等多方面因素的影响。

d. 调粉时间：韧性面团中如不加改良剂，时间一般为 50 ~ 60 min；若加改良剂，为 30 ~ 40 min。改良剂一般是带 SO_2 基团的无机化合物，如亚硫酸氢钠、焦亚硫酸钠等。因 SO_2 残留对口味和人体不利，目前很多企业已采用蛋白酶（如木瓜蛋白酶）作为面团改良剂。

e. 面团调制成功的判断：面团表面光滑，颜色均匀；温度适当上升；搅拌机桨叶上粘着的面团，在转动过程中很干净地被大面团黏掉；用手抓拉面团时，面团要求不黏手。有拉而不断，伸而不缩的感觉。

f. 静置：当使用强力面粉或由于各种因素使面团强度过大时，调粉结束后需静置 10 ~ 30 min 来促使弹性降低。

③苏打饼干面团的调制和发酵：苏打饼干属于发酵饼干，是利用生物疏松剂——酵母在生长繁殖过程中产生二氧化碳气体，二氧化碳气体又依靠面团中面筋的保气能力而保存于面团中。二氧化碳在烘烤时受热膨胀，加上油酥的起酥效果，形成发酵饼干特有疏松组织和层次结构。

a. 第一次发酵：在总发酵量 40% ~50% 的面粉中加入即发干酵母，适量加入白砂糖、盐和温水，搅拌 4 ~5 min。面团温度夏季应为 25 ~ 28 ℃，冬季 28 ~ 32 ℃。调制好的面团送入温度为 27 ℃，湿度为 75% 的发酵室静置发酵，时间 6 ~ 10 h。发酵完毕，面团 pH 为 4.5 ~5.0。

b. 第二次发酵：在第一次发酵好的酵头中加入剩下的面粉，再加入油脂、精盐、磷脂、饴糖、奶粉等原料，在调粉机中调制 5 min 左右。面团温度夏季应保持在 28 ~ 30 ℃，冬季30 ~ 33 ℃。从前后两次调粉的时间上来看，共同的特点是时间都很短。习惯上认为，长时间的调粉会使饼干质地僵硬。

第二次发酵的面粉应尽量选用弱质粉，这样可使饼干口感酥松，形态完美，这一点与第一次发酵时所用的面粉有本质上的区别。面团的加水量是无法规定的，这与第一次发酵的程度有关。第一次发得越老，第二次加水量就越少。小苏打应在调粉即将完毕时撒入，这样有助于面团光滑。

调制好的面团，从搅拌机中取出后，用湿布盖上，在 27 ~ 28 ℃的温度下静置 2 ~ 4 h，或在温度 29 ℃、相对湿度 75% 的发酵室中发酵 3 ~ 4 h。注意夏季防热，冬季防冷。

第二次发酵时要注意的几个问题：一是发酵饼干一般特点是低糖、低油脂（有时也加入 5% ~20% 的油脂）；由于流散度高的油脂对酵母的抑制作用显著，所以发酵饼干常采用流散度低的固体油脂。二是发酵饼干的用盐量一般是面粉质量的 1.8% ~2.0%，通常是将总量 30% 的盐在第二次发酵时加入，余下的则拌入油酥中。

（4）面团辊轧

饼干面团调制完成后经静置或不静置而进入辊轧操作。面团的辊轧就是将调粉后内部组织比较松散的面团通过相向、等速旋转的轧辊的反复辊轧，使之变成厚度均匀一致并接近饼坯的厚薄、横断面为矩形的层状均整化组织的过程。

①面团辊轧的作用。

a. 辊轧可以最大限度地减少由于内部应力分布的不平衡而导致的饼干变形。面团经过多道压延辊的辊轧，相当于面团调制时的机械揉捏，促使面筋进一步形成，有效地降低了面团的黏性、增加面团的可塑性。

b.面团经过反复辊轧、翻转、折叠,使面团形成了结构均整、表面光洁的层状组织,不仅有利于成型操作,实现饼坯的形态完整、花纹清晰、保持力强和饼干产品色泽的一致性,而且使面团排出了多余的气体,面带内气泡分布均匀,组织细腻。

②不同面团辊轧的技术要求。

a.韧性饼干面团辊轧:韧性饼干面团一般都应经过辊轧工序。为了顺利完成辊轧操作,应注意几个问题:一是压延比不宜超过3∶1,即面带经过一次辊轧不能使厚度减到原来的1/3以下。比例大不利于面筋组织的规律化排列,影响饼干膨松;但比例过小,不仅影响工作效率用期,而且有可能使掺入的头子与新鲜面带掺和不均一,使产品疏松度和色泽出现差异,以及饼干烘烤后出现花斑等质量问题。二是头子加入量一般要小于1/3,但弹性差的新鲜面团适当多加。三是韧性面团一般用糖量高,而油脂较少,易引起面团发黏。为了防止粘辊,可在辊轧时均匀地撒少许面粉;但要避免由此引起面带变硬,造成产品不疏松及烘烤时起泡。

b.发酵饼干面团辊轧:发酵面团均需经过辊轧,因为发酵饼干生产需要夹酥,排除多余的二氧化碳气体,成品要求具有多层次的酥松性,只有经过对面团的多次辊轧才能实现,其操作与韧性饼干基本相同,区别在于夹油酥前后压延比的变化。未加油酥前,压延比不宜超过3∶1,面带夹入油酥后,一般要求在2∶1到2.5∶1之间,压延比过大,油酥和面团变形过大,面带的局部出现破裂,引起油酥外露,影响饼干组织的层次和外观,并使胀发率减低。

c.酥性饼干面团辊轧:对于多数的酥性或甜酥性饼干的面团一般不经辊轧而直接成型。究其原因,酥性或甜酥性面团糖油用量多、面筋形成少、质地柔软、可塑性强,一经辊轧易出现面带断裂、黏辊,同时在辊轧中增加了面带的机械强度,面带硬度增加,造成产品酥松度下降等。

虽然大多厂家对于酥性面团不再使用辊轧工序,但当面团黏性过大或面团的结合力过小、皮子易断裂需要辊轧时,一般是在成型机前用2~3对轧辊即可,要求加入头子的比例不能超过1/3,头子与新鲜面团的温度差不超过6 ℃。

③头子的掺入对辊轧工序的影响:在生产过程中,当面团结合力较差时,掺入适量的头子可以提高面团的结合力,对成型操作十分有利。但在添加时应注意头子的比例、温度差、掺入时的操作对辊轧工序的影响。

(5)成型

饼干面团经过辊轧成面带或直接进入成型工序。饼干的成型方式根据所用设备的不同,一般分为冲印成型、辊印成型、辊切成型、挤条成型、钢丝切割成型、挤浆成型等。饼干中几种常见的成型方式比较见表3.3。

①冲印成型:冲印成型是一种古老而且目前仍广泛使用的饼干成型方法。在学校实验室做饼干时,可以选用单个的模具进行冲印成型。

②辊印成型:用于酥性和甜酥饼干的生产。

③辊切成型:辊切成型是综合冲印成型及辊印成型两者的优点,克服其缺点设计出来的新的饼干成型工艺。

④其他成型方式:除以上3种常用的成型方式外,还有钢丝切割成型、挤条成型、挤浆成型等。

表 3.3 饼干常见成型方式比较

成型方式	特点	适用饼干类型
冲印成型	能适应多种大众产品，只要面团有一定韧性即可	发酵、韧性、苏打
辊印成型	只适用于油脂较多的酥性和甜酥性饼干，不适用于有一定韧性的面团	甜酥性、酥性、曲奇
辊切成型	适应性广，综合了冲印和辊印的优点	韧性、酥性、发酵
钢丝切割	适用于无印花产品的生产	
挤条成型	适用于长条形产品生产	
挤浆成型	只适用于浆料品种生产	花色饼干

(6)烘烤

烘烤是成型后的饼坯进入烤炉成熟、定型而成饼干成品的过程。它是决定产品质量的重要环节之一。烘烤远不只是把饼干坯烘干、烤熟的简单过程，而是关系到产品的外形、色泽、体积、内部组织、口感、风味的复杂的物理、化学及生物化学变化的过程。

①饼干烘烤的基本原理：目前饼干烘烤主要采用红外线加热。加热方式是通过传导、辐射、对流方式进行的，其中，辐射加热最为主要，传导次之，对流加热最少。

②不同饼干烘烤的技术要求：根据烘烤工艺要求，烘烤炉由 5 ~ 6 节可单独控温的烤箱组成，分为前、中、后 3 个烘烤区。前烤区温度为 180 ~ 200 ℃，中间烤区为 220 ~ 250 ℃，后段烤区为 120 ~ 150 ℃。饼干坯在每一个烤区有着不同的变化，即膨胀、定型、脱水和上色。烤炉输送带的运行速度要根据饼坯厚薄进行调整，厚者运行慢，薄者则相反。

a. 韧性饼干的烘烤：韧性饼干面团在调制时使用了比其他饼干较多的水，且因搅拌时间长，淀粉和蛋白质吸水比较充分，面筋的形成量较多，结合水多，所以在选择烘烤温度和时间时，原则上应采取较低的温度和较长时间。在烘烤的最初阶段下火温度升高快一些，待下火上升至 250 ℃以后，上火才开始渐渐升到 250 ℃。在此以后，进入定型和上色阶段，下火应比上火低一些。一般整个烘烤时间在 4 ~ 6 min。

b. 酥性饼干的烘烤：一般来说，酥性饼干的烘烤应采用高温短时间的烘烤方法。温度为 300 ℃，时间 3.5 ~ 4.5 min。但由于酥性饼干的配料中油、糖含量高、配方各不相同、块形大小不一、厚薄不均，因此烘烤条件也存在相当大的差异。对于配料普通的酥性饼干，因需要依靠烘烤来胀发体积，所以饼坯入炉后宜采用较高的下火、较低而逐渐上升的上火的烘烤工艺，以使其在保证体积膨胀的同时，不致在表面迅速形成坚实的硬壳；而对于油、糖含量高的高档酥性饼干，除在调粉时适当提高面筋的胀润度之外，还应一入炉就要使用高温，迫使其凝固定型，以避免在烘烤中发生饼坯不规则胀大的“油摊”现象，防止可能产生的破碎。烘烤后期温度逐渐降低，以利于饼干上色。

c. 发酵饼干的烘烤：发酵饼干坯中聚集了大量的二氧化碳，烘烤时，由于受热膨胀，使饼坯在短时间内即有较大程度的膨胀，这就要求在烘烤初期下火要高些，上火温度要低些，既能够使饼坯内部二氧化碳受热膨胀，又不至于导致饼坯表面形成一层硬壳，有利于气体的散失和体积胀大，如果炉温过低，烘烤时间过长，饼干易成为僵片。在烘烤的中期，要求上火渐增而下火渐减，因为此时虽然水分仍然在继续蒸发，但重要的是将胀发到最大限度的体积固定下来,以获得良好的烘烤胀发率,如果此时温度不够高,饼坯不能凝固定型,胀发起来的饼坯重新塌陷而使饼干密度增大,制品最后不够疏松。最后阶段上色时的炉温度通常低于前面各区域,以防成品色泽过深。发酵饼干的烘烤温度一般下火选择在 330 ℃,面火 250 ℃左右。

发酵饼干的烘烤不能采用钢带和铁盘,应采用网带或铁丝烤盘。因为钢带和铁盘不容易使发酵饼干产生的二氧化碳在底面散失,若用钢丝带可避免此弊端。

③烘烤设备:烘烤炉的种类很多,小规模工厂多采用固定式烤炉,而大中型食品工厂则采用传动式平炉。平炉采用钢带、网带为载体。平炉是隧道式烤炉的发展,炉膛内的加热元件是管状的,燃料可以用煤油、天然气或电热。传动式平炉长度一般在 40 ~60 m。

(7)冷却

刚出炉的饼干温度和水分都处于较高水平,除硬饼干和发酵饼干外,其他饼干都比较软,特别是糖油量较高的甜酥饼干更软,只有在饼干中的水分蒸发、温度下降,油脂凝固以后,才能使其形态固定下来。

饼干不宜在强烈的冷风下冷却。如果饼干刚出炉立刻暴露在较低温下冷却,降温迅速,就会出现水分急剧蒸发,饼干内部产生较大内应力,饼干外部易出现变形,甚至内部出现裂缝。冷却环境最适宜的温度是 30 ~40 ℃,相对湿度保持在 70% ~80%。

(8)包装

饼干冷却到要求的温度和水分含量后应立即包装。精致的包装不仅可以增加产品美观,吸引消费者,而且能够避免饼干中水分的过度蒸发或吸潮;保持饼干卫生清洁,阻止饼干受到虫害或环境有毒、有害、有异味物质的污染;有效地降低饼干储运和销售过程中的破损;阻断饼干与空气中氧的接触,减缓因油脂氧化带来的饼干酸败变质等。

饼干的包装形式分为袋装、盒装、听装和箱装等不同包装,包装材料应符合相应的国家卫生标准。各种包装应保持完整、紧密、无破损,且适应水、陆运输。饼干外包装标签标注内容应符合 GB 7718 规定,标明产品名称、企业名称(或企业标示)、生产日期、保质期、质量、防潮、防日晒、防碎和向上等标记。

3)蛋糕

蛋糕是以鸡蛋、面粉、糖等为主要原料,经搅打充气,辅以疏松剂,通过烘烤或气蒸而使组织松发的一种疏松绵软、适口性好、营养丰富的食品。但是,相对其他焙烤食品来说,蛋糕含水较多,不易保存;含糖量也较多,这也是其特点。

(1)蛋糕的种类

蛋糕种类很多,在此我们简单将其分为 3 大类,乳沫类(又称清蛋糕,如果只用蛋白称为天使蛋糕,如果使用全蛋则称为海绵蛋糕)、戚风类(蛋白与蛋黄分开搅打,需要用到塔塔粉或其他酸性物质以中和蛋白的碱性)和面糊类(油脂用量很多,又称重油蛋糕)。

(2)蛋糕制作的一般工艺流程

蛋糕种类虽然很多,但是其工艺流程大体一致。不同种类的蛋糕主要区别就在于原料的配比不同,面糊调制的方式不同。

原料配备→面糊调制→注模→烘烤或汽蒸→冷却→包装。

(3)制作蛋糕的原辅料

①面粉:制作蛋糕的面粉一般为低筋粉。因低筋粉无筋力,制成的蛋糕表面平整,质地

疏松棉软;如一时没有低筋粉,可在中、高筋粉中掺入适量淀粉配制而成。

②鸡蛋:和面粉一样,鸡蛋是蛋糕制作的主要原料。蛋糕体积膨大主要靠蛋白;均质松软主要靠蛋黄。制作蛋糕时要选用新鲜的鸡蛋,这是保证蛋糕质量的最主要条件。

③糖:糖是打蛋时的泡沫稳定剂,又是蛋糕甜味剂。糖能使面糊光滑细腻,并保持蛋糕的水分,延缓蛋糕老化、干硬;糖以细砂糖为最理想,食用一级棉白糖也较好。如果在蛋糕制作时使用少量糖浆(玉米糖浆、葡萄糖浆、转化糖浆、麦芽糖浆、蜂蜜等)可增加蛋糕的柔软性,但是会改变蛋糕的颜色;特别是使用蜂蜜时,会得到诱人的枣红色蛋糕。

④油脂:使用少量的油脂,可降低蛋糕的韧性,使质地柔软,口感细腻;最好使用精炼的植物油或熔化的奶油。

⑤酸性果汁:可调节面糊稠度,促进鸡蛋起泡,改善蛋糕风味。常用的有柠檬汁、橘子汁等。

⑥膨松剂:在普通海绵蛋糕中可使用少量泡打粉,高档海绵蛋糕则可不用。

⑦可可粉:可使蛋糕改变颜色。使用时,可与面粉一起过筛,混合均匀。

⑧果仁、籽仁、鲜果:可将芝麻仁、白瓜子仁、葵花籽仁、橄榄仁、杏仁、鲜果等撒在蛋糕表面,改善外观、风味等。

⑨蛋糕油:在蛋糕中使用蛋糕油,对提高海绵蛋糕的质量具有重要作用。关于蛋糕油的知识,详见第2章。

(4)蛋糕生产中影响打蛋的因素

搅拌打蛋是蛋糕制作的关键工序,是将蛋液、砂糖、油脂等放入打蛋机搅拌均匀,通过高速搅拌使砂糖溶入蛋液中,并使蛋液充入大量空气而产生泡沫。一般蛋浆体积增加3倍以上时,说明已经打好。有许多因素影响到打蛋质量,当然也影响蛋糕质量。

①打蛋速度和时间:打蛋时,开始应该快速,在最后阶段应改用中速,这样可以使蛋液中保留较多的空气,而且分布比较均匀。具体操作时,打蛋速度和时间还应视蛋的品质和气温而异。蛋液黏度低,气温高时,搅打速度要快,时间要短;反之,搅打速度应慢,时间要长。一般来说,搅打时间太短,蛋液充气不足,分布不均,起泡性差,蛋糕成品不疏松;搅打时间太长,蛋白质胶体黏稠度降低,蛋白膜破裂,气泡不稳定,空气溢出,因此,要严格控制打蛋时间。

②打蛋温度和搅拌:打蛋时间长短与搅打的温度有直接关系,在允许的温度内,时间与温度成正比。新鲜鸡蛋在17~20 ℃的温度下;其胶黏性维持在最佳状态,起泡性最好。温度高会促使糖的乳化程度提高,蛋白变稀,胶黏性提高,在搅打时不易拌入空气同样会影响蛋液质量,因此在搅打蛋液时,只有在理想的温度下才能达到蛋液搅打的最佳效果。

在一般正常情况下,温度在25 ℃,机械转速为250 r/min,搅打时间为30 min左右较为适宜;但是,在西式糕点制作时,为了提高其产品特色,增加营养价值,其用蛋量大约是糖、面粉的2倍以上,这样将导致蛋糕糊变稀,不便于操作。为了提高蛋糕糊的稠度,提高产品质量和产量,可采用加温使胶质蛋白受热变性,增加稠度的搅打方法。一般情况下加温到45~50 ℃,离开热源搅打20 min左右即可。

③搅打方式:无论用人工还是机械进行搅打,始终都要顺着一个方向,这样可以使空气连续而均匀地吸入蛋液,蛋白迅速起泡。如果说一会儿顺,一会儿反,会破坏已经形成的蛋白气泡使空气逸出,影响蛋糕品质。

④蛋、糖比例：搅打过程中形成的泡沫是否稳定，对充入空气的多少及最终蛋糕产品的疏松度影响很大。蛋白虽然具有一定的黏度，对稳定气泡具有重要作用，但是仅仅依靠蛋白质黏度来稳定气泡是不够的。由于糖本身具有很高的黏度，因此在打蛋过程中加入大量蔗糖，可提高蛋液的黏稠度，提高蛋白气泡的稳定性，使其容纳更多的气体。

配方中加入糖的多少，对打蛋效果及最终产品质量有重要影响。实践证明，蛋糖比例为1∶1时效果最佳。当糖少时，蛋白气泡不稳定，搅打时间长，蛋糕不松软。当糖多时，蛋液黏稠度过大，不能吸入充足的空气，起泡难，蛋糕品质同样差。

在实际生产中，即使使用75%的糖与蛋一起搅打，也比用125%的糖与蛋一起搅打制出的蛋糕品质要好；也就是说，在蛋糕制作过程中，蛋、糖之间的比例宁可糖比蛋少，也不要糖比蛋多。

⑤油脂、pH和蛋的质量：在搅打过程中有油脂存在时，蛋白中球蛋白和胶蛋白的特性即被破坏，蛋白失去应有的黏性和凝固性，使蛋白的起泡性受到影响。其原因是油脂作为一种消泡剂，其表面张力大，蛋白膜很薄，当油脂和蛋白膜接触时，油脂的表面张力大于液体。即使没有额外添加油脂，仅仅是容器中有油脂存在时，也会影响蛋液质量。蛋黄中的油脂，也会影响蛋白的起发，如果能将蛋白、蛋黄分开搅打或单独使用蛋白制作蛋糕，效果更加理想。

当酸碱性不适当时，蛋白不起泡或起泡不稳定。在等电时，蛋白质的渗透压、黏度、起泡性最差。在实际打蛋过程中，往往加一些食用酸（如塔塔粉、柠檬酸、醋酸等）和小苏打，就是为了调节蛋液的pH值，破坏其等电点，有利于蛋白起泡。当蛋液的pH低于7（即偏酸性）时，蛋液的颜色很浅，随着pH的逐渐升高（偏碱性）时，颜色逐渐变深。pH较高的蛋液做出来的蛋糕具有较大的体积，但是从组织、风味、口感、体积等全面来看，pH为7时的蛋糕质量最好。pH太高，蛋糕内部组织灰暗，而且有碱味。pH太低，蛋糕内部组织颜色太浅，体积较小。

鲜蛋和陈蛋的起泡性明显不同，陈蛋起泡性差，且气泡不稳定。这是因为蛋贮存时间过长，稀薄蛋白增多，浓厚蛋白变少。稀薄蛋白表面张力、黏度低，不利于起泡。

上面简要地介绍了蛋糕制作中影响打蛋质量的一些因素，在实际生产中根据实际情况进行具体分析，以便提高打蛋质量，生产出高质量的蛋糕。

（5）蛋糕的装饰

装饰就是用可食的材料涂抹或添加到蛋糕的外面，以起到改变外观、调节口味和保护蛋糕的目的。装饰用的材料有洋菜亮光胶、糖浆、各种奶油酱、鲜奶油、人造鲜奶油、脆皮巧克力或巧克力酱和各种水果等。

蛋糕装饰技术中比较有名的是裱花（又称挤花）。常见的生日蛋糕，就使用了这种工艺。裱花师将原料装入特制的工具中进行挤捏，由于配料、花嘴和手法的不同，从而产生形态各异、五颜六色的效果。

4）月饼

月饼是一种时令性糕点，种类很多，在此主要学习两种月饼的制作，即酥皮（也称油酥皮，如苏式月饼）月饼和糕皮（也称油糖皮，如广式月饼）月饼。

（1）酥皮月饼工艺流程

原料配备→和面制皮（水面、油面、酥皮）→馅料（预处理）→包馅料→成型→修饰→烘烤→冷却→包装。

(2)糕皮月饼工艺流程

熬糖浆→冷却→放置→备用→糖浆→油脂→乳化搅拌→面粉→搅拌调制分摘→制皮→馅料(预处理)→包馅→入模→脱模→修饰→烘烤→冷却→包装→成品。

其中面皮和馅料的制作是两个关键性的工序。

(3)酥皮制作

制作酥皮月饼首先需要做出酥皮和馅料,然后包馅、装饰、烘烤、冷却即成。做酥皮先做出水面和油面,再将水面包上油面多次重叠作成酥皮。

①水面制作:按配方称量好筛过的中筋面粉、筛过的糖粉、油脂、水,将面粉放在桌面上,筑成圆形粉墙,中间放入糖粉、油脂,拌匀后再加入水混合均匀,再用刮板将周围的面粉与中间的物料混合、揉捏至呈无粉粒的光滑水面团。将此面团装入塑料袋中或用保鲜膜盖好,静置松弛 30 min 后搓成长条,再根据所需大小分割成小水面团,压平,即可进行包酥。

②油面的制作:将过筛的低筋面粉称量后放在桌面上,筑成圆形粉墙,中间放入油脂(如果需要放香料、色素,也可在此时加入),用刮板将周围的面粉与中间的物料混合、揉捏至呈无粉粒的油酥面团。将此面团搓成长条,再根据所需大小分割成小油面团。

③酥皮的制作:取一个小水面皮,包一个油面面团,边捏边旋转收口。多余的水面皮按压在油面团上,收口朝上排列于桌面。其中水面与油面的质量比为 2∶1. 将捏制好的油酥皮面团略压扁,再由中间向两端擀成椭圆形薄片,将此薄片由下向上卷起,收口朝上排列于桌面用保鲜膜盖好或装入塑料袋,静置松弛 10～15 min。再将油酥皮面团略压扁,由中间向两端擀成椭圆形薄片,将此薄片由下向上卷起,收口朝上排列于桌面用保鲜膜盖好或装入塑料袋,静置松弛 20～30 min,即可进入包馅阶段。

a. 制作酥皮的要点:水面和油面必须比例恰当。若油面太多,则包酥时不易擀制或漏酥;若水面太多,则酥皮较硬,层次不清楚或酥松性变差。另外,制作水面、油面和酥皮时,擀制的动作要轻,且力道均匀,这样才能擀制出漂亮的酥皮。擀制时若发现水面皮有些粘手,可撒些干粉以防破酥漏馅。

b. 说明:制作水面和油面的原料一般可以不变,但是各物料之间配比的改变对酥皮的口感会有不同。

(4)糕皮制作

糕皮不像酥皮那样皮层多,只有一层。下面以广式月饼为例介绍制作糕皮的几种基本原料、标准配方和制作工艺。

①糕皮制作的原料。

a. 转化糖浆:转化糖浆是制作广式月饼最重要的液体原料,是保证月饼及时回油,快速回软,久放不硬、长期柔软的关键。制作转化糖浆是一项重要技术。如果说煮制的转化糖浆不合格,会造成广式月饼回油慢、回软慢甚至于不回油、不回软,越放越干硬。转化糖浆在配料和煮制方法上是有技术的,想煮出高质量的转化糖浆,必须掌握。

• 转化糖浆的制作原理:制作转化糖浆的原料是甘蔗糖、酸和水,甘蔗糖在酸性条件下和水长时间共煮会发生水解反应而生成葡萄糖和果糖,这种蔗糖、葡萄糖、果糖、酸和水的混合物就是转化糖浆。

$$C_{12}H_{22}O_5(\text{蔗糖}) + H_2O \xrightarrow{H^+} C_6H_{12}O_6(\text{葡萄糖}) + C_6H_{12}O_6(\text{果糖})$$

●糖水比例:根据经验,要生产高质量的转化糖浆,糖水以糖:水=100:(50~60)为宜。加水量过少,会缩短熬煮的时间,蔗糖转化不充分,用这样的转化糖浆制作的月饼,难以充分回油和回软,或干硬不软。

●转化剂的种类和用量:煮制转化糖浆时,必须加入适量的酸性物质。酸性物质是蔗糖的转化剂,它能加快蔗糖的转化速度。无机酸转化能力强,但是操作危险大,制出的糖浆颜色、风味较差,故很少使用。目前一般都使用柠檬酸、酒石酸、醋酸、苹果酸、乳酸等有机酸。酒石酸是最理想的转化剂,但在实际生产中,考虑到价格、来源等因素,目前全国各地普遍使用的转化剂是柠檬酸。有些南方厂家也有用新鲜果汁如菠萝汁、柠檬汁来煮制转化糖浆。柠檬酸的用量为蔗糖质量的0.05%~0.1%,柠檬酸用量一般不宜过多,加酸太多会使糖浆过酸,烘焙时月饼不易上色。

酸性物质在低温下的转化作用较慢,在糖液煮沸后再加入的效果较好。因此,柠檬酸应该在糖液煮沸后的105~106 ℃时加入。

如果使用的是淀粉糖浆,由于其含杂质较多,如果说柠檬酸加入过早,在煮制时会产生大量泡沫而外溢;同时,淀粉糖浆中的糊精在长时间的高温煮制下,会发生焦糖化反应而使糖浆的颜色加深,质量下降。

●煮制的温度:煮制温度一般为115~120 ℃。温度过低,蔗糖的转化速度太慢,行话叫"嫩浆",这是造成月饼干硬不柔软的最主要原因。温度过高,特别是达到140 ℃以上时,会造成糖浆颜色过深,甚至于焦化,俗称"浆老"。

●煮制时间:当糖水为糖:水=100:(50~60)时,可以煮5~6 h,一般不能少于3~4 h。

●加热容器:过去大多使用铜锅或铁锅,现在大多使用可以控制温度的夹层锅,确保温度在115~120 ℃,防止温度波动。

●转化糖浆的浓度对月饼质量的影响:转化糖浆的浓度决定了面团的柔软度和加工性能。转化糖浆的浓度越高,饼皮的回软效果就越好,但是,如果过高,会使饼皮发黏,难以成型。转化糖浆的浓度一般为75%~82%,建议以85%左右的浓度为宜。

●转化率:转化率是指蔗糖发生水解反应的转化程度。正常的转化率为75%。太低,会使饼皮干硬;太高,会使饼皮柔弱无力。

转化糖浆应提前几个月制好,贮藏一段时间后使用。

b.枧水:枧水是广式糕点常见的传统辅料。以前是用草木灰加水煮沸浸泡一日,取上清液而得到的一种碱性溶液,主要成分是K_2CO_3和Na_2CO_3,也含有少量的Ca^{2+}、Mg^{2+}、Fe^{3+};pH值为12.6。

现在使用的枧水已不是草木灰了,而是用碳酸钾和碳酸钠作为主要成分(K_2CO_3、Na_2CO_3),再辅以磷酸盐或聚合磷酸盐配制而成的碱性混合物;其在功能上与草木灰枧水相同,故仍被称为枧水。如果仅用K_2CO_3和Na_2CO_3配成枧水,则性质很不稳定,长期贮存时易变质失效。一般都加入10%的磷酸盐或聚合磷酸盐,以改良保水性、黏弹性、酸碱缓冲性及金属封闭性。

使用枧水制作的月饼,饼皮既呈深红色,又鲜艳光亮,与众不同,催人食欲。这是使用枧水与单独使用Na_2CO_3的不同之处。

加入枧水的目的有3个:一是中和转化糖浆中剩余的酸,防止月饼因含有酸而影响口味、口感;二是使月饼饼皮碱性增大,有利于月饼着色。碱性越高,月饼皮越易着色;着色的原因主要是烘烤时蛋白质、还原糖在碱性条件下发生了羰氨反应;也可以考虑糖的焦糖化反应。三是当枧水中的碳酸盐与糖浆中的酸在面团中发生中和反应时会产生 CO_2,促进了面团的膨胀,使月饼饼皮口感更加疏松。

枧水的浓度对月饼品质有重要影响。浓度太低,造成枧水加入量大,会减少糖浆在面团中的使用量,月饼面团会“上筋”,产品不易回油、回软,易变形;枧水浓度太高,会造成月饼表面着色过重,碱度增大,口味口感变劣。因此,枧水的浓度一般为 30 ~35°Bé 或碱度为 60 度(mmol/L),相对密度 1.2 ~1.33。

c. 面粉:一般使用中、低筋面粉,普通面粉。

②标准配方:糕皮标准配方见表 3.4。

表 3.4 糕皮标准配方

面粉	100	转化糖浆	75	花生油	30	枧水	4
面粉	100	转化糖浆	85	花生油	25	枧水	2
面粉	100	转化糖浆	80	花生油	30	枧水	2.5
面粉	100	转化糖浆	77	花生油	30	枧水	2.5

③制作工艺:面粉过筛,置于台板上围成圈,中央开窝,倒入加工好的糖浆与枧水,充分混合兑匀后,再加入花生油搅和均匀,然后逐步拌入面粉,拌匀后揉搓,直至皮料软硬适度,皮面光洁即可。

说明:各种物料必须充分拌匀;枧水用量要适当,多则面皮泛黄,少则难以上色;面皮做好后,需要静置一段时间,时间长短依气温而定,参考时间为 4 h 左右。

(5)馅料的制作

馅料的制作对产品质量有很大影响,是月饼制作的重要工序。月饼等糕点加工由于熟化方式的特点,一般要求馅料是熟料,占制品质量的 50% 左右甚至更高些。

馅料制作时,有些是对原料先通过煮、炒等方式熟化,然后混合起来,如豆沙、枣泥、莲蓉等。有些是直接将配方中的各种物料混合搅拌而成,如果仁、椒盐馅等。

①制作馅料时要注意的问题:

a. 如果馅料配方中有面粉,那么面粉要求是熟的。这样可以破坏面筋蛋白,使馅心经烘烤后疏松爽口。为保持面粉色泽,最好采用蒸制的方式。

b. 馅料大多数要用到油脂。如果制甜味馅,一般是用花生油、香油。如果要用豆油、菜油、葵花籽油,则需要熟制,去其异味,冷却后使用。

c. 馅料中的糖一般是蔗糖,作甜味剂的白砂糖要经过粉碎、过筛后使用,冰糖可以不经过粉碎,只需要碎成适当大小的颗粒。

d. 如果馅料中使用花生、芝麻、葵花籽等生料,要将其熟化后使用。

e. 馅心用水不多,如果要用,最好和油一起加入,搅拌均匀。

②几种常见馅料的制作方法:

a. 豆沙馅:制作豆沙的原料有红豆、蔗糖、花生油、水等。豆沙分粗豆沙和细豆沙两种。粗豆沙的制作方法比较简单,细豆沙比较复杂。

●制作粗豆沙:将干净的红豆用水浸泡,冬天时间长,夏天时间短;泡胀后,置于锅内与适量的水一起煮熟;将煮沸熟的红豆用石磨或其他机械磨碎,然后入锅内加油、糖炒制至稠度适当时即得产品。粗豆沙由于没有经过去皮、淘洗过程,因此物料损失少,营养成分比较多。

●制作细豆沙:将干净的红豆用水泡胀,然后加水熬煮至呈稀糊状,由于需要过筛取沙,红豆糊比制粗豆沙要稀。可以用专门的取沙机取沙;也可以手工取沙。手工取沙的方法是,将红豆糊置于筛内浸入水中,用手擦豆、淘洗、去皮;豆沙沉在水底;弃去上层清水。将得到的豆沙置于布袋内压干即得干豆沙。要求手捏成饼,一搓就散,呈紫红色。将此豆沙置于锅内加油、糖进行炒制,一直炒到有一定稠密度和可塑性时加入饴糖、糖玫瑰、糖桂花等其他辅料,炒拌均匀就可起锅。

豆沙的制作方法也可参见第5章相关内容。

b. 果仁馅:果仁馅也称百果馅,其因各地特产和口味上的差异,配方上也各有不同。

●配方1:熟面粉500 g、白砂糖1 900 g、花生油300 g、核桃仁400 g、杏仁300 g、瓜子仁100 g、熟芝麻500 g、糖橘皮100 g、冬瓜糖500 g、橄榄仁200 g、糖金橘300 g、青梅、红枣、桂圆肉适量。

●配方2:熟糯米粉500 g、白砂糖1 900 g、花生油300 g、核桃仁400 g、杏仁100 g、瓜子仁400 g、熟芝麻500 g、糖金钱橘300 g、冬瓜糖500 g、橄榄仁200 g、糖玫瑰200 g、葡萄干100 g、大曲酒75 g。

●加工方法:将果料、蜜饯切碎,糖、油用水融化,加入其它配料搅拌均匀后,加熟面粉或熟糯米粉拌匀即可。

c. 椒盐馅(苏式)。

●配方:熟面粉35 g、绵白糖240 g、麻油130 g、黑芝麻屑100 g、核桃仁50 g、松籽仁50 g、瓜子仁25 g、糖橘皮10 g、黄桂花20 g、精盐5 g。

●工艺:将黑芝麻屑炒熟,油、糖、盐用温水融化,其他物料切碎,各物料充分拌和均匀,最后加入熟面粉拌匀即可。

d. 莲蓉馅。

●配方:莲子300 g、白砂糖180 g、花生油或色拉油150 g、水适量。

●工艺:先把莲子用水浸泡至发胀,取出莲芯,加适量水煮烂,绞成泥。白砂糖加少量水在铜锅中熬成糖浆,将莲子泥移入铜锅中,小火加热去除水分;至适当稠度时,分3次加入油脂,炒至适当稠度即可。

●说明:选用铜锅是为了保持莲子洁白的颜色,如果用铁锅,可能会变色。选用糖和油脂时,也应该考虑到颜色。油脂应该选用没有异味的油脂,以保持莲子的清香。炒制时,要注意防止煳锅。

e. 火腿馅:火腿馅是糕点制作时的著名馅料,各地配方有所不同。广式以果仁为主,辅以火腿,食用时偶尔可尝到火腿丁,细嚼别有风味;苏、宁式是以火腿为主,辅以果仁。

●配方(广式):熟糯米粉600 g、白砂糖2 100 g、花生油150 g、芝麻450 g、核桃仁650 g、杏仁80 g、瓜子仁60 g、熟芝麻500 g、糖金钱橘100 g、糖橘皮200 g、冬瓜糖800 g、橄榄仁80 g、糖玫瑰100 g、火腿300 g、曲酒50 g、青梅适量。

●工艺:火腿煮或蒸熟,切成丁,用酒拌和;其他物料切成小粒或碎屑后与火腿拌和。

拌和方法同果仁馅。

● 说明：切料要均匀，加水要适量。白砂糖不要加入，可化成水或熬成糖浆后加入；炒制要掌握火候、时间和动作，要求熟而不煳；下油要慢，少量多次才能吸收；否则会使油馅分离；要求用铜锅，因为铁锅会使馅料变色。

(6)包馅、成型、装饰

将馅料按适当的分量分成小剂，备用。成型方式包括手工成型和机械成型；有模成型和无模成型。

如果是做酥皮月饼，一般不需要模具。按成品 8 只/kg、12 只/kg、24 只/kg 取量，按皮与馅的比例 5∶6，将馅逐块包入酥皮内。馅心包好后，在酥皮的封口处贴上方形小纸并朝下放置，然后压成厚度适宜的扁平生坯；在生坯上盖上红印章；将此生坯饼按适当间距摆放在烤盘内。

如果是做糕皮月饼，一般不需要模具。广式月饼的皮很薄，皮、馅比达 2∶8 甚至于 1.6∶8.4。将馅料包好后，将有收口的一端朝上放入模具。为防粘连，可事先在模具内撒点面粉或刷上油脂。将生坯在模内压平，然后出模摆盘。

酥皮月饼的装饰比较简单，只要打上红色印章即可；糕皮月饼则需要刷饰面液（可用鸡蛋或其他能够发生颜色变化的材料配制；如果用鸡蛋，最好用两只蛋黄和一只全蛋，打散后滤去不分散的蛋白，放置 20 min 后使用。也可以在其中加一些色拉油，以增加月饼表面的亮度）。如果不用鸡蛋，可以采用能够发生美拉德反应或焦糖化反应的物料，即还原糖、蛋白质、碱等。饰面液用排笔刷在上表皮，均匀多次，有一定厚度。

(7)烘烤

成型后的生坯摆放在烤盘上以后，准备入炉烘烤。炉温一般要求事先调好。炉温的设定应依月饼的大小来定，体积大的月饼，温度低，时间长；体积小的月饼，炉温高，时间短，一般是 210 ℃，10 min 左右。

如果是做酥皮月饼，由于不要求表皮上色，炉温是上火低，下火高；温度范围在 180 ~ 200 ℃内，时间约 8 min；饼厚大温度低时间长；饼薄小温度高时间短。当饼面呈微黄色后取出再刷一次饰面液，再烤约 5 min；这样可重复多次，只到饼面呈金黄色时，可准备出炉。

如果是做糕皮月饼，可将炉温调至上火 210 ℃左右，下火 155 ℃左右，在饼坯表面轻轻喷一层水，放入烤箱烤约 5 min，饼面呈微黄色后取出再刷一次饰面液，再烤约 5 min；这样可重复多次，只到饼面呈金黄色，腰边呈象牙色即成。最后一次进烤箱时，可以只用上火，上色更快。

(8)冷却、包装

刚出炉的月饼质地较软，不能挤压；因此要等其冷却后再进行包装。刚生产的月饼需要放置 2 ~3 d，待月饼回油后再食用，口感较好。

3.2 蒸煮类食品

蒸煮类食品是指通过蒸、煮的方式对米、面等食品进行熟制的食品，由于加热烹制时的温度上限一般不超过100 ℃,其营养成分的保全与食品安全性较好,加上原料来源方便,加工条件简单,因此,消费人群众多,每日消费量大。蒸煮类产品的范围很广,品种很多,在此仅主要阐述面粉类蒸煮食品。

蒸制面食可以发酵也可以不发酵,如馒头、花卷、包子、面发糕等是需要发酵的;蒸饺、烧麦等是不需要发酵的。煮制面食以面条、水饺为代表,一般不需要发酵。下面分类说明。

3.2.1 馒头、花卷、包子与面发糕简介

馒头、花卷、包子与面发糕的制作工艺中的主要部分——发面是相似的,如果熟练掌握了馒头的制作技术,其他产品的制作就比较容易了。

1)馒头

馒头又称为"馍""馍馍""蒸馍""饽饽""窝头"等,是以面粉为主料,除发酵剂外一般只添加少量或不添加其他辅料(添加辅助原料用以生产花色品种馒头),经过和面、发酵和蒸制等工艺加工而来的食品。根据风味、口感不同可分为以下几种。

(1)北方硬面馒头

北方硬面馒头是我国北方一些地区百姓喜食的日常主食。面粉要求面筋含量较高(一般湿面筋含量>28%),和面时加水较少,产品筋斗有咬劲,一般内部组织结构有一定的层次,无任何的添加风味,突出馒头的麦香和发酵香味。依形状不同又有刀切方形馒头、机制圆馒头、手揉长形杠子馒头、挺立饱满的高桩馒头等。

(2)软性北方馒头

在我国中原地带,如河南、陕西、安徽、江苏等地百姓以此类馒头为日常主食。原料面粉面筋含量适中,和面加水量较硬面馒头稍多,产品口感为软中带筋,不添加风味原料,具有麦香味和微甜的后味口其形状有手工制作的圆馒头、方馒头和机制圆馒头等。

(3)南方软面馒头

南方软面馒头是我国南方人习惯的馒头类型。南方小麦面粉一般面筋含量较低(一般湿面筋含量<28%),和面时加水较多,面团柔软,产品比较虚绵。多数南方人以大米为日常主食,而以馒头和面条为辅助主食,南方软面馒头颜色较北方馒头白,而且大多带有添加的风味,如甜味、奶味、肉味等。有手揉圆馒头、刀切方馒头、体积非常小的麻将形状馒头等品种。

(4)杂粮馒头和营养强化馒头

随着生活水平的提高,人们开始重视主食的保健性能。目前营养强化和保健馒头多以天然原料添加为主。杂粮有一定的保健作用,比如高粱有促进肠胃蠕动防止便秘的作用,荞麦有降血压、降血脂作用,加上特别的风味口感,杂粮窝头很受消费者青睐。常见的有玉米面、高粱面、红薯面、小米面、荞麦面等为主要原料或在小麦粉中添加一定比例的此类杂粮生产的馒头产品,包括纯杂粮的薯面、高粱、玉米、小米窝头和含有杂粮的荞麦、小米、玉米、黑米等的杂粮馒头。

营养强化主要有强化蛋白质、氨基酸、维生素、纤维素、矿物质等。由于主食安全性和成本方面的原因,大多强化添加料由天然农产品加工而来,包括植物蛋白产品、果蔬产品、肉类及其副产品和谷物加工副产品等,比如加入大豆蛋白粉强化蛋白质和赖氨酸,加入骨

粉强化钙、磷等矿物质,加入胡萝卜增加维生素 A,加入处理后的麸皮增加膳食纤维等。

2)花卷

花卷可称为层卷馒头,是面团经过揉轧成片后,不同面片相间层叠或在面片上涂抹一层辅料,然后卷起形成不同颜色层次或分离层次,也有卷起后再经过扭卷或折叠造型成各种花色形状,然后醒发和蒸制成美观而又好吃的馒头品种,有许多种花色。花卷口味独特,比单纯的两种或多种物料简单混合更能体现辅料的风味,并形成明显的口感差异而呈现一种特殊感官享受。

(1)油卷类

油卷在一些地方被称为花卷、葱油卷等,是在揉轧成的面片上加上一层含有油盐的辅料,再卷制造型而成,具有咸香的特点。油卷的辅料层上可能添加葱花、姜末、花椒粉、胡椒粉、五香粉、茴香粉、芝麻粉、辣椒粉或辣椒油、孜然粉、味精等来增加风味;有两边翘起的蝴蝶状和扭卷编花形状。

(2)杂粮花卷

杂粮花卷是揉轧后的小麦粉面片上叠加一层杂粮面片,再压合后,经过卷制刀切成型的产品。为了保证杂粮面团的胀发持气性,往往在杂粮面巾加入一些小麦粉再调制成杂粮面团。白面和杂粮面的分层,使粗细口感分明,克服了纯粹杂粮的过度粗硬口感。常用于花卷的杂粮有玉米粉、高粱粉、小米粉、黑米粉和红薯面等。

(3)甜味花卷

除油卷和杂粮花卷外,还有巧克力花卷、糖卷、鸡蛋花卷、果酱卷、豆沙卷、莲蓉卷、枣卷等甜味花卷。外观造型精致,洁白而美观,口味细腻甜香,冷却后仍然柔软,一些可以作为日常主食,一些是老幼皆宜的点心食品,发展潜力很火。

(4)其他特色花卷

做工精细,风味口感非常特别的一些花卷,比如抻丝卷、五彩卷等。这些花卷风味和口感非常特别,颜色和形状美观,一般为宴席配餐和酒店的面点品种,也是百姓消费的高档面食。

3)包子

包子是一类带馅馒头,是将发酵面团擀成面皮,包入馅料捏制成型的一类带馅蒸制面食。产品皮料暄软,突出馅料的风味,风味和口感非常独特,深受全国各地百姓的欢迎。包子的种类极多,一般分为大包(50~80 g 小麦粉做 1 个或 2 个)、小包(50 g 小麦粉做 3~5 个)两类。大、小包子除发酵程度不同外(大包子发酵足,小包子发酵嫩),小包子成型、馅心都比较精细,多以小笼蒸制,随包随蒸随售。从形状看,还可以分为提褶、秋叶、钳花、佛手、道士帽等。从馅心口味上看,也有甜、咸之别。

4)面发糕

面发糕是一种非常虚软的馒头,其制作工艺与馒头相似。许多馒头厂将原料调制成软面团,经发酵做型或不发酵直接做型,再充分醒发,蒸出的产品可保持做成的形状.并且经常在产品表面黏附一些果脯、芝麻、葡萄干等进行装饰,也可以在产品冷却后进行裱花装饰。

3.2.2　馒头、花卷、包子与面发糕加工工艺要点

1)原辅材料

(1)面粉

生产蒸制面食的面粉要求有一定的筋度,蛋白质含量在10% ~11%。在使用前应进行过筛处理,以混入新鲜空气,有利于面团的形成和酵母的生长繁殖。在过筛的同时,筛中安装有磁铁,以除去金属杂质。此外应根据不同的季节适当调节面粉的温度,以利于面团的形成与发酵。夏季应将小麦粉储存在干燥、低温和通风良好的地方,以降低温度;冬季则应将小麦粉和杂粮粉置于温度相对较高的环境,以提高粉温。

(2)水

生产用水要求透明、无色、无异味、无有害物质,符合国家饮用水卫生质量标准。水的硬度应为中等硬度,稍呈酸性,因此对于不符合要求的水质要进行澄清、消毒、软化等处理。

(3)酵母

酵母使用前应提前活化,经活化后加入面粉中。活化的方法是将酵母用温水(30 ℃左右)化开,并放置一段时间,活化时可加入少许砂糖,以促进酵母的生长繁殖,待有大量气泡产生后即可加入面粉中。

(4)其他添加剂

糖、纯碱等,均为食用级,符合国家标准。

2)工艺流程

基本加工工艺流程分为一次发酵生产和二次发酵生产,如图3.1和图3.2所示。

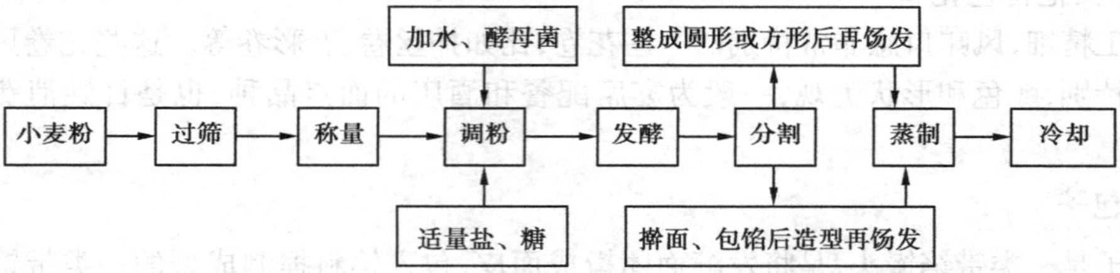

图3.1　一次发酵法生产工艺流程图

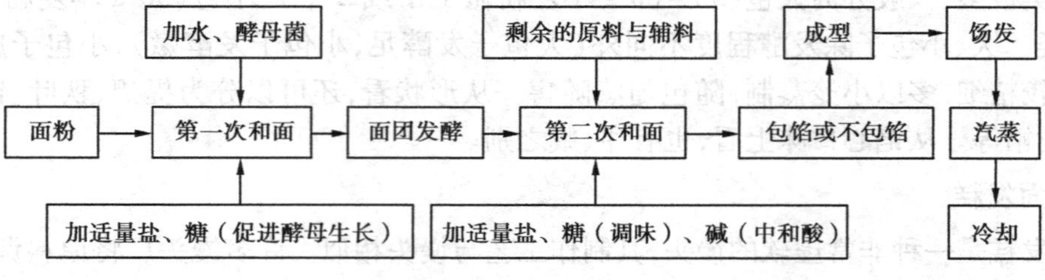

图3.2　二次发酵法生产工艺流程

3）主要步骤说明

（1）原料称量与处理

原料称量与处理包括原料称量，面粉过筛、酵母活化、老面加水溶化等。

（2）和面

和面是蒸制发酵面食生产的重要步骤，其目的是将经过处理的原辅材料按照配方的用量要求，依照适当的投料顺序，进行一定时间的搅拌、调和，使酵母和其他辅料均匀地分布在面团中。同时使面粉中的蛋白质和淀粉充分吸水膨胀，形成网络面筋，从而得到物理性质、组织结构、加工性能都良好的面团。

在和面操作中，关键因素是加水量、加水温度及酵母加入量，这些因素直接影响面团的性质及发酵速度。和面时，加水量一般为面粉用量的40%左右。在此基础上，根据面粉面筋的含量、面粉的含水量，结合实际操作适当增减，保证面团软硬适度。加水温度夏天以普通自来水即可，冬天用温水；水温应在30 ℃左右，切忌用过冷和过热的水，会使面筋蛋白变性，影响面团吸水率及面筋的形成。加入酵母的方法有多种，一种是加入面头（面肥、老面）；一种是直接加入鲜酵母或干酵母，也可以加入生米酒等含有酵母菌的物料。酵母加入量应根据酵母活力、接种温度（季节）、发酵条件、面粉性质等情况而确定。一般加入量为面肥10%（面粉重），鲜酵母1.0% ~2.0%（面粉重），干酵母0.2%；气温低时可适当多加，气温高时则适当少加；活力高少加，活力退化则适当多加。和面时间一般为10 ~15 min。和面要求面筋和淀粉充分吸水，面团中不含有生面粉，软硬适度，不黏手，有弹性，面团表面光滑。

和面程度也是影响产品质量的关键工序，这方面的知识可以参见第3章面包制作部分的内容。

（3）发酵

发酵是馒头等产品生产的关键环节，是保证产品质量的关键步骤。发酵方法有老面发酵法、酒酿发酵法和纯酵母发酵法。

①老面发酵法：即传统发酵法，是利用天然（自然）酵母发酵面团。这种方法是将前次剩余的少量已发酵面团即面种，用温水化开，在和面时加入面粉中，混合均匀，制成面团，并在适宜的环境条件下（温度25 ~28 ℃，相对湿度为80%）进行发酵，发酵时间为3 ~4 h，面团体积增大1倍以上，即可完成发酵工艺。老面发酵法的面种可重复循环利用，节约成本，但由于菌种长时间使用，容易老化，同时也容易造成其他杂菌（乳酸菌）的污染，使面团酸味过重，馒头质量不高。

②酒酿发酵法：即用从生的啤酒、米酒等酿造产品中产生的酵母代接入面团中发酵；此酵母活力强，发酵速度快，纯度高，杂菌污染少，产酸少。产品质量较高，发酵方法和老面发酵法相同。

③纯酵母发酵法：是利用活性干酵母按一定的配方要求直接接入面团完成面团发酵的方法。这种酵母是由培养的鲜酵母经低温真空干燥，真空保存，所以其纯度和活力都得到较好的保持，使用方便，发酵速度快，且产生酵母特有的鲜香味，产品质量较高。

发酵过程可分为一次发酵和两次发酵。

一次发酵是将发酵所需的各种原料一次调制成面团后在25 ~28 ℃的温度和75%左右的相对湿度条件下，经过3 ~4 h一次完成发酵过程。这种方法生产周期短，所用设备少，但酵母使用量多,成本高,产品质量不容易控制。二次发酵法又称中种法,它是将配方巾所需的原辅材料分两次加入,进行两次发酵。完成发酵过程。第一次是将所需全部面粉的60%加入所需酵母和成软面团,在适宜条件下,使之发酵,目的是扩大酵母菌的数量,然后将剩余的面粉及其辅料加入揉合,使之继续发酵,待成熟后进行适当翻揉,再继续发酵0.5 h左右,面团成熟。第二次发酵的目的足让面团充分起发膨松,面筋充分扩展,增加馒头中的香气。

不同的季节,温度不同,发酵速度也有差异。在一定范围内温度提高,酵母的产气量增加,发酵速度加快。35 ℃时虽然产气量最大,但发酵完成后,产气速度下降幅度也最大,说明发酵温度高,酵母发酵耐力差,面团持气能力也降低。27.5 ℃时产气量比较稳定,发酵完成后产气量下降,说明在此温度下发酵,酵母的发酵耐力较强,面团的持气能力也较大。因此,发酵法生产馒头时,面团温度应控制在26~32 ℃。快速发酵法生产馒头时,面团温度应控制在30 ℃左右,发酵室温度不宜超过35 ℃。温度超过35 ℃,虽对面团产气有利,但由于产气速度过快,而不利于面团持气和充分膨胀,引起其他杂菌如乳酸菌、醋酸菌的过量繁殖而影响馒头的风味。

目前市场上生产馒头的个体生产企业,大都采用中种发酵法,这种方法成本低,无须酵母冷藏设备,容易操作,但发酵结束后需用碱中和,除去因乳酸菌污染产生的过度酸味。

(4)中和

中和可根据生产实际情况灵活掌握,可有可无。其目的是通过适当加入一定量的碱面(一般0.5%左右),中和因发酵过度或酵母不纯而引起的面团过酸,从而提高制品的口感。加碱量要准,碱多则成品色黄,表面裂纹多,不美观,又有碱味;碱少成品呈灰白色,有酸味,而且黏牙。如果采用酒酿发酵法或活性干酵母发酵法,发酵正常可不进行此步操作。

在不同季节中,加入碱浓度也有所不同。因为气候冷热与碱的散发快慢有关。夏天的天气热,碱散发较快,因此加入碱量要大些,冬天气候冷,碱散发较慢,因此加入碱量需要小些。但加碱量的大小,总的原则仍是要根据酵面的发酵程度为准。关于气候的冷热只不过是加碱时一种必须考虑的客观因素而已。

如果说做馒头,则以上步骤完成后,就可进入成型、饧面、蒸制、冷却等工序了。如果做花卷,则可添加油脂、葱花、豆瓣酱、豆沙、辣椒粉等物料,采用花卷特有的成型方法进行成型,然后饧面、蒸制、冷却。如果说是做包子,则需要包馅。

(5)制馅

包子的馅料有咸、甜等多种口味,咸味馅一般以蔬菜、菌类、豆制品、腌菜和肉类为原料加工制成;甜味馅则以红豆、黑芝麻和蔗糖为原料加工面成;饺子则一般没有甜味的。馅料的品种很多,在此简单介绍其中的几种。

①甜馅。

a.豆沙:豆沙一般是指红豆沙,是以红豆、砂糖和油脂为主要原料制作的馅料,广泛应用于面点、糕点食品的制作中,如包子、面包、月饼、绿豆糕等。关于豆沙的制作工艺,请见第3章月饼制作部分的内容。

b.黑芝麻馅:制作黑芝麻馅的原料有黑芝麻、油脂(常用固态食用油脂)、白糖等为主要原料。具体做法是将炒熟的黑芝麻与白糖一起用粉碎机粉碎,然后与熔化的油脂混合搅拌均匀即成。

c. 花生馅：花生、油脂、白糖等为主要原料。具体做法参见黑芝麻馅。

②咸馅。

a. 肉馅包子：肉馅品种非常多，包括由猪肉、羊肉、牛肉、海鲜等鲜肉绞碎加入调味料和蔬菜制成的鲜肉馅，也有经过加工后的肉品制成的肉馅，如叉烧馅、酱肉馅、扣肉馅、火腿馅等。肉馅包子显现出蒸食的特有肉香、味道，是市场常见的食品之一。

b. 素馅包子：素馅一般由蔬菜、粉条、豆制品、菌类、腌菜等剁碎、熟制、调味等处理后制成。常用的蔬菜有韭菜、芹菜、萝卜、白菜、包菜、豆角、荠菜（地菜）等；菌类主要有香菇、黑木耳等；干菜泡发后也是非常好的馅料。素馅清素爽口，热量低，有一定的保健作用，因此，素馅包子很受保健意识强的人们青睐。

(6)成型

成型方法有两种：手工成型与机械成型。手工成型速度慢，劳动强度大，效率低，但由于面团揉制均匀，手工成型馒头产品质量高，口感好。机械成型机是通过双辊螺旋的推、挤、压和定量切割，最后进行搓圆，完成成型操作。机械法速度快，效率高，劳动强度小，但由于机械搓圆不如人工均匀，揉制不充分，故其产品质量较差。

(7)饧发

饧发可以使加入生面粉后的生坯再次发酵，面团体积再次膨大，生坯内部组织松如海绵。饧发后的生坯表面光滑，裂缝弥合，提高外观质量。

饧发一般在单独的饧发室内进行，也可在操作间中进行，饧发场所应保持 38 ~ 40 ℃的温度和80%左右的相对湿度。温度不能过低或过高，温度过低需要时间长，饧发效果不好，温度过高则发酵后的体积气孔过大，内部组织粗糙。饧发时间一般在 15 ~ 20 min，冬天气温稍低可延长至 30 min。饧发后的面坯应在原有的基础上增加 1 ~ 2 倍，有经验的人可用手轻按生坯，所按凹陷能缓慢恢复原状，表示饧发已经成熟，即可入笼蒸制。

(8)蒸制

生坯饧发后应及时上笼蒸制，上笼时应在蒸屉上涂一层食用油脂，或垫上纱布、松针等物料，防止底部粘连。传统的面点蒸制是开水上屉，使蒸笼中馒头等面点在沸水锅上受水蒸气的作用，逐步达到体积进一步膨大和成熟。蒸制时先是生坯内二氧化碳体积迅速增加，面团随之膨胀，当温度上升时，皮膜逐渐形成；当面团温度上升至 60 ℃时，完成膨胀，酵母逐渐死亡；随着温度的继续升高，淀粉逐渐活化，气体溶解性降低，蛋白质凝固，直至体积完全定型，不仅面团成熟，中心馅料也完全成熟。

蒸制时要掌握的因素主要有两方面：一是火候，要求炉火旺，蒸汽量足，这样制品色白个大，表面有光泽，质地松软，面团截面气孔均匀，馅料完全成熟；如果炉火小，蒸汽不足，则面团表面发黑，质地硬，有死面感，起发不好，也可能造成馅料不能熟透。另外，用鲜酵母发酵的馒头，在蒸制时，锅内应放凉水或温水，温度有一个缓慢上升的过程，使体积均匀增加，如果直接开水上屉，温度过高，会快速杀死酵母，出现死面，起发不好的现象。二是蒸制时间，时间短则熟透度不够，有死面感，食之发黏；时间过长则面团发黑，无光泽，浪费燃料。锅蒸一般为 30 ~ 35 min，汽蒸一般为 25 min 左右。

(9)冷却、包装

面点出屉后应及时冷却，冷却的目的是使面点便于短期存放，避免粘连。冷却的方法是自然冷却或风扇吹冷，冷却至面点互不粘连为标准；冷却后根据情况可适当进行简易包装，包装材料有塑料薄膜或透明纸；包装的基本要求是经济、卫生，符合消费者的需要。

3.2.3 蒸饺、烧麦

蒸饺、烧麦都是不需要发酵的蒸制面食，其工艺流程为：和面→制皮→包馅→汽蒸。

1）蒸饺

蒸饺根据其和面方式的不同分为分为两种：冷水和面蒸饺，热水和面蒸饺。

（1）冷水和面蒸饺的制作

取干面粉加适量冷水和成面团，再将面团揉搓、挤压至适当程度后静置片刻，再分成适当大小的小剂，用擀面杖擀成圆形（一般要求中厚边薄），包入馅料，捏成皱褶，放在撒有面粉的面板上（防止粘连）即成。食用时取其入笼蒸熟即可。

（2）热水和面蒸饺的制作

蒸饺也可用热水和面。当面粉遇热水时，面粉中的淀粉和蛋白质受热起变化，即蛋白质凝固、淀粉糊化，使面团达到初步熟化的目的。因之包制蒸饺，有易于定型和可塑性强的特点，并可制成各种动物花鸟等有造型的花色饺子。使蒸饺成为一种既有食用品位，又有艺术欣赏价值的食品。

①蒸饺面团的要求和制作：热水和面制得的蒸饺，又称烫面蒸饺。制作此类饺子的面粉品质要求较高，应选用色白粉细的优质面。调制蒸饺面团一般有3种方法，一是全烫面，即全部面粉用沸水烫后制成面团，这种面团制成饺子后软熟无筋，口味回甜，色暗泛青，外观质量较差。二是用三七面，即70%用沸水烫熟，30%用温水或凉面，然后混合一起揉搓成团，此面团有一定的韧性，成品口感软硬适度，且不易变形。三是水油汤面，制法是沸水中加5%左右的熟猪油，用此水油烫而，烫出的而团质量较高，成品色泽洁白，柔软滑润，口感也好于前两种面团。

蒸饺的面团的吃水量为45%～50%，即每1 000 g面粉掺水450～500 g，具体视面粉品质和气候而定。凝好的面团块揉搓时，要洒上些凉水，使面块再吸收一部分水分，这样揉出的面团才能滋润光滑，易于包制成型。

②蒸饺馅的要求和制作：蒸饺馅料的变化很大，可以用生馅、熟馅、生熟馅，也有素馅、荤馅的区别，馅的用料相当广泛，可根据品种选择蔬菜干果、菌类、豆制品和肉类等，但必须选用新鲜优质的原料，经粗加工、精加工，把原料切碎剁细，加工成丁末，才能用于制馅。

花色蒸饺的馅料，宜用熟料为主，如用生馅应延长蒸制时间，因而会影响花形和成品的色泽，甚至发生塌陷或严重的变形。使用熟馅时应先将原料加工细切成米粒丁，炒锅加热，入原料煸炒，同时加入各种调味品，当烧制八成熟时，即可用适量淀粉勾芡出锅，晾凉后使用，炒制的熟馅要保持一定的含水量和油分，否则饺馅干枯难吃。其他馅料根据口味调制。

③蒸饺的包制：包制蒸饺先要通过揉团、搓条、下剂、擀皮、包制等工序，都有一定的技术要求。

④熟制：蒸饺的最后一道工序是熟制，即把包制成型的饺子蒸熟。此时必须根据蒸气的大小和具体品种的要求，掌握不同的蒸制时间，一般品种宜一气蒸成，中间不揭盖，俗话说“不到火候不揭盖”，但个别精细的花色蒸饺除外。

2)烧麦

烧麦是一种以烫面为皮裹馅上笼蒸熟的面食小吃。开口朝上,形如石榴,洁白晶莹,馅多皮薄,清香可口。烧麦在中国土生土长,南北方都有,历史相当悠久。有人认为,烧麦是由饺子演变发展而来,其和面和制馅方法与蒸饺相类似,故称烧麦为"开口蒸饺""花蒸饺"。

(1)烧麦皮的制作

土豆一劈两半,放锅里煮熟,迅速捞出沥水去皮,放进面和生粉均匀混合的盆里,边用器具碾压土豆边用筷子搅拌,等不烫手时,用手把没碾碎的土豆捏碎,把面和成均匀的面团,放在盆内用干净的布盖上。取适量面团,擀成薄且外缘呈波浪形的圆形面皮,备用。

(2)烧麦馅的制作

馅料的制作一般以糯米为主,根据食材、口味再选其他配料。糯米浸泡后蒸熟晾凉备用;其他配料如香菇、豆干等切细丁或剁细末,豌豆等先煮熟,备好调料;经煮、烧、炒制后,放入晾凉的糯米饭、油脂,翻炒均匀即可。

(3)烧麦的包制和熟制

取做好的面皮,包入馅料,用手捏合,上端便呈现石榴花般的花纹,依次摆放入笼,上汽后蒸10 min左右,便可食用。

(4)注意事项

糯米饭的制作:糯米浸泡4 h左右(气温高时间短,气温低时间长),放蒸笼里蒸熟,晾凉备用。

3.2.4 手工面条、水饺简介

面条、水饺是不需要发酵的煮制面点,根据其加工方式分为手擀面、拉面、刀削面和机制挂面等;水饺大体上可以分为南方水饺和北方水饺。

1)手擀面

(1)配料

面粉、盐、水(面水比例约10:4.5),精盐、味精、胡椒粉、油菜心、香菜。

(2)工艺流程

面团调制→醒制→擀面→叠面→切面→煮制→成品。

(3)实验过程

①面团调制:平时和面用凉水就行,天气冷时就要改温水和面。水不要一次加完,要渐渐加入,既能和出口感劲道的面,还有利于根据面粉湿度把握加水量。手擀面要和硬点,这样煮出的面条才有劲道。手法得当的话,15 min就能和出一团好面。面团揉合程度与手擀面劲道有重要关系。

②饧制:饧面就是在室温下静置。如果有发酵箱,可调整好温度、湿度。也可用保鲜膜把揉好的面团包起来,或是用湿毛巾盖上,饧10 min到0.5 h即可。

③擀面:注意双手用力要均匀,擀的面要厚薄一致,这样下锅后才会同时熟。为了使面不黏到案板和擀面杖上,隔一段时间就要往面片上撒一些干面粉。

④叠面:将擀好的圆面片一层层往返叠起,若有需要,也要在这时撒些面粉以防粘连。

⑤切面:面条的宽度,可根据各人喜好而定,从韭菜叶宽到一指宽甚至两指宽均可。面切好后即刻将其抖散开来,再撒些干面粉。

⑥煮制:食用时将手擀面放入开水中煮约 10 min 至熟,捞出入碗后再加入调味品、佐料、汤即可。

(4)操作要点

①和面时水不要一次全部加入;先倒入大部分,再看面团的情况决定是否继续加水。

②生面下锅必须要开水。

2)拉面

拉面,又叫甩面、扯面、抻面,是中国北方城乡独具地方风味的面食名吃。拉面可以蒸、煮、烙、炸、炒,各有一番风味。拉面的技术性很强,要制好拉面必须掌握要领,即和面要防止脱水,出条要均匀圆滚,下锅要撒开,防止产生蹲锅疙瘩。

(1)配料

高筋面粉 1 000 g、清水 600 g、食用碱 10 g、精盐 8 g。

(2)工艺流程

面团调制→醒制→溜条→出条→煮制→成品。

(3)实验过程

①面团调制、醒制:将盐加入盛有 400 mL 水(水温是冬暖夏凉,春秋微温)的大碗中化开,倒入装有面粉的面盆中,将面粉抄拌成麦穗面。淋水捣揣,再淋水,再捣揣,直至盆净面光,不黏为止,盖净布饧约 0.5 h。

②溜条:将饧好的面团拉成长条,抹上已化开的碱水,两手各握住面条的一头,将面条提起,两脚分开,两臂端平,运用两臂的力量上下抖动,抻拉面条至一定长度,迅速交叉,松开一只手,使面条拧成麻花形,空出的一只手再抓住面条下端,重复上述动作,只是反旋成麻花形,如此反复至面团顺筋、粗细均匀时即可。

③出条、煮制:在案板上撒上干粉,滚匀溜好的条,双手提两端,抻拉成长条由中间折转过来,左手夹住两个头,右手中指勾住折转处再抻拉,再用左手夹住两头,右手再勾住折转处抻拉。如此反复,到面条达到要求的粗细即可下开水锅煮制而成。

(4)注意事项

①和面时的用料比例必须得当。

②应采用反复捣揣的方法调制面团。

③溜条、出条时用力要均匀协调。

④面条要开水下锅。

3)南方水饺

南方水饺也称包面、馄饨、扁食、抄手、云吞等。和北方水饺不同的地方有 3 点:一是面皮不同。面皮的形状、厚度和材料不同。形状一般为正方形,厚度均匀且薄如纸。制作的材料除了面粉外,还可添加适量淀粉、盐或纯碱等。湖北地区的包面,皮薄如纸且呈半透明状,用长约 1 m 的擀面杖擀成大的长方形后,再用刀切成手掌大小的正方形。二是制作方式不同,制作时不用密封馅料,只是简单黏合、折叠。三是馅料不同,馅料一般采用较有黏性(可以将面皮粘连在一起)、经过调味的物料(如加盐、生姜的肉末等),且材质简单。

南方水饺一般只是水煮成熟,由于皮薄且馅料少,易熟,煮制时间很短;食用时比较注重汤料味道且汤汁清淡、色浅。食用时多用汤匙,水饺和汤一起食用。

4)北方水饺(包括水饺、汤饺)

(1)水饺

制作北方水饺的一般工艺流程为:面团调制→静置饧面→揪剂→擀皮→制馅→包馅→煮熟。

水饺面团以 30 ℃以下的冷水调制。由于水温低,面团中淀粉不易糊化,蛋白质尚未变性,面团中淀粉分子和面筋网络紧密。所以饺子成品光滑筋韧,食之爽口。

水饺主要用生馅,形状主要为半月形。食用方法有两种:一是饺子煮熟后捞入盘中后蘸酱油、香醋、油辣椒、芝麻油等调味品吃;二是混沌吃法的汤饺。

①水饺面团的调制:调制水饺面团要经过掺水拌粉、揉搓成团和静置饧面 3 个工序。

掺水和面的掺水量一般占面粉质量的 40% ~50%. 即每 500 g 面粉吃水 200 ~250 g,具体要根据面粉的干湿度和四季气温的变化而定。水太少,则面团僵硬,成品口感不佳,也不利于消化;水过多,则面团太软,不利于擀皮和成型,煮时易穿孔漏馅,形味俱失。

掺水时不能一次掺足,一般可分 3 次掺:第 1 次用 60% 的水量,拌和成片状的"雪花面";第 2 次加入 20% ~30%,和成疙瘩状的"葡萄面";第 3 次将剩下的水全部洒入,然后揉搓均匀,使水和面粉充分调和,以保证面粉均匀地吸上水分,达到柔软光滑无白茬的质量要求。

揉面必须做到"三光",即:面光、手光、盆(案)光。以上是手工和面的过程和要领,如用和面机就不必分次加水,一次添足后开动机器让其转动搅拌,10 ~20 min 即成面团。

②分剂和擀皮:分剂是用手工将面团分成小剂,也有用刀切的。分剂的操作手法一般是揪摘法,即先将大块面团搓成长条,然后左手握面,右手掐一疙瘩小剂,如此两手不停配合,将面团揪成一个个小剂,撒上面扑搓圆即成。分剂的技术关键在于双手协调配合,务使面剂大小基本一致,浑圆而无毛碴。

擀皮是将面剂擀成饺皮,这是技术性较强的工序,技术熟练者用双擀杖每分钟能擀 30 多张饺皮,并且质量较高。擀皮有用单擀杖、双擀杖的区别,技高者用一杖能擀出两张饺皮。单杖擀皮还有两种不同方法:一是推转法。即将面剂压扁后用杖擀动,借助擀杖之力,顺势使面剂旋转,在旋转中擀成饺皮。二是转圆法。面剂用手压扁,左手持剂慢慢转动,右手用擀杖擀饺剂的四周,逐渐擀成中间厚周边薄的饺皮。前法速度较快,后法的质量较优,但效率偏低。

擀皮的质量要求是:大小一至,形圆边薄,光洁无折皱。并注意少用面扑,以免饺子合拢时难以粘连,煮时发生破漏。

③制馅、包馅:根据当时、当地的食材和个人喜好,选取适当原料,经过配比、预处理后制成馅料;然后用制好的面皮包好,捏合即成水饺生坯。

④饺子的熟制:饺子一般煮熟。下饺时炉火要旺,水要沸腾,如果下入后水半天开不起来,饺子的外皮不能及时凝结,则易皮穿露馅,影响饺子质量。当饺子漂浮水面后,要勤点冷水,保持似开非开,沸而不腾的状态,才能把饺子煮好。

如果一锅水多次煮饺,也必须保持水质较清,以保持饺子的质量。这里应注意的是:一要在下饺子时抖尽饺子表面的面扑,二要勤撇浮沫勤添水,三要保持锅中有较多的水量。如出现水质严重混浊时,应及时更换新水。

(2)汤饺

汤饺即带汤汁食用的饺子,食用时既吃饺子又喝汤。汤饺也属于水饺一类,是水饺的一个分支。制作汤饺有两种方法:一是将成型后的饺子煮熟后舀入预先制作好的鲜汤中食用;二是生饺直接在鲜汤锅中煮熟后食用,有的还直接在餐桌上煮食,如火锅饺子。

汤饺关键在汤,即汤的质量要高,否则难以体现风味特点。因此必须掌握好制汤技术,要选用优质原料制(吊)汤,并保持汤色清亮、咸淡适中、入口鲜香等特色。

3.2.5 挂面加工

挂面是我国传统的面食产品,包括有湿面和干面两种。干面是由湿面条经过悬挂干燥而得。挂面的种类很多,目前行业内以及商业上根据面条宽度不同将挂面分为龙须面或银丝面(1.0 mm)、细面(1.5 mm)、小阔面(2.0 mm)、大阔面(3.0 mm)及特阔面(6.0 mm)5个基本品种;根据添加物的种类将挂面分为鸡蛋挂面、西红柿挂面、菠菜挂面、胡萝卜挂面、海带挂面、赖氨酸挂面等。目前,挂面已形成主食型、风味型、营养型、保健型等共同发展的格局。挂面因口感好、食用方便、价格低、易于贮存,一直是人们喜爱的主要面食之一。近几年来不同风味的调味包挂面以及适应儿童的宝宝面等有很好的市场。

1)挂面加工的原辅料

挂面生产的主要原辅料有面粉、水、食盐、食用碱及其他食品添加剂。

(1)原料

①面粉:面粉通常是指小麦粉,它是生产挂面的基础原料。小麦粉质量的优劣(特别是其中面筋的含量和质量)直接影响着挂面的生产过程以及成品的质量。小麦面粉有通用粉和专用粉之分。挂面生产最好采用面条专用粉。我国面条用小麦粉行业标准(SB/T 10137—93)中规定普通级专用粉和精制级专用粉湿面筋含量分别为26%和28%;一般生产挂面,湿面筋含量应不低于26%,推荐值为28%~32%,同时还应注意面筋的质量。

②水:和面时加入的水的质与量,对挂面生产工艺和产品质量均有重要影响,特别是水的硬度。因此在选择挂面加工用水除了要符合一般饮用水标准外,其硬度一般应小于10°。为了提高挂面质量,生产厂家应增加水处理设备,降低加工用水的硬度。

(2)辅料

①食盐:食盐是挂面生产的必需辅料,对制面工艺及成品质量均有重要影响。食盐可以强化面筋,增强面团弹性,使用食盐可减少挂面的湿断条,提高正品率;同时,食盐较强的吸湿性还可防止挂面烘干时由于水分蒸发过快而引起的酥断;食盐还具有一定的抑制杂菌生长和抑制酶活性的作用,能防止面团在热天很快酸败;并具有一定的调味作用。挂面生产的加盐量要根据面粉的质量、生产的季节以及面条的品种等具体情况而定,加盐过多会使面团的弹性和延伸性降低。加盐的一般原则是蛋白质含量高时加盐量高,加水率高时加盐量高,夏季气温高时加盐量高。通常加盐量为小麦面粉质量的1%~3%。

②食碱:添加食碱(碳酸钠)能使面团弹性更大,使制出的面条表面光滑呈淡黄色,并产生特有的风味,吃起来更加爽口,煮面时不浑汤,同时使湿切面不易酸败变质;便于流通

销售。一般加碱量为小麦面粉质量的0.15%～0.2%。

③其他辅料：在挂面生产中可使用羧甲基纤维素钠、海藻酸钠、瓜耳胶、羧甲基淀粉钠等增稠剂来增强面团的黏弹性，减少面条酥断；也可添加单甘酯、改性大豆磷脂等乳化剂以防止淀粉老化；还可根据需要添加其他物质等以增加营养，改善风味。

2）挂面加工技术

挂面加工工艺流程如图3.3所示。

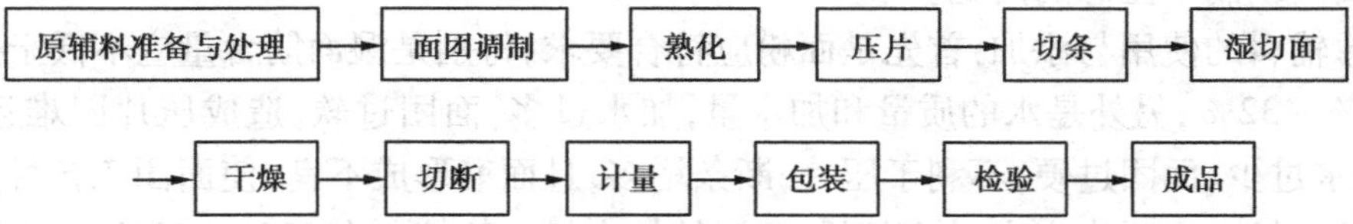

图3.3 挂面加工工艺流程

（1）面团调制

面团调制又称和面、调粉、打粉。通过调粉机的搅拌作用将各种原辅料均匀混合，使小麦面粉中的麦胶蛋白和麦谷蛋白逐渐吸水膨胀，互相黏结交叉，形成具有一定弹性、延伸性、黏性和可塑性的面筋网络结构，使小麦面粉中常温下不溶解的淀粉颗粒也吸水膨胀并被面筋网络包围，最终形成具有延伸性、黏弹性和可塑性的面团。

①面团调制的4个阶段：面团调制的过程可概括为4个阶段，即原料混合阶段、面筋形成阶段、成熟阶段、塑性强化阶段。

a. 原料混合阶段：此阶段包括各种固态原料混合及随后的面粉与水有限的表面接触和黏合，其结果是形成结构松散的粉状或小颗粒状混合物料，需时5 min左右。

b. 面筋形成阶段：水分从已经湿润的面粉颗粒表面渗透到内部，面团中有部分面筋形成，进而出现网络结构松散、表面粗糙的胶状团状物。此阶段需5～6 min。

c. 成熟阶段：团块状面团内聚力不断增强，物料因摩擦而升温，面筋弹性逐渐增大。由于水分不断向蛋白质分子内部渗透，游离水减少，使团块硬度增加。同时，由于物料间不断相互撞击、摩擦，使团块表面逐步变得光润。此阶段需6～7 min。

d. 塑性强化阶段：成熟阶段的面团有一定的黏弹性，但延伸性和可塑性不够，通常需要在成熟阶段后继续低速调制1～2 min，才能使面团既具有一定的黏弹性又具有较好的延伸性和可塑性，从而完成面团调制过程。

面团调制时若过度搅拌，超出面筋搅拌耐度，会破坏面筋网络，使面团弹性下降，黏性增强，降低面团的加工性能，造成面团压片困难。

②面团调制的工艺要求：调制好的面团呈松散的小颗粒状，色泽均匀一致，不含生粉，手握可成团，轻轻揉搓后仍能松散复原。

③面团调制的技术要求：确定原辅料用量，并进行预处理。要固定每次加入调粉机的面粉量，一般要求面粉在面团调制前要过筛，以去除杂质同时使面粉疏松。同一批面粉每次面团调制的加水量要基本相同，而且要一次加好，不可边调制边加水，否则由于加水时间先后不同，造成小麦面粉吸水不均，影响面筋的形成。食盐、食碱及其他食品添加剂根据工艺要求定量，在碱水罐中按要求加入食盐及其他添加剂并充分溶解备用。

检查调粉机电源情况以及底部卸料闸门关闭是否正常，同时查看调粉机内有无异物。

检查碱水定量罐，启动盐水泵，在定量罐中加入盐水。

正式调粉前要先试车，启动搅拌轴空转3~5 min，确保设备完好后停车加入面粉。

加面粉开始搅拌，然后加水，加水时间为1~2 min。搅拌时间控制为15~20 min，中途一般不停车。要控制好面团调制温度，通过调整水温来保证面团调制温度为25~30 ℃。

搅拌完成后，打开卸料开关，将面团放入熟化喂料机中。待面团全部放出后再停止调粉机轴转动，关闭卸料阀门。

④面团调制中注意的问题。

• 原辅料的使用与添加：首先是面粉应符合要求，特别是湿面筋含量应不低于26%，一般为26%~32%；另外是水的质量和加水量，加水过多，面团过软，造成压片困难且湿断条增多，加水过少，面团过硬，不利于压片，断条增多，且面筋形成不良，使面团工艺性能下降，影响面条质量。实际生产中，挂面面团调制的加水量一般控制在25%~32%。可根据面粉中面筋情况增减水量，一般按面筋量增减1%，加水量相应增减1%~1.5%。还要根据不同品种挂面中添加的其他物质的含水情况来调整加水量，科学地配制盐水，根据投料量、加水量、加盐率计算加盐量，在盐水罐中准确配制。

• 面头加入量：挂面生产中产生的干、湿面头回机量也会影响面团调制效果。湿面头虽然可以直接加入调粉机中，但一次不可添加太多，否则易引起调粉机负荷太重，同时面筋弱化也会较为严重。干面头虽然经过一定的处理，但其品质与面粉相差较大，因而回机量一般不超过15%。

• 面团调制时间：面团调制时间的长短对面团调制效果有明显的影响。面团调制时间短影响面团的加工性能；面团调制时间过长面团温度升高，使蛋白质部分变质，降低湿面筋的数量和质量，同时使面筋扩展过度，出现面团过熟现象。比较理想的调粉时间为15 min左右，最少不低于10 min。

• 面团温度：温度对湿面筋的形成和吸水速度均有影响，面团温度是由水温、面温、散热、机械吸热共同决定的，实际生产中调整面团温度主要靠变化水温。面团的最佳温度为30 ℃左右，由于环境温度不断变化，面粉温度也随之变化，水温也需要跟着调整。

• 调粉设备及搅拌强度：面团调制效果与调粉机形式及其搅拌强度有关。在一定范围内，搅拌强度高则面团调制时间短，搅拌强度低则需延长面团调制时间。搅拌强度与调粉机的种类及其搅拌器结构有关。

操作不当：面团调制过程中遇到停机重新启动时，必须先取出部分面团以减轻负载后再行启动。若不减负载强行启动，易使搅拌轴产生内伤，甚至发生断轴事故。另外，在实际操作中，要严格执行操作规程，湿面头要陆续少量均匀加入。

(2)熟化

将调粉机中和好的絮状面团静置或在低温条件下低速搅拌一段时间，使面团内部各组分更加均匀分布，面筋结构进一步形成，面团结构进一步稳定，面团更加均质化，面团的黏弹性和柔软性进一步提高，工艺特性得到进一步改善，使面团达到加工面条的最佳状态，这个过程称为熟化。熟化是面团自然成熟的过程，是面团调制过程的延续。

影响面团熟化效果的主要因素：熟化时间、熟化温度及搅拌速度等都能影响面团熟化的效果。

①熟化时间：熟化的实质是依靠时间的推移来自动改善面团的工艺性能，因而熟化的时

间就成为影响熟化效果的主要因素。在连续化生产中,熟化时间一般控制在 20 min 左右。

②熟化温度:温度高低对熟化效果有一定的影响,比较理想的熟化温度是 25 ℃左右。

③搅拌速度:搅拌速度以既可以防止静置状态下面团结块,同时又能满足喂料要求为原则。对于盘式熟化机,其搅拌杆的转速一般为 5 r/min 左右。

(3)压片与切条

压片与切条是将松散的面片转变成湿面条的过程。此过程是通过压片机与切条机来完成的。

①压片:将熟化好的颗粒状面团送入压面机,用先大后小的多道轧辊对面团碾压,形成厚度为 1 ~2 mm 的面片。压片过程可多次重复进行,以进一步促进面筋网络组织细密化及相互黏结,使分散、疏松、分布不均匀的面筋网络变得紧密、牢固、均匀,从而使得面片具有一定的韧性和强度,为下道工序做准备。

影响压片效果的因素有面团的工艺性能、压延比、压延道数、压延速率等。

②切条:将成型的薄面片切成一定长度和宽度的湿面条以备悬挂烘干的过程称为切条。影响切条效果的主要因素有面片质量、面刀的机械加工精度等。

③压片与切条中需注意的问题:设备调试不精确、面刀的加工精度和装配精度、喂料不足、面团水分不稳定等。

(4)干燥

干燥使湿面条脱水最终达到产品标准规定的含水量;该工序对产品质量的影响很大。一般有自然干燥(风干、晒干)和人工机械干燥。自然干燥省力,成本低,且产品质量较好。但是,易受天气状况的影响。人工干燥需要专门的设备,不受天气的影响,但产品投入较高。

挂面干燥中应注意的问题:挂面干燥中最需注意的是出现酥面问题。酥面是挂面表面或内部出现纵裂或龟裂的现象,其外观呈灰白色,毛糙不平直,质地酥脆,无弹性,易断裂,煮熟后为短碎状。挂面干燥过程中,由于面条外部与热空气接触面积较大,升温较快,而热能转移到面条内部的速度较慢,会出现面条表面气化速度高于其内部水分转移速度。随着速度差的增大,产生的内应力会破坏面筋完整的网络结构,出现酥面现象。

(5)切断、称量与包装

①切断:干燥好的挂面要切成一定长度以方便称量、包装、运输、储存、销售流通及食用。常用的切断装置有圆盘式切面机和往复式切面机。

②称量、包装:切好的挂面须经过称量、包装方可得到成品。

(6)面头处理

挂面生产中产生的面头包括湿面头、半干面头和干面头 3 种,面头量一般占投料量的 10% ~15% 。由于干面头面筋网络已受到一定程度的破坏,所以尽管将其处理后仍可加入调粉机中进行利用,但为了保证挂面质量,一般回机率不得超过 15% 。

3.2.6 蒸制食品加工常见问题及发展趋势

1)常见的质量问题及解决办法

(1)蒸制面食风味问题

蒸制面食的风味是消费者最为敏感的质量指标之一。其应为纯正的发酵麦香味,后味微甜，稍带中性有机盐的味道（碱味），无酸、涩、苦、馊、腥、怪异等不良风味。

①影响风味的因素。

a. 面粉质量：使用的小麦经过雨淋、发芽、发霉、虫蛀、冻伤等不正常变质后，会使淀粉损伤，脂肪水解，蛋白质破坏，酶活性增加，制得的面粉风味较差。小麦品种差或者未经过伏仓，特有的麦香味不能显现，都会使生产的馒头风味差。

如果面粉若存放时受潮、发霉、生虫、结团等劣变后，也会出现不良味道，严重影响馒头风味。杂质过高、灰分过大、化学污染和风味污染等对风味有所影响。因此，加工面粉时，需要充分除去杂质，存放环境保持干燥、洁净和无异味。

b. 面团发酵：面团发酵不仅产气，改善面团组织性，而且可以产生低分子糖、氨基酸、脂肪酸、醇、醛、酮、酯、醚等风味物质，发酵至最佳状态时，产品出现明显的香味和甜味。酵母选择不当，如产酸、产酒精过多或过少，发酵后产香差。酵母合适但添加量过少，或者发酵条件掌握不当，如温度过低或过高、时间过短或过长都得不到最佳的风味。

c. 添加增白剂：馒头若采用化学增白，不仅可能产生抗营养性，而且会明显影响馒头风味。面粉中增白剂残留量超过标准，会出现馒头后味发涩的刺激性口味，并失去发酵麦香味。添加亚硫酸盐类化学试剂或者熏硫是传统馒头生产常使用的增白方法，残留的亚硫酸使馒头带有硫黄的味道。

d. 水质与涂盘油的问题：馒头的工艺用水，如和面用水、清洗设备用水等，应为洁净无异味、符合饮用水标准较好。水中微生物污染、化学污染、管道污染、悬浮杂质过多等可能出现怪异气味或滋味；蒸盘涂油可以防止粘盘，过多会产生油腻味，若使用酸败油、菜籽油、豆油、小磨香油等味重油脂，就会使馒头带有油的风味。

e. 其他方面：和面斗内、馒头机进面斗及面辊、整形机皮带、托盘、盖馍棉被、垫馍布、包装袋、存馍筐或箱等设施有害菌污染或自身有异味也会使馒头风味不良。因馒头外观不好、口感较差而使食用者食欲下降也会造成味感不佳。

②解决办法：根据影响风味的因素，采取相应措施，调整原料和工艺，使馒头风味更好。

a. 从用料入手：生产馒头的面粉应是优质小麦加工而来，杂质少，无严重的化学和生物污染，不含化学添加剂，不变质，达到特二粉以上标准。工艺用水最好使用纯净的井水，不能进行化学处理，除杂质可通过沉淀、过滤等物理方法完成，杀菌可使用紫外线法完成。选用无味或味淡的植物油刷盘。

b. 掌握发酵条件：选择产酸产醇适中的馒头专用酵母，二次发酵法即发干酵母添加量掌握在0.15%～0.25%。活性干酵母或鲜酵母应用温水化开，水温不超过40 ℃。所加酵母与面粉应充分搅匀。面团发酵温度在30～35 ℃为好，过高过低对风味都不利，面团发酵程度应掌握在用刀切开呈丝瓜瓤状为好，过老过嫩都得不到最佳风味。

c. 避免化学增白：尽量不使用化学试剂或化学方法增白，而应通过改换原料品种和配比，以及调整工艺条件达到增白的目的。

d. 其他：搞好设施卫生，保证馒头外观和口感能使馒头更好吃。

（2）蒸制面食内部结构及口感问题

蒸制面食的口感也是决定质量的最重要指标之一。以馒头为例，优质的馒头应为柔软而有筋力，弹性好而不发黏，内部有层次呈均匀的微孔结构。

①馒头发黏无弹性。

a. 原因:小麦淀粉颗粒损伤严重,还原糖过多,一般是因为小麦发芽、虫蛀、发霉、冻伤等劣变或面粉变质引起。馒头蒸制未熟透也会出现该情况。

b. 解决方法:更换面粉,不能用发芽、虫蚀、发霉、冻伤等劣变小麦生产的面粉,面粉储藏时间不可超过保质期。馒头蒸制时气压不应低于0. 015 MPa ,根据坯大小调整蒸制时间。

②馒头过硬不虚。

a. 原因:酵母活力过低或加酵母过少难以产生足够二氧化碳;加水过少面团过硬;醒发时间不足,馒头个头小而过硬;揉面不充分,面团过酸;汽蒸时气压过大,时间过长;馒头机成型时,坯剂过大使旋大,扑粉卷入过多而形成旋处干硬等原因可能导致馒头口感僵硬。

b. 解决办法:多加水和酵母量,和面至最佳状态并充分揉面,延长醒发时间使馒头内部呈细密多孔结构。调整好面团酸碱度,使产品柔软暄腾。减小汽蒸时气压,缩短汽蒸时间。坯剂大小应符合馒头机要求,且扑粉不可过多。

③馒头过虚,筋力弹性差。

a. 原因:加水多,醒发时间过长,内部呈不均匀大孔。

b. 解决方法:减少加水量,缩短醒发时间。若蒸柜不够时无法缩短时间,可降低醒发温度,注意降温时要加大湿度,防止表面干裂。

④馒头层次差或无层次。

a. 原因:面团过软;馒头机扑粉下得太少;醒发温度过高,时间过长。

b. 解决方法:适当减少加水量;馒头机刀口处多下扑粉,使较多的干面入坯中;降低醒发温度或减少醒发时间。

⑤馒头内部空洞不够细腻。

a. 原因:和面不够或过度,面筋未得到充分扩展或弱化严重;成型揉面不足,未能赶走所有气体,面团组织不够细腻;加水少而延伸性差,醒发过度,膨胀超出了延伸承受极限,出现大蜂窝状孔洞,组织变得僵硬粗糙。

b. 解决方法:和面时保证搅拌时间和效率,确保物料混合均匀且面筋充分扩展又未出现严重弱化;充分揉面,赶除所有二氧化碳气体,使面团组织细腻;提高加水量,使面团柔软而延伸性增加;缩短醒发时间,防止因膨胀过度而超过面团可承受的拉伸限度。

(3)蒸制面食外表不光滑

优质的蒸制面食应为表面光滑、无裂口、无裂纹、无明显凹陷和凸疤。表面光滑与否对于蒸制面食的销售影响很大。

①裂口。

a. 原因:面团硬,过酸或过碱,和面搅拌不充分,成型时扑粉过多表面有裂口;醒发湿度低且时间短,蒸制时裂口。

b. 解决方法:面团适当多加水,控制碱量,成型时控制扑粉量适宜,表面有裂口时返回。增加醒发湿度,待表面柔软后再蒸。

②裂纹。

a. 原因:成型时形成裂纹;在成型室排放时形成硬壳或者已经裂纹;醒发湿度低,醒发时间长,出现裂纹。

b. 解决方法:成型时调整好馒头机,对好刀口,减少后段扑粉,使坯表面光滑;缩短排放时间,或者坯上架后适当保湿;整形前将坯的表面旋翻至下面;增加醒发湿度,使硬壳变软不裂或使裂纹变不明显。

③表面凹凸。

a. 原因:成型时表面有疤,旋朝上、排放时手捏过重形成凹凸不平。

b. 解决方法:调整馒头机防止坯表面有疤,检查有疤的坯返回成型。将其旋翻至下面,旋翻和排放时用力要小,且要多个手指同时用力。

2)蒸制食品中小麦粉馒头的质量标准

(1)产品感官质量要求

①外观形态完整,色泽正常,表面无皱缩、塌陷、黄斑、灰斑、白毛和黏斑等缺陷,无异物。

②内部质构特征均一,有弹性,呈海绵状,无粗糙大空洞、局部硬块、干面粉痕迹及黄色碱斑等明显缺陷,无异物。

③口感要求无生感,不黏牙,不牙碜。

④滋味和气味要求具有小麦粉经发酵、蒸制后特有的滋味和气味,无异味。

(2)产品理化、产品卫生

蒸制食品的产品理化、产品卫生要求参见相关国家标准。

3)蒸制食品中我国馒头行业的发展方向

传统主食馒头在我国人民日常生活中占有重要的位置,然而长期以来馒头生产一直沿用家庭作坊式生产方式,近年来,虽然出现了一些集约化生产的馒头厂家,部分环节采用了机械化生产,较大程度上改善了馒头的卫生状况,但在产品结构、风味、口感等方面与小作坊没有本质区别。馒头生产发展至今仍存在着工业化程度低、安全卫生难以保障,迫切需要行业振兴和科技支持。实现馒头的产业化是馒头生产的必然趋势。

①对馒头生产进行标准化、规范化操作管理,实现生产的机械化。在操作、卫生、安全、保鲜性等方面均应有相应的操作标准和指标要求。

②加速馒头新品种开发,研制出既具有传统地方特色,又具有营养强化作用、保健作用的多品种、多层次的馒头,推动我国馒头向高档化发展。

③加大对馒头生产基础理论及加工工艺的研究,解决馒头的储藏保鲜等问题,延长馒头的货架寿命。

④注重专用原料的生产加工。

3.3 油炸类食品

3.3.1 油炸类食品加工工艺概述

油炸食品是一种传统的方便食品;它是利用油脂作为热交换介质使被炸食品中的淀粉

糊化、蛋白质变性以及水分变成蒸汽从而使食品熟化或成为半调理食品。

油炸一般是以旺火将食油加热至一定温度后，将生坯置于较高温度的油脂中（花生米等物料除外），使其加热快速熟化。油炸后的食品由于经过高温（一般为180 ℃左右）杀菌，水分降低，不仅延长食品的保质期，而且具有酥脆或外表酥脆的特殊口感；另外由于食品中的蛋白质、碳水化合物、脂肪及一些微量成分在油炸过程中发生物理、化学变化从而产生特殊颜色、口感和风味。

油炸食品的缺点是过高的温度加热和反复使用的油脂会发生某些化学变化，带来食品安全卫生问题；制品油脂含量增加而带来的氧化变质问题也是值得注意的。

1）油炸食品的分类

（1）按油炸压力分类

油炸可分为常压油炸、减压油炸和高压油炸3大类。面点食品多用常压油炸。

①常压油炸：油釜内的压力与环境大气压相同，通常为敞口，是最常用的油炸方式，适用面较广，但食品在常压油炸过程中营养素及天然色泽损失较大。因此，常压油炸比较适用于粮食类食品的油炸成熟，如油炸糕点、油炸面包、油炸方便面的脱水等。

②减压油炸：也称真空油炸，油炸釜内的油炸温度为100 ℃，真空度为92～98.7 kPa。该方法可使产品保持良好的颜色、香味、形状及稳定性，脱水快，且因油炸环境中氧的浓度很低，其劣变程度也相应降低，营养素损失较少，产品含水量低、酥脆。该法用来生产油炸果蔬脆片最为合适。

③高压油炸：油釜内的压力高于常压的油炸法。高压油炸可解决因需长时间油炸而影响食品品质的问题。该法温度高，水分和油的挥发损失少，产品外酥里嫩，最适合肉制品的油炸，如炸鸡腿、炸鸡、炸羊排等。

（2）按制品油炸程度分类

油炸方法主要有浅层油炸和深层油炸，后者也可分为常压深层油炸和真空深层油炸。

①浅层油炸：适合于表面积较大的食品，如肉片、馅饼和肉饼等的加工。一般在工业化油炸加工中应用较少，主要用于餐馆、饭店和家庭的烹调油炸食品制作。浅层油炸对油的利用率较低，浪费较大，致使产品生产成本增高。

②深层油炸：是常见的一种油炸方式，适合于工业化油炸食品的加工及不同形状食品的加工。一般可分为常压深层油炸和真空深层油炸，在工业上应用较多的是真空深层油炸。真空深层油炸或真空低温油炸是在20世纪60年代末到70年代初兴起的，开始主要用于油炸土豆片，获得了很好的效果。后来人们将其用于水果片的干燥。目前，应用真空深层油炸工艺加工果蔬脆片已成为一种非常成熟的技术。应用真空深层油炸加工的食品较好地保留了原料的原有风味和营养成分，具有良好的口感和外观，产品附加值较高，该类产品具有广阔的市场前景。

（3）按油炸介质不同分类

根据油炸介质的不同可分为纯油油炸和水油混合油炸。

①纯油油炸：完全以油为加热介质，多用于家庭或者小作坊生产油炸食品。

②水油混合油炸：是指在同一容器内加入水和油而进行的油炸方法，工业上应用较多。水油因相对密度大小不同而分成两层，上层是相对密度较小的油层，下层是相对密度较大的水层，一般在油层中部水平设置加热器加热。水油混合式深层油炸食品时，食品的残渣

碎屑下沉至水层。由于下层水温比上层油温低，因而，炸油的氧化程度可得到缓解，同时沉入下半部水层的食物残渣可以过滤去除，这样，可大大减少油炸用油的污染，保持其良好的卫生状况。水油混合式深层油炸工艺具有分区控温、自动过滤、自我净化等优点，在油炸过程中，炸油始终保持新鲜状态，所炸制的食品不但色、香、味、形俱佳，而且外观洁净漂亮。同时还可大大减少油炸用油的浪费，节油效果十分显著。

(4)按油炸制品风味口感的差异分类

根据油炸制品风味口感的不同可分为清炸、干炸、软炸、酥炸、松炸、脆炸、卷包炸等基本油炸方法。

2)油炸食品加工原理

(1)食品油炸的基本原理

油炸制品加工时，将食物置于一定温度的热油中，油可以提供快速而均匀的传导热能，食物表面温度迅速升高，水分汽化，表面出现一层干燥层，形成硬壳。然后，水分汽化层便向食物内部迁移，当食物表面温度升至热油的温度时，食物内部的温度慢慢趋向 100 ℃，同时表面发生焦糖化反应及蛋白质变性，其他物质分解，产生独特的油炸香味。

油炸传热的速率取决于油温与食物内部之间的温度差和食物的导热系数。在油炸热制过程中，食物表面干燥层具有多孔结构特点，其孔隙的大小不等。油炸过程中水和水蒸气首先从这些大孔隙中析出，然后由热油取代水和水蒸气占有的空间。水分的迁出通过油膜，油膜界面层的厚度控制着传热和传质的进行，它的厚度与油的黏度和流动速度有关。与热风干燥相似，脱水的推动力是食品内部水分的蒸气压之差。由于油炸时食物表层硬化成膜，使其食物内部水蒸气蒸发受阻，形成一定蒸气压，水蒸气穿透作用增强，致使食物快速熟化，因此油炸制品具有色泽金黄、外脆里嫩、口味干香的特点。

(2)油炸过程

浸在热油中的食物表面被加热到水沸点温度时，水开始蒸发，引起食物表面脱水，因而形成有细微区别的外皮壳，随着炸制过程的深入，这种表面脱水迫使内部的水渗到外表面，外皮壳层的厚度继续增加，同时一些油脂渗入因水分蒸发所形成的外皮壳内的空隙里。

在油炸过程中形成的外皮壳是食品美味可口的特征之一，外皮壳含有3%的水分，其厚度与时间等因素有关。外皮壳的形成影响了热的转移及油的吸收，食品的吸油主要发生在外皮壳。蒸发的水带走了其周围油的热量，在食品的表面形成蒸汽，因而防止了食品内的温度超过水的沸点。此外，水蒸发限制了油渗入食品内部，食品内的蒸汽所产生的正压阻碍了油流入食品，为使油进入食品的内部，大量的水必须被蒸发掉。

食品在油炸时可分为5个阶段。

①起始阶段：将食品放入油内至食品的表面温度达到水的沸点这一阶段。

该阶段没有明显水分的蒸发，热传递主要是自然对流换热。被炸食品表面仍维持白色，无脆感，吸油量低，食物中心的淀粉未糊化、蛋白质未变性。

②新鲜阶段：该阶段食品表面水分突然大量损失，外皮壳开始形成，热传递主要是热传导和强制对流换热，传热量增加。被炸食品表面的外围有些褐变，中心的淀粉部分糊化、蛋白质变性。

③最适阶段：外皮壳增厚，水分损失量和传热量减少。热传递主要是热传导，从食品中逸出的气泡逐渐减少直至停止。被炸食品呈金黄色，脆度良好，风味佳，食品表面及内部的

硬度适中、成熟度及吸油量适中。

④劣变阶段:被炸食品颜色变深,吸油过度,制品变松散,表面有变僵硬现象。

⑤丢弃阶段:被炸食品颜色变为深黑,表面僵硬、有炭化现象,制品萎缩。

3)油炸食品加工工艺要点

油炸食品的一般工艺流程如图3.4所示。

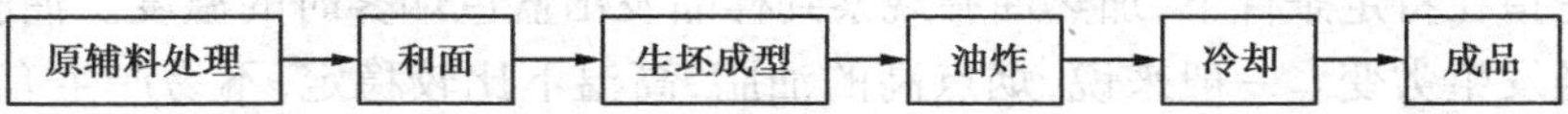

图3.4 油炸食品的工艺流程

(1)油炸温度

温度是影响油炸食品质量的主要因素。它不仅影响食品炸制的成熟速度、口感、风味和色泽,也是引起炸油本身劣变的主要因素。

根据实践经验和具体油炸要求,将油温分为几个阶段:温油、热油、旺油及沸油。一般情况下,油温在100 ℃以下,油面平静,无油沸响声和毒烟为温油;油温在110~170 ℃,油面向四周翻动,香气四溢,油面基本平静为热油;旺油是在180~220 ℃,油面由翻滚转向平静,表面有毒烟,搅动时有响声,此时油温已接近最高点;若继续加热,油温在230 ℃以上时,全锅冒毒烟,油面翻滚并有较剧烈的爆裂响声,此时称之为沸油。在此阶段要特别注意安全,一般不宜再油炸食品。油炸过程中油温的选择和油炸时间的确定,要根据成品的质量要求和原辅材料性质、切块的大小、下锅数量的多少、产品调味以及油脂的性质等多方面来考虑确定。

通常认为油炸的适宜温度是指被炸食品内部达到可食状态,而表面正好达到所要求色泽的油温。一般油炸温度以160 ℃左右为宜。油温高,炸油劣变快。多次油炸和长时间油炸的油脂黏度增加很多,流动困难。油炸温度一般不要超过200 ℃或不要使油冒烟。油温的控制以采用温度计为佳。温度过高时,应采取降温措施,如控制火源、添加凉油或增加生坯制品的投入量。油温过低时,应及时加热或减少生坯投入量等。

(2)油炸时间

油炸时间与油温的高低应根据食品的原料性质、块形的大小及厚薄、受热面积的大小、所要求的食品品质改善程度等因素而适当控制。油炸温度过高,时间过长,会使制品色泽过深、品质焦煳、口味不适而成废品;同时也会加速油的变质,产生安全卫生方面的问题。这时常常不得不经常更换油炸用油,使成本提高;油炸温度过低,时间太短,则易造成制品不熟或者炸不透,达不到质量要求。掌握二者的平衡关系需要操作人员具有丰富的理论知识和实践经验。

(3)炸油和投料量的关系

油炸食品时,如果一次投料量过大,会使油温迅速降低,为了恢复油温就要加强火力,势必使油炸时间延长,影响产品质量。如果一次投料量过小,会使食品过度受热,易焦煳。不同食品的一次投料量也有所不同,应根据食品的性质、油炸锅的大小、火源强弱等因素来调整油脂和食品的比例。

(4)炸油的品种

炸油的成分直接影响油炸食品的质量。炸油应具有良好的风味、起酥性和抗氧化稳定性,在油炸过程中不易变质，使油炸食品具有较长的货架寿命期，实际生产中多使用棕榈油等。

(5)炸油的补充与更换

在油炸时从容器中失去的油量称为“减少的油”，减少的量必须用新油补充。减少的油除了被制品吸收、附着外，还有在油炸时作为挥发性物质从油中散失等。

(6)油的发烟与杂质

烟点是指在特定条件下，加热油脂观察到样品发出蓝色烟雾时的温度。油脂发烟意味着油脂已经发生劣变。一般来说，烟点高的油脂，高温下比较稳定，不易产生有害物质，也不易变黑，合适作为油炸用油。烟点低的油脂，不仅不适宜作为油炸用油，也不适宜普通烹调中的爆炒、煎炸，这种油作凉拌菜比较合适。烟点中等偏高的油脂，适合普通烹调用油。但是需要指出的是，同样的油脂，其烟点的高低与是否精炼有重要关系。传统油脂一般未经精炼，其烟点低，容易觉察(不少中国人炒菜时有等油冒烟后再炒菜的习惯)。烹调温度也因此较低，这样就比较安全、卫生；但是，现在的许多油脂是经过了精炼的，烟点升高了，这样炒菜时的温度也随着提高。许多含不饱和脂肪酸多的植物油脂，在高温下容易发生化学反应，产生有毒物质，可能对健康造成危害。这个问题需要引起注意。有观点认为，烹调用油应该选择烟点适中但是未经过精炼的油脂。各种油脂的发烟点见表3.5。

表3.5　各种油脂的发烟点

压榨葵花籽油	亚麻籽油	黄油	压榨花生油	压榨大豆油	初榨椰子油	压榨芝麻油	初榨玉米油	猪油	蓖麻油
107	107	121～177	160	166	177	177	178	188	200
初榨橄榄油	澳洲坚果油	棉籽油	葡萄籽油	杏仁油	榛果油	精炼葵花籽油	压榨菜籽油	精炼花生油	精炼玉米油
191～207	210	216	216	216	221	227	190～232	232	232
半精炼芝麻油	精炼椰子油	棕榈油	化学萃取橄榄油	精炼大豆油	高油酸菜籽油	茶籽油	米糠油	精制红花籽油	精炼牛油果油
232	232	235	238	238	246	252	254	266	271

在油炸过程中，要特别注意油的发烟现象。操作者首先要了解所用油炸用油的发烟点是多少，生产过程中要经常测油温，观察是否有蓝色烟雾，适时控制火源。油的发烟点不仅与油脂种类、加工工艺有关，还和油脂中的杂质有很大关系。油中的杂质除了油本身成分的磷脂和其他一些有机物外，还包括生产过程中从生坯、制品上脱落到油中的残渣、制品中的糖分、苏打、蛋白质等经过高温而析出。磷脂和其他有机物炭化析出黑色物质，糖分、蛋白质等发生焦化扬烟。

如果使用豆油进行油炸，应待油内水分全部蒸发掉，油面上的泡沫全部消失后方可投入生坯，否则易造成油和泡沫同时溢出容器外，还会影响产品的口味；用菜籽油炸制的食品一般呈现特有的金黄色和特有的香味。这些低熔点的植物油营养价值高，但是其抗氧化性差，易变质。

另外，油烟属于有毒物质，常常有因长期吸入油烟而中毒的报道。因此，不论从事食品工业(特别是焙烤、油炸)生产还是家庭烹饪的人员,都应该注意防护。

4)油炸食品加工中常见的质量问题与解决方法

(1)产品发僵、不松发

①产生原因:炸制油温过高,或升温过急,将产品烫死,影响松发;生坯中含水量不适当。

②解决方法:选择适当的油温,升温应慢,使制品能充分松发(花生米、芝麻球等物料油炸时,起始温度不能过高,应由低到高缓慢升温);面粉制品可成型后即炸制,或加入小苏打等帮助松发。糯米制品则应晾干后再炸制。

(2)产品出现油哈喇味

①产生原因:油脂本身不新鲜或炸油使用过久,产品中油脂氧化酸败。

②解决方法:使用新鲜、耐氧化的油脂作炸油,并定期更换炸油;使用油脂抗氧化剂。

(3)产品有刺激性口味

a. 产生原因:长时间在高温下使用的油脂,会产生有害物质。

b. 解决办法:尽量降低油炸温度;尽量减少油脂在高温下的持续时间;使用抗氧化的油脂,如棕榈油等。

5)油炸食品的质量标准

油炸产品感官质量要求、理化指标参见相关国家标准。

6)我国油炸行业的发展方向

油炸作为中国传统食品的加工工艺和它所具有的独特风味,已成为人们饮食生活中的重要组成部分,那么中国的油炸食品出路到底在哪里?酸价超标的食用油,一方面是其营养价值降低,另一方面对健康会造成影响,严重的还有可能引起食物中毒。油脂的过氧化值越大,说明其中所含有的过氧化物量越多,油脂发生酸败变质的情况越严重。通过分析油炸食品产生危害的原因,我们就可以从油炸工艺和油炸设备两方面来制订相应的措施来减少危害的产生。

避免高温油炸。一般的常压油炸温度不宜超过 180 ℃,当油温过高时,会急剧加快炸油的劣变。而真空低温油炸的炸油使用温度一般控制在 100 ℃左右,极其有效地控制了炸油的劣变。随着人们生活水平的不断提高和健康意识的增强,真空油炸食品会逐渐受到关注。

改变加工工艺,增加食品添加剂。一些食品在油炸前做好涂层,这类产品油炸可以明显减少丙烯酰胺;维生素 E 能起到油脂抗氧化剂的作用;二甲基硅能有效延长炸油的使用时间。为了减少油炸时油的分解作用,可以添加一些天然抗氧化剂。

设备减少容油量,增大受热面积。提到容油量。在相同产品同样的产量前提下,设备的容油量越小,换油周期就短、炸油周转率就快,说明炸油更新得就快,油质就保持得好,炸出的产品品质就越有保证。这样我国油炸食品才能更快、更健康地发展,才能朝着健康型、享受型、品牌化、市场细分化、产品开发的方向发展。

3.3.2 油炸食品制作实例

1)方便面加工

方便面又称速食面,是在传统面条生产的基础上应用现代科学技术生产的一种主食方便食品，它既可直接食用也可用开水浸泡或速煮，食用、保存、携带均方便，是一种较为理想的方便食品。

我国大批量方便面生产始于20世纪80年代中期，主要是引进日本的油炸方便面生产线。进入20世纪90年代，我国方便面生产线逐步实现了国产化。

方便面的花色品种很多，从生产工艺上可分为油炸方便面和非油炸方便面，按包装方式可分为袋装、杯装和碗装；方便面通常是以所附带的汤料、口味来命名的。

(1)方便面加工的原辅料

①面粉：小麦面粉是生产方便面的基础原料，小麦粉质量的好坏直接影响方便面的质量。方便面生产对面粉的要求较高，一般以强力粉或准强力粉为主，湿面筋含量为32%～38%，蛋白质含量为11%～13%，且面筋质量要好，酶活性低，粒度细。面粉的选择通常是由产品的品质要求而定的，使用高筋粉可制得弹力度强的面条，成品复水时，膨胀良好且不易折断或软化，但淀粉糊化时间较长且成本较高，生产中，可通过在高筋粉中掺以一定量的中筋粉来进行调整。

②水：方便面生产中要求选用软水，否则对水要进行软化处理。水质要求见表3.6。

表3.6　方便面水质要求

含铁量	硬度	有机物	含锰量	碱度	pH
<0.1 mg/L	<10°	<1 mg/L	<0.1 mg/L	<30 mg/L	5～6

③食盐：食盐主要起强化面粉筋力的作用，兼有增味、防腐作用，一般选用精制食盐，添加量为面粉的1%～3%。

④碱：加碱能有效地强化面筋，并使方便面在煮、泡时不糊汤发黏，食用爽口，并能使面中的色素变黄，使产品具有良好的微黄色泽。一般可选用碳酸钾、碳酸钠、磷酸钾或钠盐等，混合使用效果较好，加碱量一般为0.1%～0.2%，视面粉的筋力而定。

⑤油脂：方便面生产中油脂的选择涉及产品的保质期、风味、色泽及生产成本等。要根据产品的具体情况进行选择，一般要求品质良好且质量稳定。

⑥其他辅料

a. 抗氧化剂：为防止油脂氧化酸败，通常要在炸油中添加抗氧化剂。可用丁基羟基茴香醚(BHA)或二丁基羟基甲苯(BHT)，用量为0.2 g/kg。同时添加增效剂柠檬酸或酒石酸，用量为0.77 g/kg。也可使用更为安全的天然抗氧化剂维生素E。

b. 复合磷酸盐：使用复合磷酸盐主要是提高面条的复水性，并使复水后的面条具有良好的咀嚼感和光洁度。

c. 乳化剂：乳化剂可有效延缓面条老化。常用的乳化剂如单甘酯和蔗糖酯。使用量一般为0.2%～0.5%。

d. 增稠剂：增稠剂可改善面条的口感，降低面条的吸油量。常用的增稠剂如羧甲基纤维素钠和瓜耳胶等，用量一般为前者0.2%～0.5%，后者0.2%～0.3%。

(2)方便面加工技术

①方便面加工原理与工艺流程。

a. 方便面加工基本原理：以面粉为主要原料，通过面团调制、熟化、复合压延、切条折花后成型，将成型后的面条通过汽蒸，使其中的淀粉高度糊化、蛋白质热变性，然后借助油炸或热风将煮熟的面条进行迅速脱水干燥。

b. 方便面加工工艺流程：配料（面粉、水、食盐）→面团调制→熟化→复合压延→切条折花成型→蒸面→ 定量切断→ 油炸或热风干燥→冷却→检测、加调味料包装→成品。

②方便面加工工艺：方便面加工中的面团调制、熟化、复合压延的基本原理、工艺要求、设备和操作均与挂面相似。

a. 面团调制工艺与技术要点：要求调制好的面团呈散碎状，颗粒松散，水分均匀，色泽一致，不含生粉，具有良好的可塑性和延伸性。

b. 熟化工艺与技术要点：通过熟化进一步改善面团的性质，使面团的黏弹性和柔软性进一步提高，有利于面筋形成和面团均质化，使面团达到加工面条的最佳状态。

③复合压延工艺与技术要点：熟化的面团经过复合压延后面带要厚薄一致、平整光滑、色泽均匀且有一定的韧性和强度。

④切条折花成型：切条折花就是将面带变成具有独特波浪形花纹的面条。该工序是方便面生产的关键技术之一，其目的不仅是使方便面形态美观，更主要的是加大条与条之间的空隙，防止直线形面条蒸煮时粘结，有利于蒸煮糊化和油炸干燥脱水，食用时复水时间短。

⑤蒸面：蒸面是方便面生产中的一道重要工序，是将切条折花成型后的波纹面层在一定温度下适当加热，由生变熟的过程。

蒸面时间：淀粉糊化有一个过程，需要一定时间。通常在常压蒸煮的条件下，蒸面时间为 90 ~ 120 s。

⑥定量切断：由蒸面机蒸熟的波纹面带从蒸面机出来后，被定量切断装置按一定的长度切断，然后对折成大小相同的两层面块，再分排输出，送往热风或油炸干燥工序。

⑦方便面的油炸或热风干燥：油炸或热风干燥是制作方便面普遍使用的干燥方式。通过脱水干燥，降低水分以利于保存，同时固定蒸熟面块的糊化状态并进一步提高其糊化度，改善产品的品质。

a. 油炸干燥：方便面一般用棕榈油油炸。这种油有一个最大的好处就是化学性质相对稳定，不容易变质和酸败，经过蒸箱出来的面进入油锅进行熟化脱水。国家规定方便面使用的棕榈油酸价要控制在 1.5 以下。

油炸干燥的工艺技术要求：首先是油脂的安全性选择，选用棕榈油。其次是油的控制。油炸时油温要保持在 130 ~ 150 ℃，其中低温区油温为 130 ~ 135 ℃，中温区油温为 135 ~ 140 ℃，高温区油温为 140 ~ 150 ℃。油炸锅的油位为油表面高于油炸盒顶部 30 ~ 60 mm，油炸时间 70 ~ 90 s，面块含水量降为 8% 以下，一般为 3% ~ 5%。

油炸干燥中应注意的问题：首先要控制好各阶段的油温，形成逐步升高的温度区间，防止出现“干炸”现象；其次要掌握好油炸时间，避免由于油炸时间过长或油炸不足而造成面块含油量过大、炸焦或脱水不彻底的现象发生；还要注意油位要适宜，油位太低，面块不能完全浸入油中，影响脱水速度和效果，油位太高，会增加高温的循环量，加快油的劣化速度，成品过氧化值增高。

为防止油质发生劣变并产生有毒物质，生产中要避免油温过高，减少反复使用次数，不断加入新油，定期除去油脂中的分解物和残渣，可用硅藻土作为过滤剂，按 1.5% 的比例加入用过的油中，用压滤机压滤后，再循环输入油炸锅中，这样可延长油的使用期。

b. 热风干燥：热风干燥的工艺技术要求：干燥时热风温度保持在 70 ~ 85 ℃，干燥介质的相对湿度低于 70%，干燥时间一般为 30 ~ 60 min。

热风干燥应注意的问题：干燥机要先进行预热处理，面块要准确导入面盒，要求入盒整齐；注意调节进气与排潮阀门，确保干燥温度、湿度正常。注意检查面块脱离面盒及面盒复位情况，避免轧坏面盒。

传统热风干燥的主要缺点是干燥时间较长、成品复水性较差。可采用微波-热风干燥法、冷冻-热风干燥法、高温-热风干燥法或添加表面活性物质可改善成品的复水性。

⑧冷却：干燥后的面块需要进行冷却处理才能够检测包装。因为经热风干燥或油炸后的面块输送到冷却机时温度仍为 50 ~ 100 ℃，如果不冷却直接包装，会使包装内产生水蒸气，易导致产品吸湿发霉，所以，冷却的目的主要是为了便于包装和储存，防止产品变质。

冷却方法有自然冷却和强制冷却。通常是采用强制冷却的方法进行冷却，即从干燥机出来的高温面块进入冷却机隧道，在输送的过程中与鼓风机产生的冷风进行热量交换从而降低面块温度，使其接近室温或稍高于室温。冷却时间一般为 3 ~ 5 min。

⑨检测、包装：从冷却机出来的面块由自动检测器进行金属和质量等检查后才能配上合适的调味料包进行包装。一般在面块进包装机之前安装一台重量、金属物检测机，面块连续进入检测机的传送装置，其自动测量系统就可以迅速测量出超过重量标准和含有金属物的面块，并用一股高速气流或机械拨杆把不合格的面块推出传送带，由此来保证面块的质量。

方便面包装包括整理、分配输送及汤料投放、包封等工艺。

方便面的包装形式主要有袋装、碗装和杯装 3 种。袋式包装方便面在我国方便面生产行业中是产量最多的产品。袋式包装材料一般采用玻璃纸和聚乙烯复合塑料薄膜，或使用聚丙烯和复合塑料薄膜等，通过自动包装机完成包装。

⑩方便面着味：方便面着味的目的是为了改善面块的风味，特别是为了满足有些消费者喜欢干吃方便面的需求，而改善作为干吃面的效果。可将着味原料溶于水中在面团调制时加入，通常面团调制时加入食盐、味精等。要求在面团调制时所加的着味物质不得对面筋形成产生负面影响，尽量避免一些酸性物质加入，挥发性强的物质也不宜在面团调制时加入。在面团调制时着味均匀性好，特别是加入水溶性物质，因为可以把它们溶解在水中。也可将着味原料配制成着味液在蒸面后定量切断前采用浸泡的方法着味。还可在定量切断后油炸前将着味液喷洒于面块上着味。在定量切断后油炸前喷淋着味的方法比较常用。也可将着味液在油炸后冷却前喷洒于面块上。油炸后在面条表面喷洒着味物质，其着味物质损失最小，着味最有效，但很多物质在此阶段加入是有困难的，因为此阶段不能加入水溶性物质。

（3）调味汤料、方便面质量标准、我国方便面行业的发展方向

①调味汤料：调味汤料是方便面的重要组成部分，不同的汤料可以形成多种不同的产品。生产调味汤料的原料种类很多，如咸味剂、鲜味剂、甜味剂、香辛料、风味料、香精、油脂、脱水蔬菜、着色剂等，在实际生产中，应根据消费者的喜好及产品的定位来选择原料并合理调配。

调味汤料的形态有粉状、颗粒状、膏状和液体状等。

②方便面质量标准：色泽正常均匀，气味正常，无霉味、哈喇味及其他异味；煮（泡）3～5 min后不夹生，不牙碜，无明显断条现象。其他理化、卫生要求参见相关国家标准。

③我国方便面行业的发展方向：我国方便面市场需求旺盛，有着很大的发展潜力，其产业前景非常广阔。目前，方便面正朝着下列方向发展。

a. 注重品质与营养，根据不同需求，对方便面添加不同的营养成分，并逐步探讨生产杂粮面，如添加玉米面、荞麦面、绿豆面以及其他谷物及豆类的方便面。

b. 注重新产品开发，打破方便面原有单一的功能定位，使方便面向着美食、健康、营养、保健、休闲等多方位方向发展，如生产功能食疗型方便面、复合型方便面、干脆面、梨汁面、苹果面、新颖菜肴型方便面等，以满足广大消费者不断变化的需求。

c. 调整产品结构，注意产品细分，高、中、低档产品并存，油炸与非油炸兼顾，产品差异化，口味丰富化，满足不同消费群体的需求。

d. 采用新工艺、新设备，降低油炸方便面含油量且不影响风味和口感；寻找更安全、更营养、更省油、更便宜的棕榈油替代品。

e. 对方便面的关注由面体向调味料过渡。不仅注重调味料的口味，同时关注其营养、安全。

f. 注重新技术开发及应用，进一步提高方便面生产线的自动化水平，如中央监控、故障显示、成品快速自动检重、调味包的自动投放、产品的活性包装和警示包装等。

2）空心炸面圈的制作

空心炸面圈是以不同筋力的面粉为原料，经油炸生产的一种低糖、低油脂的炸面圈制品。制品中心有空洞，口感、风味俱佳。

（1）产品配方

薄力小麦粉600 g、强力小麦粉400 g、食盐20 g、油脂20 g、糖45 g、奶粉30 g、碳酸氢钠10 g、酸性焦磷酸钠5 g、碳酸钠2 g、水450 g。

（2）工艺流程

和面→静置→压片→切割成型→油炸→冷却。

（3）加工过程

①和面：按配方将所有物料于干净容器中混合均匀，低速搅拌1 min，中速搅拌3 min，然后静置10 min。

②压片：将静置后的面团先压成面片，再折叠3折，然后再压成2～5 mm的面片。

③切割成型：将此面片切割成边长为4～6 cm的正方形或5～7 cm的三角形。准备油炸或冷冻起来备用。

④将此物料放入温度为180 ℃左右的炸油中，炸30～60 s，即成为中心有空洞的空心炸面圈。

（4）注意事项

①关于膨松剂的使用：膨松剂选用碳酸氢钠（碱性）和酸性焦磷酸钠（酸性），碳酸氢钠用量为面粉质量的0.8%～1.5%；酸性焦磷酸钠用量为面粉质量的0.4%～1.0%。膨松剂用量过大，油炸时面团会破裂，且碱味浓，影响制品的口味；反之，若膨松剂用量小，制品不能充分膨化。酸性剂可使用任何食用酸性制剂，从口感方面考虑，最好使用酸性焦磷酸钠。

②关于面团的 pH：将面团调整为碱性。可添加碳酸钾、碳酸钠等碱性剂，将面团的 pH 调整到 7～9，最好为 7.5～8.0。在此弱碱性范围内制品易炸制，口感和色泽也较好。

③关于面团的厚度：面团的厚度为 2～5 mm 较好。面团过厚，口感不佳，而且不易膨化；若面团过薄，油炸时易破裂。

④关于面团油炸时形成的空洞：炸面圈的中心能够形成空洞，是由于制品在油炸时受热蒸发和膨松剂受热反应分解产生气体，导致制品中心形成空洞；所以需要使用不同筋力的薄面粉和强面粉合理配合，并使用适量的油脂和糖，调整制品的软硬度，松脆度。

本章小结

本章主要讲述面粉类食品特别是烘焙类面食、蒸煮类面食、油炸类面食 3 类食品的分类、加工原理、加工的技术要点、应注意的问题。特别是加工的技术要点等知识；希望通过本章的学习，同学们能够从配方设计、原料选择与处理、加工技术等方面，熟练掌握内容中介绍的那些食品的制作工艺。

复习思考题

1. 一次发酵法面包制作的工艺流程是怎样的？通过实验说明，课本上讲的几种工艺各有什么利弊？
2. 影响面包发酵技术的主要因素有哪些？如果说发酵失败，可能会是什么原因？
3. 搅拌对面包品质有什么影响？如何掌握搅拌的程度？
4. 烘焙参数一般有哪些？它们对面包质量有什么影响？
5. 饼干的种类大体上有哪些？它们在配方、工艺流程上有哪些异同？
6. 蛋糕的种类大体上有哪些？它们在配方、工艺流程上有哪些异同？
7. 月饼的种类大体上有哪些？它们在方配、工艺流程上有哪些异同？
8. 馒头、花卷、包子与面发糕的工艺流程上有哪些异同？其中，影响产品品质的关键技术是什么？
9. 制作馒头的面团发酵过头呈酸味，如何处理？熟化后馒头发黄是什么原因？如何改进？
10. 挂面加工的一般工艺流程是怎样的？影响其品质的因素有哪些？
11. 简述油炸食品加工中常见的质量问题与解决方法。

第4章 米及淀粉制品加工

学习目标

了解常见的米制食品及其相关概念；掌握米粉、米制膨化食品、方便米饭的基本加工工艺；熟悉传统的米制食品的加工技术。

技能目标

会利用大米为原材料，进行相关米制食品的加工操作及产品开发。

知 识 点

米线、米粉、米制膨化食品、方便米饭、汤圆、粽子。

米制食品是以大米为主要原料，经过加工而成的产品。随着我国社会经济的快速发展，人民生活水平不断提高和生活节奏的加快，我国的米制品生产在市场上有了较快的发展。除了销量较大的各类干（湿）米粉、汤圆、方便米饭、方便粥、粽子和方便米粉外，还有各类发糕米制品、婴儿米粉、年糕和以米果为代表的各类膨化休闲食品以及相关的淀粉制品等。本章主要介绍米线、米粉、米制膨化食品、方便米饭、传统米制食品和淀粉制品的加工技术。

4.1 米线、米粉

米线，以云南米线最为典型。如今云南米线的制作有两种方法：其一，取大米发酵后磨制而成，俗称“酸浆米线”，其工艺复杂，生产费时，然筋骨好，滑爽回甜，有大米清香，为传统制法。其二，取大米磨粉后直接放在机器中挤压，靠摩擦的热度使其糊化成型，称为“干浆米线”，其晒干后即为“干米线”，方便携带贮藏。食用时再蒸煮涨发。干浆米线筋骨硬、咬口、线长，但香不及酸浆米线。

米粉，虽然形似米线，但实非米线。对于米线的定义，应该说以大米为原料，而米粉中由于添加了红薯粉、土豆粉等原料（所占比例也很多），使得口感，保存方式等都与米线有了很大的区别。

从口感上,米线多为“水灵筋骨”,而米粉多为“柔绵筋骨”,米线入口较为滑爽,米粉入口较为黏糯。特别是“酸浆米线”与“酸粉”的区别更为巨大。酸粉入口“酸绵易化”,酸浆米线入口“酸脆筋斗”。

“干米线”则与“米粉”类似,不同之处也在于是否以大米为原料。米粉易于保存,和“干米线”类似,晒干以后不仅可以长期保存,而且不容易变质。干米线由于制作简单,开始一步步取代酸浆米线,而干米线也被做得更细、更长。

随着时代的变迁,由于“干米线”的快速发展,米线与米粉的概念也逐渐模糊,很多人认为米线就是米粉也无伤大雅。现以酸浆米线为例,对其生产做一介绍。

4.1.1 酸浆米线加工技术

1)生产工艺流程

选米→净米→洗泡→发酵→磨浆→糊化→初蒸→压榨→煮熟→冷却→漂洗→装箩→(干燥)→成品。

2)操作要点

(1)发酵

大米在发酵过程中主要微生物有乳酸链球菌、乳杆菌和酵母菌,其含量随着发酵时间而变化。研究发现,大米发酵过程中总淀粉及直链淀粉含量并无显著变化,蛋白、脂肪和灰分含量随着发酵的进行明显减少,而游离脂肪酸的含量呈上升趋势。发酵法生产的米粉柔韧筋道,品质更好。编者认为自然发酵虽然未影响总淀粉和直链淀粉含量,但降解了蛋白和脂肪而改变了大米粉的流变性质。另外,灰分的降低赋予米粉洁白的外观,带给产品更好的透明感。

在发酵过程中,pH 不断下降而总酸含量上升。在发酵进行 12 h 后,pH 下降速度加快;直到第 18 h,pH 达到 4 后不再下降;而总酸含量在发酵 6 h 后,上升速度加快;在发酵终了时,达到 0.001 1 g/mL。由于自然发酵是利用大米本身所携带的微生物,因此,在发酵初期数量较少,在发酵 6 h 后,微生物数量开始剧增,进入对数期,发酵第 18 h 后随着 pH 的下降逐渐达到稳定。

在传统发酵米粉工艺中,发酵一般要 2 ~6 d,冬长夏短。若 pH 降低至 4 需要 4 d,这可能是由于不同的微生物种类作用所致,而且其产酸能力有较大的区别。酸度的变化说明微生物利用了大米中的营养物质,有可能对大米颗粒造成某种影响,或者由于微生物所产酸的作用使大米淀粉发生了酸变性。夏天一般 2 ~3 d,冬天 5 ~7 d。由于发酵过程中主导菌在发酵温度(42 ~44 ℃)时生长良好,采用恒温控制发酵可有效地抑制大部分环境污染菌的侵入。

(2)磨浆

粉浆细度是影响米粉熟化和韧性的主要指标之一。一般来说,粉浆越细,做出的米粉表面越光滑,韧性越好。米粉越细,挤压产品的膨胀率、吸水性、水流性和糊化度均十分好。这是由于颗粒越细,受热糊化的效果越好。一般来说粉浆的细度达到 120 目时,所得产品不断条,表面洁白光滑。

(3)初蒸

初蒸压力为0.25～0.35 MPa,蒸片时间为100～120 s,温度为92～95 ℃,片厚为3.7±0.1 mm。

(4)压榨

要求米粉断条少、不起或少起皱纹、粉条表面光滑;出丝均匀、一致、连续。挤丝板孔径为ϕ1.5 mm、ϕ1.6 mm或ϕ1.7 mm。挤丝机孔压力应控制在一定范围内,否则压力过大,米粉会较硬变脆;压力小,则米粉挤不紧,水煮时容易出现膨化、易断条、软漂浮现象。设有阻力板可增加对米片的搓揉,增加米片黏度,但在米片米粉过软易断时,应取消挡流板。水煮时,使水一直保持沸腾状态,温度在95 ℃以上,水煮时间20 s。

(5)漂洗

米粉蒸完后应迅速进行冷却,并用冷水冷透。洗粉的时间可控制在18 min左右。原粉成品水分可达63%～68%,标粉70%～74%。米粉韧性好,延伸率在160%以上。

3)注意事项

(1)发酵过程

发酵过程控制的好坏直接决定了米粉的品质。控制不当,米粉容易断条、筋力差。有时还会出现米粉变臭的现象。自然发酵全靠经验控制,对大米发酵机理的阐明有可能实现菌种恒温发酵,便于产品质量的控制。

(2)醪糟

在制作传统发酵米粉时,都要添加一定数量的醪糟,否则无法做出好的米粉。醪糟又称为头子,是当天没有销售完或回收的米粉,经浸泡1～2 d,铲成断条。在磨浆工序中,与大米混匀一起磨浆。桂林米粉制作时加入30%的醪糟,而常德米粉一般添加10%～20%。桂林米粉比常德米粉更软一些,添加醪糟的机理尚不清楚。醪糟本身是糊化后的米粉,是一种淀粉凝胶,具有一定的黏弹性,估计在米粉制作过程起了预糊化淀粉和增筋剂的作用。通常,根据大米原料的不同,来调整醪糟的添加比例。如果米质较硬,则醪糟添加的量多一些;如果米质较软,则醪糟的添加量要少一些。

4.1.2 米粉加工技术

米粉是我国米制食品中最重要的代表。米粉是以大米为主要原料,经过水洗、浸泡、研磨、蒸煮、挤压成条及烘干等一系列工序所制成的条状或丝状的干湿米制食品。

1)米粉的分类

米粉根据成型工艺分为切粉(切条成型)和榨粉(挤压成型)两大类,这两大类各有干、湿之分,具体分类及代表性产品如下。

(1)干切粉

干切粉主要有:梧州切粉、龙门切粉、桂庄切粉、广东切粉、辣椒切粉、茄汁切粉、北押切粉等。

(2)湿榨粉

湿榨粉主要有:桂林米粉、银丝米粉等。

(3)干榨粉

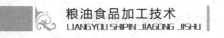

干榨粉主要有:粗条米排粉、细条米排粉、方块米粉、波纹米粉等。

根据不同的烹煮方式又可称为汤粉、炒粉、干捞粉、火锅粉等。另外还有方便米粉、保鲜方便米粉、速冻米粉等产品也是近几年发展较快的几种产品。

2)米粉生产的原料选择

生产米粉的主要原料是大米。研究发现,采用不同品种大米制作米粉时,大米中直链淀粉和支链淀粉含量的高低及其比例直接影响米粉的质量。

直链淀粉含量高的大米,制成的米粉成品密度大,口感较硬;而支链淀粉适当高时,制成的米粉韧性好,煮食时不易断条;但支链淀粉含量过高时,大米原料在糊化过程中迅速吸水膨胀,其黏性较强,制作米粉时容易并条,而且韧性差、易断条,煮食时汤汁中沉淀物含量增加。

直链淀粉的作用是为米粉引入弹韧性(即咬劲),支链淀粉使米粉变得柔软。从籼米、粳米和糯米的直链淀粉含量来看,籼米>粳米>糯米。米粉一般用籼米制作,主要是因其直链淀粉含量较高(达22%以上)。大部分粳米不能制作米粉;糯米不含直链淀粉,不能制作米粉。

3)米粉生产的基本原理

(1)淀粉糊化

淀粉是稻米的主要成分,稻米的特性与其淀粉的特性密切相关。在米粉加工过程中,当原料淀粉加水调浆加热后会发生"糊化"(α化)现象。糊化是淀粉的基本特性之一,淀粉的糊化特性与其含水量、温度、淀粉来源等因素有关。淀粉的糊化速度、糊化程度、糊化能耗等与其加工性能、米粉品质及其稳定性有关。

通常认为淀粉糊化的本质是淀粉颗粒微晶束的溶解所致。淀粉在过量水分下糊化的同时,还伴随有其颗粒的润胀、直链淀粉的溶解以及淀粉糊的形成。

(2)淀粉凝胶

大米经适当糊化后,能形成具有一定弹性和强度的半透明凝胶,凝胶的黏弹性、强度等特性对米粉的口感、速食性能以及凝胶体的加工、成型性能等都有较大影响。与面粉不同,大米中不含有面筋,米粉的柔韧性主要来自于大米淀粉糊化后形成的凝胶。因此,米粉的品质主要决定于米淀粉凝胶的品质。

凝胶是胶体质点或高聚物分子互相连接,所形成的多维网状结构,它是胶体的一种特殊存在形式,其性质介于固体与液体之间。一方面,凝胶不同于液体,凝胶体中的质点互相连接,而且显示出固体的力学性质,如具有一定的弹性、强度等;另一方面,凝胶与真正的固体不完全一样,其结构强度有限,易于遭受变化,如施加一定外力、升高温度等,往往能使其结构破坏,发生变形,甚至产生流动。即凝胶既有固体的弹性,又有液体的黏性,是一种黏弹性体。

大米淀粉胶凝速度和凝胶强度主要与淀粉中的直链淀粉含量有关,直链淀粉含量高的淀粉胶凝速度快,凝胶强度大,大米淀粉的胶稠度和淀粉粒的膨胀度等指标对其凝胶特性影响并不显著。

(3)淀粉老化

经完全糊化的淀粉,在较低温度下自然冷却或缓慢脱水干燥,就会使在糊化时已破坏的淀粉分子氢键发生再度结合,胶体发生离水使部分分子重新变成有序排列,结晶沉淀,这种现象被称为“老化”(β化,或回生、凝沉)。老化结晶的淀粉称为老化淀粉。老化淀粉难以复水,因此,蒸煮熟后的馒头、米饭、米粉等,会变硬而难以消化吸收。

糊化淀粉老化特性的强弱与淀粉的种类、含水量、温度等都直接有关。

4)方便米粉生产工艺及操作要点

方便米粉或即食米粉的加工过程与传统米粉的加工过程相似,不同之处只是要求即食米粉在热水中的复水性能好。要得到良好的复水特性,关键问题还是与淀粉结构有关。与其他米类制品一样,只要能保持糊化淀粉的α结构,而不回生变成β(生淀粉)结构,米粉就会获得良好的复水性,从而减少食用时的冲调时间,食用更加方便。

(1)方便米粉的生产工艺流程

①湿法加工米粉工艺流程:大米→清洗→浸泡→滤水→磨碎→过滤脱水→制粒→蒸粒→揉粒→挤压成型→晾干、晒干或烘干→米粉成品。

②干法加工波纹米粉工艺流程:大米→清洗→浸泡→滤水→吸米→粉碎→分离→搅拌→头榨成条→二榨成丝→ 成波纹 →冷却→复蒸→冷却、降温→切断→烘干→米粉成品。

(2)方便米粉生产操作要点

①大米的筛选:生产方便米粉的大米,应选用精制晚稻米,筛除大米中的谷壳、石块、铁件、杂物等,保证加工机械和米粉制品质量不受损。

②大米的清洗:大米清洗设备用连续喷射洗米机,如图4.1所示。

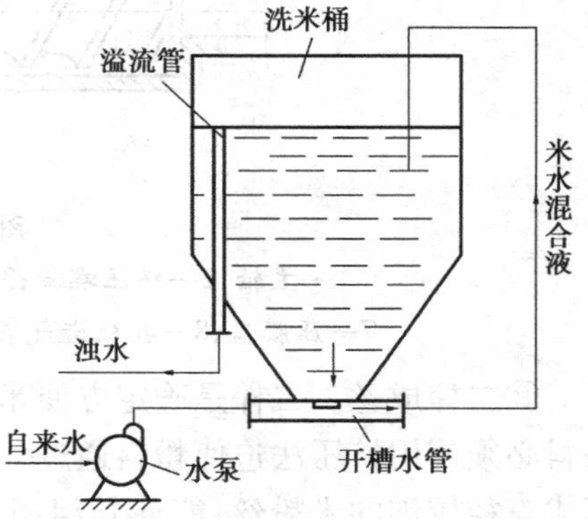

图4.1 连续喷射洗米机

③大米的浸泡:大米浸泡的目的是保证米粒充分吸收水分,软化原有坚硬的组织。浸泡不仅给大米的粉碎或磨浆提供良好的条件,更重要的是为淀粉组织重新组合提供了保证。清洗过的大米贮存在浸泡桶内,加水至超过米面5 cm左右,浸泡25 min ~4 h。浸泡时间的长短随大米的品种、气温的高低、添加米料的多少和工艺参数的变化而定。浸泡好的大米含水率达28% ~31%。

④滤水:滤水是制作方便米粉不可缺少的工序,其目的是除去米粒之间的存水,以免水分过多,造成粉碎后的粉料粘湿而堵塞粉碎机筛孔,不利于粉料的输送和分离。

大米浸泡后打开浸泡桶底部的放水阀,放掉浸泡水,再空滤1.5 h左右。

⑤粉碎和分离:用大米加工米粉,必须将大米粉碎成粉料。粉料颗粒细小,比大米容易熟化;粗粒的大米无法挤压成粉丝。粉碎成粉料有利于淀粉的重新组合。

制取方便米粉多采用粉碎法,使用锤片式粉碎机、径锤式粉碎机和爪式粉碎机等。方便米粉生产线是将滤水后的大米用吸嘴吸入粉碎机,将其粉碎成能通过孔径为0.8 ~1 mm筛片的粉料。粉料经输粉管由气流送入旋风分离器进行分离,分离后的空气和粉料分别由旋风分离器上部和下部排出。

⑥搅拌:搅拌的目的是将所有配料和水搅拌均匀,再喷入高压蒸汽把大米粉料在一定温度下大部分熟化,成为胶体,便于加工成条状。拌料由搅拌机完成。搅拌机可把搅拌和蒸煮两道间歇式加工工序联结为一道继续加工工序。搅拌后的粉料含水率为34%~36%,温度为60~85 ℃,熟化度为70%左右。

⑦头榨成条:通入高温蒸汽搅拌后,淀粉受热而熟化成胶体,但胶体未经外力挤压,胶体的内部结构不很紧密,头榨的目的是对胶体粉料施加压力,使其挤出直径相等、出条速度相同、质地较紧密的条料。

经蒸汽搅拌后的熟热粉料直接送入头榨机的喂料口,由挤压螺旋杆送入挤压腔,在挤压腔里经过蒸汽间接加热、挤压、搓擦、剪切等共同作用,充分揉合,进一步熟化,通过孔板挤出4根条料。头榨挤出的条料温度达70~90 ℃,熟化度达70%以上。

头榨机是一台单桶螺旋挤压机(图4.2)。螺旋为双头等螺距,其表面喷有一层聚四氟乙烯防粘耐磨层。挤压螺旋与孔板之间设置一段筒状挤压腔。挤压腔为内外夹层,可通入蒸汽,加热腔桶内物料。物料在挤压腔桶内得到充分混揉、加热,保证质地均匀,并提高熟化度。孔板上装有蒸汽进气管、出气管,通入蒸汽加热孔板附近物料。孔板有4个出料孔,工作时可挤出4根条料。

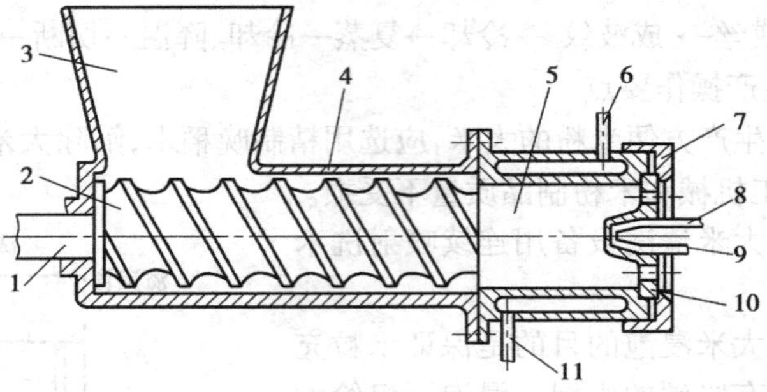

图4.2　头榨机示意图

1—主轴;2—挤压螺旋;3—料斗;4—榨桶;5—挤压腔;6—蒸汽入管;
7—压膜盖;8—孔板进气管;9—孔板出气管;10—孔板;11—废气排出管

⑧二榨成丝。二榨是确定方便米粉规格和进一步加强粉料胶合的工序。头榨出来的条料必须使用挤压法迫使粉料通过一定孔径的榨丝板,成为米粉丝。把直径较粗的条料挤压成直径较细的米粉丝,能使其组织结构更紧密坚实。二榨时粉料在强大压力下反复进料、回料而揉合均匀。粉料之间、粉料与螺旋、榨桶、榨丝板相互摩擦产生大量热量,使物料进一步熟化。二榨由多头榨丝机来完成。

多头榨丝机实际是一台具有4个挤压螺旋的挤压机(图4.3)。每个榨桶上榨丝板的出丝孔分为左右两组,相邻孔间的距离相等。工作时,头榨机榨出的4根条料,分别引入多头榨丝机的4个榨丝桶中,经螺旋挤压榨出8束米粉丝。适当配置榨丝板与输送网带的间距,同时控制出丝速度与输送网带速度之比,米粉即弯曲成波纹状。波纹米粉束垂落在输送网带上,形成波纹米粉带。二榨出来的米粉丝,温度达95~100 ℃,熟化度达80%以上。

由于采用的是齿轮传动,4根挤压螺旋的旋转方向不完全相同,为了使4根挤压螺旋都能把物料推向榨丝板,必须使两根螺旋的螺纹为左螺纹,另两根螺旋为右螺纹。

⑨冷却:冷却在米粉生产中又称“熟成”。二榨出来的米粉丝如不冷却容易粘连在一

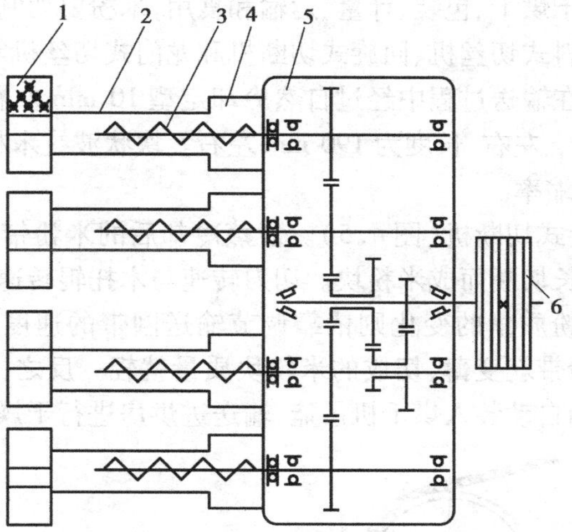

图 4.3 多头榨丝机示意图

1—榨丝机;2—榨桶;3—挤压螺旋;4—料斗;5—分动箱;6—三角带轮

起,严重影响米粉质量。冷却是在输送机的输送过程中自然冷却,时间为 10 min 左右。

⑩复蒸:为了进一步提高米粉的熟化度,增强米粉的韧性,减少煮粉时的糊汤现象,使米粉油光透亮,断条率低,吐浆值小,冷却后的米粉必须复蒸。

从二榨机出来的米粉带,在冷却输送机上冷却后再进入隧道式复蒸锅复蒸 2 ~ 3 min,复蒸温度 100 ~ 105 ℃,蒸汽压力 0.5 ~ 0.9 MPa。

复蒸冷却机(图 4.4)是在不锈钢输送网带上设置隔热性能较好的上蒸锅和下蒸锅。上下蒸锅合并装接成隧道式锅道。输送网带穿过锅道,在网带下等距设置 6 根带孔蒸汽喷管。蒸汽管路上装有压力表以显示喷气压力。上锅顶部装有温度表以显示复蒸锅内的温度。从复蒸锅到切断机留有一段网带输送的距离,以使复蒸后的米粉带再次冷却降温 10 min左右,防止切断时压黏在一起。

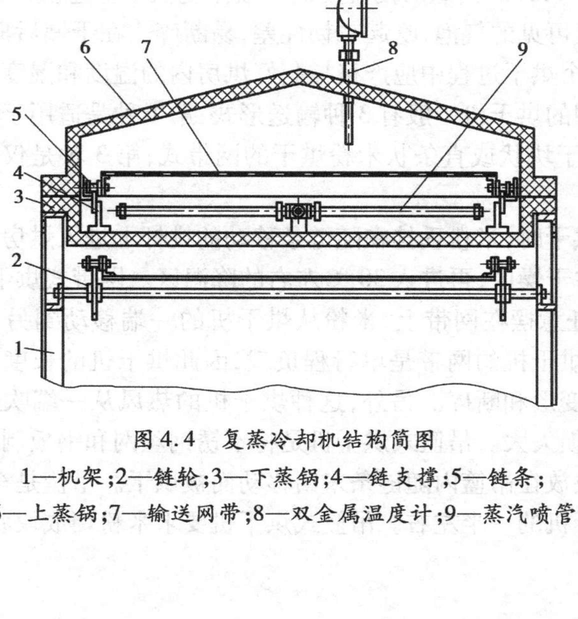

图 4.4 复蒸冷却机结构简图

1—机架;2—链轮;3—下蒸锅;4—链支撑;5—链条;

6—上蒸锅;7—输送网带;8—双金属温度计;9—蒸汽喷管

⑪切断成型：为便于烘干、包装、计量、运输和食用，米粉要切制成一定形状。通常使用的切断设备有铡刀、排料式切丝机、回旋式切断机和龙门式切丝机等。

复蒸过的米粉带，在输送过程中经过自然冷却定型 10 min 左右，由切断机按定长切断成块状。每块干重 100 g 左右，长度为 190 mm 左右。块状波纹米粉在冷却干燥过程中，长度方向有 5% 左右的收缩率。

切断装置采用回旋式切断机（图 4.5）。复蒸冷却后的米粉带由帆布带输送到木托辊处，回旋式切刀把其定长切断而成米粉块。切刀转速与木托辊转速的同步变化决定了切断长度是固定的，每块米粉质量的变化则依靠调节输送网带的速度来实现。榨丝速度不变时，输送速度加快，米粉带就变薄，切成的米粉块质量就轻。反之，米粉块质量变大。被切断成块的米粉经输粉网自动装入烘干机吊篮，输送进烘房进行干燥。

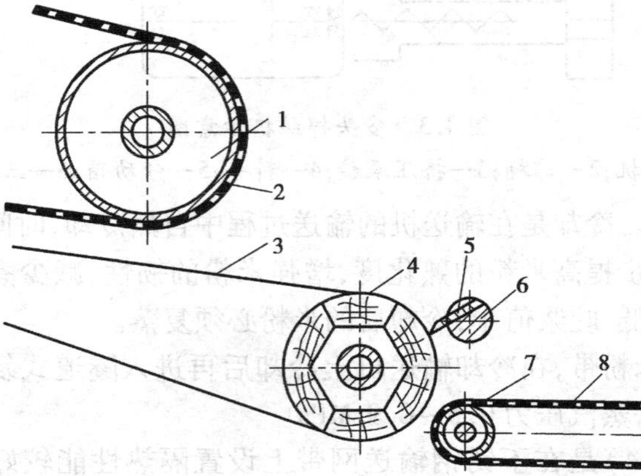

图 4.5　切断机示意图

1—拖网辊；2—网带；3—帆布带；4—木托辊；
5—切刀；6—切刀轴；7—输粉辊；8—输粉网

⑫烘干、包装：米粉烘干时间应控制在 3 ~ 4 h，烘干温度应在 35 ~ 53 ℃，烘房内相对湿度应保持在 80% ~ 90%。当烘房内温度高于或湿度低于上述值时，米粉干燥快。但烘干的米粉会有大量明显可见的气泡，吃起来韧性差，易断碎。在干燥后期可降低湿度，提高干燥速度。因此，在整个烘干过程中应严格控制好烘房内的温度和湿度。

米粉生产线采用的烘干机一般有 3 种输送形式：第 1 种是适用于直条状米粉烘干的挑杆式；第 2 种是适用于块状或直条状米粉烘干的网带式；第 3 种是仅适用于块状米粉烘干的吊篮式。

挑杆式烘干机烘干时，米粉垂挂在随链条移动的挑杆上进入烘房，由 30 ~ 35 ℃的预热区，到 35 ~ 45 ℃的主干燥区，再进入 30 ℃左右的降温区。网带式烘干机的网带布置成 4 ~ 7 层，烘干时米粉可任意摆在网带上，米粉从烘干机的一端移动到另一端时依次翻落在下层网带上，由于这种烘干机的网带是单行程负载，因此烘干机的长度较长。米粉上下翻动干燥均匀，但米粉易变形和断碎。另外，这种烘干机的热风从一端吹进，从另一端排出，温度分布不均匀，热量损失大。吊篮式烘干机是将不锈钢丝网和钢板制成的吊篮铰系在输送链条上。波纹米粉块放在吊篮内随链条来回移动而被烘干。吊篮是全程负载，所以烘干机长度仅为网带式烘干机的一半左右。吊篮式烘干机要求米粉切成块状，摆放整齐。因烘干过程中,米粉块不翻动,烘干时间要长些。

图4.6为部分烘干机采用的拉风循环风路的示意图。烘干机上部沿长度方向等距布置6个和蒸汽管道相连的热交换器。经过热交换器后的热风从烘干机顶部的散风器吹入烘房用以干燥米粉。而6台风机从烘干机底部将烘房内部用过的热风吸收,连同从烘干机外部吸入的部分较干燥的冷风,经混合风管分别吹向6个热交换器再进行热交换。机内大部分热风循环使用,而补充的部分冷风将烘干机内一部分湿热风排出,以保持烘房内湿度。机内设有6点温度传感器测温,1点湿度传感器测湿,3点蒸汽喷嘴喷蒸汽加湿。可以自动或手动调温,手动调节湿度和冷风补充量。

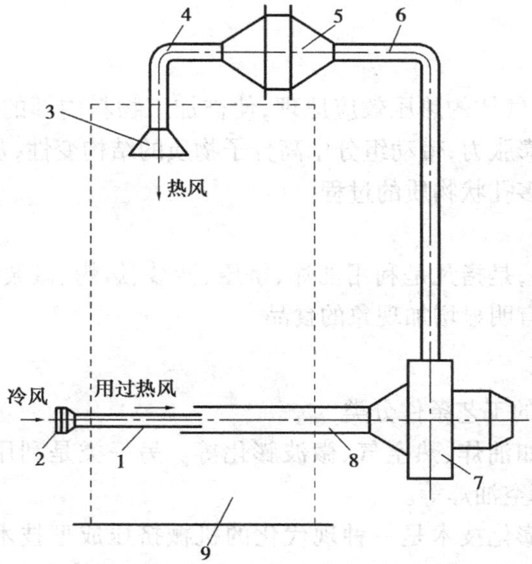

图4.6 烘干机循环风路简图

1—冷风管;2—调节风门;3—散风器;4—热风管;
5—热交换器;6—输风管;7—风机;8—混合风管;9—烘房

产品的包装可根据销售的要求,采用食品塑料袋密封或其他包装形式,也可以散装。包装的米粉应标明厂名、品名、质量、生产日期、检验员代号及出厂合格证等。

5)米粉的质量标准及常规检验

(1)感官指标

①外观:片形大致均匀、平直、松散、无结疤、无并条、无酥脆及霉变现象的米粉为上品;否则为劣质品。

②色泽:色泽光洁、有透明感、无斑点的米粉为上品;否则为劣质品。

③嗅味:无霉味、无酸味及异味的米粉为上品;否则为变质米粉。

④烹调性:煮熟后有韧性,不粘条,不糊汤,无严重断条、无杂质的米粉为上品;否则为劣质品。

(2)理化指标和卫生指标

米粉的理化指标、卫生指标参见相关国家标准。

4.2 米制膨化食品

4.2.1 膨化食品的概念和分类

1)相关概念

(1)膨化

膨化是利用相变和气体的热压效应原理,使被加工物料内部的液体迅速升温汽化、增压膨胀,并依靠气体的膨胀力,带动组分中高分子物质的结构变性,从而使之成为具有网状组织结构特征,定型的多孔状物质的过程。

(2)膨化食品

广义上的膨化食品,是指凡是利用油炸、挤压、沙炒、焙烤、微波等技术作为熟化工艺;在熟化工艺前后,体积有明显增加现象的食品。

2)膨化方法的分类

(1)根据膨化加工的工艺条件分类

一类是利用高温,如油炸、热空气、微波膨化等。另一类是利用温度和压力的共同作用,如挤压膨化、低温真空油炸等。

①高温膨化:高温膨化技术是一种现代化的机械挤压成型技术与比较古老的油炸膨化、沙炒膨化等处理工艺结合起来从而生产膨化食品的一种技术。其中,微波膨化、焙烤膨化等新型膨化技术也应属于这一范畴。

a. 油炸膨化:是利用油脂类物质作为热交换介质,使被炸食品中的淀粉糊化、蛋白质变性以及水分变成蒸汽从而使食品熟化并使其体积增大。油炸膨化的油温一般在 160 ~ 180 ℃,最高不超过 200 ℃。

b. 热空气膨化:包括气流膨化、焙烤膨化、沙炒膨化,是利用空气作为热交换介质,使被加热的食品淀粉糊化、蛋白质变性以及水分变成蒸汽从而使食品熟化并使其体积增大。

c. 微波膨化:是利用微波被食品原料中易极化的水分子吸收后发热的特性,使食品中淀粉糊化、蛋白质变性以及水分变成蒸汽,从而使食品熟化并使其体积增大。

②温度和压力共同作用的膨化。

a. 低温真空油炸膨化:在负压条件下,食品在油中脱水干燥。若在真空度 2.67 kPa、油温 100 ℃进行油炸,这时所产生的水蒸气温度为 60 ℃。若油炸时油温采用 80 ~ 120 ℃,则原料中水分可充分蒸发;水分蒸发时使体积显著膨胀。采用真空油炸所制得的产品有显著的膨化效果,而且油炸时间相对缩短。

b. 挤压膨化:一般食品物料在压力作用下,定向地通过一个模板,连续成型地制成食品,被称为"挤压"。挤压食品有膨化和非膨化两种。非膨化挤压食品不在本书的探讨之列。

(2)根据膨化加工的工艺过程分类

①直接膨化法：又称一次膨化法，是指把原料放入加工设备（目前主要是膨化设备）中，通过加热、加压再降温减压而使原料膨化。

②间接膨化法：又称二次膨化法，就是先用一定的工艺方法制成半熟的食品毛坯，再把这种坯料通过微波、焙烤、油炸、炒制等方法进行第二次加工，得到酥脆的膨化食品。

此外，还可以按原料、生产食品形状、风味等进行分类，如淀粉类膨化食品（玉米、大米、小米等）；蛋白质类膨化食品（大豆及其制品等）；混合原料膨化食品（虾片、鱼片等）。

4.2.2　膨化米饼加工

米饼干是一种日式米制糕点，通常用粳米或糯米制作。目前市场上较流行"雪米饼"即为粳米米饼干。主料是籼米或粳米，添加芝麻、粟和盐等配料。若用糙米，营养素含量多且高，又能满足人们对低热量和高膳食纤维的要求。

1)工艺流程

粳米→淘洗→浸米→沥水→制粉→蒸捏→冷却→成型→干燥→烘烤→调味→成品

2)技术要点

(1)淘米、浸米、沥水

在洗米机中洗净大米，浸米6～12 h，然后在金属丝网或箩中沥水约1 h，米粒水分达20%～30%。

(2)制粉

粉碎前先适当喷水，粉碎细度为60～250目，生产质地疏松型的米饼细度可粗一些，紧密型的可细一些。

(3)蒸捏

在搅拌蒸捏机中先加水调和米粉，再开蒸汽蒸料捏和，110 ℃下5～10 min，使米粉糊化，水分含量达40%～45%。

(4)冷却

用螺旋输送机将糊化后的粉团送入长槽中，槽外通以20 ℃的冷却水，使粉团温度降至60～65 ℃。

(5)成型

粉团以成型机压片、切块、切条，制成饼坯。

(6)干燥

采用带式热风干燥机，热风温度70～75 ℃，饼坯水分平衡后进行第二次干燥，风温70～75 ℃，饼坯水分10%～12%。

(7)烘烤

在链条烤炉中，炉温200～260 ℃，开始用小火，品温达80 ℃时改用大火。品温升至100 ℃左右时膨胀结束，又改用小火。出炉前恢复大火使表面上色。

(8)调味

用调味机将调味液涂在米饼表面,必要时进行再干燥,风温 80 ℃。

3)质量要求

膨化适度,黏接良好,色泽白或浅黄。符合国家糕点、饼干、面包卫生标准:GB 7100—86。

4)注意事项

原料米的水分调质条件(水分含量和时间)及膨化前的加热条件(温度和时间)对米饼体积有影响。一般高温和长时间调质可以得到比体积大的米饼。但是,将使米饼制品颜色加深,感观指标下降。

4.2.3 米果加工

米果是一种以大米为原料的焙烤糕点。它具有低糖、低盐、低脂肪和易消化的特点。有大米固有的芳香风味、感松脆柔和。一般来说,米果的原料有糯米和粳米两种。以糯米为原料的米果,食感松脆、入口易融;以粳米为原料的米果,多数食感较硬,且质地较粗糙。

米果可用手工或半机械化、机械化制作,制作要点大致相同。现将粳米果制作工艺做一介绍。

1)粳米果("仙贝")生产工艺流程

粳稻谷→碾米→水洗、浸泡→沥干→磨粉→搅拌、蒸炼→冷却、压炼、成型→第一次干燥→静置平衡→第二次干燥→焙烤→调味→产品整理→包装→成品。

2)操作要点

(1)碾白

粳稻谷经过清理除杂之后进行碾白,碾白率应达到 91%。

(2)水洗、浸泡

粳米经过水洗后浸泡约 9 h,沥干后使水分含量达到 28% ~30%。

(3)磨粉

调整水分含量至 30% ~40%,进入磨粉机研磨成粉。制粉的粒度对料坯的均一性和米果品质影响很大。米粒中心部分田吸水多而质软、粉粒细,吸水少的外侧部分,则粉粒较粗,蒸炼时不易形成均一的 α-化。

(4)搅拌、蒸炼

制得的米粉进入蒸炼机,加水至 40% ~45%,边通蒸汽边搅拌,于 110 ℃高温下蒸炼 10 min,使淀粉充分糊化形成米团。

(5)冷却、压炼、成型

将糊化的米团取出,立即放到外层通有 20 ℃冷却水的炼耙机槽内进行冷却,直至饼团的温度降至 60 ~69 ℃,再次置于炼制机压延呈片状,于型模中成型。

(6)干燥

饼坯进入干燥机,进行干燥。在 70 ~75 ℃条件下分两个阶段进行:

①把生坯干燥到含水 20% 左右,室温放置 10 ~20 h,使内水内外平衡。

②将平衡水分后的饼坯继续干燥至水分含量为10%～12%。

(7)焙烤

置于200～260 ℃焙烤机内焙烤。焙烤后，进行调味处理，最后获得制品。

4.3 传统米制食品

4.3.1 米发糕加工技术

米发糕是我国传统的大米发酵食品，在我国南方有悠久的加工历史和深厚的文化蕴涵。米发糕一般是以籼型或粳型大米为原料，经浸泡、磨浆、调味、发酵、蒸制而成。米发糕不仅具有松软的口感、独特的风味，而且具有开胃、助消化、滋补养身、延年益寿等保健功能，是我国人民普遍喜爱的大米食品，尤其适合老年人和儿童食用。

1)生产工艺流程

发酵剂
↓
原料米→洗米→浸泡→磨浆→发酵→添加辅料→入模蒸制→成品。

2)生产工艺要点

(1)原料选择

我国传统米发糕分为湖北米发糕和广式米发糕两种类型：湖北米发糕多以籼稻或粳稻米为原料；广式米发糕多以晚稻米(粳稻米)为原料。

(2)浸泡

将大米以料液比1∶2，于30 ℃下浸泡21 h，用自来水清洗数遍后磨浆。浸泡过程中，大米原料中及外界的微生物会对大米进行自然发酵。发酵有利于淀粉的糊化，较大地改变了大米制品的质地。调节发酵时间和温度，控制发酵程度，可以获得不同的结果，生产不同品种和风味的产品。

(3)磨浆

米浆浓度对于米发糕形态和口感的形成有重要影响，浓度过稀米发糕不易膨起，表面黏稠，粘牙；而浓度过高不利于酵母的发酵，产气不充足，也会导致米发糕的形态较差。

(4)发酵

磨浆后加入米粉量1%～2%的活性干酵母，30～35 ℃下发酵4～15 h。具体发酵时间取决于酵母活性、米粉含糖量等因素。发酵至体积稍有膨胀，表面有气泡产生，可结束发酵过程。

制作工艺对米发糕品质有显著影响。米发糕的硬度和咀嚼度随发酵剂添加量的增加呈先上升后下降的趋势，发酵温度越高，硬度和咀嚼度越大；回弹性和黏聚性随发酵剂的添加量的增加呈先下降后上升的趋势，且发酵温度越高，米发糕的回弹性和黏聚性越小。

(5)添加辅料

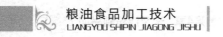

发酵结束,加入白糖(红糖或果汁)及米粉量1% ~2%的泡打粉,搅拌均匀;并可依据个人喜好添加适量葡萄干、红枣等作表面点缀。

(6)入模蒸制

倒入模具,旺火蒸制15 ~20 min。

4.3.2 年糕加工技术

年糕作为一种食品,在中国具有悠久的历史。从原料来说,糯米、粳米及籼米均能用于生产年糕,糯米年糕软而黏,籼米年糕比较硬,而粳米年糕既软滑又有嚼劲,故我国有名的宁波年糕均是以100%的粳米为原料,并且最好采用新米。

从加工设备来说,对年糕产品质量影响最大的是年糕成型机,其中的关键部位是螺旋轴,介绍一套湿法生产以粳米为原料的年糕生产工艺与设备,其特点是流程合理,自动化程度较高,适合大中型企业的技术改造。

目前可以生产出保质期半年以上的产品,这为自动化生产年糕提供了流通领域的保障。

1)年糕的湿法生产工艺流程

原料大米→去石精碾→洗米润米→两次磨浆→真空脱水→连续蒸煮→挤压成型→冷却→切片→包装→成品。

2)生产工艺要点

(1)原料选择

生产年糕的原料大米应选用标一晚粳米,最好是用新米,少用储存达1年以上的陈米,以确保生产出的成品年糕食用时具有既滑爽又有嚼劲的口感。为了能常年生产,可储存新稻谷,加工前碾制,以保证大米具有新米的品质,这是生产高品质年糕必须考虑的首要问题。

(2)清理

清理工序包括去石和精碾两部分,这是制作优质年糕不可缺少的基本工序。用于年糕生产的大米要求表面光洁,不含任何米糠和砂石。因为,砂石会损伤设备和影响安全,而米糠由于没有黏性,混入大米中会破坏淀粉之间相互粘结,影响成品年糕的色泽与口感。

(3)洗米、润米

经清理后的大米由自动定量秤定量后进入洗米润米罐。洗米、润米是年糕湿法生产中最重要的工序之一,其目的是进一步去除米粒中的杂质,使米粒吸水膨胀,为粉碎工序作好准备。经洗米润米后,大米含水量应控制在28% ~30%。

在一定温度范围内,大米吸水率在开始润米的45 min内上升迅速,之后上升缓慢,在45 min之后,大米吸水率达到饱和;润米的水温越高,大米吸水率达到饱和所需的时间越短,但温度偏高,米质易酸化。因此,从工业化生产角度来看,润米的水温以35 ℃、时间以30 ~45 min为宜。

(4)两次磨浆

磨浆即是将经过清理润米后的大米,借助于水的冲力被送入磨浆机粉碎成细粉浆的过程。磨浆设备采用砂轮淀粉磨,要求米浆的细度越细越好,一般应采用两次磨浆,使95%的米浆通过60 目绢丝筛,以保证米浆粗细度均匀一致。

(5)真空脱水

选用真空压滤脱水法,可以使脱水后米粉含水量稳定在37% ~38%,同时降低脱水过程中米浆的流失率,达到提高产品得率和保证成品质量的目的。

(6)连续蒸煮

脱水后的物料经螺旋输送机输送到提升机提升后进入粉料连续蒸煮机,使淀粉糊化,蛋白质变性,要求蒸料温度高,蒸汽充足,在保证淀粉糊化的前提下,尽量缩短蒸料时间,一般控制在5 ~8 min。

(7)成型

蒸熟后的粉料趁热送入年糕成型机挤压成型。年糕成型机的关键是螺旋挤压区。粉料在螺旋轴的挤压下通过一定大小的孔洞而成型。螺旋挤压区的压轧压力对产品的品质影响很大,如果压力不足,制成的年糕色泽暗淡,筋度不够,且口感有夹生感觉。应选用有推进压缩力的挤压机,同时,由于物料含水量与压轧压力关系很大,应保证进入挤压机的粉料水分均匀一致,以获得品质一致的年糕。

(8)冷却

成型后年糕温度很高,需进入冷却输送带用鼓风冷却的方法,使水分含量降低44%,达到成品年糕的水分标准。一般冷却时间需3 ~4 h;冷却后即可切片、包装。

近年来,我国的年糕生产企业采用年糕生产机来制作年糕,其制作原理与我国云南省传统米制食品“饵块”相似,即使用自熟榨条机,应用摩擦发热的原理,迫使人机的粉状物料之间相互挤压、摩擦生热而使淀粉糊化。物料在机膛内一边受热糊化,一边受螺旋推力作用,从方形板孔成条地排出。再经冷却、切割成型、计量、真空包装、杀菌、降温而得产品。生产成本降低,生产工艺大大简化。

4.3.3　汤圆加工技术

汤圆是我国汉族小吃的代表之一,历史十分悠久。据传,汤圆起源于宋朝。当时各地兴起吃一种新奇食品,即用各种果饵做馅,外面用糯米粉搓成球,煮熟后,吃起来香甜可口,饶有风趣。因为这种糯米球煮在锅里又浮又沉,所以其最早称为“浮元子”,后来有的地区把“浮元子”改称元宵。在我国,正月十五元宵节都有食用元宵的习惯。

元宵与汤圆叫法不同,其加工工艺也略有区别。一般,南方多为汤圆,北方则元宵较为流行。元宵的制作先是拌馅料,和匀后摊成大圆薄片,晾凉后再切成骰子大的立方块。然后把馅块沾水后在大米粉里像雪球般滚成元宵。做成的元宵粉层较薄、表面干燥,下锅煮时米粉才吸收水分,需较长时间的蒸煮。此种做法在北方比较盛行。南方多为汤圆,其作法是先把糯米粉加水,然后和成团,放置一定时间后,充分“醒发”润涨,再制皮包馅。汤圆馅含水量比元宵多,口感更加细腻爽滑。目前,工业化的速冻产品多以汤圆为主。

下面以黑芝麻汤圆为例介绍速冻汤圆的生产技术。

1)黑芝麻汤圆配料

(1)馅料

黑芝麻18%、白芝麻12%、白砂糖30%、饴糖15%、熟面粉10%、油脂10%、核桃仁5%、CMC-Na适量。

(2)皮料

优质糯米80%~90%、粳米10%~20%、植物油适量(要求无色无味)。

2)工艺流程

原料选用→原料处理→调制馅心、面皮→成形→速冻→包装→成品→入库。

3)操作要点

(1)原料处理

①黑(白)芝麻:以文火将芝麻炒至九成熟、去皮,分别取40%的黑芝麻和60%的白芝麻磨成芝麻酱,使其质感细腻、香味浓郁,其余部分碾成芝麻仁。

②核桃仁:选用成熟度好、无霉烂、无虫害的核桃仁,用沸水(含质量分数1.0%~1.5%的$NaHCO_3$)浸泡去皮,炸酥、碾碎至小米粒大小。

③熟面粉:将小麦面粉于笼屉上用旺火蒸10~15 min,其作用是调节馅心的软硬度,缓解油腻感。

④CMC-Na:将CMC-Na先配制成质量分数为3%~5%的乳液,用以调节馅心黏度,使其成团。

⑤水磨米粉的制作:将糯米、粳米按比例掺合,用冷水浸米粒至疏松后捞出,用清水冲去浸泡米的酸味,晾干后再加适量水进行磨浆;磨浆时米与水的质量比为1:1,水太少会影响粉浆的流动性,过多则使粉质不细腻。磨浆后将粉浆装入布袋、吊浆,至1 kg粉中含水300 mg即可。

(2)调制馅心

将处理后的黑芝麻、白芝麻、芝麻酱等放入配料中搅拌,再加入油脂、饴糖、熟面等,用饴糖、CMC-Na液来调节馅心的黏度和软硬度,使馅心成为软硬适当的团块。

(3)调制米粉面团

将调制好的水磨粉取1/3投入沸水中,使其漂浮3~5 min后成熟芡。将其余2/3投入机器中打碎;再将熟芡加入,徐徐滴入少量植物油打透、打匀,至米粉细腻、光洁、不黏糊为止。芡的用量可根据气温作适当调节,天热则可减少一点,天冷则多一点。否则,芡的用量太多会使面粉黏糊不易成形,太少则易使产品出现裂纹。植物油具有保水作用,加入适量植物油可有效避免速冻汤圆长期贮存后,因表面失水而开裂。该油脂应无色无味,不但不影响汤圆的颜色,而且可增加速冻汤圆的表面光洁度。

(4)成形

根据成品规格,将米粉面团和馅团分成小块,可手工包制或由机器包制。

(5)速冻

将成形后的汤圆迅速放入速冻室中,要求速冻库的温度在-40 ℃左右。在10~20 min内使汤圆的中心温度迅速降至-12 ℃以下,此时出冷冻室。汤圆馅心和皮面内均含有一定量的水分,如果冻结速度慢,表面水分会先凝结成大块冰晶,逐步向内冻结,内部在形成冰晶的过程中会产生张力而使表面开裂。速冻可使汤圆内外同时降温,形成均匀细小的冰晶,从而保证产品质地的均一性。即使是长期贮存,其口感仍然细腻、糯软。

(6)包装入库

包装材料应有一定的机械强度、密封性强,冷库温度为-18 ℃,这样可将汤圆水分降低至最低程度。速冻汤圆在贮存和运输过程中应避免温度波动,否则产品表面将有不同程度的融化,再冻结,造成冰晶不匀,产品受压开裂。

4)常见质量问题及分析

(1)原料处理对产品质量的影响及分析

汤圆是一种风味食品,要求精工细作。这一特点体现在工艺过程的每一个环节,特别是对原材料的挑选和处理上。由于用料多且杂,如果处理不精细,混入砂、粒、果壳等异物,或是由于剪切粉碎粗糙,有渣质感;或是由于芝麻外焦、外生等,都将影响产品品质,使产品品位下降。

(2)速冻汤圆开裂原因分析

造成速冻汤圆开裂的原因主要有以下4点:

①调制面团时,熟芡与生粉的比例不当。

②冻结速度慢,表面先结冰,等到内部结冰后,体积膨胀致使产品表面开裂。

③在贮存过程中产品表面逐渐失水形成裂纹。

④贮存、运输过程中,表面升温融化,在外力作用下形成开裂。

诸因素造成的开裂现象均能通过完善的工艺条件和严格的生产管理得到解决。

(3)影响速冻汤圆卫生指标的因素分析

影响速冻汤圆卫生指标的因素主要有两个方面:一方面是原材料的卫生指标不合格;另一方面是产品在生产过程中被污染。必须对原材料进行严格的检验把关,对不合格品进行严格的杀菌处理。生产中的污染主要来自人为带入和环境因素。故要求对操作人员的手、衣、鞋进行严格的消毒处理,车间、工具等都应定期消毒,控制空气中的落下菌,严格依照食品卫生法进行生产操作。

4.3.4　米花糖加工技术

米花糖是以优质糯米、核桃仁、花生仁、芝麻、白糖、动植物油、饴糖等为原料,经10余道工序精制而成的传统小吃。

1)工艺流程

选糯米→蒸米→阴米→油酥米→熬糖→拌糖→开盆→包装→成品。

2)操作要点

(1)选米、蒸米、制阴米

精选优质糯米,过筛、去杂质,用清水淘洗,并用清水泡10 h。装入甑内蒸熟,转移至竹席上,冷却、弄散,再烘干或阴干即成阴米。

(2)油酥米

将阴米倒入锅内,用微火炒,等米微熟后将适量融化后的糖开水倒入米中(100 kg 阴米用1.88 kg白糖化开水),把米和糖开水搅拌均匀后起锅,放在簸盖内捂10 min左右,再用炒米机烘干,然后用油酥米(油炸)。酥米时,要待油温达150 ℃左右时下米,每次约1 kg,酥泡后将油沥干,筛去未泡的饭干,即成油酥米。

(3)拌糖、开盆、包装

先熬糖,将白糖和饴糖放入锅内,加适量清水混合熬,待温度达130 ℃左右后起锅。然后把油酥过的花生仁、桃仁和油酥米放在锅内搅拌均匀,起锅装入盆内,撒上冰糖、熟芝麻,再抹平、摊紧,用刀开块切封。起上案板后包装为成品。

3)质量标准

每块厚薄均匀,长短一致;色泽:洁白;组织酥脆,不松散,不砂不化;口味香甜可口,具有米花清香,无异味。

4.4 方便米饭

方便米饭是20世纪80年代末在我国兴起的一种方便食品。方便米饭是将经过蒸煮成熟的新鲜米饭迅速脱水干燥或罐制或冷冻而成的一种可长期贮藏的方便食品,食用时只需加入开水或微波加热即可。由于其方便卫生、保质期长,符合传统的饮食习惯和现代快节奏的社会发展,成为仅次于方便面的第二大方便食品。

方便米饭主要有脱水干燥型、半干型、冷冻型、罐头型4种。

①脱水干燥型:经过脱水干燥的米饭颗粒,在食用时覆水(加开水浸泡)数分钟即可食用,也称为速煮米饭。

②半干型:微波加热即可食用。

③冷冻型:即将蒸煮好的米饭,在-40 ℃的环境中急速冷冻并在-18 ℃以下冷藏的保鲜米饭。

④罐头型:开罐即可食用,包括高温杀菌罐头米饭、无菌包装米饭等。

4.4.1 速煮米饭的生产

速煮米饭的加工方法最早是由美国通用食品公司发明的,即“浸泡-蒸煮-干燥”法。目前,我国各地生产的速煮米饭主要还是采用这种方法。

1)工艺流程

精白米→清理→淘洗→浸泡→加抗黏结剂→搅拌→蒸煮→冷却→离散→干燥→冷却→检验→袋装→封口→成品→入库。

2)操作要点

(1)选料

生产速煮米饭一般以选用精白粳米为佳。

(2)清理

大米中不可避免地混有糠粉、尘土,甚至泥沙、石子以及金属性杂质,因而有必要对大米进行清理,可采用风选、筛选和磁选等干法清理手段。风选一般用吸式风选器或循环风选器,利用悬浮速度的差异去除轻杂。筛选则利用米粒与杂质在粒径上的不同而进行除杂,常用设备有溜筛、振动筛和平面回转筛等。磁筛是利用磁性物质可吸住金属物质的特性去除米中金属性杂质,常用设备有管道磁选器和永磁筒。

(3)淘洗

经干法清理后的大米原料在洗米机中用水淘洗,可将附着在大米表面的其他附着物淘洗掉并减少霉菌等微生物携带量。常采用射流式洗米机或螺旋式连续洗米机进行。射流式洗米机是利用急速的水流来淘洗大米;螺旋式连续洗米机是利用转动的绞龙叶片在将大米向前推进过程中,造成大米与水、大米与绞龙叶片、大米彼此间的摩擦而起到淘洗作用。

(4)浸泡

水温在35 ℃左右。浸泡可采用常温浸泡和加温浸泡两种。常温浸泡时间一般约4 h,浸泡时间长,大米易发酸而产生异味,影响米饭质量。为防止该缺陷,可采用加温浸泡,但浸泡温度不能超过大米糊化温度(约75 ℃)。当浸泡温度低于大米糊化温度时,增加浸泡温度可增加大米的吸水速度;但若温度高于淀粉的糊化温度的话,大米水分将随着浸泡时间的延长而急速增加,这会使米粒膨胀过度而破裂,造成大米中的可溶性物质溶于水中而损失营养成分和操作困难,因此,加温浸泡以水温为50~60 ℃为宜。浸泡得当,不仅可为蒸煮提供良好的原料,而且对提高产品质量也至关重要。

为提高大米浸泡时的吸水速率,还可进行真空浸泡,是米粒组织细胞内的空气被水置换,从而促进水分的渗透,可有效缩短浸泡时间。

(5)加抗黏结剂

在蒸煮前应加入抗黏结剂,其方法有两种:一种是在浸泡水中添加柠檬酸、苹果酸等有机酸,可防止蒸煮过程中淀粉过度流失,但制品中易残留有机酸味,复水后米饭的口感会受影响;另一种是在米饭中添加食用油脂类或乳化剂与甘油的混合物,此方法虽可以防止米饭的结块,但易引起脂肪氧化而影响制品的货架寿命。

(6)蒸煮

蒸煮即用蒸汽进行汽蒸,目的是使大米在水、热和时间作用下,吸收水分,并使淀粉糊化,蛋白质变性(即大米蒸熟)。为保证大米中的淀粉充分糊化,须为其提供足够的水分和热量。大米的蒸煮时间与加水量对米饭品质有较大影响,一般料水比控制在1.4~2.7,不同品种的大米稍有不同,蒸煮时间为15~20 min。

加水比例增加,有利于提高米粒的熟透速度,缩短蒸煮时间,但加水比例过大,易造成米粒含水量加大,甚至使制品的口感软烂并破坏饭粒的完整性;如果加水量过小,不但会影响饭粒淀粉的糊化程度,还会由于米饭含水量低,而使口感变硬。合适的加水量应以最终米饭含水量的要求来确定。

蒸煮只要求米饭基本熟透即可,若蒸煮过度,饭粒变得膨大、弯曲,甚至表面裂开,也会降低成品米饭的质量。

米粒中淀粉糊化度大小反映米饭熟透度的高低,它对米饭品质和口感有较大影响。当米饭的糊化度为80%时,米饭口感弹性较差、略有夹生的感觉;当米饭的糊化度为90%时,口感松软、富有弹性。通常,糊化度大于85%的米饭即可视为已熟。

(7)离散

较为简单的方法是将蒸煮后的米饭用冷水冷却并洗涤1~2 min,以除去溶出的淀粉(溶出的淀粉是造成黏结的主要原因),就可达到离散的目的。

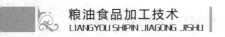

采用机械设备也可将蒸煮后的米饭离散。蒸煮后的米饭输送到冷风离散输送带上,输送带由不锈钢多孔板制成,在输送带上有冷风穿过物料达到冷却的目的,冷却后的米饭落入高速旋转的离散机而被离散开。

还有一种方法是将蒸煮后的米饭经短时间冻结处理(在-18 ℃下冻结处理3 min),也有利于米饭的离散,但必须掌握恰当,不然会造成整批米饭的回生,影响制品的品质。

(8)干燥

离散后的饭粒置于筛网上,利用顺流式隧道热风干燥器进行干燥。一般采用较高的热风温度(热空气进口温度可高达140 ℃以上),当米粒水分干燥到6%以下时,干燥过程结束。

干燥条件是决定产品质量的关键,温度要高,至少在开始干燥时要高,这样才能保证米粒表面水分快速蒸发,使表面蒸发速度大于内部水分扩散速度,这样处理可使米粒产生多孔结构,米粒体积略膨胀,食用时复水性能好。

4.4.2 加工工艺改进

1)提高速煮米的α度与控制回生

提高米饭的糊化程度及控制其回生的途径有以下3种。

(1)控制加工工艺条件

首先,浸泡要充分,使水分浸透到米粒中心部位,这样在蒸煮过程中热传导加快,淀粉易于迅速充分糊化。

在典型的"浸泡-蒸煮-干燥"法中,为使米粒充分吸水,浸泡时间常常比较长,为了提高加工过程中米粒的吸水速度,研究人员进行了大量工作,具有商业价值的方法是采用机械方法使米粒破裂,从而使水分容易进入米粒内部,可以缩短糊化处理前的浸泡时间和预煮吸水时间,提高生产效率。这可以在原料大米浸泡后进行,也可以在蒸煮后进行,后者更为有利,因为蒸煮后淀粉糊化,米粒弹性增大,此时受到机械作用,出现破碎粒的可能性较小。

对大米原料进行干热空气处理,使米粒开裂是提高原料吸水速度的又一有用的方法,具体加工步骤如下:精白米用93 ℃的热空气强制通风加热15 min,开裂的大米接着在92 ℃的水中煮11 min,米粒水分可达60%。水煮后的大米接着在常压下蒸煮10 min,大米完全糊化,水分含量约70%,再用冷水洗涤2 min。沥去多余的水后,将大米铺在传送带上,通过强力通风干燥机(热风温度121 ℃),将大米干燥到要求水分。

其次,蒸煮过程中适当的蒸汽压力和蒸煮时间,以及在蒸煮过程中喷加适量的热水均有助于米饭α度的提高。

最后,对于脱水米饭而言,干燥温度和蒸煮到干燥之间的时间对α度也有影响。随着干燥温度降低到一定程度时米饭会有β化趋势,所以脱水干燥温度应高于80 ℃,蒸煮-脱水间的时间应尽可能短。

(2)添加食品添加剂促进α化

α化过程是在有水条件下进行的,淀粉分子与水分子相互作用,使处于高温下不稳定的氢键破坏而使淀粉α化。某些添加剂具有促进淀粉氢键破坏而提高淀粉α化的作用。如添加环状糊精、碱可以明显提高α度,并可抑制回生。

(3)控制含水量(或加水量)

米饭含水量在9%以下或65%以上时不易回生,而在30%~60%时,回生速度最快。因此,控制成品米饭的含水量非常重要。

2)提高速煮米饭的复水性能

速煮米饭的复水性能以冷冻干燥生产的脱水米饭复水性能最好,冷冻干燥米饭在冻结时形成大的冰晶,破坏了糊化淀粉的胶体结构,在米饭粒中产生多孔结构,这种结构有利于提高复水速度。但这种干燥方法成本昂贵,只适宜于制作优质、具有原米饭风味的脱水米饭,对一般速煮米饭不适用,但其中原理可借鉴到一般速煮米饭生产上。即在速煮米饭生产工艺中,也可以在浸泡与蒸煮间增加一个冻结处理,由冻结形成的多孔结构在以后的蒸煮中会迅速地吸收水分。

为了提高大米α度和复水性,还可在米饭蒸煮后进行二次浸渍和保温处理,其中浸渍时间和温度对产品复水性的影响较大,上述处理的目的是增加干燥前米饭的吸水量和糊化度。另外有研究报道如果在二次浸渍时用蛋白酶和纤维素酶处理,不但可以有效改善复水性,而且还可以改善米饭的口感。

干燥是方便米饭生产中的关键工艺,其干燥方法除冷冻干燥外,还有热风干燥和真空干燥。干燥的目的有两个:一是脱水,降低米饭水分含量,使之易于储存而且形成多孔结构,有利于复水;二是迅速固定米饭的α状态,并使之水分低于10%,阻止回生。冷冻干燥法,干燥前的吸水量是其主要影响因素,吸水量越大,干燥后的复水速度越快;热风干燥的温度是主要影响因素,顺流式高温隧道热风干燥是其理想方法。

4.4.3 速煮米饭的质量标准

1)感官指标

①色泽:白色或略带微黄色,有光泽。

②香气与滋味:具有米饭的特有风味,无异味。

③口感:复水后,米饭滑润、柔软,有一定的黏弹性,无夹生、硬皮及粗糙感。

④形态:米粒完整,整粒率>90%,粉碎率<2%。

⑤杂质:无肉眼可见的杂质。

2)理化指标和卫生指标

速煮米饭的理化指标、卫生指标参见相关国家标准。

4.5 淀粉制品

大米等农产品可以生产淀粉，淀粉也可以再加工成许多其他物质如糖浆、酒精、可降解塑料制品等，在这里我们只简单介绍几种淀粉糖制品。

4.5.1 淀粉糖加工方法与原理

淀粉在酸或淀粉酶的催化作用下发生水解反应，其水解最终产物随所用的催化剂种类而异。在酸的作用下，淀粉水解的最终产物是葡萄糖，在淀粉酶作用下，随酶的种类不同而产物各异。

1）淀粉的酸法水解

淀粉乳加入稀酸后加热，经溶解、糊化、降解，进而糖苷键裂解，形成各种聚合度的糖类混合溶液。在稀溶液的情况下，最终将全部变成葡萄糖。在此，酸仅起催化作用。

淀粉水解生成的葡萄糖在酸性、加热的长期条件下，既发生复合反应又发生分解反应。复合反应是葡萄糖分子间结合生成异麦芽糖、龙胆二糖和其他低聚糖类。复合糖可再次经水解转变成葡萄糖，此反应是可逆的。分解反应是葡萄糖分解成5′-羟甲基糠醛、有机酸和有色物质等。

在糖化过程中，水解、复合和分解3种化学反应同时发生，而水解反应是主要的。复合与分解反应是次要的，且对糖浆生产是不利的，降低了产品的收得率，增加了糖液精制的困难，所以要尽可能降低复合和分解反应。

2）淀粉的酶法水解

酶解法是用专一性很强的淀粉酶将淀粉水解成相应的糖。在葡萄糖生产时应采用α-淀粉酶、糖化酶（葡萄糖淀粉酶）协同作用。前者将高分子的淀粉割断为短链糊精，后者把短链糊精水解成葡萄糖。

（1）α-淀粉酶

①α-淀粉酶的作用原理：α-淀粉酶属内切型淀粉酶，作用于淀粉时，从淀粉分子内部以随机的方式切断α-1，4糖苷键，得到糊精、低聚麦芽糖和葡萄糖混合物；不能水解麦芽糖，但可水解麦芽三糖及以上的含α-1，4糖苷键的麦芽低聚糖。α-淀粉酶普遍存在动物体，大麦发芽后产生较多，细菌中的枯草杆菌、地衣芽孢杆菌等含量最多。

α-淀粉酶作用于淀粉时，可分为两个阶段，第一个阶段速度较快，可迅速割断淀粉长链中的α-1，4糖苷键，生成麦芽糖、麦芽三糖等低聚麦芽糖，遇碘液不变色，黏度迅速下降，工业上称为液化。第二阶段速度很慢，如酶量充分，最终将麦芽三糖和麦芽低聚糖水解为麦芽糖和葡萄糖。

②α-淀粉酶的性质。

a. 热稳定性和最适反应温度：不同来源的α-淀粉酶依热稳定性不同分为耐热性α-淀

粉酶(液化最适温度92 ℃)和非耐热性 α-淀粉酶(最适反应温度只有50~55 ℃)。

b. pH:多数 α-淀粉酶都不耐酸,酶活力相对稳定的范围在 pH 为5.5~8.0,最适反应 pH 为6~6.5。

c. Ca^{2+}的影响:α-淀粉酶是金属酶,钙的作用是使酶分子保持适当构型,处于稳定结构并具有最高活性状态。钙与酶蛋白结合紧密,只有在低 pH 下,用螯合剂 EDTA 才能将它剥离。钙被除掉后,酶活力完全丧失,重新补充钙,活力可完全恢复。

d. 淀粉浓度:淀粉、淀粉水解产物对酶活力稳定性有影响。随着淀粉浓度提高,酶活力稳定性加强。以芽孢杆菌 α-淀粉酶为例,没有淀粉时,80 ℃加热 1 h,活力残余约24%;10%淀粉浓度,同样条件下,活力残余约94%,提高4倍。浓度在25%~30%时,煮沸后活力也不致全部丧失。

(2)β-淀粉酶

β-淀粉酶以大麦芽及麸皮中含量最丰富,是饴糖生产时的糖化剂。

①β-淀粉酶的作用原理:β-淀粉酶是一种外切型淀粉酶,作用于淀粉时,顺次将它分解为两个葡萄糖基,最终产物全是 β-麦芽糖,所以也称麦芽糖酶。β-淀粉酶能将直链淀粉全部分解,如淀粉分子由偶数个葡萄糖单位组成,最终水解产物全部为麦芽糖;如淀粉分子由奇数个葡萄糖单位组成,则最终 α 水解产物除麦芽糖外,还有少量葡萄糖。但 β-淀粉酶水解支链淀粉是不完全的,会残留部分糊精。β-淀粉酶水解淀粉时,由于从分子末端开始,总有大分子存在,因此黏度下降慢。

②β-淀粉酶的性质:β-淀粉酶活性中心含有巯基(—HS),因此,一些氧化剂、重金属离子以及巯基试剂均可使其失活,而还原性的谷胱甘肽、半胱氨酸对其有保护作用。

β-淀粉酶作用的最适 pH 为5.0~5.4,最适温度60 ℃左右。大豆 β-淀粉酶最适作用温度为60 ℃左右,大麦 β-淀粉酶最适作用温度为50~55 ℃,而细菌 β-淀粉酶最适作用温度一般低于50 ℃。

(3)糖化酶(葡萄糖淀粉酶)

①糖化酶的作用原理:糖化酶主要存在于曲霉中,对淀粉的水解作用是从淀粉的非还原性末端开始,依次切下一个葡萄糖单位生成葡萄糖,因此可作为葡萄糖生产用糖化剂。不同微生物来源的糖化酶对淀粉的水解能力也有较大区别。

②糖化酶的性质。

a. 温度和 pH:不同来源的糖化酶在糖化的适宜温度和 pH 上有一定差异。曲霉为55~60 ℃,pH 为3.5~5.0;根霉为50~55 ℃,pH 为4.5~5.5。糖化时间一般为几十小时,55 ℃温度下长时间水解,易感染杂菌,糖化在60 ℃进行,可以避免杂菌生长。低 pH 下糖化,有色物质生成少,颜色浅,易于脱色。

b. 淀粉浓度:淀粉浓度高,由于复合反应,会降低葡萄糖值;浓度低,复合反应程度低,葡萄糖产率高,但蒸发费用高,影响成本。要做到两者兼顾,一般将淀粉浓度控制在30%左右。使用糖化酶时,还要注意到铜、汞、银、铅等重金属的抑制作用。

淀粉酶法水解制糖一般在中性环境下,不需高温、高压,作用温和,无副反应,糖化液色泽浅,糖化结束后不需要中和,糖化液中无机盐含量低、纯度高,且不腐蚀设备,是淀粉制糖广泛应用的方法。

(4)脱支酶

脱支酶是分为支链淀粉酶和异淀粉酶两种。我国生产的支链淀粉酶由产气杆菌中获得,最适 pH 为5.3~6.0,反应温度50 ℃。异淀粉酶主要来自假单孢杆菌、蜡状芽孢杆菌和酵母。脱支酶在淀粉制糖工业上的主要应用是和β-淀粉酶或糖化酶协同糖化,提高淀粉转化率,提高麦芽糖或葡萄糖得率。

4.5.2 麦芽糊精加工

麦芽糊精又称水溶性糊精、酶法糊精,它是一种淀粉经低程度水解,控制水解DE值(糖化液中还原性糖全部当作葡萄糖计算,占干物质的百分率称为葡萄糖值)在20%以下的产品,为不同聚合度低聚糖和糊精的混合物。麦芽糊精具有独特的理化性质、低廉的生产成本及广阔的应用前景,成为淀粉糖中生产规模发展较快的产品。

1)麦芽糊精的加工方法

麦芽糊精的加工有酸法、酶法和酸酶结合法3种。酸法工艺产品,DE1~6在水解液中所占的比例低,含有一部分分子链较长的糊精,易发生混浊和凝结,产品溶解性能不好,透明度低,过滤困难,工业上生产一般已不采用此法。酶法工艺产品,DE1~6在水解液中所占的比例高,产品透明度好,溶解性强,室温储存不变浑浊,是当前主要的使用方法。酶法生产麦芽糊精DE值在5~20,当生产DE值在15~20的麦芽糊精时,也可采用酸酶结合法,先用酸转化淀粉到DE值5~15,再用α-淀粉酶转化到DE值10~20,产品特性与酶法相似,但灰分较酶法稍高。

2)麦芽糊精的生产工艺

麦芽糊精的生产工艺可分一步法和两步法。其中,两步法较好。

第一步高温糊化(>105 ℃),通过酸或酶液化到DE小于3,这步在酶法中常由喷射液化完成,然后调整pH,降温到82~105 ℃由α-淀粉酶进行。

第二步转化,达到理想DE值后灭酶终止水解,水解物经过脱色过滤、浓缩、喷雾干燥得粉末状产品,若浓缩后不再喷雾干燥,则为浓缩浆状产品。

下面以大米(碎米)为原料介绍酶法生产工艺。

(1)麦芽糊精的酶法生产工艺流程

原料(碎米)→浸泡清洗→磨浆→调浆→喷射液化→过滤除渣→脱色→真空浓缩→喷雾干燥→成品

(2)酶法生产麦芽糊精加工技术要求

①原料预处理:以碎大米为原料,用水浸泡1~2 h,水温45 ℃以下,用砂盘淀粉磨湿法磨粉,粉浆细度应80%达60目。磨后所得粉浆,调浆至浓度为20~23°Bé,此时糖化液中固形物含量不低于28%。

②喷射液化:采用耐高温α-淀粉酶,用量为10~20 U/g,米粉浆质量分数为30%~35%,pH在6.2左右。一次喷射入口温度控制在105 ℃,并于层流罐中保温30 min。而二次喷射出口温度控制在130~135 ℃,DE值最终控制在10%~20%。

③喷雾干燥:由于麦芽糊精产品一般以固体粉末形式应用,因此必须具备较好的溶解

性，通常采用喷雾干燥的方式进行干燥。其主要参数为：进料质量分数40%～50%；进料温度60～80 ℃；进风温度130～160 ℃；出风温度70～80 ℃；产品水分≤5%。

3）麦芽糊精的应用

麦芽糊精是食品生产的基础原料之一，它在固体饮料、糖果、果脯蜜饯、饼干、啤酒、婴儿食品、运动员饮料及水果保鲜中均有应用。麦芽糊精另一个比较重要的应用领域是医药工业。

通常在采用喷雾干燥工艺生产干调味品（如香料油粉末）时，麦芽糊精可作为风味助剂进行风味包裹，可以防止干燥中风味散失、氧化，延长货架期，储存和使用更方便；利用麦芽糊精遇水生成凝胶的口感与脂肪相似，可作为脂肪替代品；在糖果生产，利用麦芽糊精代替蔗糖制糖果，可降低糖果甜度，改变口感，改善组织结构，增加糖果的韧性，防止糖果"返砂"和"烊化"；在食品和医药工业中，利用麦芽糊精具有较高的溶解度和一定的黏合度，可作为片剂或冲剂药品的赋形剂、填充剂和饮料方便食品的填充剂。

4.5.3　麦芽糖浆（饴糖）加工

麦芽糖浆的生产是需要α-淀粉酶与β-淀粉酶相配合。α-淀粉酶可将淀粉转变为短链糊精，短链糊精再被β-淀粉酶水解成麦芽糖。

麦芽糖由两个葡萄糖单位经α-1,4糖甙键连接而成，为麦芽二糖，习惯上简称麦芽糖。工业上生产的麦芽糖浆产品种类很多，含麦芽糖量差别也大，但对产品分类尚没有一个明确的统一标准。一般把麦芽糖浆分为普通麦芽糖浆、高麦芽糖浆和超高麦芽糖浆三类。各种麦芽糖浆的组成情况见表4.1。

表4.1　麦芽糖浆的主要组成成分（%）

类别	DE	葡萄糖	麦芽糖	麦芽三糖	其他
麦芽糖	35～50	<10	40～60	10～20	30～40
麦芽糖	35～50	<3	45～70	15～35	—
麦芽糖	45～60	1.5～2	70～85	8～21	—

1）麦芽糖的性质与应用

（1）性质

①溶解度：麦芽糖甜度为蔗糖的40%，常温下溶解度低于蔗糖和葡萄糖，但在90～100 ℃，可达90%以上，大于以上两者。糖液中混有低聚糖时，麦芽糖溶解度大大增加。

②吸湿性：当麦芽糖吸收6%～12%水分后，就不再吸水也不释放水分。这种吸湿稳定性有助于抑制食品脱水和防止淀粉食品老化，可延长商品的货架期。

③热稳定性：加热时也不易发生美拉德反应，不致产生有色物质。

（2）应用

麦芽糖主要用于食品工业，尤其是糖果业。麦芽糖甜度低于蔗糖，具有入口不留后味，良好的防腐性和热稳定性，吸湿性低，水中溶解度小的性状，且在人体内具有特殊生理功能。用高麦芽糖浆代替酸水解生产的淀粉糖浆制造的硬糖,不仅甜度柔和,且产品不易着色,透明度高,具有较好的抗砂和抗烊性。用高麦芽糖浆代替部分蔗糖制造香口胶、泡泡糖等,可明显改善产品的适合性和香味稳定性。高麦芽糖浆因极少含有蛋白质、氨基酸等可与糖类发生美拉德反应的物质,热稳定性好,制造糖果时适合于用真空薄膜法熬糖和浇铸法成型。

利用麦芽糖浆的抗结晶性,在制造果酱、果冻时防止蔗糖结晶析出。利用高麦芽糖浆的低吸湿性和甜味温和的特性制成的饼干和麦乳精,可延长产品货架期,而且容易保持松脆。除此之外,高麦芽糖浆也用于颜色稳定剂、油脂吸收剂,在啤酒酿制、面包烘烤、软饮料生产中作为加工改进剂使用。

2)普通麦芽糖浆加工

普通麦芽糖浆系指饴糖浆。这是一种传统的糖品,为降低生产成本一般不用淀粉为原料,而是直接使用大米、玉米和甘薯粉作为原料。现分别介绍以大米和玉米粉为原料的饴糖加工技术。

(1)大米为原料的饴糖加工技术

①工艺流程。

原料(大米)→清洗→浸渍→磨浆→液化→冷却→糖化→加热→过滤→浓缩→成品。

②加工技术要求。

a. 原料处理:以碎大米为原料,用水浸泡、湿法磨粉,粉浆细度应80%达60目。磨后所得粉浆,调浆至浓度为20~23°Bé,此时糖化液中固形物含量不低于28%。

b. 液化:液化有4种方法,即升温法、间歇法、连续法和喷射法。升温法是将粉浆置于液化罐中,添加α-淀粉酶,在搅拌下喷入蒸汽升温至85 ℃,直至碘反应呈粉红色时,加热至100 ℃以终止酶反应,冷却至室温。为防止酶失活,常添加0.1%~0.3%的$CaCl_2$。如果用耐热性α-淀粉酶,可在90 ℃下液化,免加$CaCl_2$。升温液化法因在升温糊化过程中黏度上升,导致搅拌不均匀,物料受热不一致,液化不完全,为此常用间歇液化法。即液化罐中先加一部分水,由底部喷入蒸汽加热到90 ℃,再在搅拌下连续注入已添加α-淀粉酶和$CaCl_2$的粉浆,同时保持温度为90 ℃,粉浆注满后停止进料,反应完成后,加热到100 ℃终止反应。

连续液化法开始时与间歇法相同,当粉浆注满液化罐后,90 ℃保温20 min,再从底部喷蒸汽升温到97 ℃以上,在搅拌和加热下,分别从顶部进料和底部出料,保持液面不变。操作中液化罐内上部物料为90~92 ℃,下部物料为98~100 ℃,粉浆在罐中滞留时间只有2 min,就可达到完全的糊化和液化。

喷射液化法是用喷射器进行糖浆的液化和糊化,适用于耐热性α-淀粉酶使用,设备体积小,操作连续化,液化完全,蛋白质易于凝聚,容易过滤,已在淀粉糖行业中推广使用。

c. 糖化:糖浆液化后由泵注入糖化罐冷却至62 ℃左右,添加1%~4%麦芽浆,搅拌下60 ℃保温2~4 h,可使DE值从15%升至40%左右,随后升温至75 ℃,保持30 min,然后升稳90 ℃保持20 min,使酶完全失活。此时麦芽糖生成量在40%~50%。增加麦芽用量或延长糖化时间可增加麦芽糖生成量,但由于β-淀粉酶不能水解支链淀粉α-1,6糖苷键原故,其麦芽糖生成量最高不超过65%。

d. 过滤与浓缩:用板框压滤机趁热过滤,滤清的糖液应立即浓缩,以防由微生物繁殖等引起的酸败，糖液浓缩一般采用常压和真空蒸发相结合的方法进行。先在敞口蒸发器中浓缩到一定程度，然后在真空度不低于 80 kPa 下蒸发浓缩到固形物含量75% ~80%。

(2)玉米为原料的饴糖加工

①工艺流程。

水、$CaCl_2$、α-淀粉酶、玉米粉→调浆→液化→冷却→糖化→过滤→真空浓缩→成品。

②加工技术要求。

a. 调浆：先把水放入调料罐，在搅拌状态下以玉米粉和水质量比1∶1.25 加入玉米粉，然后加入已溶解好的0.3% $CaCl_2$，按投料数准确加入 10 U/g 的 α-淀粉酶，充分搅拌后利用位差压力流入液化罐。

b. 液化：调制好浆料进入液化罐后，调节温度至92 ~94 ℃，pH 控制在6.2 ~6.4，保持20 min，然后打开上部进料阀门和底部出料阀门进行连续液化操作，液化的一般蒸汽压力在0.2 MPa 以下，1 000 kg 料液约需 90 min，所得液化液用碘色反应为棕黄色，还原糖值(DE)为15% ~20%。

c. 冷却、糖化：液化液泵入糖化罐，开动搅拌器，从冷却管里通入自来水冷却，温度下降到62 ℃时加入已粉碎好的大麦芽，按液化液的质量加入量为1.5% ~2.0%，搅拌均匀后60 ℃糖化3 h，还原糖值达38% ~40%。

d. 过滤和浓缩：糖化液在搅拌状态下使温度升到 80 ℃终止糖化，用过滤机过滤，在过滤液中加入2%活性炭，再次通过过滤机过滤。利用盘管加热式真空浓缩器，将糖液浓缩到规定浓度。

3)高麦芽糖浆的加工

高麦芽糖浆是在普通麦芽糖浆的基础上，经除杂、脱色、离子交换和减压浓缩而成。精制过的糖浆，蛋白质和灰分含量大大降低，溶液清亮、糖浆熬煮温度远高于饴糖，麦芽糖含量一般在50%以上。

生产高麦芽糖浆要求液化液 DE 值低一些为好，酸法液化 DE 值应在18%以上，酶法液化 DE 值只要在12%左右就可以满足要求。虽然生产高麦芽糖浆一般不必在液化结束后杀灭残留的α-淀粉酶，而直接进入糖化阶段，但如果工艺中要求葡萄糖含量尽量低，则最好要使液化液经过灭酶阶段。在葡萄糖生产中通常采用高温α-淀粉酶一次液化法，但在高麦芽糖浆生产中，两次加酶法可以克服过滤困难的问题。

生产高麦芽糖浆常用两类淀粉酶系统或单独使用真菌 α-淀粉酶，或合并使用 β-淀粉酶和脱支酶。当脱支酶与β-淀粉酶协同水解淀粉液化液时，脱支酶将支链糊精切成直链，而β-淀粉酶可进一步将直链糊精水解成麦芽糖。

(1)脱色、精制

将糖化液升温压滤，用盐酸调节 pH 为4.8，加0.5% ~1.0%糖用活性炭，加热至80 ℃，搅拌30 min 后压滤，如脱色效果不好，则需进行二次脱色。脱色后的糖液送入离子交换柱以去除残留的蛋白质、氨基酸、有色物质和灰分。离子交换柱可按阳-阴-阳-阴串联。离子交换处理后的糖液在真空浓缩罐中，用真空度 80 kPa 以下条件浓缩固形物浓度达76% ~85%即为成品。

用真菌 α-淀粉酶生产高麦芽糖浆，一般不必杀死液化液带入的残余的 α-淀粉酶活力，糖化结束时，除了常规的活性炭脱色和离子交换精制外，也不必专门采取灭酶措施。这种生产的高麦芽糖浆又称为改良高麦芽糖浆，其组成中麦芽糖占50%～60%，麦芽三糖约20%，葡萄糖2%～7%，以及其他低聚糖与糊精等。

(2)高麦芽糖浆制造工艺实例

干物浓度为30%～40%淀粉乳，在pH为6.5时加细菌α-淀粉酶，85 ℃液化1 h，使DE达10%～20%，将pH调节到5.5，加真菌α-淀粉酶0.4 kg/t，60 ℃糖化24 h，可得到其中含麦芽糖55%、麦芽三糖19%、葡萄糖3.8%的混合物，过滤后经活性炭脱色，真空浓缩成制品。如糖化时与脱支酶同用，则麦芽糖生成量可超过65%。

4)超高麦芽糖浆加工简介

麦芽糖含量高达75%～85%或以上的麦芽糖称为超高麦芽糖浆，其中麦芽糖含量超过90%者也称作液体麦芽糖。生产超高麦芽糖浆的要求是获得最高的麦芽糖含量和很低的葡萄糖含量。单用真菌α-淀粉酶不能达到目的，必须同时使用β-淀粉酶和脱支酶，β-淀粉酶的用量也应提高到高麦芽糖浆用量的2～3倍。糖化底物的DE值和低浓度都有助于提高终产物中麦芽糖含量。一般都是利用耐热性α-淀粉酶在90～105 ℃下高温喷射液化，DE值控制在5%～10%，甚至在5%以下，但DE值过低，会使液化不完全，影响后续工作的糖化速度及精制过滤。如果DE值偏高，会降低麦芽糖生成，提高葡萄糖生成量，因此，在控制低DE值同时，必须保证糊化彻底，防止凝沉。液化液浓度也不应过高，工业上控制在30%左右，但过低会显著增大后面的蒸发负担。

利用β-淀粉酶和脱支酶协同作用糖化，麦芽糖生成率可达90%以上。这时淀粉的液化程度应在DE值5%以下，液化液冷却后凝沉性强，黏度大，混入酶有困难，要分步糖化。先加入两种酶中的一种作用几小时后，黏度降低，再加另一种进行二次糖化。

糖液的精制有多种方法。如用活性炭柱吸附除去糊精和寡糖；用阴离子交换树脂吸附麦芽糖，以除去杂质，再把麦芽糖从柱上洗脱下来；用有机溶剂(如30%～50%丙酮)沉淀糖液中糊精，提高麦芽糖得率；膜分离、超滤、反渗透等方法也可以分离麦芽糖。

5)结晶麦芽糖的加工

结晶麦芽糖的纯度一般要求达到97%，而酶直接作用于淀粉所得超高麦芽糖浆纯度一般只是90%，因此，必须进一步加以提纯。现在工业规模生产高纯度麦芽糖一般用阳离子交换树脂色层分离法和超滤膜分离法。如用Dowex、Amberlite离子交换树脂分离含麦芽糖67.6%的高麦芽糖浆，分离后麦芽糖含量可提到97.5%，三糖和三糖以上组分由31.1%降到1.5%。

液体的麦芽糖能经喷雾干燥成粉末产品，水分含量1%～3%，这种产品呈粉末状，不是晶体，视密度很低，储存期间易吸潮，以即行包装为宜。

4.5.4 果葡糖浆加工

果葡糖浆(高果糖浆)是淀粉经α-淀粉酶液化，葡萄糖淀粉酶糖化，得到的葡萄糖液，再利用葡萄糖异构酶进行转化，将一部分葡萄糖转变成含有一定数量果糖的糖浆，其浓度为71%，糖分组成为果糖42%，葡萄糖52%，低聚糖6%，甜度与蔗糖相等，称第一代产品，又称42型高果糖。42型高果糖是20世纪60年代末国外生产的一种新型甜味料，是淀粉制糖工业一大突破。

利用葡萄糖异构酶将葡萄糖转化成果糖的量达平衡状态时为42%，为了提高果糖的含量，20世纪70年代末国外研究将42型高果糖浆通过液体色层分离法分离出果糖与葡萄糖，其果糖含量达到90%，称90型高果糖。将此90型高果糖与42型高果糖按比例配制成含果糖55%，称55型高果糖。液体色层分离出的葡萄糖部分再返回至异构化工序制造42型高果糖。液体色层分离法所用的吸附剂，主要为钙型阳离子树脂，近年来国外利用石油化学工业分离碳氢化合物异构体的无机吸附剂能分离出果糖，其果糖收回率达91.5%，纯度达94.3%。55型与90型称为第二、第三代产品，其甜度分别比蔗糖甜10%和40%。果糖在水中的溶解度大，因此，制造结晶果糖非常困难。

1）果葡糖浆的加工原理

葡萄糖、果糖都是单糖；葡萄糖为己醛糖，果糖为己酮糖，两者为同分异构体，通过异构化反应能相互转化。葡萄糖和果糖分子结构差别在C1、C2碳原子上，葡萄糖的C1碳原子为醛基，果糖的C2碳原子为酮基，异构化反应是葡萄糖分子C2碳原子上的氢原子转移到C1碳原子上转化为果糖。这种反应是可逆的，在一定条件下，果糖分子的C1氢原子也能转移到C2的碳原子上成为葡萄糖。在碱性条件下，由于差向异构的原因，葡萄糖、果糖也能相互转换；而葡萄糖异构酶为专一性酶，仅能使葡萄糖转化为果糖。

2）果葡糖浆加工工艺流程

α-淀粉酶　　　　淀粉糖化酶
↓　　　　　　　　↓
淀粉→调浆→液化（DE值15%～20%）→糖化（DE值96%～98%）→脱色→压滤→离子交换→浓缩（42%～45%）→异构化→离子交换脱色→再浓缩→高果葡糖浆。
↑
葡萄糖异构酶

3）果葡糖浆的性质与应用

果葡糖浆是淀粉糖中甜度最高的糖品，具有许多优良特性如味纯、清爽、甜度大、渗透压高、不易结晶等优点，可广泛应用于糖果、糕点、饮料、罐头、焙烤等食品中。

果葡糖浆的组成决定于所用原料淀粉糖化液的组成和异构化反应的程度。主要为葡萄糖和果糖，分子量较低，具有较高的渗透压力，不利于微生物生长，具有较高的防腐能力，有较好的食品保藏效果。这种性质有利于蜜饯、果酱类食品的应用，保藏性质好，不易发霉；且由于具有较高的渗透压，能较快地透过水果细胞组织内部，加快渗糖过程。

果葡糖浆的甜度与异构化转化率、浓度和温度有关。一般随异构化转化率的升高而增加，在浓度为15%、温度为20 ℃时，42型果葡糖浆甜度与蔗糖相同，55型果葡糖浆甜度为蔗糖的1.1倍，90%的果葡糖浆甜度为蔗糖的1.4倍。一般果葡糖浆的甜度随浓度的增加而提高。此外，果糖在低温下甜度增加，在40 ℃下，温度越低，果糖的甜度越高，反之，在40 ℃以上，温度越高，果糖的甜度越低，可见，果葡糖浆很适合于冷饮食品。

果葡糖浆吸湿性较强，利用果葡糖浆作为甜味剂的糕点，质地松软，储存不易变干，保鲜性能较好。

果葡糖浆的发酵性高、热稳定性低，尤其适合于面包等发酵和焙烤类食品。发酵性好，产品多孔，松软可口。果糖的热稳定性较低，受热易分解，易与氨基酸起反应，生成有色物质具有特殊的风味，因此，使产品易获得金黄色外表并具有浓郁的焦香风味。

本章小结

本章介绍了米线、米粉、米制膨化食品、传统米制食品、方便米饭以及淀粉制品的基本加工工艺和操作要点。米制食品种类繁多，各种新产品层出不穷。限于篇幅，本章只是选取了具有代表性的几大类产品进行了简单介绍；具体、详细的加工技术（包括大量其他米制食品），需要者可查阅相关专著。

复习思考题

1. 大米与小麦在化学组成上有哪些不同？这些不同之处对其产品加工有哪些影响？
2. 米线、米粉在加工工艺和品质口感上有哪些异同？
3. 你知道的膨化食品有哪些？食品膨化的原理是什么？
4. 什么是方便米饭？其种类有哪些？
5. 淀粉可以加工制作成哪些产品？

第5章 豆制品加工技术

学习目标

了解豆制品的分类;了解豆制品的原辅料要求与选择;了解豆腐、腐竹、油皮、豆腐乳、霉豆渣饼、豆豉、粉丝、豆芽等产品的加工原理。

技能目标

掌握豆腐、腐竹、油皮、豆腐乳、霉豆渣饼、豆豉、粉丝、豆芽等产品的加工工艺流程和技术要点;掌握影响豆制品质量的因素和控制方法。

知识点

豆腐、腐竹、油皮、豆腐乳、霉豆渣饼、豆豉、粉丝、豆芽。

豆制品是以大豆、绿豆、豌豆、蚕豆、红小豆等豆类为主要原料,经加工而成的食品。大多数豆制品是由大豆的豆浆凝固而成的豆腐及其再制品。

豆制品主要分为两大类,即发酵型豆制品和非发酵型豆制品。发酵型豆制品是以大豆为主要原料,经微生物发酵而成的豆制品,如腐乳、豆豉等。非发酵型豆制品是指以大豆或其他杂豆为原料制成的豆腐,或将豆腐脑经压制、熏制、卤制、炸卤制成花样繁多的豆干类。

5.1 豆　腐

豆腐在我国根据地域可分为南豆腐和北豆腐。根据所用的凝固剂,可分为石膏豆腐、盐卤豆腐和内酯豆腐。南豆腐通常用石膏作凝固剂制成,其质地细嫩、有弹性、含水量大;北豆腐通常用盐卤作凝固剂制成,也称老豆腐,其特点是硬度、弹性、韧性较强,含水量低于南豆腐、香味浓。石膏豆腐、盐卤豆腐的制作工艺大体相同,内酯豆腐则区别较大。但是,不管哪种豆腐,从原料选择到豆浆制作过程都是相同的。豆腐制作的工艺流程大致如下:

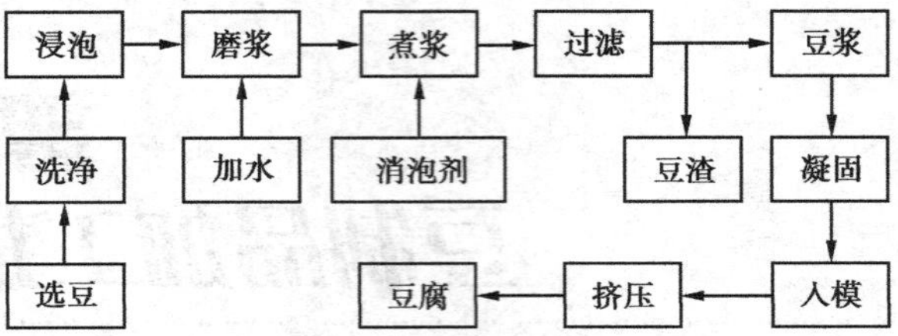

图 5.1　豆腐制作的工艺流程图

5.1.1　豆浆制作

1)原料选择与处理

由于大豆中的蛋白质含量、种类对豆腐制作影响最大,因此,要选择蛋白质含量高、品质好的大豆。大豆在干燥、储存和流通过程中的高温、高湿条件,有可能使大豆中的不溶性蛋白质含量增加,从而降低豆腐的得率。另外,霉变、虫蛀、破碎包括储存时间不足、太长的大豆都对豆腐得率与品质有影响,因此,应选用色泽光亮、外形饱满、新鲜完整的大豆做豆腐。由于大豆收获后都有一个后熟过程,刚刚收获的大豆不宜马上使用,应存放 2 个月以上使其熟化后再用,比较理想的熟化时间是 3 ~9 个月。各种大豆的化学组成不同,所产豆腐的品质也会不同,应该从豆腐的品质、得率等几个方面选择原料。

当然,大豆中如果混入其他物质,也应该采用适当的方法予以清除。

2)浸泡大豆

大豆浸泡程度直接影响豆腐的质量。各种大豆浸泡时的吸水量、膨胀速度不同;各季节的气温、水温不同,因此,在各季节里大豆的浸泡时间和浸泡程度的要求是不同的。大豆的浸泡程度因季节而异。夏季应泡至九成,冬季则需泡到十成。浸泡好的大豆豆瓣内表面基本呈平面,略有塌坑;手指掐之易断,断面浸透,不见硬芯(白色)。另外,有数据表明,浸泡过程对大豆蛋白的损失不大。一般的浸泡时间和浸泡程度见表 5.1。

表 5.1　各季节大豆浸泡时间和浸泡程度表

季节	气温/℃	水温/℃	浸泡时间/h	浸泡程度(豆瓣合面中央状态)
冬季	0	0	20 ~22	1/10 的黄色凹面
初冬 初春	10	10	12 ~14	1/15 ~1/10 的黄色凹面
春季 秋季	24	20	10 ~11	1/5 的黄色凹面
夏季	30 ~40	25 ~30	6 ~7	3/10 的黄色凹面

大豆浸泡后的体积,为未吸水前的 2 ~3 倍,质量约为干豆质量的 2.2 倍。如果大豆浸泡的程度不够,蛋白质提取量就会相对减低,产率降低,质量差劣;反之,大豆浸泡的程度过头,蛋白质提取量虽然高,但酸度大,导致黏性降低,豆浆凝固物组织结构松脆,疏水性强,产品质量差。正确的浸泡操作能保证石膏豆腐质地细嫩,保水性、弹性好,刀剖面光亮,绵

软有劲,豆腐产率略增。大豆浸泡达到要求后捞出,用水冲淋洗净。

3)制取豆浆

(1)磨浆

将浸泡达到要求后的大豆加水粉碎成糊。如果采用的是砂轮式磨浆机,粉碎的粒度是可调的。磨糊颗粒粗,蛋白质提取量低;磨糊颗粒过细,细绒似的豆渣过滤不出来而混于豆浆中,影响成品质量,同时也增加了磨浆机的能耗和砂轮的磨损。磨糊粗细在70~80目为宜。滤浆的丝绢或尼龙裙包的孔眼以140~150目为宜。另外,磨浆时水、豆要同时加。

豆浆的浓度对豆腐加工有重要影响。浓度太低,凝胶网络的结构不完善,豆浆凝固物疏水性强,呈明显稀散网络状态,难以形成块状豆腐脑;同时流失的黄浆水增多,营养损失也多,豆腐得率不会高。太浓的豆浆其蛋白质凝聚结合力过强,会影响凝固剂的快速扩散,造成凝胶不均和白浆等现象;同时,因豆浆凝固物包水量少,所产豆腐质地粗硬易碎,剖面粗糙,食之板硬,味差。

以1 kg干豆生产出的豆浆计,南豆腐一般为6~7 kg,北豆腐为9~10 kg;如果是做豆腐皮(千张、百叶),一般应掌握每千克大豆出豆浆10 kg(较稀)。如果以湿豆计,加水质量比大约是1∶2.5,即浸泡后的大豆1 kg加水2.5 kg;也可以以体积计,加水比例是2∶3,即浸泡后的大豆550 mL约加水至1 500 mL(豆、水混合体积)。

以上工艺参数仅供参考,操作人员应在实践中根据具体情况不断总结经验,争取最佳效果。

(2)煮浆

生的豆浆必须经过加热后才能食用或形成凝胶。适当温度、时间下的加热使蛋白质热变性,后续凝固彻底。如果温度不够,蛋白质热变性不彻底,豆浆凝固不完全,豆腐易散成糊,颜色发红。同时,豆浆没有煮沸,其所含的皂角素、蛋白酶抑制剂未被破坏,食用此豆浆及其做成的豆腐,体弱的人易引起消化不良、腹泻甚至中毒。按照传统经验,煮浆时应该保证豆浆在100 ℃的温度下保持3~5 min。

煮浆的方法很多,从原始的土灶到现代的蒸汽加热、电热装置都可以。土灶以煤、秸秆等为原料,设备简单,成本低廉;煮浆时锅底易发生轻微的焦煳而赋予产品特有的风味。土灶直火煮浆的要领是:先文火后武火。文火3~5 min使豆浆升温后,加大火力,温度上升至100 ℃以上时马上关火,否则会导致产品色泽灰暗,缺乏韧性。豆浆要在5~10 min内煮沸,总共的加热时间不要超过15 min。直火煮浆时,很容易产生泡沫,浮在豆浆表面,障碍蒸汽散发,形成假沸现象,稍不注意,就会发生溢锅;因此,此时要采取措施防止溢锅,如改变火力、消除泡沫(手工清除或使用消泡剂)让蒸汽散发等。

消泡剂的种类很多。传统的消泡剂是用油脚(榨油副产品)加10%的氢氧化钙做成,加入豆浆的量为干豆质量的0.8%左右。使用这种消泡剂后,豆浆的pH会上升,影响后来的凝固反应;结果会使豆腐持水力上升,体积增大。使用其他消泡剂也应该考虑豆腐持水力改变的问题。

(3)过滤

过滤的主要目的是去除豆渣;可在煮浆前或煮浆后进行。先煮再过滤,称为熟浆法;先过滤再煮浆,称为生浆法。

熟浆法的特点是豆浆灭菌及时,不易变质,产品弹性好、韧性足,但因熟豆浆的黏度较大,造成过滤困难,豆渣中残留的蛋白质较多(一般均在3%以上),相应地减少产品得率,增加能耗等生产成本;且产品的保水性变差,离析水增加(豆腐放置一段时间后,其中部分水分离出来称为离析水),进而影响产品感官质量;熟浆法仅适合用于生产含水量较少的老豆腐、豆腐干等。

生浆法过滤容易。只要磨浆时的粗细、过滤工艺控制适当,豆渣中残留的蛋白质可控制在2%以下;不仅增加了产品得率,而且豆腐保水性好,口感滑润。南豆腐生产一般采用生浆法过滤。由于生料易受微生物污染而变质,在工艺上对卫生条件的要求也就较高。

前一次过滤得到的豆渣往往含有一定量的蛋白质,可加水再次洗涤后过滤,滤液代替下次磨浆的清水,这样可提高产品得率。清洗豆渣的水温最好在55~60 ℃,这样有利于蛋白质的分离。如果采用多级过滤,滤网宜先稀后密;如前一级用80目的滤网,后一级则采用100目的过滤网。

(4)冷却

煮沸的豆浆必须适当降低温度后才能进行后续操作;至于降温幅度,依不同产品或同一产品的不同品质要求而不同,具体数值,在后续内容中将有详述。

5.1.2 豆腐脑制作

在豆浆中加入凝固剂,使豆浆由溶胶态变为凝固态即可得到豆腐脑,这是豆腐生产过程中最为重要的工序。影响豆腐脑质量的因素有很多,如大豆品质、水质、凝固剂的种类和添加量、加凝固剂时的搅拌方式、豆浆浓度和pH值、煮浆和点浆温度以及凝固时间等。其中,最为重要的是豆浆品质和凝固程序。凝固程序可分为点脑和蹲脑两个部分。石膏、盐卤和葡萄糖酸内酯是目前常用的凝固剂。凝固剂用量过少则使凝固不充分,过多则会使离析水增加,豆腐得率下降,同时会影响口感、味道。因此,在实际工作中,应根据凝固剂的性质,在了解基本用量的前提下,考虑产品需要,合理确定用量。

1)石膏作凝固剂

(1)石膏的处理与用量

生石膏、熟石膏和纯硫酸钙都可以作为凝固剂,生石膏凝固速度快,熟石膏慢,过熟石膏效果差。如果用熟石膏,应加大用量,以加快速度。使用前,石膏应先磨细,越细越好;再与少量豆浆(生、熟均可)或水混合均匀,不可将石膏粉直接加入大量豆浆中。

做豆腐所用石膏的使用量与豆浆浓度、点脑温度以及石膏颗粒本身的大小有关。一般来说,如果以干豆计,做嫩豆腐时的使用量是干豆质量的2.4%~2.6%,也有高达3.5%~4.0%,甚至10%用量的。如果以豆浆计,豆浆质量0.1%的纯硫酸钙就可使豆浆凝固,在实际应用中,一般为0.3%~0.4%甚至更多些。石膏用量过少,钙离子搭桥作用的量不够,蛋白质之间的结合力弱,凝固不完全,呈半凝固态。石膏用量过大,钙离子的作用过强,蛋白质之间的结合力强,联结迅速,凝固过分,豆腐组织结构疏松,疏水性强。

(2)点脑

把凝固剂按一定的比例和方法加入煮熟的豆浆中,使豆浆变成豆腐脑的过程,称为点脑,也称点浆。

①点脑时的温度:温度过高,凝胶的弹性小,保水性差,而且由于高温下豆浆的凝固速

度加快，提高了加凝固剂的技术要求，稍有不慎，会导致凝固剂分布不均，凝胶品质下降；而温度过低，凝胶速度慢，增加了豆腐的含水量，产品不易成型。因此，点脑时的温度应根据产品的特点和要求，凝固剂的种类、用量，以及点脑方法的不同灵活掌握。一般来说，点脑时的温度越高，豆腐的硬度越高，质地越粗糙。点脑温度一般控制在70～90 ℃。要做保水性好的产品，如水豆腐，点脑温度宜低，以70～75 ℃为宜；要做含水量较少的产品，如豆腐干，点脑温度一般为80～85 ℃。以石膏作凝固剂时，点脑的温度可稍高；以盐卤作凝固剂时，点脑的温度则可稍低。有试验表明，豆腐的硬度几乎随凝固温度的升高而直线上升。

关于点脑时的具体适宜温度，也需要在实践中不断摸索。

②点脑的方法：点脑的方法即凝固剂与豆浆的混合方式，有搅拌和冲浆两种方式。

a. 搅拌法：如果使用搅拌法点脑，要注意搅拌的速度和时间。搅拌速度快，凝固速度就快，所用的凝固剂量就会减少，此时凝固物的硬度增大；搅拌速度慢，凝固速度就慢，需要的凝固剂量就会增多；此时的凝固物的硬度降低，因此搅拌速度应视产品品种而定。至于搅拌的时间的长短，则要视豆腐花的凝固情况而定。如果豆腐花已经达到凝固要求，应立即停止搅拌，防止破坏凝胶产物，以保证豆腐花的组织状况和产品质量，提高产品得率。如果搅拌时间不当，会破坏豆腐花的组织状况，影响产品质量和得率。

b. 冲浆法：就是先将调配好的凝固剂置于容器底部，将浓度、温度调整好的豆浆以适当的高度、角度直冲容器，利用冲力使物料上下翻转，充分混合。这样做的好处就是免去了人工搅拌工序，可避免因凝固速度快时搅拌可能造成的破坏豆腐花的情况。冲浆时，如果冲力过小，豆浆翻转的时间不够，石膏与豆浆不能充分混合均匀，则底层石膏多，钙离子作用增强，凝固过分，而上层石膏少，凝固不完全。如果冲力过大，豆浆翻转的速度快、静置慢，达初凝状态而不能静置，凝固失败。以冲浆结束后20 s左右停止翻转，30～50 s达到初凝，凝固适中，效果较好。

最佳的冲浆方法是：在合适的角度、最小的石膏用量、最大的冲力下，豆浆达到初凝的时间为40～50 s。

(3)蹲脑

蹲脑又称涨浆、养花，就是让加入了凝固剂后的豆浆静置成型的过程。有试验表明，点浆工序完成后的40 min内，凝胶快速形成，即使2 h后，凝胶硬度也在增加。其主要原因是：豆浆虽然初凝，但蛋白质的变性和联结仍在进行，组织结构仍在形成之中，必经一段时间后，凝固才能完全，结构才能稳固。因此，点浆后的物料至少应该放置适当时间，同时要注意保温，防止降温太快影响后续成型过程。

关于蹲脑时间的长短，要视点浆温度、所用的凝固剂种类、产品要求等情况而定。一般北豆腐：20～25 min，南豆腐15～18 min，豆腐片7～10 min，豆腐干15～18 min。

蹲脑过程宜静不宜动，否则已经形成的网络结构会因振动而破坏，使制品内在组织产生裂隙，外形不整，特别是在生产嫩豆腐时表现更加明显。静置时间在30 min左右。静置时间短了，结构脆弱，脱水快，成品不细嫩光亮；时间过长，凝固物温度下降太多，也不利于成型及以后各工序的正常进行。凝固不完全和过头的石膏豆腐，质量差劣，产率低；凝固不完全的产率减少10%～15%，凝固过头的产率减少10%～20%。

如果静置后的石膏豆腐不脱水直接成型，静置时间宜长些；如果说需要脱水，则赴热将其舀入纱布、模具中挤压、脱水直至成型。

2）盐卤作凝固剂

（1）盐卤简介

盐卤又称卤水，是海水制盐后的副产品。盐卤的成分比较复杂，除主要成分氯化镁以外，还含有一定量的氯化钙、氯化钠、氯化钾以及硫酸钙、硫酸镁等。且随产地、批次的不同，成分差异很大，某些污染物也有可能混入其中产生危害。因此，有人建议改用精制氯化镁作凝固剂，但是，盐卤做出的豆腐风味独特，我们所要做的是选用优质盐卤。

不同盐卤中的氯化镁含量差别很大，使用时应通过试验确定适当的添加量。一般来说，盐卤添加量为干大豆的1.5%～3%甚至更高。用盐卤作凝固剂时，蛋白质凝固速度快，蛋白质的网络结构容易收缩，制品的持水性差，一般用于生产北豆腐、豆腐干等含水量低的产品。

（2）点浆、蹲脑

同石膏一样，盐卤点脑前也要进行预处理。可将盐卤用水溶解成约15°Bé，或质量分数约23%浓度的液态盐卤水过滤后使用。卤水下面如有沉淀物，其沉淀物不能加入。点浆时，豆浆温度70～90 ℃均可，温度不同所得产品品质会有所不同。点卤时，要“冬急夏缓”。盐卤用量的多少、点浆速度的快慢会影响产品的保水性。做豆腐干时，点浆速度宜快。

点浆时，用勺子将豆浆不断搅动，慢慢加入盐卤水，当豆浆粘勺后，搅动放慢，加盐卤水的速度也相应放慢，直到豆浆出现玉米大小的豆腐粒时，停止搅动，盖上锅盖，保持约30 min就可进行包浆工序。

如果是做豆腐干，应在蹲脑8～10 min后，用葫芦在缸内翻动3次，再蹲脑5 min后，把黄浆水吸出，露出豆腐脑。

如果是作豆腐皮（干豆腐、千张），则应在点浆前在做豆腐的豆浆中加入1/4的水，将豆浆稀释后再加凝固剂点浆，点浆温度控制在60～70 ℃；上模挤压前，要将搅动豆腐脑成小块状，不可搅太碎。再挤压20～30 min。

3）葡萄糖酸内酯作凝固剂

（1）葡萄糖酸内酯简介

葡萄糖酯内酯凝固豆腐的原理是当内酯后遇水后慢慢水解成葡萄糖酸，这种变化的速度与温度有关，常温下变化缓慢，65 ℃以上时水解速度加快，95 ℃以上时很快完全转变为葡萄糖酸，该酸对豆浆中的蛋白质能够发生酸凝固作用。由于低温下内酯的分解比较缓慢，因此，使凝聚作用反应均匀一致，效率高，故做出的豆腐洁白细腻，析水好，耐煮耐炒，味道鲜美，别有风味。

葡萄糖酯内酯为白色粉状结晶，在干燥情况下可长期储存，但在潮湿环境中尤其在水溶液中易分解成酸。因此，用内酯作凝固剂时要用冷水溶化，在半小时内用完，切不要长期存放其水溶液。

（2）点浆、蹲脑

点浆、蹲脑是保证成品率的重要环节。根据其作用原理，可进行冷法点浆和热法点浆。

①冷法点浆：将内酯加入冷却到35 ℃以下的熟豆浆搅拌均匀。再移入光滑、洁净的模具中，加热至90 ℃保温30 min左右即成原汁豆腐，冷却至30 ℃左右保存。关于δ-葡萄糖酸内酯的添加量，如果以干豆计，一般为干豆质量的1.0%～1.5%（m/m）；如果以豆浆计，

一般为豆浆的0.3% ~0.4%(m/V),0.2% ~0.3%(m/m)或更高些。实验中,使用量达0.83%(m/V)时也有较好的效果。

②热法点浆:将内酯全部用冷却至30 ℃左右的豆浆溶解(约全部豆浆的1/30质量分数)后置于容器底部,再将冷却到90 ℃左右的热浆快速冲入(利用冲力混合均匀),加盖保温15 ~20 min成脑。成脑后如见清浆立即包压制豆腐,不可拖延;否则,脑老化豆腐出得少。

采用冲浆成脑的办法,使生产操作简单化,便于机械化。保温后应在15 ~20 min成脑。如立即成脑,说明凝固剂量大,下次减少;如半小时还不成脑,说明凝固剂量不足。

4)葡萄糖酸内酯+石膏(或氯化镁)作凝固剂

将内酯6 g+石膏1.5 ~2.0 g,用冷水化开,放入缸底备用,注意存放时间不应超过15 min。将90 ~95 ℃用1 kg大豆做成的豆浆(约8 kg)冲浆后稍加搅拌(时间不可太长),盖缸静置10 min成脑。如果说马上成脑,说明内酯量多了,如果20 min还不成脑,说明内酯少了。混合凝固剂可改进豆腐的风味,其比例和加入量可在实践中摸索,只是这种混合物的凝固速度快,操作时要敏捷。

5.1.3 豆腐成型

除内酯豆腐是在加入葡萄糖酸内酯后直接成型外,石膏、盐卤豆腐都需要把凝固好的豆腐脑,放入特定的模具内,通过一定的压力,榨出多余的黄浆水,使豆腐脑紧密地结合在一起,成为具有一定含水量、弹性和韧性的豆制品。豆腐的成型主要包括上脑(又称上箱)、压制、出包、切块及冷却等工序。

除加工嫩豆腐以外,加工其他豆腐制品一般都需要在上箱压制前从豆腐脑中排除部分水。在豆腐脑的网状结构中的水分不容易排出,只有把已经形成的豆腐脑适当破碎,不同程度地打散豆腐脑中的网络结构,才能达到生产各种豆制品的不同要求。破脑程度既要根据产品质量的需要,又要适应上箱浇制工艺的要求。南豆腐的含水量较高,可不经过破脑;北豆腐只需轻微破脑,脑花大小为8 ~10 cm较好;豆腐干的破脑程度宜适当加重,脑块大小在0.5 ~0.8为宜;而生产干豆腐(千张、百页)时,豆腐脑则需完全打碎,以完全排出网络结构中的水分。

豆腐的压制成型是在豆腐包和豆腐箱内完成的,使用豆腐包的目的是在豆腐的定型过程中,使水分通过包布排出,使分散的蛋白质凝胶连接为一体。豆腐包布网眼的粗细(目数)与豆腐制品的成型有相当大的关系。北豆腐宜采用孔隙稍大的包布,这样压制时排水较通畅,豆腐表面易成"皮"。南豆腐要求含水量高,不能排出太多的水,就要求用细布。

豆腐脑上箱包好后,就可开始加压出水。此过程要注意3点:豆腐脑的温度、压强大小和加压时间。豆腐脑压制时的温度应在65 ~70 ℃;压强一般在1 ~3 kPa(北豆腐压强稍大,南豆腐压强稍小);一般加压时间为15 ~25 min。压榨后,北豆腐含水率要在90%左右,南豆腐含水率要在80% ~85%。

另外,需要说明的是,豆腐挤压时产生的黄浆水,富含多种营养成分,弃之可惜,应该加以利用。黄浆水可生产大豆低聚糖、大豆异黄酮、大豆皂苷、制备酵母菌和白地霉粉、维生素B_{12}、营养保健饮料和酿造白酒等。

5.1.4　豆腐成品质量标准

1)感官指标

呈均匀的乳白色或淡黄色,稍有光泽,可接受性良好。具有豆腐特有香味。口感细腻鲜嫩,味道纯正清香。质地细嫩,结构均匀,块形完整,软硬适度;富有弹性,无杂质。

2)理化指标、微生物指标

理化指标、微生物指标参见相关资料。

5.2　腐竹、油皮

5.2.1　腐竹加工

腐竹是一种口感独特、滋味鲜美的豆制品,除蛋白质、脂肪外,还含有异黄酮、磷脂等多种营养素。

1)腐竹生产工艺流程

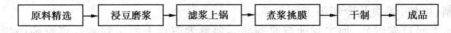

原料精选 → 浸豆磨浆 → 滤浆上锅 → 煮浆挑膜 → 干制 → 成品

2)腐竹生产过程

(1)精选原料

制作腐竹的主要原料是黄豆。为突出腐竹成品的鲜白,须选择皮色淡黄的大豆,而不采用绿皮大豆。同时,还要注意选择颗粒饱满、色泽金黄、无霉变、无虫蛀的新鲜黄豆,通过筛选清除劣豆、杂质和沙土,使原料纯净,然后置于电动万能磨中,去掉豆衣。

(2)浸豆、磨浆和滤浆

此步工艺流程与制豆腐相似,只是过滤时采用生浆法,此生豆浆放置时间不宜过长。为了尽可能多地将豆渣中的蛋白质溶解出来,第一次过滤后的豆渣可加热水再次过滤,此过程可重复2~3次。此稀浆可代替清水下次磨浆时利用。有时,为了保证产品质量,在豆浆煮熟后再次细布(筛)过滤。

(3)煮浆挑膜

这是腐竹制作的一个关键环节。其操作步骤是:先旺火猛攻,当锅内豆浆煮开后,炉灶即可停止鼓风,降低炉温,同时撇去锅面的白色泡沫。豆浆温度保持在70 ℃左右,约10 min后,浆面自然结成一层薄膜,即为腐竹膜。此时,将膜揭起,搭在竹竿上。这时,要注意翻皮,防止粘竿。通常每1 kg干豆可得0.60~0.65 kg腐竹。

在煮浆揭膜这一环节中,成败的关键有三点:一是要保持锅内豆浆上下温差不能过大。二是豆浆烧开后要及时降火;持续烧开,造成锅底的豆浆被烧煳,影响质量和产量。三是锅内的浮沫没有除净,会直接影响薄膜的形成。

(4)烘干成竹

腐竹膜可以晒干、风干或烘干,具体采用什么方法要看当时的自然和生产条件,只是晒干时日光会影响到腐竹中油脂的品质。由于腐竹属于高营养食品,易发霉变质,因此,出锅后的腐竹应及时干制。如果采用日晒,一般 2 d 即可。如果烘干,于 40 ℃干燥 12 h 或 60 ℃干燥约 7 h 即可。上好的腐竹色泽淡黄、油面光亮、无湿心且豆香浓郁,入汤不化;含水量不超过 10%。

(5)包装成品

烘干的腐竹含水量应在10%以下,成品装入精制的塑料袋内,封口。腐竹质地较脆,属易碎食品,在储存运输过程中,必须注意防止重压、摔打,同时要注意防潮,以免影响产品质量,降低经济价值。

5.2.2 油皮加工

油皮是豆浆煮沸之后在表面形成天然油膜,是大豆蛋白膜与大豆脂肪的混合产物,这层薄膜“挑”起来晾干而成的薄皮称为油皮,也称“豆腐衣”“腐衣”“豆腐筋”“豆腐皮”。油皮不但含有丰富的蛋白质、糖类、脂肪、纤维素,还有钾、钙、铁等人体需要的矿物质。一般每 50 kg 黄豆,可加工油皮 22 kg 左右。

1)油皮生产工艺流程

制浆 → 煮浆 → 取皮 → 包装 → 干制 → 成品

2)油皮生产过程

(1)制作油皮的制浆过程

制作油皮的制浆过程同豆腐。

(2)煮浆

提取油皮一般是在豆制品生产的煮沸浆后,点浆前进行。将滤好的豆浆煮沸沸,注意防止溢锅和煳底。

(3)取皮

将煮熟的豆浆倒入平底锅内,锅下可装暖气道,使豆浆温度保持在 50 ~ 60 ℃,静置约 5 min后。豆浆表面开始结皮,待皮出现小皱纹时,即可将皮取出。如此反复,每隔 5 min 依次将平底锅的豆腐皮取完,一锅豆浆可连续取豆皮十多次。如果说专门制作油皮,每 0.5 kg大豆可取皮 10 多张,余下的残液可做饲料;如果说只是在生产豆制品时作为副产品提取油皮,则不可多取,因为提取过多,会影响豆制品的质量。

(4)干制

油皮干制的方法一般是自然风干或烘房烘干,切忌日光暴晒。如果是烘干,烘干室内一端装暖气管,另一端装风扇,使冷空气通过暖气管变成热风,再由排风筒出来,迅速将湿豆腐皮烘干。

(5)包装

干燥后的油皮,适量喷雾回软,停10~15 min后摊平,即可装箱。箱内应放置干燥剂,防止油皮受潮变质。

3)油皮成品质量标准

(1)感官指标

上好的油皮色泽乳白或淡黄,呈半透明状,薄如纸张,油润有光,气味清香,无其他不良气味;结构紧密,富有韧性和弹性,软硬适度,薄厚均匀,不粘手;具有豆腐皮固有的滋味,味道口感均良好,微咸。

(2)理化指标、微生物指标

理化指标、微生物指标参见相关资料。

5.3 大豆发酵制品

发酵豆制品是原料豆由一种或几种特殊的微生物经过发酵过程而得到的产品。发酵豆制品具有特定的形态和风味,主要种类有酱油、豆酱、腐乳、豆豉、纳豆及其他各种发酵豆等。

5.3.1 豆腐乳的制作

豆腐乳又称腐乳、霉豆腐等,是用豆浆的凝乳状物发酵制成的奶酪型豆制品。它是我国传统的发酵食品之一,有红腐乳、白腐乳、青腐乳、酱腐乳、辣味腐乳、甜香腐乳、鲜咸腐乳、糟方腐乳、霉香腐乳、醉方腐乳、太方腐乳、中方腐乳、丁方腐乳及棋方腐乳等。

1)豆腐乳的特点和分类

(1)特点

腐乳质地细腻,醇香可口、味道鲜美、营养丰富且易于消化吸收,是不可多得的佐餐佳品。我国各地都有豆腐乳生产,虽然它们的外观、形状、大小不一,又因配料不同而名称和风味各异,但做法大体相同。随着人民生活水平的提高和国民经济的发展,人们对腐乳的质量要求越来越高,腐乳正在向低盐、营养、方便及系列化等方向发展。

(2)分类

①根据微生物繁殖情况分类

A.腌制型腐乳:腌制型腐乳指豆腐坯不经微生物生长的前发酵阶段而直接进入后发酵,以古代建宁腐乳和现代绍兴腐乳中的棋方为代表。由于没有微生物生长的前发酵,缺少蛋白酶的作用,风味的形成完全依赖于添加的辅料,如面曲、红曲、米酒或黄酒等进行的生物化学变化,因此发酵期长,产品的产量与质量受季节和气候的影响大。产品风味单调、品质不够细腻、氨基酸含量低(0.4%左右)。生产所需厂房和设备少,操作简单。

B.发霉型腐乳:发霉型腐乳是豆腐坯利用天然接种或人工纯种接种进行微生物生长的

前发酵阶段后，再添加配料进行自然的或保温的后发酵阶段。前发酵阶段在豆腐坯表面长满菌体，同时也分泌出大量的酶；后发酵阶段利用酶使豆腐坯分解，产品细腻，氨基酸含量较高。

一般根据前发酵阶段生长的主要微生物类型进一步细化分为以下3种类型：

a. 毛霉型腐乳：毛霉型是在前期发酵过程中，将纯培养毛霉菌孢子制成的菌悬液和粉状固体菌，喷洒在豆腐坯上，经48～72 h培养后，长满白色毛，菌丝成网状，形成坚韧的膜，给腐乳一个很好的"体"，并且分泌一些蛋白酶，分解豆腐中的蛋白质，以达到良好品味。毛霉菌丝高大柔软，能包围住豆腐坯，保持腐乳块形整齐，但不耐高温。

过去传统生产是自然接种发霉，利用空气中和木盘上遗留的毛霉菌能在15 ℃左右生长和繁殖这一特点，经过培养，在豆腐坯上长满灰白色的菌丝体，从而形成细腻而有韧性的皮膜。豆腐毛坯氨基酸态氮的含量为0.06%～0.08%，腌坯后提高到0.15%～0.25%。

天然发霉的优点是：不需要培菌设备，产品质地柔糯，色泽光亮，香味浓郁。其缺点是：生产周期长，受到季节限制，无法进行常年生产，因而产量受到影响。

我国微生物工作者于20世纪50年代中期开始进行豆腐乳的纯菌种分离，已分离出五通桥毛霉、腐乳毛霉、总状毛霉等，并进行人工接种，全年可以生产。目前，利用纯种接菌进行前发酵是许多酿造企业采用的方法。

b. 根霉型腐乳：根霉型是选育一种耐高温根霉菌来生产腐乳。在南方，因夏季气温高而不适应毛霉菌生长。为了全年均能生产腐乳，选育耐高温的根霉菌。根霉作用与毛霉差不多，根霉菌丝不如毛霉柔软细致，其优点是能耐35～37 ℃的温度，并生长良好，前发酵时间可由毛霉的7 d缩短到48 h左右。毛霉和根霉都属于毛霉科，亲缘很近，形态相似，产生蛋白酶水解豆腐坯中的蛋白质。因此，适于南方夏季高温生产。

c. 细菌型腐乳：生产细菌型腐乳的特点是利用纯细菌接种于豆腐坯上，让其生长繁殖，并产生大量的酶。豆腐先经48 h腌制，使盐分达6.5%再接入嗜盐小球菌发酵。因为是细菌发酵，不像霉菌那样在豆腐坯表面形成皮膜，不能赋予豆腐一个好的形体，易碎，故在装坛前需加热烘干水分至45%左右。该类产品口味鲜美，是其他产品所不及的。此法目前只在黑龙江省克东腐乳的生产中采用。

②根据颜色分类

a. 红腐乳：简称红方，北方称为酱豆腐，南方称为酱腐乳、红酱豆腐、酱豆腐、红豆腐、太方、行方等。装坛前以红曲糕涂抹于豆腐坯六面，腌制后呈酱红色，或用红酒腌制。红方味鲜甜，具有酒香，一般后发酵有酵母菌作用。

b. 青腐乳：简称青方，俗名臭豆腐，臭酱豆腐。青腐乳不加酒料，成熟后具有刺激食欲的臭气，但臭里透香，所以人们常用"闻着臭，吃起来香"来比喻。产品表面为青色。

c. 白腐乳：以桂林白腐乳、广州白腐乳为代表，除不添加红曲外，其他辅料有酒料、辣椒、香油等。颜色纯白，为豆腐本色，味道鲜美，质地柔糯。

d. 黄腐乳：以四川夹江腐乳为代表，产品为淡黄色。精选上等黄豆，制成豆腐并晾干，植入箭杆霉发酵好了之后，加入食盐以及多种名贵中药材和特制的香料，拌和入坛，灌满优质曲酒浸泡密封再发酵半年后，即可开坛食用。

③根据味道分类

a. 糟腐乳：简称糟方，又称糟豆腐、糟腐乳、香糟豆腐、香糟腐乳。装坛时，添加的辅料以糟米为主，产品有糟味道，不加红曲。

b. 醉方：不加红曲，而以黄酒为主要添加料，淡黄色，有酒香。

c. 别味腐乳：属于红腐乳类的若干品种。依据添加的主要调味料而命名，如玫瑰红腐乳、火腿腐乳、虾子腐乳、香菇腐乳、芝麻腐乳、辣子腐乳、五香腐乳、桂花腐乳等。

④根据形状命名

棋子腐乳，俗称棋方。把切成豆腐方块后多余的边块制成小块豆腐乳，块头小，不整齐，类似棋子大小，售时称量。

⑤根据包装物命名

例如，白菜豆腐乳用经过加工处理与发酵的薄白菜叶包裹豆腐坯一起腌制与发酵。又如，四川五味和白菜豆腐乳、四川遂宁白菜豆腐乳等。

2）毛霉型豆腐乳生产

（1）毛霉型豆腐乳生产工艺流程

制坯 → 培菌 → 腌坯 → 装坛（或装瓶） → 加卤汁 → 产品成熟 → 成品

（2）毛霉型豆腐乳生产工艺操作

①制坯：按传统豆腐加工方法制做出豆腐，切成适当尺寸的豆腐块，称为豆腐坯。豆腐坯要致密细腻，无气孔，老嫩程度合适。

②培菌

a. 菌种准备：将已充分生长的毛霉麸曲用已经消毒的刀子切成 2.0 cm×2.0 cm×2.0 cm的小块，低温干燥磨细备用。

b. 接种：在腐乳坯移入“木框竹底盘”的笼格前后，分次均匀撒加麸曲菌种，用量为原料大豆质量的1% ~2%。接种温度不宜过高，一般在 40 ~45 ℃（也可培养霉菌液后用喷雾接种），然后将坯均匀侧立于笼格竹块上。

c. 培养：腐乳坯接种后，将笼格移入培菌室，呈立柱状堆叠，保持室温 25 ℃左右。约 20 h后，菌丝繁殖，笼温升至 30 ~33 ℃，要进行翻笼，并上下互换。然后再根据升温情况将笼格翻堆成“品”字形，先后 3 ~4 次以调节温度。入室 76 h 后，菌丝生长丰满，不黏、不臭、不发红，即可移出（培养时间长短与不同菌种、温度以及其他环境条件有关，应根据实际情况掌握）。

③腌坯

腐乳坯经短时晾笼后即进行腌坯。腌坯有缸腌、箩腌两种。

缸腌是将毛坯整齐排列于缸（或小池）中，缸的下部有中留圆孔的木板假底。将坯列于假底上，顺缸排成圆形，并将毛坯未长菌丝的一面（贴于竹块上的一面）靠边，以免腌时变形。要分层加盐，逐层增加。腌坯时间 5 ~10 d。腌坯后盐水逐渐自缸内圆孔中浸出，腌渍期间还要在坯面淋加盐水，使上层毛坯含盐均匀。腌渍期满后，自圆孔中抽去盐水，干置一夜，起坯备用。

箩腌是将毛坯平放竹箩中，分层加盐，腌坯盐随化随淋，腌 2 d 即可供装坛用。

④卤汁配制：主要介绍红腐乳、白腐乳和青腐乳 3 种卤汁配法。

a. 红腐乳（小红方）：

原料配方（每万块重约 260 kg）：黄酒 100 kg（酒精体积分数 15% ~16%）、面糕曲 28 kg、红曲 4.5 kg、糖精 15 g，白酒 5.4 kg（封面用）。

配料Ⅰ：加入染坯红曲卤（红曲 1.5 kg、面糕曲 0.6 kg、黄酒 6.5 kg）配料后浸泡 2 ~

3 d,磨浆,再加黄酒 18 kg,搅匀备用。

配料Ⅱ:装坛红曲卤(红曲 3 kg、面糕曲 1.2 kg、黄酒 12.5 kg),浸泡 2 ~3 d,磨浆,加黄酒 63 kg、糖精 15 g(开水溶化后加入),搅匀备用。

装坛:腌坯先在染坯卤中染红,要求块块均匀,无白心,然后装入坛内,再灌装坛用卤,顺序加面糕曲(又名面曲,它是制面酱的半成品经过晒干而成,100 kg 半成品面酱可得 80 kg面糕曲)150 g,荷叶 1 ~2 张,封口盐 150 g,最后加白酒 150 g。

b. 白腐乳(小白方)小白方:为季节性销售产品,一般不采用腌坯装坛,只将毛坯直接在坛内盐腌 4 d,用盐量为每坛(350 块坯重约 6 kg)0.6 kg。白方豆腐坯含水量较高,灌坛卤汁由盐水和新鲜腌坯汁(毛花卤)及冷开水调成(浓度 8 ~8.5°Bé),灌至坛口,加封口黄酒 0.35 kg。

c. 青腐乳(青方):青方也是季节性销售的产品,腌坯装坛时使用的卤汁,每万块(重 300 ~320 kg)用冷开水 450 kg、黄浆水 75 kg 及适量的腌坯汁(毛花卤)和盐水配制而成。卤汁应在当天调配,灌至坛口,每坛加封口白酒 50 g。腐乳坛口可用水泥和熟石膏的混合物加水封固,泥料的常用配方为:水泥 1∶熟石膏 3∶水 4。

⑤装坛:配料前,首先将腌坯每块分开,然后计装数坛,并根据不同的品种配料。装坛时,将腌坯依坛排列,用手压平,分层加料。装完后灌足卤汁,卤汁以淹过坯面 2 cm 左右为好。装坛不宜过满,以免发酵时卤汁涌出坛外。

⑥产品成熟:豆腐乳成熟期因品种而异,一般在 6 个月左右。青方、白方因腐乳坯含水量大(75% ~80%),氯化物少,酒精度低,故成熟快,保质期短。一般小白方 30 d 左右即可成熟。青方也在 1 ~2 个月,不能久藏;否则,应在生产时采取腌坯措施,并调整盐酒配料。

⑦成品:成品检验后,进行外包装。

(3)腐乳成品质量标准

共同指标:滋味鲜美,咸淡适口,无异味,块形整齐、均匀、质地细腻、无杂质(见表5.2)。

表 5.2 感官要求

	红腐乳	白腐乳	青腐乳	酱腐乳
色泽	表面呈鲜红色或枣红色,断面呈杏黄色	呈乳黄色,表里色泽基本一致	呈豆青色,表里色泽基本一致	呈酱褐色或棕褐色,表里色泽基本一致
滋味气味	滋味鲜美,咸淡适口,具有红腐乳特有气味,无异味	滋味鲜美,咸淡适口,具有白腐乳特有气味,无异味	滋味鲜美,咸淡适口,有青腐乳特有气味,无异味	滋味鲜美,咸淡适口,有酱腐乳特有气味,无异味
组织形态	块形整齐,质地细腻	块形整齐,质地细腻	块形整齐,质地细腻	块形整齐,质地细腻
杂质	无外来可见杂质	无外来可见杂质	无外来可见杂质	无外来可见杂质

3)克东腐乳的生产

克东腐乳系细菌类型发酵腐乳,其产品特点是色泽鲜艳,质地细腻而柔软,味道鲜美而绵长,具有特殊的芳香气味。克东腐乳是黑龙江省传统的发酵食品,在全国享有盛名。

(1)克东腐乳生产工艺流程

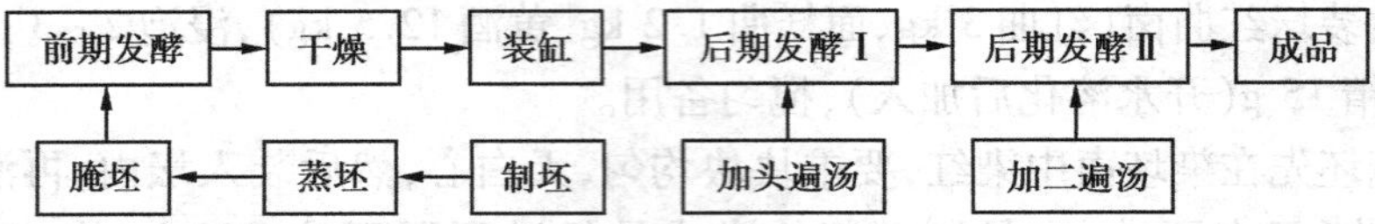

(2)克东腐乳生产工艺操作

①制坯:按传统豆腐加工方法制做出豆腐,切成4 cm×4 cm×2 cm 的豆腐块,称为豆腐坯。

②蒸坯:将豆坯送入蒸锅内蒸20 min出锅。

③腌坯(腌制):将晾至25~30 ℃的豆坯进行腌制,每层豆坯均匀地撒一层食盐。腌制24 h后,将豆胚上下翻倒一次,再次均匀撒盐,使含盐量达到6.6%~7.0%分符合要求后,用清水(水温夏季20 ℃,冬季40 ℃)冲洗,进入前发酵室摆块。摆放时,要挨紧防倒。

④前期发酵:将腌坯(咸坯)摆入花盘,每盘一接菌,将花盘码放在前酵室内,室温控制在28~30 ℃,品温控制在36~38 ℃,发酵3~4 d后倒垛一次,发酵7~8 d后,表面长满红黄色菌膜;再倒盘一次,以保证上下层发酵一致封库静置,待菌衣厚而质密即可。

⑤干燥:将前酵成熟菌坯入温度50~60 ℃干燥室干燥12 h,使豆坯软硬适度,富有弹性,无裂纹。水分含量为45%~48%,盐分含量为8%~9%。

⑥装缸:将干燥合格坯码入洁净的陶瓷坛内,要求干坯呈圆形扇面摆放,注意干坯之间要保持一定的间隙。要求一层一浇汤汁,装缸结束后汤汁没过干坯2~3 cm,坯顶层距缸口约10 cm,敞口静置12 h。

⑦后期发酵:陶瓷坛运入后期发酵库内,注入两遍汤,要求汤没过块面4~5 cm,密封坛口码放整齐,温度控制在28~30 ℃,发酵80~90 d即成熟。

⑧汤汁的配制:白酒21 kg,面粉13 kg,红曲2.8 kg,食盐3.2 kg,良姜88 g,白芷88 g,公丁香88 g,母丁香88 g,三奈78 g,砂仁49 g,白蔻39 g,紫蔻39 g,肉蔻39 g,贡桂12 g,陈皮12 g,甘草39 g。

头遍汤:浓度24~26°Bé,酒精体积分数12%~14%,盐分12%~13%;二遍汤:浓度22~24°Bé,酒精体积分数12%~14%,盐分12%~13%;并配以10~13味中草药。

⑨成品检验:成品检验后,进行外包装。

(3)克东腐乳成品质量标准

①感官指标:块行整齐,柔软细腻;表面色泽鲜红色,内部杏黄色;具有本工艺产品特有之香气;滋味鲜美,咸淡适口,无异味。

②理化指标、微生物指标:参见相关资料。

5.3.2 霉豆渣饼

霉豆渣饼也称豆渣粑、霉豆渣,是湖北豆制品行业的传统名小吃,它是以豆腐渣为原料,在一定工艺条件下发酵而制成的一种食品。其发酵菌是稻草上的毛霉菌。

1)霉豆渣饼的特点

霉豆渣饼游离氨基酸含量高,味道鲜美,是营养丰富的风味豆制品。食用方法是将霉豆渣切成 1 cm 见方的小块，置热油锅中煎炒适当蒸发水分，然后按食用的习惯加入佐料，配上食盐或辣椒等炒后即可食用。

2）霉豆渣饼生产工艺流程

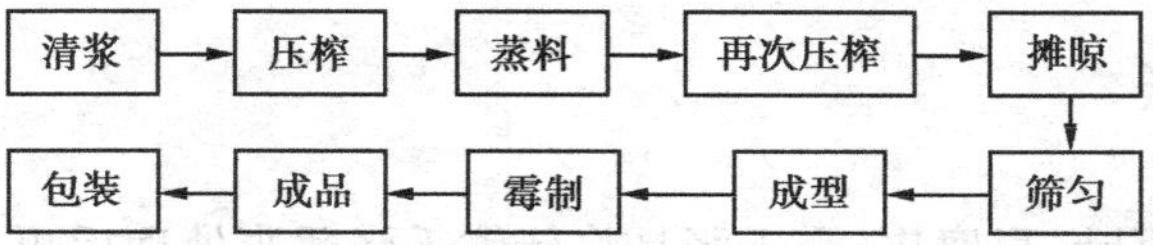

3）霉豆渣饼生产工艺操作

（1）清浆

豆腐渣 1 份，加水 2 倍，并可加入少量做豆腐的下脚水（又称黄浆水），在木桶或缸中搅拌均匀，使呈糨糊状，置常温下浸泡（酸化），直至豆渣糊表面出现清水纹路，挤出水不再混浊为止。浸泡时间的长短与用水多少、气温高低有关，气温高则时间短；气温低则时间长，一般在 24 h 左右。气温高，加水多；气温低，加水少，一般为豆渣质量的 2 倍左右。

（2）压榨

将已清浆的豆渣装入麻袋中，进压榨设备，压榨出多余水分。经过压榨的豆渣，用手捏紧，可见少量余水流出。

（3）蒸料

将已经过压榨的豆渣蒸热，底锅水沸腾后，将豆渣搓散，疏松地倒在炊箅上，加盖，用旺火蒸料。开始，蒸汽有轻微酸味逸出，上大汽后酸味逐渐消失。从上大汽算起，再蒸 20 min，直至有热豆香味逸出为止。

（4）摊凉

将蒸熟的豆渣出锅，将多余的水分压干。压好的豆渣置干净竹席上摊晾至常温。

（5）成型

将结块的豆渣搓散后，放筛子里筛散。筛好的豆渣以浸过桐油的木碗为模具做成圆饼状。

（6）霉制

霉箱大小形状如腐乳霉箱，无底，每隔 3～5 cm 有固定竹质横条，横条上竖放干净稻草一层，再将豆渣粑排列在稻草上，每块间隔 2 cm 左右，每箱装 80～90 个豆渣粑，利用稻草上的霉菌自然接种。霉箱重叠堆放，每堆码 10 箱，上下各置空霉箱一只，将其静置霉房保温发酵。早春、晚秋季节，在常温下霉制；冬天霉房要生火保温，室温在 10～20 ℃。霉制 1～3 d（室温高，时间短；室温低，时间长）后，在堆垛上层的豆渣粑上，隐约可见白色茸毛，箱内温度上升到 20 ℃以上，即需进行倒箱。倒箱就是将霉箱颠倒堆码。豆渣粑全部长满纯白色茸毛，箱温如再上升，可将霉箱由重叠堆垛改为交叉堆垛，以便降温。再过 1～2 d 茸毛由纯白色变为淡红黄色，霉豆渣制成，即可出箱。霉制周期冬季稍长，春、秋较短。

（7）成品

成品检验后，进行外包装。

4）霉豆渣饼成品质量标准

（1）感官指标

表面有灰白色绒毛、质地疏松，无杂质；有豆渣特有的清香、辅料的复合香气及发酵的酱香,且诸香协调;鲜美可口,质感丰富,有嚼头,无苦味,无杂质。

(2)理化指标、微生物指标

理化指标、微生物指标参见相关资料。

5.3.3 霉千张

千张即干豆腐、百叶、豆腐皮,霉千张是将新鲜千张适当处理后再卷曲发酵而成。由于经过发酵,其中的蛋白质等成分发生降解。因此,更加易于消化,且风味独特。霉千张制作的工艺流程如下:

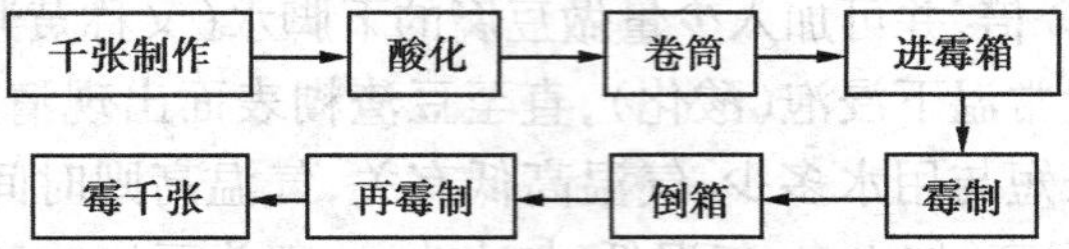

1)制作过程

(1)原料准备

取生产豆腐时剩下的下脚水(黄浆水)适量,待其自然发酵酸化(pH 4~4.5);将千张切成15 cm×20 cm的长方形。

(2)酸化

将千张皮分成单张,置于以上配好的,温度约50 ℃的黄浆水中浸泡15 min以上,浸泡时间的长短视气温高低而定。气温高时间短;气温低,时间长。

(3)卷筒

将浸泡好的千张皮取出,沥干表面水分,几张千张皮重叠起来卷成中空的卷,直径3~4 cm。

(4)霉制

将千张卷每卷间隔2 cm平行放置于铺有稻草的霉箱中保温20 ℃左右霉制。经过大约3 d(温度高时间短,温度低时间长)后,千张卷上会长出白色毛霉菌丝。当毛霉长满千张卷时降温保存1~2 d,菌丝变色即成。

2)产品特点及食用方法

(1)形状整齐,颜色棕褐,味道鲜美。

(2)小火煎炸后拌入调料或拌入调料后清蒸即可食用。

5.3.4 豆豉

豆豉(音chǐ)是中国汉族特色发酵豆制品调味料。豆豉以黑豆或黄豆为主要原料,利用毛霉、曲霉或者细菌蛋白酶的作用,分解大豆蛋白质,达到一定程度时,加盐、加酒、干燥等方法,抑制酶的活力,延缓发酵过程而制成。

1)豆豉的特点和分类

(1)豆豉的特点

豆豉富含蛋白质、各种氨基酸、乳酸、磷、镁、钙及多种维生素,色香味美,具有一定的保健作用,我国南北都有加工生产,主要产于江西省上饶市、重庆市永川区。

(2)豆豉的分类

按加工原料,可分为黑豆豉和黄豆豉;按口味,可分为咸豆豉和淡豆豉。

2)豆豉生产工艺流程

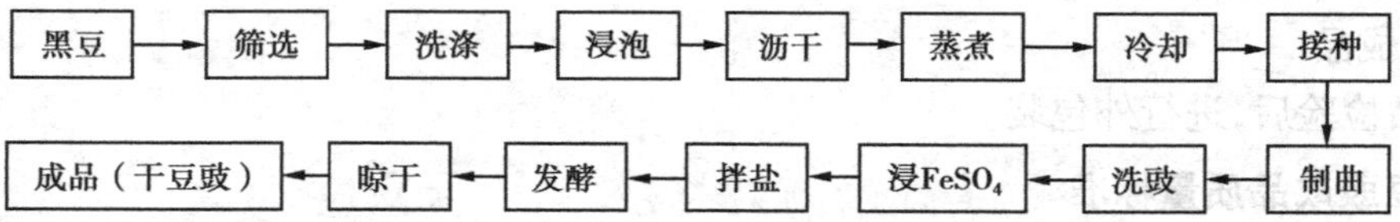

3)豆豉生产过程

(1)原料处理

①原料筛选:择成熟充分、颗粒饱满均匀、皮薄肉多、无虫蚀、无霉烂变质,并且有一定新鲜度的黑豆为宜。

②洗涤:用少量水多次洗去黑豆中混有的砂粒等杂质。

③浸泡:浸泡的目的是使黑豆吸收一定水分,以便在蒸料时迅速达到适度变性;使淀粉质易于糊化,溶出霉菌所需要的营养成分;供给霉菌生长所必需的水分。浸泡时间不宜过短。若大豆吸收率小于67%时,制曲过程明显延长,且经发酵后制成的豆豉不松软。若浸泡时间延长,吸收率大于95%时,大豆吸水过多而胀破失去完整性,制曲时会发生“烧曲”现象;经发酵后制成的豆豉味苦,且易霉烂变质。因此,应选择浸泡条件为40 ℃、150 min,使大豆粒吸收率在82%,此时大豆体积膨胀率为130%。

④蒸煮:蒸煮目的是破坏大豆内部分子结构,使蛋白质适度变性,易于水解,淀粉达到糊化程度,同时可起到灭菌的作用。确定蒸煮条件为1 kg/cm^2,15 min或常压150 min。

(2)制曲

制曲的目的是使煮熟的豆粒在霉菌的作用下产生相应的酶系。在酿造过程中产生丰富的代谢产物,使豆豉具有鲜美的滋味和独特风味。

把蒸煮后的大豆出锅,冷却至35 ℃左右,接种M曲霉沪酿3042或TY-Ⅱ,接种量为0.5%,拌匀入室,保持室温28 ℃,16 h后每隔6 h检查一次。制曲22 h左右进行第一次翻曲,翻曲主要是疏松曲料,增加空隙,减少阻力,调节品温,防止温度升高而引起烧曲或杂菌污染。28 h进行第二次翻曲。翻曲适时能提高制曲质量。翻曲过早,会使发芽的孢子受抑;翻曲过迟,会因曲料升温引起细菌污染或烧曲。当曲料布满菌丝和黄色孢子时,即可出曲。一般制曲时间为34 h。

(3)发酵

豆豉的发酵就是利用制曲过程中产生的蛋白酶分解豆中的蛋白质,形成一定量的氨基酸、糖类等物质,赋予豆豉特有的风味。

①洗豉:豆豉成曲表面附着许多孢子和菌丝,含有丰富的蛋白质和酶类,如果孢子和菌丝不经洗除,仍以孢子和菌丝的形态附着在豆曲表面,特别是孢子有苦涩味,会给豆豉带来

苦涩味，并造成色泽暗淡。

②加青矾：向成曲中加入18%的食盐、0.02%的青矾和适量水，以刚好齐曲面为宜。其目的是使豆变成黑色，同时增加光亮。

③浸焖：常温浸焖12 h。

④发酵：将处理好的豆曲装入罐中至八到九成满，层层压实，置于28～32 ℃恒温室中保温发酵。发酵时间控制在15 d左右。

(4)晾干

豆豉发酵完毕，从罐中取出置于常温下晾干，即为成品。

(5)成品

成品检验后，进行外包装。

4)豆豉成品质量标准

(1)感官指标

黑褐色、油润光亮；酱香、酯香浓郁无不良气味；滋味鲜美、咸淡可口，无苦涩味；颗粒完整、松散、质地较硬。

(2)理化指标、微生物指标

理化指标、微生物指标参见相关资料。

5.4 其他豆制品

5.4.1 豆沙加工

豆沙是指将红豆或绿豆浸泡后，煮熟压成泥，加入油、糖浆或者玫瑰酱等混匀后的甜酱。

1)豆沙的特点和分类

(1)特点

作为民族风味的传统食品，豆沙富含多种营养素，可制成各种主副食品、糕点或饮品，如豆沙包、油炸糕、冰糕、冰激凌、小豆沙糕、豆沙月饼、豆沙春卷、豆沙清凉饮品等，还可作为咖啡、巧克力制品的填充料或代用品。近年来，随着人们生活水平的提高，饮食结构失衡，高蛋白、高脂肪食品摄入过量导致的各种现代“富贵病”困扰着越来越多的人。人们对保健品和营养食品的需求随之增加，优质豆沙豆馅及相关的豆沙馅系列食品在国内外的需求也在逐年增加。

(2)分类

①红豆沙：是我国传统风味食品，也是现代生活中大众化的方便食品和食品工业的重要原料之一。感官特性为：口感细腻滑润，有沙感，豆香味浓郁，红棕色。

②绿豆沙：绿豆中淀粉含量高，可加工制作成绿豆沙或绿豆沙馅，由于原料价格贵、总

产量少，因此，一般添加于高档烘焙食品或冷饮食品中。感官特征为：组织均匀细腻，口感滑润，有沙感，豆香味浓郁，浅黄色，有光泽。

2）豆沙加工产品配方（以红豆沙为例）

红小豆 20 kg、砂糖 22 kg、食用油 7.5 kg。

3）豆沙加工工艺流程

红小豆 → 漂洗 → 煮豆 → 磨豆 → 过滤 → 去皮 → 炒沙 → 回沙

4）豆沙加工工艺操作

（1）漂洗

将红小豆用水浸泡 3 ~ 4 h，使豆粒吸水膨胀，去掉泥沙灰土等，并淘洗干净。

（2）煮豆

50 kg 豆约用水 125 kg，放在锅中煮，先用大火，待煮开后再用文火，煮到豆皮脱开，用手捏豆成粉末状。

（3）磨豆过滤

用石磨或砂磨磨豆，磨出的豆泥若不需要去皮，可用布袋将豆沙装好榨出水分，然后进行炒沙。若需要去皮，用筛子滤出细皮渣，并用布袋压榨出水分，然后再炒沙。

（4）炒沙

先在锅内添加 1 kg 食用油，再将豆沙倒入，用一般火力，并不断用铁铲从锅底翻起，以防止炒焦，炒至半干后将砂糖投入，继续用文火翻炒，直至砂糖熔化，再将 5 kg 食油分 2 ~ 3 次投入，继续翻炒，炒至不黏手。用于夹心面包或蛋糕芯，此种豆沙即可用；用于绿豆糕和酥皮点心的馅料，则还需进行回沙处理。

（5）回沙

将炒好的豆沙取出，在案板上摊开冷却，然后装入容器 1 ~ 2 d 后，把豆沙再次放入锅中加热，一般要重复上述操作 2 ~ 3 次，每次都需事先在锅内加一些食用油，用文火加热，并不断翻炒，这样糖和油可充分渗透到豆沙的颗粒内，使豆沙组织变得更加细腻，耐储性增加。直至物料与油、糖匀和变黏稠状。

（6）成品

成品检验后，进行外包装。

5）红豆沙成品质量标准

（1）感官指标

油润、透亮、呈棕红色，有光泽；香甜嫩滑，无油糖的甜腻和其他不良异味。常温下呈凝固状，65 ℃下柔软黏稠，无粒状物及肉眼可见的杂质。

（2）理化指标和微生物指标

理化指标和微生物指标参见相关标准。

5.4.2 绿豆糕

绿豆糕是用绿豆、豌豆、白糖、植物油、豆沙、桂花等原料，经特殊处理，精制而成的块形固体食品，也是我国传统佳节——端午节的一种应时糕点。

制作绿豆糕的基本原料有绿豆粉、砂糖、植物油和水，其他配料还有豌豆粉、面粉、红豆沙、桂花、核桃等。绿豆糕可带馅也可不带馅，糖分、油分也有多有少。

对绿豆糕品质有重要影响的原料是绿豆糕粉，绿豆糕粉的质量又受原料的纯正、加工工艺的影响。单纯用绿豆制作绿豆糕粉成本较高，因此，市面上的绿豆糕粉有时会掺杂一些其他原料，如豌豆粉、熟面粉等。

简易制作绿豆粉的方法是：将绿豆浸泡至裂口可脱皮时，用手将皮搓脱，然后去皮。将去皮后的绿豆蒸熟，在搅拌机中粉碎得绿豆泥，此绿豆泥可直接加入其他配料，压模成型，得绿豆糕；也可将其干燥后再细磨成绿豆粉，做成绿豆糕。

绿豆糕生产一般工艺流程如下：

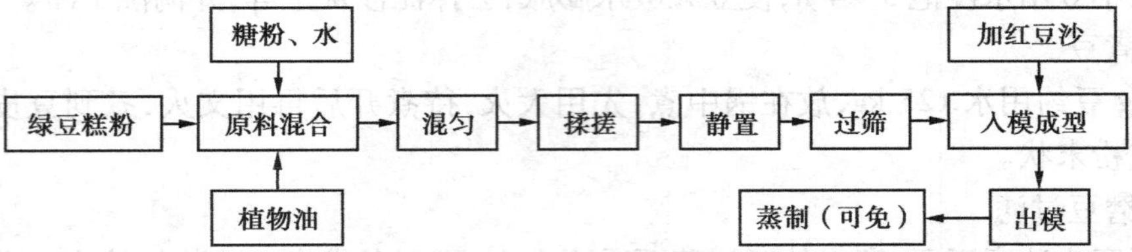

关于绿豆糕制作的详细说明参见第12章相关部分内容。

5.4.3 粉丝

1）粉丝简介

粉丝又称粉条，是一种用绿豆、豌豆、红薯淀粉等做成的丝状食品；也用其他含淀粉多的原料，如赤豆、红豆、玉米、高粱、甘薯、马铃薯、木薯等生产粉丝，因此有绿豆粉丝、蚕豆粉丝和杂豆粉丝等；但产品质量不如绿豆粉丝，这是由于淀粉的性质存在差异。

绿豆粉丝质量好的原因是：绿豆含有较多的直链淀粉，易回生，能产生较强的凝胶，使绿豆粉丝有较大的抗拉强度，煮丝捞起时不易断条；耐煮，不糊汤；煮丝捞起时不易断条或粘连；绿豆淀粉有良好的热糊和冷糊稳定性。热糊稳定性好的淀粉制成的粉丝煮沸损失小，粉丝口感好；冷糊稳定性好的淀粉制成的粉丝不易断条。

上好的绿豆粉丝色泽洁白，有光泽，粗细均匀，手感柔韧，有弹性；气味和滋味均正常。

2）绿豆粉丝生产工艺

（1）绿豆粉丝加工工艺流程

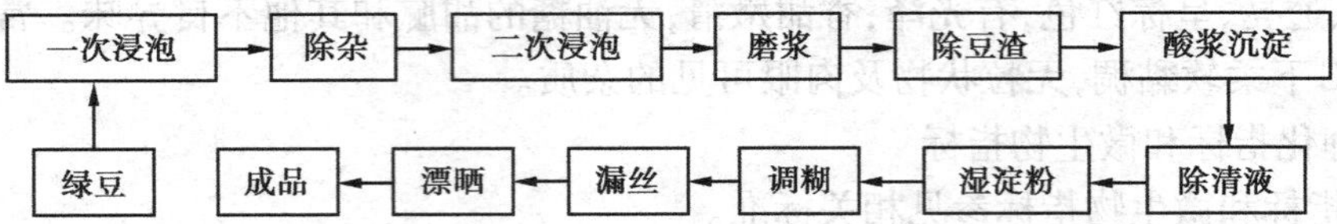

（2）绿豆粉丝加工工艺操作要点

①浸泡：将绿豆洗净，分两次浸泡。第一次按每100 kg原料加水120 kg，夏季用60 ℃温水，冬季用100 ℃开水，浸泡时间为4 h左右，要使其吸足水分。待水被豆吸干后，冲去泥沙等杂质。然后进入第二次浸泡，浸泡时间夏天为6 h，冬天为10 h，一定要浸透。

②磨浆：将浸泡好的绿豆上磨，每100 kg加水400～500 kg。

③除渣：磨成浆后，用80目筛眼过滤，除去豆渣。

④酸浆沉淀：豆浆经过12～16 h的自然沉淀后，倒掉粉面水和微黄的清液。也可采用酸浆沉淀法，即在浆内加酸浆（夏天7%，冬天10%）即可沉淀，撇去粉面清水。为使粉丝洁白透明，最好经过二次沉淀，以提高纯白度。把沉淀的淀粉铲出，放入袋内，经12 h沥干水分，取出洁白坚实的湿淀粉块。

⑤调糊：也称冲芡，是加工粉丝的关键，每100 kg淀粉加55 ℃温水100 kg左右，拌匀调和。再用沸水180 kg左右，向调和的稀糊粉中急冲，并迅速用竹竿用力搅拌至糨糊起泡为止，使其成为透明均匀的粉糊，即为黄粉。将上述的黄粉，按每100 kg配400～500 g的明矾，水溶解后掺入淀粉内调和拌匀。要求糨糊不夹生，不结块，没有粉粒，不黏手又能拉丝，用手指在面上划沟，裂缝两边合不上，漏下粉丝不粗、不细、不断，就符合标准；若下条太快，有断条，则说明太稀，应加粉揉匀；如粉条下不来或太慢，粗细不均，表明太干，应加水调和均匀、柔软，即做成粉丝的粉团。

⑥漏丝：又称压丝，先在锅上安好漏粉瓢，锅内水温保持97～98 ℃。瓢底离锅水的距离，可根据粉丝粗细要求和粉团质量而定。粉丝粗，距离近些，粉丝细，距离远些，瓢底孔眼一般直径为1 mm。操作时，将粉团陆续放在粉瓢内，粉团通过瓢眼压成细长的粉条，直落锅内沸水中，即凝团成粉丝浮于锅水上面，此时应随即把粉丝捞起。

压丝是一个很主要的技术环节，要特别注意掌握火候。锅水要满、微沸。水太沸会煮断粉丝，不沸时粉丝又会沉下锅底黏成一团。遇到水太沸时，可退火或掺点冷水；不沸时，要适当加火，一般要掌握水在锅中微沸并向一个方向转动，这样可使压下的粉丝在锅内浮起转动大半圈，防止粉丝下锅粘拢。待粉丝开始熟时，可用筷子将它从锅边捞起。

⑦漂晒：粉丝起锅后，放入有冷水的缸内降温，以增加弹性，同时把清漂的粉丝排于原备好的竹竿上，放入冷水的缸或池内泡1 h左右，等粉丝较为疏松开散、不结块时捞出晒干。晾晒时，还要用冷水洒湿粉丝，再轻轻搓洗，使之不粘拢。

⑧成品：粉丝晒至干透，取下捆扎成把。

5.5 豆芽类蔬菜的制作技术

豆芽是我国古已有之的传统蔬菜，因其白嫩清爽、芽体粗壮、洁净美观，味道鲜美（可溶性氨基酸、维生素和膳食纤维等营养丰富，抗氧化保健功能强），而深受人们的喜爱。

生产豆芽的豆类主要有绿豆、大豆、蚕豆、豌豆及赤豆等。按照不同豆种培育出的豆芽分别称为绿豆芽、黄豆芽、蚕豆芽、豌豆芽、赤豆芽等。其中，以绿豆芽和黄豆芽为上品。人们通常所讲的豆芽，一般是指绿豆芽或黄豆芽。

豆芽的生长不需要补充无机盐营养，仅利用豆粒种子本身储藏的营养物质，也不需要进行光合作用。因此，豆芽生产不需要很大面积的场所，采用无土培育，不占田地，只要有一些简单的设备就行。一般专业户、宾馆、单位食堂，甚至居民家庭都能进行豆芽生产；如果措施得力，技术熟练，一般只要3 d时间，每千克豆种就可生产出7～13 kg豆芽。因此，豆芽生产具有本小利大、设备简单、工艺流程短等优点。

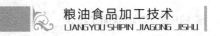

5.5.1 有机豆芽的制作技术

豆芽生产技术属于无土栽培,主要生产要素是水。而水中的矿物质含量,决定了豆芽生产的成败。采用传统工艺,严格技术流程,利用洁净、矿物质含量高的优质水,可生产出绿色有机豆芽产品。

1)有机豆芽生产特点

选用优质原料豆、天然矿泉水,不用化肥、不用除草剂、不用杀菌剂,严格消毒。确保生产的豆芽,品相整齐,清香怡人,各项卫生指标达到绿色食品标准。而使用过化肥、激素和农药的豆芽虽然芽体粗壮,品相好,但芽体脆,掰开后会有水冒出,食用品质差。

2)有机豆芽生产技术要点

(1)场地选择

生产豆芽的黄豆和绿豆豆种是属于喜温、耐热的蔬菜种子。豆种发芽的最低温度为10 ℃,最高28~30 ℃,不宜超过32 ℃。如果温超过度、过低,豆芽生长缓慢,天数多,周期长,产量低;温度过高,豆芽生长快,胚轴细长,纤维多,品质差。因此,豆芽生产房要求冬暖夏凉,室内温度保持在20~25 ℃为宜;同时,应选择通风、气流稳定、光线阴暗、保温性能较好的地方。

(2)生产用具

盛水和洗豆芽的大缸、浸泡豆芽的小缸、淋水壶、捞豆种的铁笊篱、温度计、盖容器的蒲包、天然矿泉水等。培育豆芽的用具要干净,用前要开水煮烫消毒。

(3)生产工艺

①选豆:选发芽率高、发芽势强、粒大粒饱的豆种。去掉碎豆、裂豆、虫口豆、石豆、隔年豆和储藏时受热的走油豆及其杂物;否则,在生产过程中会发霉腐烂。

②消毒:把选好的豆倒进缸里,在55 ℃的温水中消毒10~15 min,同时不断进行搅拌,用铁笊篱把漂浮上来的豆子、杂物捞去;捞净后,温度可降至30 ℃,开始泡豆。

③泡豆:冬季泡4 h,其他季节泡2 h。浸泡的缸口用盖子或干净的麻包盖好,每半小时翻动1次,让豆种吸足水分。泡好的豆子倒进预先高温消毒的缸里,缸底部的漏水孔安装成自来水龙头式,漏水孔处加盖过滤网,既不漏豆种又能顺利滴水为宜。

④淘洗:容器内豆芽在不同位置上的水、光、气、热均有差别,豆种的发芽势不同,发芽速度不一致,因此豆种需要反复淘洗。经过几次淘洗后,基本上可改变容器上口芽长、四周和底层芽短的情况。前2 d每天在缸里淘洗1次,力求发芽均匀整齐。具体操作方法是:向缸里注入23~24 ℃温水,水没过豆芽就停,用手上下搅动拌匀,1 d只能洗1次,洗过后,打开缸底部的水龙头,放掉洗豆水。到第3 d早上“坐缸”,即把豆种抹平、抹匀。黄豆装高22~24 cm,绿豆装高8~10 cm。不能装得过多或过少。如果装多了,容器底层豆子因受较大的压力出现生长缓慢或不长;如果装少了,豆芽生长压力小,生长过快,豆芽又细又长,影响产量和质量。

⑤淋水:是生产优质豆芽的关键环节。豆子在收获后有一段休眠期,但仍在进行呼吸,

这种现象在发芽时显得格外旺盛。因此，豆子“坐缸”后要进行淋水。如果不及时把它呼吸所产生的热量散发掉，豆芽就会腐烂变质发出酸臭的气味。

淋水操作要根据季节气候变化而变化。夏季气温高，一般4 h淋1次，1次淋两遍；春、秋两季气候温和，适宜豆芽生长，可5 h淋1次；冬季天气寒冷，豆芽生长缓慢，室内需要加温，有条件的地方，室内温度要保持为22～25 ℃。每6 h用温水淋1次，1次淋1遍，淋水前要用温度计测量水温，掌握好水温，不要有忽高忽低。水温过高，会使豆芽生长加快，热量来不及散发掉，豆芽中间部分会变红、腐烂；水温过低，豆芽生长缓慢，出现弯曲状，生长期偏长。淋水用喷壶，像浇花一样，将水洒匀，不能乱冲、乱倒，以免影响豆芽生长。

⑥缸及消毒杀菌：整个生产过程需要7 d。出缸时，要进行淘洗去皮，并用热水消毒。

⑦成品包装：成品检验后，适当进行外包装。

(4)注意事项

①劣质原料豆在清洗时要及时去掉。

②容器排水情况要好，豆子不能泡在水中，但又要维持足够的湿度。

③不要让豆子见阳光，否则容易长成豆苗。

3)有机豆芽成品质量标准

(1)感官指标

形态整齐，芽体较长、粗壮，韧脆度和手感好；颜色淡黄白色，有光泽，芽体色正；鲜食口感香甜，豆腥味较淡；熟食有较浓甜味和鲜香味，无苦涩味。

(2)理化指标和微生物指标

理化指标和微生物指标参见相关标准。

本章小结

本章主要讲述了豆腐、腐竹、油皮、豆乳、粉丝、豆腐乳、霉豆渣饼、豆豉及豆芽等豆制品的加工原理、工艺流程、技术要点以及影响豆制品质量的因素和控制方法。

复习思考题

1. 豆腐等豆制品生产对于大豆原料有什么样的要求？

2. 豆腐等豆制品生产时的凝固剂有哪些？它们对于豆腐等豆制品的品质有什么影响？

3. 影响大豆磨浆工序（豆浆浓度、细度）对豆腐等豆制品的生产影响大吗？

4. 豆腐等豆制品生产时，如何进行点浆操作（包括凝固剂的选用、前处理、用量、加入方法等）？

5. 豆腐等豆制品生产时，如何进行蹲脑操作？

6. 怎样做腐竹、油皮、腐乳、红豆沙、绿豆沙、绿豆糕及豆芽？

第6章 玉米、马铃薯和甘薯的加工技术

学习目标

了解玉米、马铃薯和红薯的种类、加工产品和加工工艺。

技能目标

能够选用合适的原料，制造出合格的杂粮加工产品。

知识点

玉米、马铃薯和甘薯。

6.1 玉 米

6.1.1 玉米简介

玉米一般有3种:黄色、白色及混色。由于黄色玉米的淀粉含量较其他品种高,种植面积大,价格便宜且黄色色素主要集中在果皮里,在加工中可去除,对淀粉的质量没有影响,因此,一般淀粉生产均选用黄色玉米作为原料。白色玉米缺乏甲种维生素,但粉色洁白,制作的淀粉外观较好。玉米按籽粒形态又可分硬粒型、马齿型和粉质型,马齿型占有的比例最大,是主要的加工原料。马齿型玉米籽粒胚乳两侧为角质胚乳,中央和顶端均为粉质胚乳;硬粒型籽粒呈圆形或短方形,胚乳周围全是角质;粉质玉米则几乎不含角质胚乳。

根据成分及用途,玉米又可分为高淀粉玉米、高赖氨酸玉米、高油玉米、蜡质玉米(糯玉米)等多种,其中,蜡质玉米和高直链淀粉玉米备受关注。

玉米与其他粮食类淀粉质原料相比,最大特点是含有丰富的脂质,这些脂肪主要集中于胚芽中,玉米油是一种附加价值很高的玉米加工淀粉工业中的副产品,但玉米淀粉生产中的最关键问题也是如何去除脂肪。

玉米中含有的蛋白质,主要是醇溶蛋白、白蛋白、球蛋白和谷蛋白。球蛋白的集中,可用于动物饲料的配制。纤维素主要存在于玉于胚芽,籽粒的其他部位主要是醇溶蛋白和谷

蛋白,在加工玉米时提取的不溶性蛋白质称为麸质,又称黄粉,含蛋白质米皮层,是玉米生产淀粉时构成粗渣和细渣的主要成分。皮层和胚芽中还含有一定量的矿物质,是玉米灰分的主要组成部分。

6.1.2 玉米加工概述

1)普通玉米加工产品

玉米除可以直接作为粮食食用外,还可以进行深加工。产品包括8大系列,即淀粉、变性淀粉(包括糊精、淀粉、酸变性淀粉、氧化淀粉、交联淀粉、酯化淀粉、醚化淀粉、阳离子淀粉、抗性淀粉、淀粉基脂肪代用品、接枝淀粉及各种复合变性淀粉等)、淀粉糖(包括饴糖、麦芽糖浆、果葡糖浆、结晶葡萄糖、全糖及各种低聚糖、糖醇等)、发酵制品类(酵母、酒精、甘油、丙酮、丁醇、乳酸、柠檬酸、葡萄糖酸、味精、赖氨酸、苏氨酸、色氨酸、天冬氨酸、苯丙氨酸、黄原胶、茁霉多糖、环状糊精、酶制剂、单细胞蛋白、红曲色素、抗菌素等)、油脂(玉米胚芽油)、酶制剂、香料和医药化学产品。其中,淀粉和酒精是两个主要的玉米加工产品。进一步深加工产品有维生素C、淀粉降解塑胶料、超吸水性树脂、乳酸钙、乳酸乙酯、酵母提取物或各种食品添加剂等。饲料也是玉米的一个主要应用领域。

玉米湿磨加工是采用物理的方法将玉米籽粒的各主要成分分离出来获取相应产品的过程。通过这一加工过程可获取5种主要成分:淀粉、胚芽、可溶性蛋白、皮渣(纤维)、麸质(蛋白质)。因玉米中所含淀粉的比例较大,一般干基含量在70%左右,所以习惯上称淀粉为主产品,而其余产品均为副产品。

(1)淀粉

1944年科学家K. H. Meyer将淀粉团置于热的水溶液中,发现淀粉颗粒可以分为两个部分,形成结晶沉淀析出的部分称为直链淀粉,留存在母液中的部分为支链淀粉。那些两者尚没有被分开的淀粉通常以“全淀粉”相称。直链淀粉和支链淀粉在分子形状、聚合度、立体结构、还原能力上都有很大差别,这种结构上的差异决定了它们在性质上的不同。集中表现在溶水性、碘呈色性、形成络合结构能力、晶体结构、凝沉性、糊黏度和乙酰衍生物成膜性等方面。

淀粉是仅次于纤维素的具有丰富来源的可再生性资源,是植物能量贮存的形式之一,也是人类食物的重要来源,除食品工业外,淀粉在纺织、造纸、医药、石油、化工等领域也有着广泛的应用。在自然界中,许多植物都含有淀粉,但能够作为生产淀粉原料者,则必须具备以下3个条件:

①淀粉含量高,成本较低。

②收集、贮存、加工相对较容易。

③副产品利用价值较高。

玉米种植广泛,货源充足,价格低廉,又可长期贮存,且淀粉含量很高,是理想的生产淀粉原料。玉米淀粉是各种作物中化学成分最佳的淀粉之一,有纯度高(达99.5%),取率高(达93%~96%)的特点。

从玉米籽粒中制取淀粉,总体的工艺流程应该包括的主要工序有:玉米的清理去杂,在亚硫酸溶液中浸泡玉米,破碎浸泡过的玉米籽粒,从已破碎的玉米籽粒中分离胚芽,细磨玉米糊，皮渣的筛分和洗涤，从淀粉和蛋白质的混合悬浮液中分离蛋白质，洗涤淀粉从中分离出可溶性物质，淀粉的机械脱水，淀粉的干燥。

(2)淀粉糖

淀粉水解产品是淀粉应用的一个主要方向，其中尤以甜味剂为主。通常把以淀粉为原料生产的糖品统称淀粉糖。在制备各种各样淀粉糖制品时，首先要通过酸或酶把淀粉水解，然后利用水解所获得的糖浆，通过不同途径转化成相应的糖制品。淀粉水解的基本方法有3种：酸解法、酸酶结合法、双酶法。

控制淀粉水解程度并使用相关生化方法分别可得到饴糖、葡萄糖、麦芽糖和异构化糖。水解程度可用葡萄糖当量值 *TE* 示。计算方式如式(6.1)：

$$TE=\frac{\text{还原糖含量(以葡萄糖计算)}}{\text{干物质}}\times 100\% \tag{6.1}$$

(3)玉米胚制油

玉米胚制油有压榨法和浸出法两种。目前，国内以压榨法取油为主。榨机压榨玉米胚油工艺流程如下：

玉米胚→过筛(去玉米粉、小渣、杂质)→磁选(去铁杂)→软化→轧胚→蒸炒→压榨(得毛油)→饼。

(4)玉米淀粉生产生物降解塑料

淀粉基生物降解塑料按加工技术水平可分为：淀粉填充型生物降解塑料、淀粉基生物全降解塑料、淀粉接枝共聚生物降解塑料、生物合成全降解塑料。

(5)淀粉生产生物可降解表面活性剂

近年来合成洗涤剂大量地将肥皂挤出市场，但是它本身也遇到了严重的问题，这就是对环境的严重污染。以对甲苯磺酸为催化剂，将正丁醇与葡萄糖反应制得的十二烷基葡萄糖苷表面活性与十二烷基苯磺酸钠相似，是一种优良的表面活性剂。

(6)淀粉生产超吸水性树脂

将淀粉-丙烯酸接枝共聚物进行水解，可以得到一种吸水量达到自身质量的数百倍甚至数千倍的超吸水性树脂。淀粉类超吸水性树脂具有吸水能力强，吸水速度快，保水性好，原料来源丰富，价格低廉，用途广泛等优点，近年来发展很快。

淀粉类超吸水性树脂可用于制造卫生材料如：卫生纸、纸尿布、餐巾、一次性抹布的添加物。与香料混合用来做吸脚汗的鞋垫，或在防护帽内吸收汗液。也可以作为机能吸水材料如：玻璃表面防雾剂、农用塑料薄膜、土壤保水剂、空气持久留香清新剂、皮肤持久保湿化妆品、除臭剂。此外，利用其吸水而几乎不吸油和非极性溶剂的性质，可用于油品脱水。含有超吸水性树脂的过滤材料用于去除柴油和汽油-酒精混合燃料中的少量水分时非常有效。

2)特种玉米加工技术

用途和性状上不同于普通玉米的一些新型玉米，又称为特用玉米，包括甜玉米、高油玉米、高赖氨酸玉米、糯玉米、笋用米、青贮玉米、爆裂玉米、高淀粉玉米等。

(1)甜玉米

甜玉米是甜质型玉米的简称，以其籽粒在乳熟期含有较多的糖分、饱满多汁味鲜甜而得名。甜玉米与普通玉米的本质区别在于，胚乳携带与含糖量有关的隐性突变基因。根据所携带的控制基因不同,甜玉米的含糖量也不同,可分为不同的遗传类型。生产上应用的有普通甜玉米、超甜玉米和加强甜玉米3种遗传类型。

①甜玉米的营养价值及用途:甜玉米具有很高的营养价值。不仅含糖量高,甜味纯正,而且含油量及蛋白质、赖氨酸、色氨酸的含量也远高于普通玉米,使甜玉米的蛋白质的品质比普通玉米有了很大的提高。

甜玉米与普通玉米不同,是因为它携有能显著提高籽粒含糖量的有关控制基因,根据甜玉米调控基因不同,又可分为普通甜玉米、超甜玉米、加强甜玉米。

②甜玉米的加工利用:种植甜玉米不仅是为在市场上销售鲜嫩果穗,更主要的是用来加工成各式食品。目前利用甜玉米加工成的产品花色多样,主要有各种甜玉米罐头、冷冻甜玉米、玉米笋、玉米笋蜜饯、玉米笋罐头,以及各种软包装三合一的蔬菜。其中由甜玉米加工成的罐头食品是欧美国家人们喜爱的蔬菜罐头,近年来,欧美国家对甜玉米罐头的进口量不断上升。

a.甜玉米罐头:甜玉米罐头形式很多,主要有两种类型:一种是整粒状的,另一种是糊状的。并且可以根据消费者的口味需要,添加各种佐料来制作不同风味的产品。一般工艺流程如下:

原料验收→剥皮去丝修整→挑选→分级→清洗→脱粒→漂烫→冷却→筛选→装罐→注汤→排气→真空封罐→杀菌→冷却→保温检验→入库→包装。

制罐头用的甜玉米,要求最好从采收到加工在半天之内完成。采收的果穗如在常温下放置过久,将严重损害罐头产品的品质和风味,甚至根本无法加工利用。

b.甜玉米羹罐头:甜玉米羹罐头是以乳熟期的甜玉米为原料,经脱粒、刮浆等工序加工成的含玉米粒的粥状产品,可以直接食用,但一般以烹调加工成汤类食品较多。工艺流程如下:

甜玉米→原料验收→去苞叶、花丝→修整→清洗→脱粒、刮浆→预煮→调味→装罐→称量→真空封口→洗罐→杀菌→冷却→擦罐→保温检验→装箱→成品。

c.冷冻甜玉米:又称速冻甜玉米,可分为整穗的、段状的和粒状的不同类型。这种甜玉米的加工是将新采收的果穗或铲下的籽粒经处理后,放在-30 ℃~-45 ℃条件下,迅速冷冻,包装后冷藏,一年四季均可供应市场,不受种植季节限制。解冻后食用,仍保持冷冻前的形态、色泽和适口风味。工艺流程如下:

原料采收→验收→去苞叶、花丝→检验→修整→漂洗→脱粒→清洗→漂烫→冷却→挑选→冰水预冷→沥干→速冻→筛选→包装→冷藏→检验。

d.玉米笋和玉米笋罐头:玉米的幼穗称为玉米笋。因玉米幼穗下粗上尖,形似竹笋,故得名。这种食品清脆可口,别具风味,是一种高档蔬菜。根据消费者的需要可添加各种佐料,制成不同风味的罐头,这种罐头在国际市场上很有竞争力。依据国际、国内市场需要,国内已有很多厂家加工生产玉米笋罐头,并已批量出口,是一个很有前途的产业。

玉米笋的加工工艺比较简单。当果穗花丝抽出3 cm时,剥出幼穗,长8~10 cm。摘除花丝后,随即按制罐工序加工,一般用旋盖的玻璃瓶装罐,依罐的大小每罐放玉米笋的根数亦不相同,供作出口的多用马口铁罐装;也可以采用软包装。工艺流程如下:

原料验收→剥皮去花丝→切段→分级→清洗→漂烫→冷却→装袋→真空封口→高温杀菌→冷却→擦袋→保温检验→装箱、入库。

e. 玉米笋蜜饯制作：用作制蜜饯的玉米笋在玉米雌穗刚刚抽出花丝、尚未鼓粒时及时采收。此时笋条长7～14 cm，直径小于1.7 cm，单个笋重7～14 g。并要求当天采收当天加工，如当天加工不完，可以连同苞叶放置于通风阴凉处，可保存1～2 d，或利用塑料薄膜包装放置于低温冷库中。

制作玉米笋蜜饯工艺流程如下：

剥笋→分级→护色、硬化→糖煮→沥糖、烘干。

f. 玉米秆制作淀粉：玉米茎叶合成的营养物质，一部分送到果穗籽粒中，还有很大比例留在茎叶中。可以利用甜玉米茎秆加工制作淀粉。

(2)高油玉米

含油量比普通玉米高出50%以上的玉米称为高油玉米。它是经人工育种创造的一种新型玉米。

①高油玉米的营养价值及用途：高油玉米籽粒不但含油量高，蛋白质、赖氨酸、色氨酸的含量也都明显高于普通玉米，这使其成为具有较高饲用价值和食用品质的、高营养、高能量、粮经兼用的玉米类型。高油玉米的玉米油是一种用途广泛、味道纯正、营养价值高的食用油，而且是一种具有保健功能的植物油，特别是经过精炼加工而成的玉米油清澈透明，存放数年不会沉淀，无任何异味。这种高级植物营养油含亚油酸量高，具有降低血管中胆固醇含量和软化血管的作用，对高血压、心脏病有一定疗效，而且这种玉米油易被人体吸收。另外，玉米油还是一种很好的营养强化剂和疏松剂，可利用制造各式糕点。玉米油的工业用途也很广泛，主要运用于制肥皂、油漆、染料等方面。

由于高油玉米籽粒含油量的提高，使籽粒的营养品质也相应有了较大的改善。用高油玉米作畜禽饲料可明显提高经济效益。据研究结果表明，将高油玉米饼添加到大豆粉的饲料中养猪，可降低猪日饲料消耗量。在母猪妊娠期喂养高油玉米饲料，可显著增加母猪体重和体内脂肪含量，增加产奶量和小猪存活率。用高油玉米加蛋白质补充物养鸡，也相应收到类似的效果。

②高油玉米的加工利用：高油玉米品种的含油量达7%～8%，使高油玉米在生产上有了大面积推广，并可用来精炼加工成玉米油。经过精炼加工而成的玉米油是一种用途广泛、味道纯正、营养价值高，而且具有保健功能的食用油，有"健康营养油"的美称，不仅可用来加工各种点心，还可用来制造黄油及花样繁多的快餐用油。

高油玉米用于加工榨油的生产过程中，首先一道工序就是脱胚，因为玉米油存在于玉米胚芽中。从分离出的玉米胚芽中提取玉米油，现在采用溶剂浸出法提取玉米胚芽油大大提高了玉米油的回收率，提高了玉米油的产量。榨油的工艺流程如下：

玉米胚→过筛（除玉米粉杂质）→磁选（去磁性金属物）→热处理→轧胚→蒸炒→压榨→毛油、饼。

(3)高赖氨酸玉米

高赖氨酸玉米籽粒蛋白质中的氨基酸组成不同于普通玉米籽粒，尤其是赖氨酸的含量有了极大的提高。由于赖氨酸是人和动物体内一种必需氨基酸，并且在人和单胃动物体内不能转化合成，只能从食物和饲料中获得。因此谷物蛋白质中赖氨酸含量的高低，是作为衡量谷物营养价值的重要指标之一，凡含赖氨酸高的其营养价值就高。

①高赖氨酸玉米的营养价值及用途：自从高赖氨酸玉米问世以来，它对普通玉米的蛋

白质、营养品质、食用口感有了很大的改进。

②高赖氨酸玉米的加工利用：用高赖氨酸玉米粉制作的各类饼干，具有食味酥脆香甜，加工的蛋糕具有体积大又松软可口的突出优点，且放置一段时间也不易变硬。用高赖氨酸玉米粉生产的饴糖，不仅拉的长度超过以往的产品，而且吃起来不黏牙齿。用高赖氨酸玉米粉作为午餐肉罐头的增稠剂，不仅比用淀粉成本低，而且风味也好。

高赖氨酸玉米加工技术与普通玉米相同，可以制作成玉米片、玉米米、玉米挂面、玉米方便面、玉米面包、玉米饼干、玉米饮料、膨化等食品。利用高赖氨酸玉米中赖氨酸含量高的特点，弥补人们从普通食品中摄取赖氨酸不足的问题。这里只简单介绍玉米片、玉米米和玉米挂面的加工技术。

a. 玉米片：玉米片是一种新型的快餐食品，保存时间长，便于携带，既可直接食用，又可加工成其他食品。玉米片可以像虾片一样经过油炸，作为零食、下酒菜，是人们喜欢的一种小吃。工艺流程如下：

原料→清选→润皮→脱皮、脱胚→浸泡→蒸煮→压片→烘烤→冷却→包装。

b. 玉米米：玉米米是一种以去皮、去胚的细玉米面为原料，经加水搅拌、膨化而成的人造米，呈淡黄色半胶化状态。外形像大米，所以又有人称它为玉米颗粒米。用玉米米做成的米饭、米粥，滑润可口，口感接近大米，而且减少了玉米的苦涩味。如果在玉米米中加入某些营养素和药物成分，可以进一步加工成适合于婴幼儿、老年人、病人需要的玉米营养米和疗效米等新产品。工艺流程如下：

原料→筛选→脱皮、脱胚→加水搅拌→成型→冷却→烘干→筛选→成品→包装。

c. 玉米挂面。

配方举例：玉米粒 30 kg，小麦粉 70 kg，精盐 1 ~ 2 kg，食碱 0.1 ~ 0.2 kg。

工艺流程：玉米→洗涤→精磨→和面→熟化→压片→切条→干燥→截断→称重→包装→成品。

(4)糯玉米

糯玉米的籽粒全部为支链淀粉，所以又称为黏玉米。

①糯玉米的营养价值及用途：由于支链淀粉易溶于水，因此，糯玉米淀粉易于消化。糯玉米籽粒中的水溶性蛋白、盐溶性蛋白比例较高，醇溶蛋白比例较低，赖氨酸含量也较普通玉米高出，干物糯玉米籽粒食用品质相对普通玉米有了较大的改善。糯玉米还是酿酒的好原料，能酿成风味独特的优质黄酒、啤酒。糯玉米粉可制成各式点心；糯玉米可生产加工纯天然支链淀粉，这种支链淀粉的工业用途很广泛，可以用于食品、纺织、造纸、黏合剂等工业部门。糯玉米用作饲料比普通玉米的饲用价值更高。

②糯玉米的加工利用：种植糯玉米面积最多的是美国，主要是用作编织、造纸等工业的加浆原料。还作为养牛的精饲料用。近年来，我国在糯玉米的产品开发和综合加工利用方面也取得了一些经验，目前开发的主要产品有采摘果穗鲜食、速冻保鲜、加工罐头等。糯玉米籽粒制作罐头的流程基本上与制作甜玉米罐头相似，由于糯玉米籽粒的硬度较甜玉米高，加工脱粒方便，烂粒少，籽粒中又全部是支链淀粉，节省淀粉填充剂，所以制作过程中比制作甜玉米罐头省工省料。此外，还可制作食品，用于酿造加工淀粉和淀粉糖等工业产品。

(5)笋玉米

笋玉米是指以采收玉米幼嫩果穗为目的的玉米，它并不是玉米类型上的分类，其可以属于不同的玉米亚种，有的笋玉米品种属于甜玉米，有的则属于硬粒型或马齿型玉米。这种玉米吐丝授粉前的幼嫩果穗下粗上尖形似竹笋，故名玉米笋。笋玉米食用部分为玉米的雌穗轴以及穗轴上一串串珍珠状的小花。它营养丰富、清脆可口、别具风味，是一种高档蔬菜。根据消费者的需要，通过添加各种佐料，可制成不同风味的罐头，这种罐头在国际市场上很有竞争力。

目前笋玉米的加工，除少量用于销售鲜穗和部分速冻外，以玉米笋罐头为主。玉米笋罐头和玉米笋羹罐头的加工工艺流程如下：

原料验收→去苞叶、花丝→修整→分级→漂洗→漂烫→冷却→装罐→注汤汁→真空密封→杀菌→冷却→擦罐→保温→检验→包装。

(6)青贮玉米

青贮玉米是指收割乳熟初期至蜡熟期的整株玉米，或在蜡熟期先采摘果穗，然后再把青绿茎叶的植株割下，经切碎加工和贮藏发酵，调制成饲料饲喂家畜的一种玉米。

青贮玉米单位面积籽粒产量较高，是最有价值的精饲料；同时，地上部分茎叶等绿色体也是极佳的青饲料和青贮料，所以，此种玉米有“饲料之王”的美称。由青贮玉米制成的饲料有“草罐头”之称。这种青贮饲料可以长期保存青绿多汁饲料的一些优良品质，做到常年供应，是奶牛饲养业维持和创高产水平不可缺少的饲料之一。

(7)爆裂玉米

爆裂玉米是一种专门用来制作爆玉米花食用的特用玉米。这种玉米与普通玉米最大的区别是籽粒较小，籽粒胚乳几乎全部是角质淀粉所组成，但是中部有少许粉质。籽粒遇高热时，有爆裂性，能使其增大至原体积的 20～30 倍的玉米花。一般家庭中用铁、铝锅均可制作加工，较为简易方便。制作时要加入少许油脂，也可加入其他调味料如糖、盐、水、乳化剂、奶酪、可可粉等。

(8)高淀粉玉米

高淀粉玉米是指籽粒淀粉含量达 70% 以上的专用型玉米的淀粉，而普通玉米只含有 60%～69% 的淀粉。发展高淀粉玉米生产，不但可以为淀粉工业提供含量高、质量佳、纯度好的淀粉，同时还可以获得较高的经济效益。

用玉米生产淀粉，有干法和湿法两种方法。湿法是将玉米用温水浸泡，经粗磨和细磨后，分离出胚芽、纤维、蛋白质，从而得到高纯度的淀粉产品；干法是不用大量的温水浸泡，主要靠磨碎、筛分、风选的方法，分出胚芽和纤维，从而得到低脂肪的玉米粉。

6.2 马铃薯

6.2.1 马铃薯加工概述

马铃薯加工产品大体上有：马铃薯全粉生产、油炸马铃薯片、油炸马铃薯条、马铃薯泥、马铃薯片、马铃薯淀粉生产、马铃薯淀粉粉丝、马铃薯淀粉粉条、马铃薯淀粉粉皮等。

1)马铃薯全粉的生产技术

马铃薯全粉又称马铃薯粉。全粉的特点是具有新鲜马铃薯的风味和营养价值。由于全粉加工过程能基本保持马铃薯植物细胞的完整,这是与马铃薯淀粉加工的根本区别之处,所以马铃薯全粉一经适当的比例复水后,即可重新获得新鲜马铃薯风味和营养价值的薯泥。全粉用途广,是加工各种马铃薯食品的基本原料。如在面包中添加粉。可以防止面包老化,延长保存期。饼干中添加马铃薯全粉能提高饼干的营养价值。90%的马铃薯全粉和10%的牛奶粉配合可制成奶式复合冲剂。加工虾片、糕点类食品均可添加10%以上的全粉。食用添加了马铃薯全粉的食品,能防止不吃或少吃蔬菜所导致的营养缺乏症。全粉的制作方法有两种:一种是热力干燥方法,另一种是冷冻脱水(干燥)方法。

(1)热力干燥的工艺流程

选料→清洗→蒸汽蒸煮使其表面软化→喷射水去皮→蒸煮使淀粉糊化→压成泥片→干燥→粉碎→全粉产品。

(2)冷冻脱水(干燥)的工艺流程

选料→清洗→去皮→切片→蒸煮使淀粉糊化→冷却→低温速冻→常压或真空升华干燥→粉碎→筛选→脱水马铃薯全粉产品。

两种方法相比较,不同之处是干燥方式不同,冷冻脱水法是用升华的方式使马铃薯中已结成冰的水分由固态直接变成气态而得到挥发,所以冷冻干燥的全粉产品不易收缩,成微孔状结构,能保留住良好的色香味,尤其是维生素类营养成分被很好地保存下来,脱水全粉营养成分更加丰富。

2)油炸马铃薯片的生产方法

油炸马铃薯片是当今流行很广的一种方便食品,销售量很大。生产油炸马铃薯片有两种加工方法:一种是直接把马铃薯切片后油炸,常称为油炸鲜马铃薯片;另一种是将马铃薯先制成泥,再配入其他一些原料,重新成型,切片油炸,此类产品泛指为油炸马铃薯片。

(1)油炸鲜马铃薯片加工工艺流程1

选料→清洗→去皮→修整→切片→淋洗→漂洗→油炸→调味→检查→称重→包装。

加工油炸鲜马铃薯片的关键是原料的选择、切片厚度的控制、用于炸制的食油及其温度控制、抗氧化剂的使用、调味料的选用、包装。

①选料和清洗:加工油炸鲜马铃薯片对马铃薯原料的外观、薯块中干物质含量、茄碱含量和含糖量等要求较高。油炸鲜马铃薯片中的还原糖含量的要求最为严格。还原糖含量高,在油炸过程中还原糖和氨基酸会发生美拉德反应,导致产品发生变色现象,由此而引起的成品变味,使成品的质量严重下降。马铃薯中的还原糖含量高低与马铃薯的品种、收获时的成熟度、贮存的条件(如温度、时间)等因素均有关系。清洗主要是洗去表皮上附着的泥土等污垢。

②去皮、修整、切片:去皮、修整后合格的马铃薯切成薄片,厚度当均匀一致,而且表面要平滑,否则对油炸后颜色和含水量会有很大影响。

③淋洗、漂洗:淋洗的目的是除去薯片表面因切割时细胞破裂释放出的游离淀粉和可溶性物质,否则薯片在油炸过程互相粘连,影响商品外观,又会增加油脂耗量。漂洗是将淋洗后的薯片在70~95 ℃的水中烫漂几分钟。漂洗的目的是除去薯片表面外细胞中的糖

分,有利于油炸后获得色泽浅且均一的产品。

④油炸:油炸是炸鲜薯片和炸薯片的关键工序。油炸前应将烫漂后的薯片尽量晾干,因为薯片表面和内部的水越少,所需油炸的时间就越短,产品中的含油量就越低。油炸所用的油脂必须是精炼油脂或不易被氧化酸败的高稳定性油,同时要往炸油中加入适量抗氧化剂如 BHT。米糠油 60% ~75%,棕榈油 10% ~25%,氢化油 15% ~20% 的混合油为较适合的炸油组成,具有防止酸败和风味好的特点。油炸温度应控制在 170 ~175 ℃,波动应不大于±2 ℃,油炸时间约 3 min。炸油使用一定时间后要及时更换,并对油锅进行彻底的清洗。

油炸薯片是高油分食品,在保证产品质量的前提下,应该减少油量消耗,将油炸薯片的油含量保持在能使消费者满意的最低水平上。马铃薯的比重越高,油炸片的含油率就越低。切片越薄,含油量越高,在一定范围内,温度越高,吸油量越少;薯片含还原糖量高时,油温一般低些好,在油温不变时,薯片油炸时间长,其含油量增高。

⑤调味:油炸后的薯片,应趁热进行调味。所用的调料均为复合型调味料,国际市场比较流行的风味有咖喱、辣味等。我国目前炸薯片用的调味料以五香牛肉调味料为主,一般加入量为 1.5% ~2.0%。

⑥包装:为便于产品保存、运输和保鲜,调好味的炸薯片经冷却、过磅后,进行包装。包装袋应由无毒、无臭材料制成,主要根据保存时间来选择合适的包装材料。包装时,包装袋应密封可靠,并充以气体,以防止产品在运输过程中破碎。

(2)油炸马铃薯片加工工艺流程 2

选料→清洗→去皮修整→捣碎成鲜马铃薯泥→配料→预压成饼→压成薄片或切片(三角形、菱形、椭圆形)→检查→称重→包装。

此类产品配料是把鲜马铃薯泥和要求掺和的原料混合均匀。一般掺和的原料由 3 部分组成干状粉料,如玉米粉、面粉、干马铃薯泥、全粉等,掺一种或一种以上均可;食品添加剂如甘油单酸酯、甘油二酸酯、磷酸盐、化学酸母、二氧化硫等;食品调味料如盐、味精、色素、乳化剂及其他。干粉的添加比例可占鲜薯泥的 50% ~150%。添加甘油单酸酯、二酸酯的作用是将游离淀粉形成复合物,二氧化硫起防腐作用。混合均匀的马铃薯泥可用于饼干机先预压成面饼状,再压成 0.5 ~1 mm 的薄片切成三角形、菱形、椭圆形面片均可。

3)油炸马铃薯条的生产方法

油炸马铃薯条的生产工艺流程为:

选料→清洗→去皮、修整→切条分类→漂洗→甩水油炸→冷却→(冷冻)→包装。

(1)切条分类

去皮后的马铃薯应放入水中防止氧化变色,然后进行切条。

(2)漂洗

切好的薯条应立即进行漂洗,不允许暴露在空气中。薯条经漂洗能使油炸后所得产品色泽比较一致,能减少淀粉层对油的吸收,降低油耗;能缩短油炸时间和改进成品的结构。漂洗可用热水(马铃薯本身的含糖量高时)也可以用冷水。

(3)油炸

漂洗好的薯条在油炸前应尽可能除去薯条表面的水分,然后把除水的薯条均匀迅速地送入油锅。油炸所用的油最好用精炼玉米油、也可用精炼葵花油或花生油。为了降低油耗,在油炸前用一种烷基纤维素溶液处理,再油炸,所得的产品有较好的色泽、较强的组织结构,较高的水分和极少的含油量;或者在油炸后把油炸薯条用 CF2 Cl2 脱油剂溶液浸泡后,可除去马铃薯条表面多余的油,多余的油从脱油剂溶液中回收,薯条表面带有的脱油剂会很快蒸发。如新炸的薯条含油量为4.3%,在脱油剂溶液中浸泡1 min后,含油量可降低为2.5%,含油量减少了42%。

薯条在包装前后应进行冷冻处理,有利于贮藏和保证成品质量。

4)马铃薯泥的生产方法

马铃薯泥产品有片状、粉状和颗粒状3种类型,一般含水量约7%。其加工方法有多种,3种类型中以颗粒状产品生产最为普遍,常用的加工工艺过程为:

选料→清洗→去皮和修整→切片→蒸煮→捣烂成薯泥→冷却→静止→混合→预干燥→筛分(部分产品返回前面薯泥中)→最后干燥→颗粒状马铃薯泥产品。

5)非油炸马铃薯片的生产方法

非油炸马铃薯片加工的工艺流程为:

选料→洗涤→去皮→切片→亚硫酸液浸泡→预煮→冷却→蒸煮→成泥→配料→成型→制片→冷却→称重→包装→成品。

(1)去皮

蒸汽去皮、摩擦去皮、碱液去皮或化学脱皮剂去皮。

(2)切片

传统方法是将整个马铃薯蒸煮后再切片,但现多采用先切片再蒸煮的方法。先切片的优点是能在预煮和冷却期间得到更均匀的热处理薯片,并在水洗薯片时可除去一些糖分,但干物质会损耗一些。

(3)亚硫酸液浸泡

薯片露在空气中,由于所含丹宁易在氧化酶和过氧气化酶的作用下被氧化而变褐发黑。把切后的薯片应立即放在亚硫酸水溶液(0.5%)或其他护色液中破坏氧化酶使之失活,避免变色,保证产品的质量和色泽。

(4)预煮和冷却

在蒸煮前把薯片在71 ℃水中烫漂20 min左右称为预煮。预煮对于生产不发黏的薯泥来说是非常重要的。马铃薯淀粉的特点是淀粉中含有磷,糊化后黏度较高。如不经预煮,薯泥的黏度过高影响后工序的产品制作。经预煮过的薯片成泥的黏度大大低于没有经预煮的薯片成泥的黏度。冷却是把预煮好的薯片用冷水冲洗,把薯片表面的游离淀粉除去,便于后工序操作。

(5)蒸煮

常用蒸汽蒸煮设备进行。蒸煮时间为15~16 min。过度蒸煮会使成品组织不良,蒸煮不足会降低成品率。

(6)成泥与配料

薯片在蒸煮后立即磨碎成薯泥。配料是给薯泥中加调味料等和食品添加剂后混合均匀。如盐、味精、氢化油、奶粉等。加入的添加剂如乳化剂甘油单酸脂,螯合剂酸式磷酸钠或柠檬酸,抗氧化剂叔丁基对羟基茴香醚,防非酶褐变剂二氧化硫,这些都有利于保证产品质量和有效的贮藏时间。

(7)成型

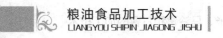

成型采用辊筒成型机。在成型过程中控制好温度是关键,辊筒表面的温度差不能超过10 ℃,否则就会发生焦边、变色,影响成品质量。

(8)制片与包装

成型好的薯片制成符合要求的小片,冷却后包装即可。

6)马铃薯淀粉生产

生产马铃薯淀粉的方法很多。有传统制法和工业制法。但不管采用哪种方法,其基本原理大致都一样,即在水的参与下,借助淀粉粒不溶于冷水以及与其他成分比重的不同,作机械的分离,使淀粉、薯渣及可溶性物质相互分开,获得淀粉。加工的基本程序是将马铃薯块进行粉碎,洗涤粉碎的淀粉糊浆和清洗淀粉颗粒以除去可溶性和不可溶性物质,得到纯净的淀粉。马铃薯淀粉的加工工艺如下:

马铃薯→清洗→粉碎→纤维分离→精制→脱水→干燥→粉碎→筛理包装→成品。

7)马铃薯淀粉粉丝

我国生产粉丝,已有几百年的历史,但多以豆类为原料生产;马铃薯淀粉中直链淀粉22%,支链淀粉78%,比起豆类淀粉(直链淀粉占75%左右)加工粉丝难度大。由于马铃薯淀粉含直链淀粉少,容易出现黏度大、拉力小、强度低等问题。用马铃薯淀粉生产粉丝,目前大致有两种主要方法:一种是挤压法,一种是养浆流漏法。

(1)挤压法

一般是利用螺旋挤压机,将粉面挤压成形,经煮沸、冷水浸泡,然后晾晒而成,这种方法操作比较容易,但生产出的粉丝质脆易断,不经煮,只要用开水浸泡10 min即可食用,被称为快餐粉丝。

(2)养浆流漏法

技术性比较强,生产出的粉丝洁白,韧性好,煮半小时也不断。加工过程如下:

马铃薯→清洗→粉碎→碾磨→跑缸→沉淀(对浆)→第二次沉淀(对浆)→晾晒(淀粉水分达到35%为宜)→打芡(芡占2%,芡中加0.4%明矾)→和面→漏粉丝→煮沸→冷水浸泡(2~3 h)→吊起控水→冷水浸泡(8~10 min)→吊起阴凉(10~12 h)→晾干→包装→成品。

8)马铃薯淀粉粉条与粉皮

粉条加工过程:打芡→和面→漏粉→冷却→漂白→干燥。

粉皮加工过程:调浆→烫制→干燥。

6.3 甘 薯

甘薯又称红薯、红苕等,具有丰富的营养、保健功能和多种工业用途。它不仅可以直接食用,而且可以加工成多种美味的食品、轻工产品和能源产品。甘薯的产后加工因不同国家的情况而不同,发达国家因为劳动力成本原因甘薯淀粉已退出本国生产,主要依靠进口生产淀粉食品。如美国主要是加工快餐食品和罐头,日本和韩国利用甘薯生产薯干、炸薯条、糕点等各种食品和饮料。中国是甘薯生产大国,原料较为便宜,加工种类繁多,但是目前仍以甘薯淀粉及制品为主流产品,甘薯的精深加工仍开发不够。甘薯加工不仅简便易行,而且效益可观,前景看好,是目前农业结构调整、农民致富的一条重要途径。

甘薯加工主要分 3 类:第 1 类是利用鲜薯加工各种食品,如薯干、薯脯、炸薯条、薯泥、糕点、真空冷冻薯块等;第 2 类是甘薯淀粉及制品,包括淀粉、粉条、粉丝、粉皮等;第 3 类是制酒、饮料、制醋等。现就一些甘薯产区不需要大量投资的加工技术进行介绍。

6.3.1 甘薯淀粉加工

甘薯是富含淀粉的作物,而且淀粉的质量较好,易于粉碎提取。用甘薯淀粉制作的粉条、粉丝口感好,久煮不烂,是其他淀粉难以取代的。除满足中国市场外,出口量也很大。中国农村传统的淀粉加工方法是酸浆法,利用酸浆含有的蛋白质酶分解蛋白质,加快淀粉的沉淀分离,淀粉质量较好,但是加工量小。工业化生产一般用甘薯干进行,原料易于保存,可以周年生产。但是由于薯干受氧化作用发生褐变,淀粉的质量不如鲜薯直接提取的好。近年韩国等一些国外企业在中国建厂加工甘薯淀粉,利用鲜薯低温条件下(不超过 13 ℃)加工,加工机械由不锈钢制造,抑制了甘薯的氧化作用,开发的精白淀粉质量较好。

1)小型机械加工甘薯精白淀粉

小型机械加工的方法十分简单,可大批量规模加工,一家一户也可以小批量生产。但必须选用淀粉含量高的甘薯品种,采用较先进的加工机械,精细加工。

工艺流程:原料选择→粉碎磨浆→淀粉分离→适时晾晒

2)鲜甘薯酸浆法生产淀粉

工艺流程:原料选择→水洗→破碎→磨碎过滤→兑浆→撇缸和坐缸→撇浆→起粉→干燥。

3)甘薯粉条、粉丝加工

甘薯粉条、粉丝加工的工艺流程:淀粉→打浆→调粉→漏粉→冷却、漂白→冷冻→干燥→成品。

(1)打浆

先将少量淀粉用热水调成稀糊状,再用沸水冲入调好的稀粉糊,并不断朝一个方向快速搅拌,至粉糊变稠、透明、均匀,即为粉芡。制 100 kg 干甘薯粉丝,需用明矾 300 g,开水 35 kg,用作打浆的干淀粉约需 3 kg。

(2)调粉

先在粉芡内加入 0.5% 的明矾,充分混匀后再将湿淀粉和粉芡混合,搅拌搓揉至无疙瘩、不黏手、能拉丝的软粉团即可。漏粉前可先试一下,看粉团是否合适,如漏下的粉丝不粗、不细、不断即为合适。如下条太快,发生断条现象,表示粉浆太稀,应掺干淀粉再揉,使面韧性适中;如下条困难或速度太慢,粗细又不匀,表明粉浆太干,应再加些湿淀粉。调粉以一次调好为宜,粉团温度以 30 ~42 ℃为好。

(3)漏粉

将揉好的粉团放在带有小孔的漏瓢中,漏瓢孔径7.5 mm,粉丝细度0.6~0.8 mm。用手振动瓢内的粉团,透过小孔,粉团即漏下成粉丝。距漏瓢下面55~65 cm处放一开水锅,粉丝落入开水锅中,遇热凝固煮熟。水温应保持在97~98 ℃,开水沸腾会冲坏粉丝。在漏粉时,要用竹筷在锅内搅动,以防粉丝黏着锅底。生粉丝漏入锅内后,要控制好时间,掌握好火候。煮的时间太短,粉丝不熟;煮的时间太长,容易涨糊,使粉丝脆断。

(4)冷却、漂白

粉丝落到沸水锅中后;待其将要浮起时,用小竹竿挑起,拉到冷水缸中冷却,目的是增加粉丝的弹性。冷却后,再用竹竿绕成捆,放入酸浆中浸3~4 min,捞起凉透,再用清水漂过,并搓开互相黏着的粉丝。酸浆浸泡的目的是漂去粉丝上的色素,除去黏性,增加光滑度。

(5)冷冻

甘薯粉丝黏结性强,韧性差,因此需要冷冻。冷冻温度为-8~-10 ℃,达到全部结冰为止。然后,将粉丝放入30~40 ℃的水中使其溶化,用手拉搓,使粉丝全部成单丝散开,放在架上晾晒。

(6)干燥

晾晒架应放在空旷的晒场,晾晒时应将粉丝轻轻抖开,使之均匀干燥,干燥后即可包装成袋。成品甘薯粉丝应色泽洁白,无可见杂质,粉丝干脆,水分不超过质量的2%,无异味,烹调加工后有较好的韧性,不易断,具有甘薯粉丝特有的风味。近年粉条加工机械发展了真空和面机、漏粉机、挤压式一次加热成型粉条机械等设备,无明矾粉丝加工也有专利申报,各地可以根据具体情况选用。

4)甘薯粉皮加工

粉皮加工工艺流程:调糊→上旋蒸糊→冷却→漂白→干燥→成品。

(1)调糊

先将甘薯淀粉用冷水拌好,再慢慢加水调成稀糊,用水量约为淀粉量的2.5~3倍。然后把事先配好的明矾水加入,不断搅拌均匀,调至无粒块为止。每100 kg淀粉加明矾0.3 kg。

(2)上旋蒸糊

用粉勺取调成的粉糊60 g左右,放入旋盘内,旋盘为铜或白铁皮制成的直径约20 cm的浅圆盘,底部略微外凸。将粉糊加入后,即将盘浮于锅中的开水上面,并拨动使之旋转,使粉糊受到离心力的作用随之由底盘中心向四周均匀地摊开,同时受热而按旋盘底部的形状和大小糊化成型。待粉糊中心没有白点时,即连盘取出,放入清水中冷却。在蒸糊操作时,调粉缸中的粉糊需要时时搅动,使稀稠均匀。此道工序是制作粉皮的关键,必须动作敏捷,熟练,浇糊量稳定,旋转用力均匀,才能保证粉皮厚薄一致。

(3)冷却

将烫熟的粉皮,投入冷水中片刻,捞出沥干水分。

(4)漂白

将制成的湿粉皮,放入酸浆中漂白,漂白后捞出,再用清水漂洗干净。

(5)干燥

把漂白、洗净的粉皮摊到竹匾上或贴在预先准备好的高粱箔上晒干,待干透取下剪边包装。干燥后的粉皮，要求其水分含量不超过重量的2%，干燥无湿块，完整不碎。

5)甘薯制糯米纸

淀粉薄膜俗称糯米纸，是采用淀粉为原料制成的一种食用薄膜，在食品工业上用作糖果和糕点食品的贴层包装材料。

制糯米纸的工艺流程：淀粉乳化、过筛→调糊（加磷脂乳液）→蒸汽保温→抄膜→成品。

6)甘薯制可溶性淀粉

可溶性淀粉是一种白色或淡黄色粉末，无臭无味，不溶于冷水，在热水中则可成为透明溶液，冷却后不结冰，一般用大米、玉米、小米、土豆的淀粉都可制成可溶性淀粉，但以甘薯淀粉制得的可溶性淀粉质量最好。

7)甘薯凉粉加工

凉粉价廉物美，原料易得，制作方便，无论是食品厂还是家庭均可制作。要求大小厚薄均匀，底板光滑，不缺角，不破碎，有弹性。加工过程如下：

称取1 kg甘薯淀粉、10 kg水同时下锅，一边搅拌一边加热，熬至八成熟，汁液已黏稠，搅动感到吃力时，将30 g明矾加入锅内，搅拌均匀，继续熬煮片刻，此时再搅动又感到轻松时，表明已熟，即可出锅，倒入事先准备好的容器中冷却即成。

另一种方法为，每10 kg淀粉加温水20 kg，明矾40 g，调匀后再冲入45 kg沸水，边冲边搅拌，使之均匀受热。冲熟后分别倒入箱套内，拉平表面，待冷却后取出，按规格用刀分割成块，即为成品。

6.3.2 甘薯食品加工

1)甘薯脯加工

(1)原辅材料

鲜甘薯、白砂糖、饴糖、柠檬酸、亚硫酸钠、食用明胶、生石灰等。

(2)工艺流程

清洗→去皮→切分→护色→硬化→烫漂→浸胶→糖煮→糖渍→烘制→包装→成品。

(3)工艺操作要点

①护色：将切好的薯块放入0.3%~0.5%的亚硫酸钠溶液中，浸泡90~100 min，取出后用清水漂洗5~10 min。

②硬化：将护色好的薯块放入0.2%~0.5%的鲜石灰液浸泡薯块12~16 h，待完全硬化后取出，用清水漂洗10~15 min。

③烫漂：将硬化后的薯块放入沸水中煮沸数分钟，捞出沥去余水。

④浸胶：将烫漂后的薯块放入配好的0.3%~0.5%的明胶溶液中，减压浸胶，真空度为650~680 mmHg，时间30~50 min，胶液温度50 ℃左右。

⑤糖煮、糖渍：将20 kg白砂糖和30 kg水放入不锈钢锅中制成糖液，取出7.5 kg糖液留作后用，在余下的糖溶液中加入1.5 kg饴糖搅拌后将溶液煮沸，倒入事前称量好的甘薯块50 kg煮沸5 min，即刻加入预先留用的冷糖液1.5 kg，再次煮沸糖液5 min并加入重0.5 kg的冷糖液。如此反复3次后，当糖液再次煮沸时，分3次同时加入1.5 kg砂糖和1 kg

冷糖液，第4次煮沸后加砂糖7.5 kg，再次煮沸后再加砂糖3 kg，并改用文火加热煮沸直至薯块呈透亮状时即可加入柠檬酸75 g，搅拌均匀后捞出薯块控去糖液。用此法制出的甘薯脯，晶莹透亮，味色俱佳。亦可把备用的薯块放入锅中，加水75 kg，白砂糖20 kg、饴糖1.5 kg、柠檬酸100 g，用旺火尽快把锅烧开，约煮0.5 h，以薯块熟而不烂为宜。因甘薯品种不同，糖煮时间也不同。将薯块和糖液一同出锅放入大缸中浸渍24 h，使薯块进一步吃糖。然后将浸渍的薯块捞出，单层平摊于笼屉或竹垫上，沥去糖液。

⑥烘制：沥去糖液后即可送入烘房烘烤，保持温度在60～70 ℃。注意调整位置和勤翻动，并应每隔2～3 h进行一次排湿处理，以缩短烘制时间。一般连续烘烤12 h左右，使薯块含水量降至16%～18%，手摸不粘手、稍有弹性时出房。亦可将薯块放在烈日下晾晒，并要不时地翻动薯块。

⑦整形包装：将出房或晾晒合格的薯块除去碎屑和不成形的小块，按一定重量装入食品袋内贮存或出售。如欲生产多色薯脯，可将薯块在用糖液煮沸前分成若干部分，在糖煮时于锅中分别放入规定使用量的各种天然食用色素，即可制成色泽诱人的多色薯脯。

2）甘薯糕加工

（1）原料及辅料

鲜甘薯10 kg、白砂糖3 kg、葡萄糖3 kg、柠檬酸0.03 kg、琼脂0.1 kg、海藻酸钠0.01 kg、氯化钙等0.01 kg。

（2）工艺流程

选料→清洗→蒸煮→去皮→打浆→配料→浓缩→凝冻成型→烘制→包装。

（3）工艺操作要点

①选料、清洗：按原料要求剔除腐烂、变质、虫害等不合格的原料。在清水池中对甘薯进行刷洗，洗去泥沙等杂物，再在漏筐中用清水冲洗干净，并沥干水分。

②蒸煮：将洗净的甘薯在夹层锅内用蒸汽蒸煮30～60 min，至完全熟化、无硬心。由于甘薯淀粉含量高，蒸煮时要蒸熟蒸透，使淀粉完全糊化。

③去皮：采用手工去皮，薯皮可用作饲料或作为加工饴糖的原料。

④打浆：将去皮后的甘薯用机械捣碎后放入打浆机，搅至均匀一致的糊状。为避免淀粉冷却后凝沉，要趁热打浆，温度应在60 ℃以上，否则易出现颗粒团块。

⑤制糖浆：称取等量的白砂糖和葡萄糖于溶糖锅内，用少量水溶解后熬糖至橘黄色，保温备用。

⑥制胶液：称取定量的琼脂条，加20～30倍的水蒸煮溶化，保温备用。另外，称取定量的海藻酸钠及氯化钙，分别加热溶解后备用。

⑦浓缩：将甘薯浆在夹层锅中浓缩成团块状，当浓缩接近终点时，先加入糖浆、溶胶、氯化钙液；浓缩结束时，加入柠檬酸。由于甘薯浆料黏度大，浓缩时要不断搅拌，以免黏锅壁结焦。混合物料时，氯化钙溶液和柠檬酸宜最后加入，不然呈胶状，搅拌困难，水分也难蒸发，延长烘干时间。

⑧凝冻成型：将浓缩后的混合料趁热注入浅盘内，冷却凝冻成型。厚度5～10 mm，表面要抹平。为防止粘盘，烘盘要抹一层食用油。

⑨烘制：将烘盘放入烘房或干燥箱内，控制在50～60 ℃，6～10 h，热风脱水至水分含量25%～30%为止，中间翻面一次。

⑩包装:烘制结束后,待其稍稍冷却,即可切块包装。采用双层包装,内层用糯米纸,外包装用聚乙烯糖果纸。

3)红心薯干加工

红心薯干,味甜,芳香可口,色泽鲜艳,携带、取食方便。

(1)工艺流程

选薯、清洗→蒸煮→刮皮→初烤成型→重烤→轻烤→分级包装。

(2)烘房及设备

薯干的加工主要有蒸煮、成型、烘烤过程,其设备规模可大可小。较大规模的生产,蒸煮可用大蒸笼再附上加压设备,烘烤用装有通风排湿装置的大烤房。小量生产可用家用蒸笼及小烤箱加工。刮皮、整型时,要用竹片刀或不锈钢刀,以防成品变色。

(3)工艺操作要点

①选薯、清洗:选择个体、形状适当的薯块,清洗干净。

②蒸煮:为了使薯块的糖分在加工中不易散失,需将洗过的薯块放在蒸锅内蒸熟,以蒸到薯心软烂时才可加工。大规模生产时可以加压。

③刮皮:薯块蒸熟后,宜趁热用竹片刀将熟薯皮刮净,并将斑疤除净。

④初烤成型:已刮过皮的薯块宜趁热烘烤,以免变色。一般烤至薯块不黏手为止。然后将初烤熟薯对半剖开,放在木板上用手压扁,并用竹片刀或不锈钢刀蘸热开水拖光抹平。此法因底面及边缘有初烤所形成的厚皮保护,所以只要压平涂抹一面平滑,成品就无龟裂而平滑,达到正品规格要求即可。

⑤重烤:成型后必须趁热送入烘房内,控制温度60~70 ℃,以适宜的火力烘烤,以防止发焦龟裂。因上下层温度不一,要注意调换位置。烤至七成干时即可,这时可修剪薯块头尾纤维部分,使成品形状规格一致。

⑥轻烤:将重烤、整形后的薯干放在较低温度的烘房内,温度保持在40~50 ℃,使之继续干燥到成品坚硬为止,一般需要8~10 min。烘烤过程中要经常将上下烤盘互相调换位置,使干燥速度一致,便于一起出炉。

⑦分级包装:将烘烤后的薯干成品分级包装,装入食品袋中,严密封口,以防返潮。

4)甘薯脆片加工

(1)工艺流程

原料选择→清洗→切片→护色→脱水→真空油炸→脱油冷却→分级包装。

(2)工艺操作要点

①切片护色:由于甘薯富含淀粉,固形物含量高,其切片厚度不宜超过2 mm。切片后的甘薯片其表面很快有淀粉溢出,在空气中放置长久可发生褐变,所以应将其立即投入沸水中处理2~3 min,然后捞出并放入水中冷却。热处理主要有以下作用:破坏酶的活性,稳定色泽;除去组织切片后暴露于表面的淀粉,防止在油炸过程中部分淀粉浸入食油而影响油的质量;防止油炸时切片的相互粘连;热处理是淀粉的熟化过程,可防止在油炸时由于油温的逐渐加热,淀粉糊化形成胶体隔离层,影响内部组织的脱水,降低脱水速率。不经此工序处理的油炸甘薯脆片硬度大,口感较差。

②脱水:油炸前需对甘薯片脱水处理,以除去薯片表面水分。可采用的设备有冲孔旋

转滚筒、橡胶海绵挤压辊、振动网形输送带及离心分离机。

③真空油炸：真空油炸技术克服了高温油炸的缺点，能较好地保持甘薯片的营养成分和色泽，使之口感香脆、酥而不腻。

④脱油冷却：趁热将甘薯片置于离心机中，以 1 200 r/min 的速度离心脱油 6 min，然后摊晾使之冷却。

⑤分级包装：将产品按形态、色泽条件袋装封口。最好采用真空充氮包装，保持成品含水量在 3% 左右，以保证成品质量。

5）果味甘薯酱加工

果味甘薯酱是以甘薯为主料，以山楂、大枣、草莓等为辅料制成的新型风味甘薯酱。它具有混合果酱的特殊风味，营养丰富，口感细腻、醇香，甜度适宜。

（1）工艺流程

选料→蒸煮→去皮→捣碎→调配→浓缩→装罐→杀菌→冷却→成品。

（2）配方

甘薯 70 kg、红枣 10 kg、山楂 15 kg、草莓 5 kg、琼脂 0.3 kg、白糖 60 kg、柠檬酸 0.6 kg、增香剂适量。

（3）工艺操作要点

①原辅料处理

a. 甘薯泥：选择无虫蛀、无霉烂、无发芽的新鲜或冬贮甘薯，清洗干净后放入蒸锅内蒸熟至无硬心，取出立即去皮，然后放入蒸锅继续蒸至薯块酥烂后放入捣碎机加适量水制成薯泥。

b. 山楂浆：剔去病果、烂果、生虫果，将山楂放入水中浸泡 2～5 min，清洗 2～3 次，压榨之后，放入锅内煮沸 3～5 min，冷却去核，用打浆机打浆后备用。

c. 草莓浆：剔去烂果、次果及果蒂，清洗后用打浆机打浆备用。

d. 大枣泥：剔去病、烂、虫果，清洗，反复 2～3 次，在 30～40 ℃水中清洗效果更好，按枣水比为 1∶4 的比例浸泡 24 h，去核，用捣碎机捣烂成泥备用。

e. 琼脂液：将琼脂丝剪断，用温水浸泡，泡软后放入锅内加热溶解（加水量为琼脂的 15～20 倍）、过滤去杂备用。浓糖液：将白糖煮沸溶化后配成 75% 的浓糖液、过滤去杂备用。

f. 柠檬酸液：称取食用级柠檬酸，加水配制成 50% 的溶液备用。

②调配浓缩：按原辅料配比的量，将果浆、泥置于浓缩锅内加热煮熬，一边煮熬一边搅拌，以防焦化。浓糖液依次加入，待浓缩接近终点时，加入琼脂液，继续加热，加入柠檬酸液调至 pH 为 3.0，再加入少量增香剂，停止加热。

③装罐：为了避免甘薯酱在高温下糖的转化和果胶降解、色泽和风味的恶化，应在浓缩后迅速灌装。先将罐容器清洗干净，经过蒸汽消毒并沥干水分。装罐时酱体温度不低于 85 ℃，封罐时温度也应在 80 ℃以上。

④杀菌和冷却：将罐置于杀菌锅内进行加热杀菌，温度要求达 100 ℃，时间为 5～10 min。从杀菌锅内取出后应迅速冷却至室温以下，若是玻璃罐应分段冷却。成品入库贮存备售。

6）甘薯其他加工

甘薯还可以加工成粉丝、粉皮、柠檬酸、乳酸、饴糖、糖浆、酱油、醋、白酒、黄酒、软糖等产品。

本章小结

本章介绍了玉米、马铃薯和红薯的种类、加工产品以及相关的加工工艺，希望通过本章的学习，同学们增加对这些杂粮食品及其加工制品的了解。本章所介绍的加工工艺，限于篇幅，比较粗浅，只是希望起到抛砖引玉的作用，能够为它们的加工起个方向上的引导作用。

复习思考题

1. 玉米的种类有哪些？它们可以加工制作成哪些产品？
2. 马铃薯的种类有哪些？它们可以加工制作成哪些产品？
3. 甘薯的种类有哪些？它们可以加工制作成哪些产品？

第7章 粮油功能食品加工技术

学习目标

知道功能性食品的概念、功能作用以及相关产品的大致生产工艺流程。

技能目标

初步学会从粮食原料中提取膳食纤维等功能性产品的技术。

知 识 点

膳食纤维、大豆低聚糖、木糖醇、米糠油、小麦胚芽油、玉米胚芽油。

功能食品也叫保健食品,是食品的一个种类,具有一般食品共性;它能调节人体的机能,适于特定人群食用,但不以治疗疾病为目的。随着食品科学研究的深入,科学家已经清楚了许多有益于健康的食品成分以及疾病与饮食的相互关系,使得通过改善饮食条件和食品组成,发挥食品自身的生理调节功能,提高人体健康水平成为可能。

粮油功能食品主要有3类:第1类是粮油食品原料中本身所含的功能因子,具有恢复人体机能、防治疾病的功能。以此种粮油作为主要原料制成的食品,本身就是特殊的功能食品。例如,苦荞麦中含有的脂肪多为不饱和脂肪酸,长期食用荞麦食品,可以防治糖尿病、高血脂、高血压和冠心病;第2类是粮油副产品经过提取、精炼、富集的功能因子,再添加到粮油主要原料中制成功能食品。例如,从小麦麸皮和大米米糠中提取膳食纤维,再添加到面粉中制成面条或馒头,具有防高血压、高血脂以及便秘和动脉硬化的功效。第3类是以粮油主要原料为载体,添加其他功能因子制成的食品。例如,从银杏中提取黄酮类物质,再将提取的功能因子调配到面粉中制成的银杏面条,具有抗衰老的特殊效用。

7.1 膳食纤维

7.1.1 膳食纤维的概念

从生物学的角度,将膳食纤维定义为所有不被人体消化吸收的非淀粉类多糖与木质素的总称。膳食纤维种类很多,一般以是否溶解于水可分为两个基本类型:水溶性膳食纤维和非水溶性膳食纤维。

水溶性膳食纤维是指不被人体消化酶所消化,但可以溶于温水或热水的膳食纤维,包括植物中的果胶、海藻中的卡拉胶、微生物中的黄原胶等。非水溶性膳食纤维是指不被人体消化酶所消化,且不溶于热水的膳食纤维,包括来源于植物的纤维素、半纤维素、木质素等。

7.1.2 膳食纤维的来源

从粮谷类中提取的膳食纤维是粮食加工的大宗副产品,例如燕麦麸皮、麦麸、玉米皮、米糠等,其所含的膳食纤维以纤维素、半纤维素为主。这些原料具有产量大、价格低廉等优点,使膳食纤维提取物在食品工业中得到了广泛的应用。由于不能被人体消化吸收,又给人以粗糙的口感,人们普遍把它当作废渣来处理。随着因“食不厌精”的饮食所导致的现代“文明病”的出现和营养科学的发展,膳食纤维的生理作用已越来越广泛地被人们所认识并受到重视。

谷物纤维以小麦纤维、燕麦纤维、大麦纤维、黑麦纤维、玉米纤维和米糠纤维为主要代表,其中小麦纤维和黑麦纤维长期以来一直作为食品的天然纤维源。豆类纤维以豌豆纤维、大豆纤维和蚕豆纤维为主要代表。豆类种子纤维主要有瓜尔胶、占柯豆胶和洋槐豆胶等,它们属于可溶性膳食纤维,具有良好的乳化性与悬浮增稠性。

7.1.3 膳食纤维的功能

膳食纤维主要的生理功能包括促进肠道的畅通,抑制有毒发酵产物,调节肠道菌群,降低血浆胆固醇含量,缓和餐后血糖上升幅度和排出有毒成分等方面。膳食纤维能促进肠道的畅通主要是由于使粪便体积增加和流畅性提高的结果,不同种类膳食纤维因发酵性的不同,对增加粪便的作用也各异,作用最大的是粗麦麸纤维素,其次是蔬菜、水果类,而细麦麸粉、果胶和树胶等在大肠内可以被细菌完全分解掉,基本上不会增加大便量。由于膳食纤维能保持肠道畅通,缩短废物在肠道内的停留时间,减少致癌物质和肠黏膜的接触,抑制致癌物的产生和吸附这些物质,因而有较好的防治便秘和消化道癌的功效。膳食纤维在小肠内吸附胆酸,使胆酸随粪便一起排出体外。胆酸的排出又促使肝脏内胆固醇转化为胆酸,以保持体内胆酸和胆固醇一定的平衡状态,从而减少胆固醇的积累。膳食纤维还能降低极低密度脂蛋白的合成,从而防治动脉粥样硬化。高纤维食物热值低,又具有很强的饱腹感和延缓胃排空的作用,而黏性多糖果胶、树胶等形成胶胨的特性,能延缓营养成分的扩散和吸收过程,抑制小肠对葡萄糖的吸收。这些多糖还有延缓血中胰岛素消失、降低血中游离脂肪酸量和增加葡萄糖代谢酶活性的作用,所以高纤维食物有助于防止餐后血糖的急剧上升、治疗糖尿病和预防肥胖症。

7.1.4 膳食纤维的制备

膳食纤维的制备方法一般来说主要包括3个过程：机械粉碎、化学处理和物理过滤、干燥。

1）天然豆皮纤维素

以豌豆和大豆的外种皮为例。首先用锤片粉碎机将原料粉碎至大小可以全部通过20～60目筛，不通过150目筛为适度；之后加入20 ℃左右的水，使固形物浓度保持在2%～10%，搅打成水浆并保持6～8 min，以使蛋白质和某些糖类溶解并予以去除，但时间不宜太长，以免果胶类物质和部分水溶性半纤维素溶解损失掉。浆液的pH保持在中性或偏酸性为好。过高的pH会使成品色泽过深。对于绿色种皮原料，pH应调至6.5以下。将上述处理液通过带筛板（325目）的振荡器进行过滤，滤饼重新分散于25 ℃、pH为6.5的水中，固形物浓度保持在10%以内，通入100 mg/kg的过氧化氢进行漂白，25 min后经离心机或再次过滤得白色的是滤饼，干燥至水分含量在8%左右，用高速粉碎机使物料全部通过80目筛为止，即得天然豆皮纤维素。

2）小麦纤维

小麦纤维以制粉厂的副产物麸皮为原料。对麸皮中的植酸脱除为小麦纤维加工的首要步骤。工艺流程如下：

小麦麸皮预处理（脱植酸）→加入65～70 ℃的热水（麦麸：热水=1：10）→加入混合酶制剂（α-淀粉酶和糖化酶）降解淀粉→加碱水解蛋白质（或加入蛋白酶酶解蛋白质）→水洗→离心脱水→高温灭酶（100 ℃）→干燥（105 ℃，2 h）→膳食纤维→漂白处理→粉碎→精制小麦麸皮膳食纤维。

3）多功能大豆纤维的制备

以新鲜是豆渣为原料，经特殊的热处理后，可制得高品质的多功能大豆纤维（MSF）。MSF的主要成分是膳食纤维和蛋白质，含量分别为（干基）67.98%和19.75%，因此是良好的蛋白-纤维添加剂。研究表明，添加较少的MSF对中、低筋力面粉有良好的强化作用；在一定添加量范围内，它不仅能提高产品的膳食纤维与蛋白质含量，而且对改善面包、面条和饼干等食品品质也十分有利。

多功能大豆纤维（MSF）是由大豆种子的内部成分所组成的，与通常来自种子外覆盖物或麸皮的普通纤维明显不同。该纤维是由大豆湿加工所剩新鲜不溶性残渣为原料，经特殊的热处理后，再干燥粉碎而成，外观呈乳白色，粒度相似于面粉。

（1）MSF的生产工艺流程

湿豆渣→调酸（1 mol HCl调至pH为3～5）→热水浸泡脱腥（80～100 ℃）→中和（1 mol NaOH调至pH为中性）→脱水干燥（65～70 ℃烘干或气流干燥至水分8%）→粉碎→过筛（80目）→豆渣粉→挤压（喂料水分16.8%，150 ℃，螺杆转速150 r/min）→冷却→粉碎→功能活化和超微粉碎→MSF。

（2）工艺操作要点

①豆渣脱腥：大豆经浸泡、磨浆和分离后，本身所具有的和在加工过程中产生的豆腥味

的挥发物(如正己醛、正己醇、正庚醇等)绝大多数留存在豆渣中,因而使豆渣发出浓重的豆腥味。只有脱除异味的豆渣才能加工成有市场的食用纤维粉,脱腥处理是 MSF 制备的一个重要步骤。

可行的脱腥方法有加碱蒸煮法、加酸蒸煮法、减压蒸馏脱气法、高压湿热处理法、微波处理法、己烷或乙醇等有机溶剂抽取法和添加香味料的掩盖法等。加酸蒸煮法会使纤维颜色加深、纤维成分分解损失严重,一般不使用。加碱蒸煮法、减压蒸馏脱气法、湿热法的处理效果较好,能有小减少豆渣的豆腥味。

• 加碱蒸煮法:加碱蒸煮法可以使用的碱包括氢氧化钠、氢氧化钾、氢氧化钙、碳酸钠、碳酸氢钠等。不同的碱对碱浓度与蒸煮时间有不同的要求,例如使用氢氧化钠时,碱浓度调节在0.5% ~2% ,时间维持在 10 ~30 min。

• 湿热处理法:湿热处理是最常用的对豆制品、豆渣脱腥的方法,这是因为湿热可以使大豆中的脂肪氧化酶失活,减少其对不饱和脂肪酸的分解作用,因而能大大减少豆渣中豆腥味物质的产生量。例如,使豆渣具有异味的主要化合物(己醛、2-己烯醛、己醇、庚醇、1-辛烯-3-醇、己酸和辛酸等),在经过湿热处理后,它们的含量都有所下降。尤其是引起豆腥味的最重要的组分正己醛,在整粒大豆中的含量可高达 10 mg/kg,但在经过湿热处理的煮豆中,它的含量明显降低,仅有 0.66 mg/kg,这也是湿热处理能有效减少豆腥味的原因之一。

湿热处理还能引起大豆的风味成分发生变化。酯类化合物是在湿热过程中由醇和酸的相互作用形成的,它没有令人不愉快的青豆味,通常还有柔和芳香的水果味和酒香味。壬醛具有怡人的玫瑰和杏香味,苯甲醛具有类似樱桃和杏的香味,2,4-癸二烯醛具有类似土豆片的香味。经过湿热处理后,这些风味成分的含量会有所上升。

另外,采用湿热处理还可以钝化一些大豆中原先含有的抗营养因子(如胰蛋白酶抑制物和植物凝血素等)。因此,对豆渣采用热处理,能有效去除豆渣中的腥味成分,得到风味、品质均良好的大豆纤维粉。湿热处理脱腥的工序包括对豆渣进行调酸、热处理、中和 3 个步骤。

②挤压蒸煮:挤压蒸煮处理是生产高品质多功能大豆纤维粉的重要工序,总的来说,挤压蒸煮具有几个作用:提高可溶性膳食纤维的含量,改善膳食纤维的物化特性,降低植酸对微量矿物元素细说的负效应,改善产品品质。

③超微粉碎和功能活化:功能活化处理是制备高活性多功能膳食纤维的关键步骤,它包括两部分内容:一是纤维素内部组成成分的优化与重组;二是纤维素中某些基团的包囊,以避免这些基团与矿物元素相结合,影响人体内的矿物代谢平衡。只有经过活化处理的膳食纤维,才是真正的生理活性物质,可在功能食品中使用。

• 超微粉碎:膳食纤维的持水力和膨胀力,除与原料来源和制备工艺有很大关系外,还与终产品的颗粒度有关。终产品的粒度越小,比表面积就越大,膳食纤维的持水力、膨胀力也相应增大,同时,还可以有比较粗糙的口感特性。因此,将挤压蒸煮后的豆渣粉干燥至含水 6% ~8% 后应进行超微粉碎,以扩大纤维的外表面积。至此经过挤压蒸煮和超微粉碎,已经完成了功能活化的第一步,即纤维素内部组分的优化与重组。

• 功能活化:由于膳食纤维表面带有羟基等活性官能团,会与某些矿物元素结合从而可能影响机体内矿物代谢平衡,如用适当的壁材进行包裹化处理,则可解决此问题,即完成功能活化的第二步。

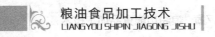

使用亲水性胶体(如卡拉胶)和甘油调制而成的水溶液作为壁材,通过喷雾干燥法制成纤维微胶囊产品,入口后能给人一种柔滑适宜的感觉,提高实用性。此外,还可对多功能大豆纤维粉进行矿物元素的强化。

7.1.5 膳食纤维的应用

西方膳食纤维的最大市场是烘焙食品方面,其添加量一般为面粉重量的5%~10%,膳食纤维可以提高该类食品的柔软性、酥软性、保水性,防止贮存期变硬。膳食纤维除了在面制品中应用之外,还可以添加到汤料、肉类、饮料等食品中改善产品的品质。

膳食纤维主要添加在面包、馒头、米饭和面条等面制品中。在面包中添加膳食纤维不仅可以强化膳食纤维的使用,有的研究还表明添加不同的膳食纤维,可以增加面包和改善面包色泽。在馒头中添加约6%(葡甘聚糖含量0.3%~0.5%)膳食纤维,可以使面团筋力强化,口感好,有特殊香味。米饭中添加膳食纤维,可以使米饭具有蓬松清香的良好口感。在面条中添加果胶或葡甘聚糖可以使面条不断条、不混汤、滑爽筋道。例如,豆渣膳食纤维面包的生产。

1)配方

面包粉100 g、豆渣粉5 g、白砂糖10 g、奶粉5 g、干酵母2 g、盐0.5 g、面包改良剂0.1 g、水和油脂适量。

2)工艺流程

原料准备→面团调制→称重、切块→整形入盘→发酵→烘烤→冷却→整理→包装→产品。

3)工艺要点

面团整形后在38~40 ℃,相对湿度为85%~90%条件下发酵2 h;在210 ℃以下,烘烤10 min;出炉后冷却、包装即可。

4)产品质量标准

表皮呈金黄色,平滑无斑,无裂纹;味甜咸有焦香味,淡酵母味;气味纯正,无霉味。

7.2 大豆低聚糖

大豆低聚糖广泛存在于各种植物中,以豆科植物含量较多。除大豆外,豇豆、扁豆、豌豆、绿豆和花生等均有大豆低聚糖。典型的大豆低聚糖是从大豆籽粒中提取出的可溶性低聚糖的全称。主要成分为水苏糖、棉子糖和蔗糖。有糖浆、颗粒和粉末状3种产品形式,广泛应用于饮料、酸奶、水产制品、果酱、糕点和面包等食品中。豆科植物中大豆低聚糖含量见表7.1。

表 7.1 豆科植物中大豆低聚糖含量(质量分数)/%

植物种子	水苏糖	棉子糖	蔗 糖
蚕豆	2.0	0.7	2.5
豌豆	2.2	0.9	2.0
花生	0.9	0.3	5.9
赤豆	2.8	0.3	0.6
菜豆	2.5	1.2	2.6
豇豆	3.5	0.5	1.0
美国大豆	3.7	1.1	4.5
日本大豆	4.1	1.1	5.7

7.2.1 大豆低聚糖的性质、功能

组成大豆低聚糖的水苏糖、棉子糖和蔗糖中,具有独特生理功能的是棉子糖和水苏糖。大豆低聚糖的甜味特性接近于蔗糖,甜度为蔗糖的70%,能量值为8.36 kJ/g。如果单是由水苏糖和棉子糖组成的精制大豆低聚糖,则甜度仅为蔗糖的22%,能量值更低。

等浓度下大豆低聚糖的强度低于高麦芽糖浆而高于蔗糖与高果糖浆,其保温性和吸湿性均小于蔗糖但大于高果糖浆,渗透压接近于蔗糖。大豆低聚糖具有良好的热稳定性,但在 pH<5 时的热稳定性有所下降,pH 为 4 但温度低于 100 ℃时仍较稳定,而在 pH 为 3 时的最高保持温度不超过 70 ℃。它在酸性环境中的储藏稳定性与温度有关,温度低于 20 ℃时相当稳定。当用于酸性饮料中,只要 pH 不太低(pH>4),在 100 ℃的杀菌条件下大豆低聚糖足够稳定。应用于果汁饮料时,也不必担心在酸化和加热条件下可能发生降解作用。大豆低聚糖由于美拉德反应而产生的褐变程度高于蔗糖而显著低于高果糖浆,但当 pH>7 时褐变程度明显增加。

人体内缺乏水解大豆低聚糖中棉子糖和水苏糖的消化酶,所以它们可以不经消化吸收直接到达大肠内为双歧杆菌利用,是双歧杆菌的有效增殖因子。而大肠杆菌、产气荚膜梭菌等肠道内有害菌对大豆低聚糖的利用情况远不如双歧杆菌。大豆低聚糖不会影响血糖水平和血清胰岛素水平,可供糖尿病人食用。精制大豆低聚糖的致龋齿性仅为蔗糖的20%,对牙齿健康有利。此外,大豆低聚糖还有利于改善排便功能,缓解便秘。

7.2.2 大豆低聚糖的生产工艺

大豆低聚糖是以生产浓缩或分离大豆蛋白时的副产物大豆乳清为原料生产的。大豆乳清中含低聚糖约72%(干基),以及少量的大豆乳清蛋白(非酸沉蛋白)和 Na^+、Cl^- 等离子成分。因此,首先应加水稀释后加热处理使残留大豆蛋白沉淀析出,上清液再经过滤处理进一步滤去残存的大豆蛋白微粒,经活性炭脱色后用膜分离技术(如反渗透)或离子交换技术进行脱盐处理,接着真空浓缩至含水24%左右即得透明状糖浆产品。还可加入赋形剂混匀后造粒,再干燥得到颗粒状产品。表 7.2 是 4 种典型大豆低聚糖产品的组成。

表7.2　4种典型大豆低聚糖产品的组成(质量分数)/%

产品	水分	水苏糖	棉子糖	蔗糖	其他
糖浆状	24	18	6	34	18
颗粒状	3	23	7	44	23
粉末状	3	11	4	22	60
精制品	24	52	17	5	2

7.2.3　大豆低聚糖的应用

大豆低聚糖作为一种功能性甜味剂,可部分替代蔗糖应用于清凉饮料、酸奶、乳酸菌饮料、冰激凌、面包、糕点、糖果和巧克力等食品中。在面包发酵过程中,大豆低聚糖中具有生理活性的三糖和四糖可完整保留,同时还可延缓淀粉的老化而延长产品的货架寿命。此外,将酸奶与大豆低聚糖结合起来的产品也很受欢迎。

7.3　木糖醇

7.3.1　木糖醇的来源与性能

木糖醇原产于芬兰,是从白桦树、橡树、玉米芯、甘蔗渣等植物原料中提取出来的一种天然甜味剂。在自然界中,木糖醇的分布范围很广,广泛存在于各种水果、蔬菜、谷类之中,但含量很低。商品木糖醇是将玉米芯、甘蔗渣等农业作物进行深加工而制得的,是一种天然、健康的甜味剂。

木糖醇甜度与蔗糖相当,溶于水时可吸收大量热量,是所有糖醇甜味剂中吸热值最大的一种,故以固体形式食用时,会在口中产生愉快的清凉感。木糖醇不致龋且有防龋齿的作用。代谢不受胰岛素调节,在人体内代谢完全,热值为16.72 kJ/g,可作为糖尿病人的热能源。

7.3.2　木糖醇的生产

生产木糖醇的方法主要有中和法、离子交换脱酸法、结晶法等。目前也出现了木糖醇的发酵法生产技术,生产成本相对较低,原料也多采用植物半纤维素的水解产物。

1)工艺流程

从原料中提取木聚糖并水解成木糖→从水解液中分离出木糖→在镍催化下氢化木糖成木糖醇→木糖醇的结晶析出,也可在提纯前先氢化非纯木糖液水。

解液要经过一个复杂的纯化阶段，以去除水解过程中产生的一些其他成分。纯净的木糖液经氢化后生成木糖醇，并以洁净的形式分离析出。

2）玉米芯制取木糖醇

玉米芯含有大量的热水抽出物及其他非糖杂质，必须在水解之前首先清除干净。原料的预处理有水法、酸法和碱法3种方法；一般使用水法。水法是采用4倍体积的120～130 ℃高压热水处理2～3 h，这样就可有效地让玉米芯中的水溶性杂质充分溶出。酸法或碱法分别使用0.1%强酸或强碱水溶液在100 ℃下处理1 h，即可到达目的。但强碱处理易使溶液色泽加深而增大后道脱色工序的处理负荷。

玉米芯的水解有稀酸常压法（1.5%～2% H_2SO_4 溶液，100～105 ℃，2～3 h）和低酸加压法（0.5%～0.7% H_2SO_4 溶液，120～125 ℃，3～4 h）两种。如采用稀酸常压法，则将预处理好的玉米芯投入水解罐中，加3倍体积的2% H_2SO_4 溶液搅拌均匀，由罐底通入蒸汽加热至沸腾，持续水解2.5 h后趁热过滤，冷却滤液至80 ℃。滤渣用清水洗涤4次，洗液返回用于配制2% H_2SO_4 溶液。

在水解液中含有0.6%的 H_2SO_4 溶液和0.5%的有机酸溶液（主要是乙酸），除此之外还有胶质、腐殖质和色素等杂质，需经复杂的净化过程，才能进行氢化。水解液复杂的净化过程主要包括中和、脱色、蒸发和离子交换等步骤。

中和的目的在于除去水解液中的硫酸，同时伴随着中和过滤过程，除去一部分胶及悬浮物质。水解液中的有机酸主要是带挥发性的乙酸，尚待蒸发过程蒸出去。所以应控制中和终点无机酸量为0.03%～0.08%，以防止中和过头，产生乙酸钙。若中和不完全，无机酸在0.1%以上，则在蒸发过程中会严重腐蚀设备。

除掌握中和终点，除去水解液中硫酸以外，还应在操作中做到中和液中含有最少量的溶解石膏。因为硫酸被中和后生成硫酸钙（石膏）大部分沉淀出来，还有一部分溶解在中和液中，如操作不当，会增加中和液中石膏的溶解量，严重时会使蒸发器迅速结垢。

中和之后的水解液用活性炭进行脱色。往水解液中注入3%活性炭，在75 ℃下低速搅拌保持45 min，趁热过滤。这样，滤液的透光度可由原来的5%～6%提高到80%；之后进行蒸发浓缩，提高木糖醇的浓度，同时蒸去微量的有机酸，还可促进微量的溶解性硫酸钙因浓度的提高而析出。不过这些析出的硫酸钙，不完全悬浮在糖浆中，部分会沉淀在加热管表面，成为蒸发器结垢的主要原因。

目前采用的中和脱色液蒸发工艺规程，按双效蒸发时为：第一效真空度16～20 kPa，分离室液温95～98 ℃，溶液浓度10%～12%；第二效真空度80～93 kPa，分离室液温65～70 ℃，蒸发浓缩终点控制浓度在35%左右。

在蒸发过程中，沉积在管壁的垢层主要是中和时产生的硫酸钙，也夹杂着焦糖类有机物，通常很难清除干净。为防止结垢，需注意3个方面：控制中和液中硫酸钙含量；控制加热管的蒸汽温度，特别是刚清洗完毕以后，在蒸发效果较好的情况下，不宜强热；控制被蒸发液的回流速度和液面。

蒸发所得的木糖浆纯净度达85%左右，其中还含有灰分、酸、含氮物、胶体和色素等杂质，需用离子交换法进一步进化精制，以利于氢化工序的顺利进行。可结合阴、阳离子交换树脂（体积比15∶1）进行处理，这样流出液的纯度可提高至96%以上，接近于无色、透明，并呈中性。

经上述各级处理的纯净木糖溶液，在镍催化作用下进行加氢反应。在木糖醇生产过程中，氢化是一个关键步骤。氢化是在碱性条件下进行的。

氢化时，首先往12% ~15%的木糖液中添加NaOH调pH到8，用高压(7 MPa)进料泵泵入混合器中，将混合物料通入预热器，升温至90 ℃，再送到高压(6 ~7 MPa)反应器(两套)于115 ~130 ℃进行氢化反应。所得氢化液流进冷却器中，降温至30 ℃，再送进高压分离器(套)中，分离出的剩余氢气经液滴分离器，靠循环压缩机再送入混合器中。分离出的氢化液经常压分离器进一步去除剩余的氢后得氢化液。此液无色或淡黄透明，透光度在80%以上，折射率为12% ~15%。

往氢化所得的溶液中添加3%活性炭，在80 ℃下脱色处理30 min，经阳离子交换树脂脱钙精制后，进行预浓缩使木糖醇浓度增至50%左右，再进行二次浓缩将浓度提高至88%以上，此时的产品称木糖醇膏。最后采用逐渐降温的方法，使木糖醇结晶析出，降温速率掌握在1 ℃/h。经过40 h左右的结晶过程，木糖醇膏物料由原来的透明状变成不透明的糊状物。此时温度降至25 ~30 ℃，即可借助于离心作用分离除成品木糖醇。

7.4 米糠油

米糠油是最早投入生产的谷物油脂，之所以受到广泛重视，主要原因有三：一是世界每年米糠产量巨大，稻米加工厂每天约产米糠4 700万t，可以为人类提供约700万t的米糠油，是不需要占地种植的油脂资源。二是在几种常用食用油脂中，米糠油的脂肪酸组成最为接近人类理想的脂肪酸摄取模式，而且米糠油中还含有维生素E、谷维素、植物甾醇等几十种天然生理活性物质，从而奠定了米糠油作为功能性油脂的地位。三是生产米糠油经济效益显著，米糠油深加工制油可增值10 ~50倍。中国作为世界上最大的稻米生产国，生产米糠量最大，若能采用挤压膨化灭酶措施，集中入厂精炼制油，而非作畜禽饲料，对人多地少，每年尚需进口200万t油脂或相当油料作物的我国将会产生显著的社会效益和经济效益。

7.4.1 米糠油的生理功能与应用

米糠油具有良好的营养价值是由其较合理的脂肪酸组成和含有较多的生理活性物质所决定的，米糠油的降血压效果明显，这已经为诸多动物实验和冠心病人的临床观察所证实。研究表明，米糠油降低血清胆固醇的作用不仅仅是亚油酸的功能表现，而且还与油中所含的植物甾醇、维生素E、谷维素等微量活性成分呈显著关联。我国传统医学认为，米糠油具有补中益气、养心宁神的作用，久服对怔忡、失眠、脑痹等症有效，可使高血压患者减轻眩晕，增强食欲，对腹胀、便秘也有一定疗效。现代毒理研究证明了精制米糠油的食用安全性。所以，精制米糠油大多作为高级营养食用油消费，少量用于医药、精油化工、日用化工等行业。

精炼米糠油的食用形式有起酥油、烹调油、色拉油和调和油，如日本就将70%的米糠油与30%的红花籽油调和后作为“健康油”出售。经过精炼和冬化处理的米糠油非常适合做沙拉调料和其他乳化产品的配料。在发展中国家,精炼米糠油的主要用途是氢化成半固体脂肪,而在发达国家则主要生产色拉油。精制米糠油稳定性好,保存期长,煎炸时不起泡沫,抗聚合和抗氧化能力强,可以作为高质量煎炸用油脂。

7.4.2 米糠油的提取与精炼

1)米糠油的提取

溶剂浸出法提取米糠油在国际上较为多见,绝大多数选取正己烷或石油醚作为浸出溶剂。浸出处理工序中,为了防止米糠细粒(通过100目筛)对浸出造成困难,以及钝化米糠解酯酶,先用热空气干燥、饱和蒸汽以及挤压膨化等来稳定米糠,以便于浸出及精炼的预处理方式。实践表明,挤压膨化稳定米糠是获取高质量米糠油的最为经济、有效的方法。挤压膨化处理米糠的渗滤率比蒸汽处理高2倍,比热空气干燥高9倍;此外,所用浸出溶剂的物料比也从热空气稳定米糠的3.18、蒸汽处理的3.12下降到1.17。

2)米糠油的精炼

毛糠油的游离脂肪酸含量取决于原料米糠的质量,一般为3%~20%,若超过20%,则只适合用于制皂或其他工业用途。米糠油的精炼方法有化学精炼、物理精炼、生物精炼、溶剂提取与膜处理结合等方式。对化学精炼而言,脱胶和脱蜡必须在碱炼之前完成,高酸值的米糠油还需进行两次碱炼处理,这其中又以连续式碱炼工艺较间歇式碱炼工艺具备优势,一方面可获取高得率精糠油,另一方面二道皂脚质量高,提高了谷维素得率,可降低生产成本。

考虑到米糠油化学碱炼法的中性油损失、低精炼率、环保及加工成本等因素,物理精炼已被推广用于米糠油的生产中,特别是对高酸价米糠油精炼的优点尤为明显,其工艺流程是:

毛糠油→除杂→脱胶→脱色→蒸馏脱酸→冷却→成品油。

近年来人们已经开始进行生物精炼及膜处理的米糠油精制工艺研究,两者的共同特点均是处理条件温和、能耗低,而且有利于环境保护,特别是可避免产生大量废水,中性油损失小。生物精炼是在脱胶和脱蜡处理后,用1,3-定向脂肪酸酶将游离脂肪酸转化为中性的甘油酯,残余脂肪酸则再通过化学碱炼或物理精炼除去,从而降低精炼损失,提高成品油得率。膜处理方法是采用甲醇对高酸值毛糠油进行1~2次的混合振荡、浸提,然后将上层游离脂肪酸的甲醇相经纳米过滤膜分离回收甲醇和脂肪酸。整个过程既没有皂脚也没有废水产生,米糠油的脱胶则通过超滤完成。这两项技术有望分别随着酶制剂成本的降低和膜工业技术的完善而获得推广应用。

3)米糠油的质量标准

我国已制定了精炼米糠油专业标准、米糠高级烹调油国家标准及米糠色拉油国家标准,后两者的特征指标完全一致,以及折射率(20 ℃)为1.472 0~1.476 0,相对密度为0.912 0~0.923 7,碘值为92~115 $gI_2/100$ g,皂化值为179~195 mgKOH/g。

7.5 小麦胚芽油

7.5.1 小麦胚芽油的生理功能与应用

小麦胚芽油维生素 E 含量含有高于其他植物油,同时富含亚油酸和二十八碳醇。所以小麦胚芽油可作为医药用油和营养补充剂,小麦胚芽油能改善人体的机能状态,促进人体微循环,降低血脂,对防治心血管疾病和糖尿病有一定的功效。

7.5.2 小麦胚芽油的提取与精制

小麦胚芽的提取有清理提胚、皮磨系统提胚、心磨系统提胚等几种方法,分离出的小麦胚芽因脂肪氧化酶活性较高,需采用热风、远红外、微波等方法钝化酶,以保证原料质量。

小麦胚芽毛油的提取在国内多采用压榨法,即将原料炒后用螺旋压榨机压榨,缺点是出油率低。采用浸出法提取小麦胚芽油与通常的植物油脂浸出工艺类似。目前,为了得到高质量的小麦胚芽油,超临界二氧化碳萃取法和分子蒸馏法已经被应用与小麦胚芽油的提取。

用压榨法、浸出法提取的小麦胚芽毛油,尚需进行精炼处理。一般经过流、沉降除杂后进行碱炼,再经水洗、干燥、脱色、除臭后得到食用小麦胚芽油。

7.6 玉米胚芽油

玉米由于其多营养性而在世界上被誉为“黄金作物”,在全球的产量仅次于小麦和稻谷。玉米胚芽占整粒玉米的11.55% ~24.7%,其中含有34% ~52%的脂肪,占整粒玉米含油量的80%以上,制取的玉米胚芽油在国际上称为“营养健康油”,价格也较大豆、棉籽等植物油高。加之淀粉工业的一些产品(如啤酒)要求脱脂率高的玉米淀粉,上述综合因素使玉米胚芽油的开发和研究得到广泛重视。我国作为世界第二大玉米生产国,年产玉米约占全球总产量的20%左右,玉米油脂蕴藏量(按4%计,为380万t)高达全国植物油总量的一半以上,但玉米胚芽油的产量仅数万吨,大力开发利用这一优质廉价、不争耕地的资源是提高经济效益的有效途径。

7.6.1 玉米胚芽油的生理功能与应用

现代医学认为,长期食用玉米胚芽油对改善心脑血管疾病有明显的临床效果。日本对米糠油、葵花籽油和玉米胚芽油的研究结果显示，三者对人体血清胆固醇的降低率分别为18%、13%和16%。玉米精制胚芽油曾长期作为医疗保健油在药房销售。除在心脑血管疾病方面起预防作用外，玉米胚芽油还在角膜炎、夜盲症的治疗中体现出一定的功能。这是较合理的脂肪酸组成、相对高含量的维生素E及植物甾醇等生理活性成分综合作用的结果。

7.6.2 玉米胚芽油的提取

玉米胚芽油的制取是从玉米分离提胚开始，提胚方法有湿法和干法两类。前者是将清理过的玉米浸泡，然后经磨粉机脱胚，最后通过旋液分离器分离得到胚芽。湿法分离的优点在于玉米胚芽纯度较高，出油率高。这一方式在淀粉行业被普遍采用。后者包括半干式、半湿式、组合式提胚工艺，其中半干式被较多的推荐，提胚过程即是将原料经清理后进行一次强力着水调湿，然后经破碎、筛选和吸风分离、分级得到胚芽，提胚率为6%～11%（干基），胚芽纯度为75%～92%，胚料含油21%～25%。干法提胚的优点在于产品不需要干燥，工艺灵活，操作简单，动力消耗低。国内酒精行业的玉米提胚多采用干法。

玉米胚芽提油有压榨法、直接浸出法、预榨浸出法、水酶法、超临界二氧化碳流体萃取法5种工艺。压榨法主要用于湿法提取的玉米胚芽。对于干法提胚，榨前必须彻底清理除杂，降低胚中的含粉率。此外，压榨法对于玉米胚产量低的厂家较为适宜。玉米胚芽产量较大时多采用直接浸出法和预榨浸出法提油，后者残油率可降至2%～1%，而且具有毛油质量好，设备生产能力高，加工成本较低等优点。

采用水酶法和超临界二氧化碳流体萃取法提取玉米胚芽油的厂家少，但是玉米胚芽提油的发展方向。

本章小结

本章节主要介绍了膳食纤维、大豆低聚糖、大豆低聚糖、木糖醇、米糠油和玉米胚芽油等粮食功能性食品的来源、功能以及如何利用大豆、小麦、玉米、米糠等粮食作物制作这些物质的工艺流程，这些功能因子具有安全、易得、价格合理、应用广泛等优点，具有很大的发展优势。

复习思考题

1. 名词解释：膳食纤维；大豆低聚糖；木糖醇；米糠油；小麦胚芽油；玉米胚芽油
2. 研究制作以上功能性食品有什么意义？

第8章 粮油模拟食品加工技术

学习目标

了解模拟食品的概念、分类和几种模拟食品的制作方法。

技能目标

能选择、利用不同的原料按照工艺流程生产几种模拟食品。

知识点

大豆蛋白仿制动物蛋白。

"模拟"食品又称为"仿生"食品，即用科学的手段把普通食物模拟成贵重、珍稀食物。它不是以化学原料聚合的，而是根据天然食品所含的营养成分，选取含有同类成分的普通食物作为原料，制成各种各样的仿生模拟食品，即人造食品。以粮食为主要原料制成的模拟食品大多是用大豆为原料，利用大豆中的蛋白质或淀粉制作人造鸡蛋、人造瘦肉、人造大米等。

由大豆提炼而成的植物蛋白肉又称素肉。蛋白质含量在50%以上，相当于猪、牛瘦肉的3倍。并含有赖氨酸等人体所必需的8种氨基酸。不含胆固醇，有预防高血压、动脉硬化、心血管疾病及避免身体过胖的作用。亦有利于儿童的智力发育和身体成长。称得上是一种高蛋白营养食品，并且无毒、无害、无病菌、营养丰富。没有动物肉类的副作用，是一种健康食品，对人体十分有益。

近年来国外普遍发展植物肉生产，在制造灌肠、鱼肠、肉丸、肉馅饼、肉包、饼子等肉馅食品中均掺入适量的植物肉。以代替部分猪肉、牛肉。这不仅可减少食品中的脂肪及胆固醇的含量，提高蛋白质比例，同时还可降低肉制品的成本。

另外，随着全世界素食主义人群越来越多及人们对健康的不断追求，利用粮食为主要原料制作的肉食替代品，具有很大的发展前景。

8.1 大豆蛋白的分类与提取

大豆蛋白包括大豆分离蛋白、大豆浓缩蛋白、大豆组织蛋白，是用于制作模拟肉制品的最佳原料，大多数人造肉、火腿、肌肉、鱼虾类的产品都离不开大豆蛋白。

8.1.1　大豆分离蛋白

大豆分离蛋白是一种蛋白质含量为90% ~95%的精制大豆蛋白产品。大豆分离蛋白具有优越的乳化、凝胶、吸油、吸水、分散等功能特性。因此，在食品工业中的用途比大豆浓缩蛋白更广，主要用于碎肉食品、腊肠、火腿、冷冻点心、面包、糕点、面条、油炸食品、蛋黄酱、调味品等的生产专用。大豆分离蛋白应用于面制品中可以改善小麦粉的加工性能，提高小麦粉的蒸煮品质和营养价值。提取方法如下。

称取低温豆粕100 g，加入去离子水1.5 L，搅拌均匀后浸泡10 h。然后利用1 mol/L NaOH溶液将pH调至8.0，搅拌1.5 h后，利用离心机(9 000 r/min)离心20 min，弃去上清液。在沉淀中添加10倍的去离子水，将pH调至2.8 ~3.8，并加入5%(*w*/*w*)的在醋酸溶液中溶解的壳聚糖，将上述溶液在100 ~120 ℃的恒温水浴中处理15 min，即可得到大豆蛋白。

8.1.2　大豆浓缩蛋白

大豆浓缩蛋白又称70%蛋白粉，原料以低温脱溶粕为佳，也可用高温浸出粕，但得率低、质量较差，生产浓缩蛋白的方法主要有稀酸沉淀法和酒精洗涤法。大豆浓缩蛋白可应用于婴儿食品、代乳粉、焙烤食品、模拟肉、碎肉、肉糜、肉卷、调料等的生产。使用时应根据不同浓缩蛋白的功能特性选择。提取方法如下。

1)稀酸沉淀法

利用豆粕粉浸出液在等电点(pH为4.3 ~4.5)蛋白质溶解度最低的原理，用离心法将不溶性蛋白质、多糖与可溶性碳水化合物、低分子蛋白质分开，然后中和浓缩并进行干燥脱水，即得浓缩蛋白粉。此法可同时除去大豆的腥味。稀酸沉淀产浓缩蛋白粉，蛋白质水溶性较好，但酸碱耗量较大，同时排出大量含糖废水，造成后处理困难，产品的风味也不如酒精洗涤法。

2)酒精洗涤法

利用酒精浓度为60% ~65%时可溶性蛋白质溶解度最低的原理，将酒精液与低温脱溶粕混合，洗涤粕中的可溶性糖类、灰分和醇溶蛋白质等。再过滤分离出醇溶液，并回收酒精和糖，浆液则经干燥得浓缩蛋白粉。此法生产的蛋白粉，色泽与风味较好，蛋白质损失少。但由于蛋白质变性和产品中有0.25% ~1%的酒精，使食用价值受到一定限制。

8.1.3　大豆组织蛋白

大豆组织蛋白又叫膨化蛋白或植物蛋白肉，是以低温脱溶粕为原料，经挤压法、纺丝法、湿式加热法、冻结法或胶化法，使植物蛋白组织化而得到的形同瘦肉，具有咀嚼感的大豆蛋白食品。大豆组织蛋白具有多孔性肉样组织，保水性与咀嚼感好，适于生产各种形状的烹饪食品、罐头、灌肠、仿真营养肉等。提取方法以挤压法采用最广泛，又分为一次膨化法和二次膨化法。工艺流程如图 8.1 所示：

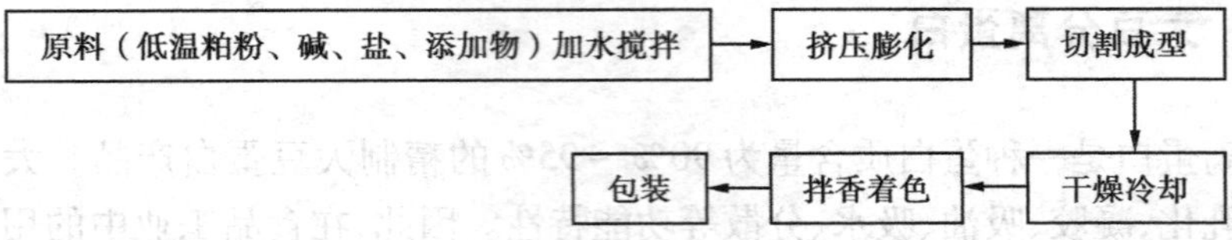

图 8.1　大豆组织蛋白的提取工艺流程

如进行二次膨化，口感上更接近于肉制品，但动力消耗大，操作要求高。

8.2 人造肉

人造肉食品是以大豆、面筋等植物蛋白质为原料的纤维状食用蛋白和食用蛋白结合剂、调味料等经过特殊加工工艺制造而成的一种模拟食品。

8.2.1　一般过程

从低变性脱脂大豆中分离、提炼蛋白质，得到大豆蛋白质的凝乳。向里面加入碱，使 pH 达到 10 ~ 13，浓度为 11% ~ 13%。碱解胶以后，制成适当黏度的蛋白溶液，然后用多孔板或喷嘴把这种蛋白溶液挤压到 pH 约为 4.5 以下的酸性溶液中，再纺丝，得到酸凝固蛋白纤维。最后把它调至 pH 为 5 ~ 7 的弱酸性或中性。充分水洗、脱水。这样制得的食用蛋白纤维含水量约 70%。也可以根据不同的用途同，干燥到适当的含水量，作为人造肉的主要原料。

在中和、水洗后也可以把蛋白纤维均匀分散到水中。在水中用微波加热处理，脱水、调制成纤维状食用蛋白质。根据用途的不同，添加适当的结合剂或调味料均匀混合。再延展到适当厚度，成型，进行微波加热处理。冷却后，适当切断成型。

使用的结合剂有蛋白、小麦粉、淀粉、生鱼肉蛋白等有适当加热凝固性的物质。调味料有食盐、砂糖、天然提取物、植物蛋白质加水分解物、香辣调料、着色料、油脂等。可根据不同的目的适当使用。还可以根据用途使用其他的食品添加物、天然物。

这些添加物和主要原料纤维状食用蛋白质的配合质量比是 1∶0.5 或 1∶3 比较适当。

用微波加热处理条件是，300 ~ 3 000 MHz 的微波，0.5 ~ 100 kW，1 ~ 2 min 的加热处理比较适当。主要根据目的、对象、处理方法等选择适宜的频率、瓦数、时间。

本方法可以简单、廉价、大量地连续制造有很好的模拟肉组织的模拟食品，特别是因为添加了油脂所以有良好的保型性。制造时得到的香味或色泽不会发生劣变。没有历来产品的那些缺点，食感特别像天然肉类，能明显地除去或减轻豆腥味，改良食品质量。

8.2.2　具体方法

1)方法一

低变性脱脂大豆10 kg加水100 kg。在40 ℃中搅拌1 h,提取大豆蛋白质。用离心分离除去不溶成分,加盐酸,调整pH到4.5,使蛋白质沉淀。再离心分离得到含水分约70%的大豆蛋白凝胶。在凝胶中加水,使其分散。加氢氧化钠溶液,调整pH到11.5,得到碱解胶液。把碱解胶液用0.1 mm的多孔板挤压到酸凝固液中,凝固纺丝。再加碱溶液,调整pH到5。然后加200 kg的水,充分水洗后,脱水。得到含有水分约70%的食用蛋白纤维11 kg。

另外,用干燥蛋白15份(质量),食盐4份,脱脂奶粉10份,色拉油10份。水60份的比例均匀混合,调整得乳化液。把这乳化液和上述的蛋白纤维以1∶1质量比均匀混合。得到的混合物延展成3 cm厚,用2 450 MHz的微波650 W,加热90 s成型。

另外作为对照品,把上述的食用蛋白纤维和乳化液的混合物充填密封在氯化亚乙烯的包装管内(ϕ45 mm),在100 ℃的沸水中加热50 min。另一对照品是用带套管的螺旋式加热机加热成型的。

用本方法微波加热得到的人造肉最好。豆腥味少,涩味感少,易嚼,质量好。

2)方法二

按方法一标准制造的含水分约70%的食用大豆蛋白纤维1 kg,切断成3 cm长条。另外,将干燥蛋白150 g、食盐80 g、砂糖150 g、植物蛋白水解物30 g及调味料、香辣调料的混合物60 g、食用色素3 g、植物油150 g、水377 g或按比例混合均匀。把混合液调制成1 kg的乳浊液后,与上述的食用蛋白纤维均匀混合。

把得到的混合物延展成3 cm厚,2 450 MHz的微波650 W加热2 min。冷却后切成厚约2 cm的薄片和10 cm的方形。得到火腿样的食品,风味和食感都非常好。

3)方法三

从方法一得到含有水分约70%的食用大豆蛋白纤维1 kg,切断成3 cm长,放在10 kg的水中均匀分散,用2 450 MHz的微波650 W加热5 min,然后脱水到约含70%的水分或脱水到1 kg,得到经过加热处理的食用蛋白纤维。另外用蛋白150 g、食盐40 g、砂糖100 g、肉汁100 g、调味料和香辣调料混合物60 g、太妃糖10 g、猪油150 g、水390 g均匀混合,得到1 kg的乳浊液,和上述食用蛋白纤维均匀混合。再把猪背的脂肪500 g切成1 cm的方块,添加均匀混合,再延展成5 cm厚。用2 450 MHz的微波650 W加热3 min。冷却后切成厚度约3 mm的薄片,得到烤猪肉味食品。和猪油适当混合,风味和食感适合肉食爱好者。

4)方法四

从方法一制造的含有水分约70%的食用大豆蛋白纤维1 kg,使其纤维有方向性。另外,用蛋白100 g、食盐20 g、砂糖50 g、植物蛋白水解物20 g及调味料、香辣调料的混合物40 g、鸡油100 g、水270 g均匀混合调制成600 g的乳浊液,和上述食用蛋白纤维均匀混合,使纤维成一个方向,延展成3 cm厚。用91.5 MHz的微波650 W,加热2 min,冷却后,切成适当的大小,得到模拟鸡肉食品。由于纤维有一定方向,风味和食感比较适合鸡肉食品爱好者。

8.3 肉蛋代用品

由脱脂大豆饼可生产出代替需要肉、蛋类的代用品。

8.3.1 方法一

用 1 kg 普通脱脂豆饼屑,氮溶指数为 60%,用 9 kg 水萃取 4 h 得到 7.8 kg 萃取物,其中含蛋白 3.5%。调 pH 到 6.8,经分离除去固体后,加入 145 mL 浓度为 12% 的 $CaCl_2$ 溶液。调 pH 到 5.6(在 90 ℃),形成的蛋白胶凝物分离出来而得产品。该沉淀是一种鲜嫩、光滑的胶凝物,用作肉类增补剂。该产品适宜作点心制作中的同类增补食品。

8.3.2 方法二

用 1 kg 脱脂大豆饼屑在 7.5 kg 水中浸取 4 h,通过加压过滤使形成的蛋白与渣分离。用柠檬酸调 pH 到 6,并在 102 ~ 105 ℃加热 0.2 h,即形成蛋白胶凝物。将其与乳清分离,用水洗涤。分离后得到一种高蛋白胶凝食品。可作肉、蛋类补充品或代用品。具有外观光滑,爽口滋润和适度的弹性感。

8.4 大豆植物蛋白肉

植物蛋白肉原料丰富(大豆提取油脂后的副产品,除高温豆粕可作原料外,低温脱溶豆粕、脱脂花生、脱脂葵花籽等也可作为原料生产植物蛋白肉),制作简单,易于贮存,食用方便,健康营养,物美价廉;被认为是一种理想的蛋白食品,适用于家庭、食堂及食品厂等。

8.4.1 产品配方

脱脂大豆粉(2.5 kg)、食盐(20 g)、纯碱(20 g)、开水(1.1 g)。也可选用谷朊粉、脱脂花生粉等蛋白质含量高的材料。

8.4.2 制作方法

1)挤压

按上述配方将物料混合均匀,做成 200 g 左右的圆形豆粉团子。将此团子依次放入植物蛋白肉膨爆机。膨爆机的主要作用是在高温高压下,使物料熟透并压延成有一定形状和尺寸的大豆蛋白肉条带。一般每50 kg黄豆可生产5~6 kg豆油、35 kg蛋白肉。也可以佐以清香、五香、麻辣等不同风味制成鲜品。

2)干燥

制好的大豆蛋白肉应立即干燥(晒干或烘干)、包装、密封。

3)烹饪

由于植物蛋白肉是含水量10%左右的干制品,食用前要用温水或冷水浸泡,也可直接用加好配料的调味液或肉汤浸泡,使其充分吸水。吸水后的质量一般为其原来的1~1.5倍;烹调时用挤干的蛋白肉进行加工,配以其他辅料,做成各种美味菜肴。

4)注意事项

①植物蛋白原料必须新鲜。

②如果不喜欢豆腥味,蛋白肉使用前应充分漂洗。先浸泡,然后将水挤干,反复数次,以除去豆腥味。

③如果要将蛋白肉进行过油处理,浸泡时的浸渍液中食盐浓度必须在1%以上,否则在过油处理时,蛋白原材料容易变形。过油温度要控制在100~150 ℃进行,最好在105~130 ℃。若温度高于150 ℃,蛋白材料易硬化,会失去近似肉类的弹性和柔软性;若温度低于100 ℃,则油分不能完全浸入蛋白材料中,食用起来就会缺乏肉食感,而且对于大豆的生豆味几乎起不到抑制作用。过油时间以120 ℃的温度下4 min为宜。

④植物蛋白肉易受潮霉变,低温干燥环境可延长保质期。

8.5 改善复水性的植物蛋白肉

一般生产大豆蛋白模拟肉类食品时需要添加油质。添加油脂的同时,乳化剂使用卵磷脂。然而单独使用卵磷脂不能使油脂充分地渗透吸附到植物蛋白原料的组织内部,而且复水时间长,并在复水时油脂分离的比例很大。

研究人员发现在植物蛋白原料中添加油脂、卵磷脂和乙醇混合物后,清除了上述不良现象。在向组织状植物蛋白原料添加油脂时,预先向油脂中添加卵磷脂和乙醇。经搅拌、混合后再添加到组织状植物蛋白原料中。这样油脂能渗透吸附于原料组织内部。不仅改善了植物蛋白制品的物理性质,而且改善了风味。

油脂、卵磷脂、乙醇成分的种类和添加量分别有以下要求。

油脂为大豆油、玉米油、红花油、棕榈油等各种植物油及这些油脂的氢化油,或牛脂、猪脂等各种动物脂或者这些动物脂的混合脂。添加量没有特殊的限制,但一般为干组织状植物蛋白原料的0.5%~30%。

卵磷脂为大豆卵磷脂、蛋黄卵磷脂、油菜卵磷脂等各种卵磷脂。使用量为干植物蛋白原料的0.01%~10%。

除乙醇外,还可使用含乙醇成分的各种酒类。用量最好为干植物蛋白原料的0.001%~3%。加工中,油脂、卵磷脂、乙醇混合物最好经高速而强力地搅拌。均匀地乳化、混合,产生空化现象。在组织状植物蛋白原料中添加并混合油脂、卵磷脂和乙醇混合物一般采用喷射法,即向原料喷射混合物;以及浸泡法即将原料放在混合液中浸泡。以下介绍两种具体的制作方法。

①方法一:将100份脱脂大豆粉和30份水均匀地混合;在高温高压条件下挤压膨化成组织状大豆蛋白。再高速而强力地搅拌80份棕榈油、20份大豆卵磷脂、5份清酒,使之成均匀的混合物;然后向原料喷雾,使用量(以质量比)为10%。

用本方法制得的产品复水时间,由原来的19~21 min缩短到10~12 min,并克服了油脂浮于表面的现象。

②方法二:将100份脱脂大豆粉和30份水混合并于高温高压下挤压膨化成组织状大豆蛋白。喷涂10%(质量比)的混合油脂(棕榈油40份、猪油10份、油溶天然提取物20份、蛋黄卵磷脂20份,另外还有10份酒)。油脂类要经高速而强力地搅拌,均匀混合,产生空化现象。用这种方法制得的产品,复水时间由原来的20 min缩短到12 min,并完全没有油分离现象。

8.6 大豆乳酪风味制品

大豆从其氨基酸的组成来看,是十分丰富的,有"土地长出的牛肉"之美称。但在加工过程中,会产生苦味、豆腥味。这是由于经酶处理,会从大豆蛋白中生成苦味氨基酸,并从蛋白分子中游离出大豆臭味成分。因此,在制作这种蛋白食品时,要让大豆蛋白食品具有乳酪的风味。单纯使用蛋白分解酶是不够的。

科研人员使用淀粉酶、脂肪酶和纤维素酶等各种酶源进行试验。结果发现曲霉属菌或红曲霉属菌最适用。制曲可用米作为原料。这种米曲的风味最适合做这种食品。然而要使这些酶发挥作用,单用这种曲还不行,还应该添加食盐和酒精。使酶既受到抑制又进行反应。利用这些酶在一定条件下发挥复合作用。

在使用大豆制作有乳酪风味的蛋白食品时,首先要调制豆奶。这一工作复杂且时间长。因此,这里介绍的方法为了更加简便,且为了做出风味好、口感细腻的蛋白食品,采取将大豆蛋白、水(最好是食用油脂)混合加热制成乳酪状蛋白的方法。这样做出的蛋白物质可以满足要求。

①方法一:将分离大豆蛋白2 kg、大豆油3 kg、7 L水混合起来,用乳化机乳化。再将这种混合物装入容器,以100 ℃的热水加热20 min。做成乳酪状蛋白物。冷却后,切成约3 cm宽的蛋白块,备用。再用米按常法制曲,接种曲霉属菌(ATCC 15240)。在此米曲中再添加16.3 L、45%的乙醇和1.6 kg食盐,磨碎并做成醪。将上述备用的乳酪状蛋白浸入醪中,盖紧盖。于约30 ℃静置发酵10~20 d。即可得到这种有乳酪风味且无大豆腥臭味的蛋白食品。

②方法二:按与上述相同的方法,将分离大豆蛋白1 kg、谷类植物油水1.6 kg混合起来,制成与上述相同的乳酪蛋白用品。用红曲霉菌(ATCC 16358)接种原料米制成米曲。在1.2 kg这种米曲和以方法一制成的1.5 kg曲中添加时2.5 L、45%的乙醇和0.7 kg食盐,做成醪。再将上述乳酪蛋白备用品加进此醪中,盖好盖,于28 ℃的恒温室中发酵15 d

即可，得到具有乳酪风味、色泽鲜红美味的蛋白食品。

8.7 组织化大豆蛋白仿瘦肉制品

通过加工，将大豆蛋白用专用设备仿制成鲜瘦肉结构。外观状如肉块。这种组织化的大豆蛋白具有动物肉形状的纤维，再配以肉味香料、色素，可制成各种仿肉制品；制作方法如下。

①加工大豆蛋白纤维时，先将分离大豆蛋白溶于碱液（纺丝液）中。

②使溶解的分离大豆蛋白液通过数千个小孔的隔膜。由小孔挤入含有食盐的醋酸溶液中，蛋白质凝固析出。

③在形成丝状的同时，使其延伸，并使分子在同一方向排列，并形成纤维。这种纤维的粗细和强度正适应加工成肉制品时的咬头和咀嚼时的口感。不同对象的食品还可加以调整。纤维的粗细决定于放在酸溶液中的隔膜孔径及其延伸的程度。其孔径一般为0.5～2 mm，延伸度为50%～400%（相当于原纤维长度的1.5～5倍）。同时纤维强度还受蛋白质浓度、碱液浓度、醋酸浓度及存在的盐类等的影响。纤维粗细随孔径和延伸程度而有所不同，通常为2 mm左右。

以上制成的蛋白纤维形成纤维束状态，经盐水浸泡使其硬化后即成为类似动物肉中的纤维状态；然后以这种纤维状物料即成人造肉制品。为了使其互相黏结，还要加入黏结剂；如热凝性蛋白、淀粉、糊精、羧甲基纤维素（CMC）等高分子物质。或把纤维用酸、碱处理，使纤维表面再溶解，使其形成一种结合力。另外，还要加入调味剂和色素等，使其均匀地分布于肉中。最后通过整型和加热，切成适当形状，经干燥及冷藏即为成品。

8.8 几种模拟食品的加工技术

8.8.1 大豆“鱼肉松”

在日本可以买到许多种大豆蛋白制的咸牛肉罐头。无论外观还是口感，都和真牛肉一模一样，这就是用纤维大豆蛋白按一定的长度切断，再加各种香料、调料、油脂，适当调味后密封，加热杀菌而成耐久贮藏的加工食品。此外，日本是吃鱼较多的国家，以下介绍“鱼肉松”的制作方法。

所谓“鱼肉松”，通常是将鱼肉磨碎，加进调味料，干燥后成为耐久食品。大豆“鱼肉松”是以大豆为主要原料，辅以其他调味品而制得的一种模拟食品。

产品配方：粒状大豆蛋白70 kg、盐5 kg、其他调料0.4 kg、洋葱10 kg、白糖4 kg、色拉油5 kg、生姜5 kg、味素0.6 kg。

日本食品厂商“味素公司”研制出一种大豆蛋白制品“味鱼松”（酱油味，又带甜头，带辣头，芝麻味），可用于什锦炒饭、三明治的盖浇头、白饭和面包。还可掺进肉馅，用途广泛。生产工艺与鱼肉松基本相同。

8.8.2　四鲜植物蛋白肉罐头

植物蛋白肉经油炸、调味，加入香菇、木耳、金针、笋片等配料制成的四鲜植物蛋白肉罐头，色呈红棕色，肉体表面油亮，质地柔软，味道鲜美。

1）产品配方

油炸植物蛋白肉 40 kg，笋片 3 kg、生姜 0.15 kg、砂糖 2.1 kg、黄酒 0.7 kg、味精 0.1 kg、酱油 7.5 kg、茴香 0.1 kg、精盐 0.3 kg、清水 80 kg、酱色若干、香菇 750 g、木耳 800 g、笋 2.22 kg、熟油 1.48 kg、调味汤 19.2 kg。

2）生产工艺

四鲜植物蛋白肉罐头的生产工艺流程如图 8.2 所示。

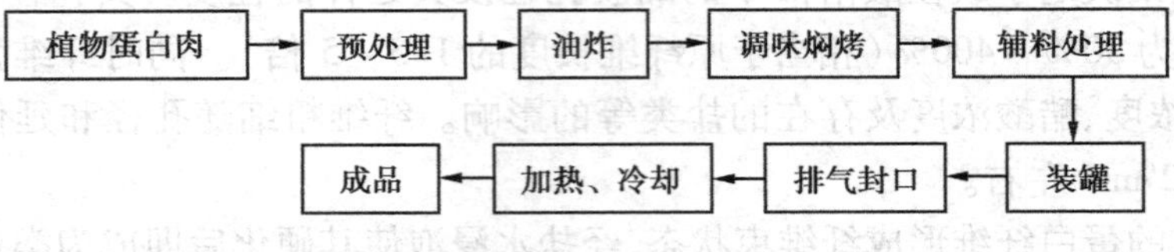

图 8.2　四鲜植物蛋白肉罐头的生产工艺流程

3）制作方法

（1）原料处理

植物蛋白肉易受潮霉变，原料进货后需放置于干燥处，及时加工处理。用温水浸泡植物蛋白肉（20 ℃）左右，吸水膨胀后挤干。再在清水中漂洗，原料漂洗必须充分；否则，在成品中会有豆腥味。捞出挤干后送油炸。

（2）油炸

油温控制在 150 ℃左右，油炸时间约 3 min，炸至金黄色出锅。油炸得率为 70%。

（3）调味焖烤

按配方将原料和调味料混合焖烤 45 min 出锅。在调味焖烤中，应注意植物蛋白肉的色泽。必要时适当添加少量的酱色，使其呈红棕色，酷似煮熟的瘦猪肉颜色。

（4）辅料处理

香菇、木耳、金针用温水浸发。发透后剪去带头硬物，洗净泥沙杂质。笋去壳切片，用沸水煮 40 min 后冷却，用流动水漂洗，切成 4 cm×2 cm×0.3 cm 的块。

（5）装罐

将植物蛋白肉 270 g、香菇 5 g、金针 6 g、木耳 6 g、笋片 15 g、熟油 10 g、调味汤 130 g 混合后装入清洁卫生的容器中。

（6）排气封口、加热、冷却：加热排气，中心温度 70～75 ℃，真空排气 40～47 kPa。加热温度和冷却方式参考相关资料。

8.8.3 黑豆麻辣蛋白肉

黑豆麻辣蛋白肉是以黑豆组织蛋白或蛋白纤维素为主料制成,食用时有肉的咀嚼感。

1)生产工艺

黑豆麻辣蛋白肉的生产工艺流程如图8.3所示。

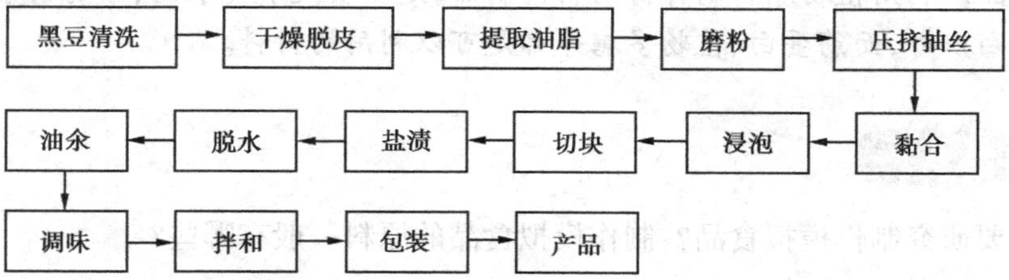

图8.3 黑豆麻辣蛋白肉的生产工艺流程

2)制作方法

①黑豆经清洗、干燥脱皮、提取油脂后,除去挥发性的碳氢化合物,加入35%的水进行磨粉,形成团状。

②压挤抽丝:黑豆粉在150 ℃,147.1 kPa下,通过喷嘴压挤后,用抽提分离机对大豆粉进行精制,使抽丝的蛋白粉含量达到90%以上。在碱性溶液中着色,蛋白溶液从压力机喷嘴喷出的纤维在盐溶液中如同纱线一样沉淀下来,缠绕在可变速运转的滚柱上使其拉伸60%~200%。具有咀嚼性和鲜嫩度。

③黏合:用黏合剂在压聚机内对纤维进行处理,使纤维呈纤维束状。

④将黑豆组织蛋白或蛋白纤维束放在15~20 ℃的温水中,浸泡3~4 h。蛋白肉疏松时用清水洗涤,去除泡沫、腥味,取出沥干表面水分,切成(2 cm×4 cm)的小方块。

⑤将切好的小方块蛋白肉放入15%的盐水溶液中盐渍1~2 h,使蛋白肉咸味适中。装入布袋放进离心机内脱水3~5 min。

⑥蛋白肉块脱水后放入烧沸锅中油余25~30 min。当泡沫消失,蛋白肉块炸成酱棕色时,出锅沥干油,将配好的调料(辣椒粉1%、花椒粉0.5%、酱油2%、绍兴酒0.5%、味精0.5%及适量冷开水调成浆液),均匀喷在油炸蛋白肉块上,再放入锅内加热,使各种调料均匀入味。

⑦产品冷却至室温时,用封口机封口包装,在通风、阴凉、干燥的库房内贮藏。

8.8.4 大豆高蛋白方便食品

这是美国研制的一种高蛋白方便食品,含大豆蛋白、乳清和土豆粉。此产品可连续化生产。

产品配方:大豆蛋白(至少70%蛋白质)15%~50%,面粉7%~15%,乳清粉10%~17%,香料1%~3%,脱脂奶粉10%~15%,碳酸氢钠0.2%~0.3%,酒石酸钠0.2%~0.3%,水20%~30%,维生素适量。

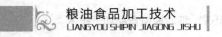

制作方法:将上述原料先用水拌和好,形成团状。静置一段时间使面团内吸水,最后再加水、揉揣、挤压和烤焙等。

本章小结

本章节主要介绍了如何以大豆为主要原料,配合其他辅料,制作出纯素食或部分素食的仿肉类制品。利用植物原料制作仿动物肉制品,是一项技术要求高、市场前景好的技术;除了大豆蛋白以外,面筋蛋白、植物多糖等都是可以利用的材料。

复习思考题

为什么要研究制作模拟食品?制作模拟食品的原料一般有哪些?

第9章 粮食发酵食品加工技术

学习目标

①掌握啤酒、白酒、黄酒的概念、原料的选择，了解其分类，熟悉其加工的一般工艺流程，理解并掌握三大酒制作的原理、操作要点。

②掌握醪糟的概念、原料的选择、熟悉醪糟加工的一般工艺流程，掌握醪糟制作的操作要点，了解醪糟产品的功效。

③掌握酱油、豆瓣酱、醋的概念、原料的选择，了解其分类，熟悉其制作的一般工艺流程，掌握其制作的原理及操作要点。

④知道粮食发酵制品的发展现状、趋势，了解其他粮食发酵制品。

技能目标

①能正确选择制作三大酒的原料，能按照工艺流程的要求完成三大酒的生产加工。

②能正确选择制作醪糟的原料(糯米)，能按照工艺流程完成醪糟的生产加工。

③能正确选择制作酱油、豆瓣酱、醋的原料，能按照工艺流程的要求完成酱油、醋等的生产加工。

知识点

本项目主要介绍粮食(小麦、大麦、大米、糯米、大豆、玉米、高粱等)在微生物的作用下，制成酒类(白酒、啤酒、黄酒、米酒等)、调味品(酱油、豆瓣酱、醋等)的原理、工艺流程、操作要点、实例实训及发展现状、趋势。

9.1 粮食发酵酒类

9.1.1 白酒

白酒是以高粱、玉米等粮谷类为主要原料，以大曲、小曲等为糖化发酵剂，经蒸煮、糖化、发酵、蒸馏、陈酿、勾兑而制成的蒸馏酒，所以称为白酒，因其含酒精量高，又称烧酒或高度酒。目前白酒常以生产原料、生产工艺、酿造用曲、酒度等分类方法，按原料分类包括粮食酒、薯干白酒等；按酿造用曲分类包括大曲、小曲、麸曲白酒等；按生产工艺分类包括固态、半固态、液态白酒；按酒精含量分类有高度酒（40°以上）、中度酒（40°以下）；按香型分类包括浓香型、酱香型、清香型、米香型等。

1）原辅料

（1）主要原料

高粱、玉米、大米是粮谷原料中用于酿造白酒的主要原料，有些名优白酒除使用上述原料外，还搭配一些其他粮谷类。例如五粮液就是用高粱、玉米、小麦、大米、糯米5种原料搭配酿制的。各地产的优质白酒，在选择酿酒原料时也采取多品种搭配，但多以高粱为主。

①高粱：我国名优白酒多以高粱为主要原料，普通白酒也以高粱为原料配制的较好。通常高粱含水分13%～14%，含淀粉64%～65%，含粗蛋白9.4%～10.5%。通常高粱籽粒中含3%左右的单宁和色素，其衍生物酚元化合物可赋予白酒特有的香气。过量的单宁对白酒糖化发酵有阻碍作用，成品酒有苦涩感。用温水浸泡，可除去其中水溶性单宁。

②玉米：玉米是酿造白酒的常用原料。玉米的粗淀粉含量与高粱接近，通常黄玉米比白玉米淀粉含量高。玉米含粗蛋白9%～11%，含脂肪4.2%～4.3%，含油量可达15%～40%，为避免过量的油脂给白酒带来杂味，可先分离胚体。

③大米：我国南方各省生产的小曲酒，多用大米为原料，可得米香型白酒。大米质地纯净，含淀粉高达70%以上，容易蒸煮熟化，是生产小曲酒最好的原料。

④薯类原料：红薯、马铃薯、木薯等，含淀粉多，是我国白酒生产的重要原料。这些原料经过一定工艺处理，也可得到质量较好的白酒。

（2）辅料

白酒中使用的辅料主要有稻壳、谷糠、高粱壳，主要用于调整酒醅的淀粉浓度、酸度、水分、发酵温度，使酒醅疏松不腻，有一定含氧量，保证正常的发酵和提供蒸馏效率。

2）原理

白酒发酵的基本原理主要是酵母利用可发酵性糖的过程。酵母利用一部分可发酵性糖经过同化和异化作用，合成酵母自身的物质；大部分通过代谢作用产生乙醇、二氧化碳释放能量。

3）大曲白酒生产工艺

（1）大曲及其制作

大曲是大曲酒的糖化发酵剂，是以小麦或大麦和豌豆等为原料，经破碎、加水、拌料、压成砖块状的曲坯，依靠自然界带入的各种野生菌，再在人工控制的温度和湿度下培养，保藏了酿酒用的各种有益微生物，再经风干、贮藏成为多菌种混合曲即为大曲。一般要贮藏三个月以上才可以使用。

根据制曲过程中控制曲坯最高温度的不同，可将大曲分为高温大曲、偏高温大曲和中温大曲三大类。高温大曲制曲最高品温达60 ℃以上；偏高温大曲制曲最高品温50～60 ℃；中温大曲制曲最高品温50 ℃以下。高温大曲主要用于生产酱香型大曲酒，如茅台酒（60～65 ℃），长沙的白沙液大曲酒（62～64 ℃）。中温大曲主要用于生产清香型大曲酒，如汾酒（45～48 ℃）。浓香型大曲酒以往大多采用中温或偏低的制曲温度，但从20世纪60年代中期开始，逐步利用偏高温制曲，制曲最高品温提高到55～60 ℃，以便增强大区和曲酒的香味。如五粮液（58～60 ℃），洋河大曲（50～60 ℃），泸州老窖（55～60 ℃）和全兴大曲（60 ℃）。下面以高温大曲生产工艺为例，介绍大曲生产工艺技术。

①工艺流程：大曲生产工艺流程如图9.1所示。

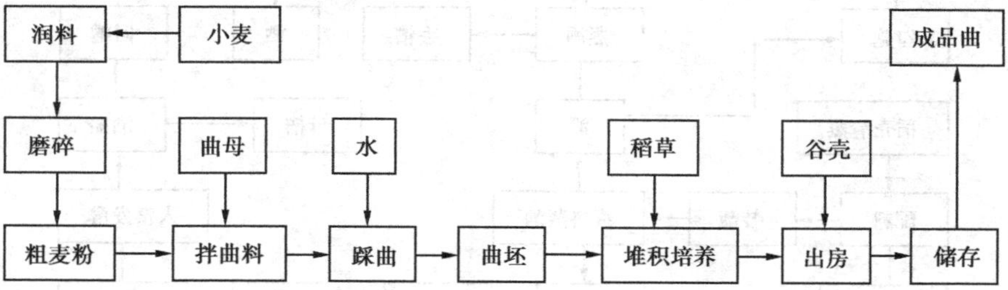

图9.1 大曲生产工艺流程

②制作工艺：先在原料小麦中加入5%～10%的水进行润料，经3～4 h后进行粉碎，要求成片状、未通过0.95 mm（20目）筛的粗粒及麸皮占50%～60%，通过0.95 mm筛的细粉占40%～50%。然后按麦粉的质量加入37%～40%的水和4%～5%（夏季）或5%～8%（冬季）的曲母进行拌料，称为和料。接着将曲料用踩曲机压成砖块状的曲坯，要求松而不散；再将曲坯移入15 cm高度垫草的曲房内，三横三竖相间排列，坯之间隔留2 cm，用草隔开。排满一层后，在曲上铺7 cm稻草后再排第二层曲坯。堆曲高度以4～5层为宜，最后在曲坯上盖上乱稻草，以利保温保湿，并常对盖草洒水。堆曲后一般经过5～6 d（夏季）或7～9 d（冬季）培养，曲坯内温度可达60 ℃以上，表面长出霉衣，此时进行第1次翻曲，此次翻曲至关重要，应严格掌握翻曲时间。第1次翻曲后再经7 d培养，进行第2次翻曲。第1次翻曲后15 d左右可略开门窗，促进换气。40～50 d后，曲温降至室温，曲块接近干燥，即可拆曲出房。成品曲有黄、白、黑3种颜色，以黄色为佳，它酱香浓郁，再经3～4月的储存成陈曲，然后再使用。

（2）大曲白酒生产简介

大曲白酒生产采用固态配醅发酵工艺，是一种典型的边糖化边发酵工艺（俗称双边发酵）。大曲既是糖化剂又是发酵剂，并采用固态蒸馏的工艺。大曲白酒生产方法有续渣法和清渣法两类。

续渣法是大曲酒和麸曲酒生产中应用最为广泛的酿造方法；它是将粉碎后的生原料（称为渣子）蒸料后，加曲（大曲或麸曲和酒母），入窖（即发酵池）发酵，取出酒醅（或称母糟）蒸酒，在蒸完酒的醅子中，再加入清蒸后的渣子（这种单独蒸料操作称为清蒸）；亦有采用将渣子和酒醅混合后在甑桶内同时进行蒸料和蒸酒（这种操作称为混烧），晾冷后加入大曲继续发酵，如此反复进行。由于生产过程一直加入新料及曲，继续发酵、蒸酒，故称续渣发酵法。浓香型白酒和酱香型白酒生产均采用此法。

清渣法是将辅原料单独清蒸后不配酒醅进行清渣发酵，成熟的酒醅单独蒸酒。清香型白酒的生产主要采用此工艺。

（3）续渣法大曲酒生产工艺

清蒸续渣是原料的蒸煮和酒醅的蒸馏分开进行，然后混合发酵。既保留了清香型酒清香纯正的质量特色，又保持了续渣法酒香浓郁，口味醇厚的特点。白酒中除汾酒外，都采用续渣法大曲酒生产工艺。现将续渣法大曲酒生产工艺过程简介如下。其工艺流程如图9.2所示。

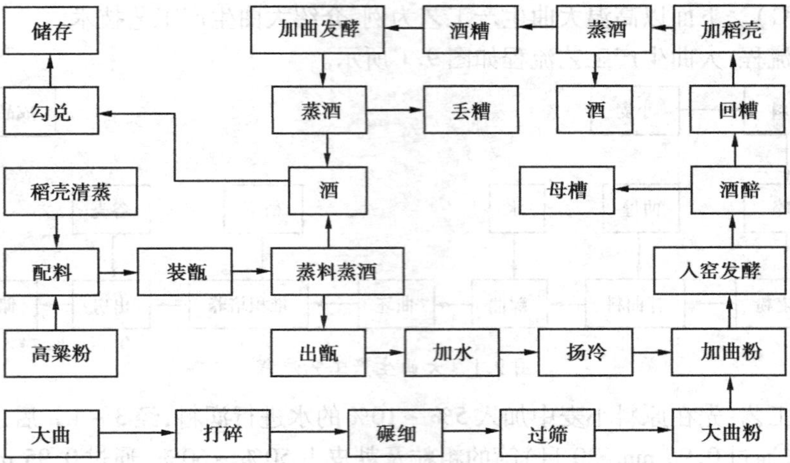

图9.2　续渣法大曲酒生产工艺流程

①酿酒原料及处理:使用糯种高粱酿酒,原料要求成熟、饱满、干净和淀粉含量高。高粱磨碎的粗细程度,以能通过20目筛,粗粒占28%为佳。大曲经钢磨磨成曲粉备用。大曲为高温曲,以感官检验,曲块质硬、内部干燥和富有浓郁的曲香味,不带任何霉臭味和酸臭味,曲断面整齐,边皮很薄,内呈灰白浅褐,不带其他颜色。稻壳作为填充料,要求新鲜干燥,不带霉味,呈金黄色。

②出窖配料:发酵完毕就出窖,对粮糟和回糟分别处理。粮糟在加入高粱粉和辅料装甑后,经蒸料蒸酒加曲粉再继续发酵。而回糟却不加新料,在蒸酒后再经一次发酵就丢糟。由回糟得到的“丢糟酒”因质量较差需单独装坛。

正常生产时老窖中有6甑材料(最上面一甑是回糟,下面有5甑是粮糟)。出窖后加入新料做成7甑材料,其中6甑下窖,1甑为丢糟。

通常“配料蒸粮”的配料比规定为:每甑母糟用量500 kg,加入高粱粉120~130 kg,稻壳夏季为粮食的20%~22%、冬季为22%~25%。

③装甑蒸粮蒸酒:装甑操作是先在甑桶底部的竹篾上预先撒上1 kg稻壳,然后将高粱粉、曲粉和经清蒸处理过的稻壳拌匀,装甑。装甑时间为35~45 min。如果装甑太快,料醅会相对压得实,高沸点香味成分蒸馏出来得少;如果装甑时间长,则低沸点香味成分损失会增多。

在白酒生产中,发酵完毕后的酒醅除含一定量的酒精外,尚有其他一些挥发性与非挥发性的物质,其组成相当复杂。将酒精和其他挥发性物质从酒醅中提取出来,并排除杂质的操作过程称蒸馏。“造香靠发酵,提香靠蒸馏”,与此同时,新添加的新料也被蒸熟。蒸馏是酿制白酒的一个重要操作阶段。

传统使用甑桶(图9.3)进行蒸馏,高1 m左右,直径是上口1.7 m,下口为1.6 m,呈“花盆甑”最好用。甑下部是一层竹制箅子。甑桶外壁为木板,内壁铺以石板,石板间应彼此嵌合,在合缝处涂以防酸水泥,使之不渗漏。使用平板甑盖,认为这样能较好地控制每甑所蒸馏酒醅的数量。

④出甑加水撒曲：传统操作时，出甑的粮糟按100 kg高粱粉加入蒸酒时甑桶淌出的冷却水70～80 kg，进行热水泼浆，这种加水操作称"打量水"所加水的温度在80 ℃以上，使粮醅能充分吸水保浆。每窖除窖底二甑不加水外，其余分层加入不同水量。一般控制入窖水分在53%～55%。

将已加高温水的醅，放于帘子上，进行通风降温，当品温冬季降到13 ℃，夏季降到比气温低2～3 ℃时，即可加大曲粉。大曲粉的用量，粮糟为高粱粉的19%～21%，而回糟每甑加曲量为粮糟的一半，因回糟中不再加入新料。用曲量要准确，用曲量过大，发酵升温过猛，不利于发酵并使酒味带苦。用曲量过小，升温太慢，发酵不彻底。入窖温度，粮糟为18～20 ℃，回糟为20～21 ℃。

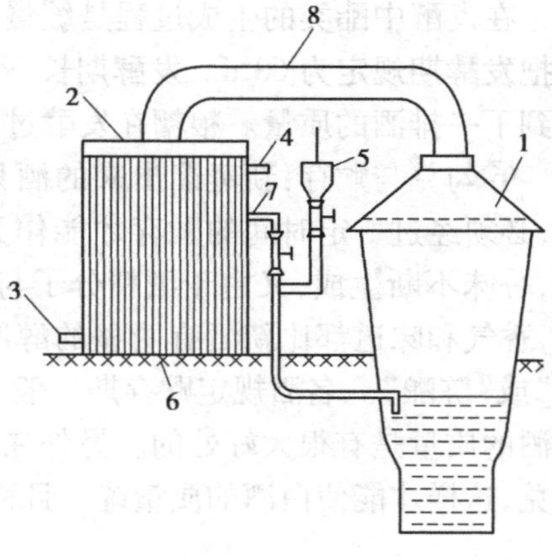

图9.3 甑桶和冷却器的连接装置图
1—蒸锅；2—冷却器；3—冷水出口
4—热水出口；5—注酒梢口；6—浇酒出口；
7—热水流入甑锅；8—过汽管

⑤入窖发酵：在生产上应严格控制入窖淀粉浓度、温度、水分和酸度。

a. 入窖淀粉浓度：粮糟入窖淀粉浓度的高低是控制发酵的一项重要内容。这也是粮醅配比的依据。入窖淀粉浓度过高，容易引起发酵升温过猛，造成酸败。而淀粉浓度过低，又会造成发酵不良，所产的酒缺乏浓郁、独特的香味。一般淀粉浓度，夏季控制在14%～16%，冬季控制在16%～17%。

b. 入窖温度：温度是发酵正常的首要条件，如果入窖温度过高，会使发酵升温过猛，为杂菌的繁殖提供了有利条件，同时也打乱了糖化与发酵作用的协调，会使酒醅酸度过高，造成酒精产量减少，故应贯彻低温入窖的原则。一般入窖温度冬季为18～20 ℃，夏季应掌握比此温度低1～2 ℃。

c. 入窖水分：适当的水分是发酵良好的重要因素。但入窖水分过高，会引起糖化和发酵作用快，升温过猛，使发酵不彻底，出池酒醅会发黏不疏松。而水分过少，会引起酒醅发干，残余淀粉高，酸度低，醅不柔软，影响发酵的正常进行，造成减产。入窖水分夏季控制在57%～58%，冬季控制在53%～54%。

d. 入窖酸度：酸度来自原料本身、曲，酒醅是最主要的。在发酵过程中酸度增加的原因，主要是杂菌的影响。如入窖酸度过高，虽发酵升温缓慢，但仍将促使酵母死亡，阻碍发酵作用的进行；而酸度过低，也影响糖化酶作用的速度，对糖化与发酵均不利，故应控制入窖酸度，一般规定夏季pH在2以下，冬季pH在1.4～1.8。

e. 发酵管理：每装完二甑粮糟就要踩窖一次，通过踩窖可压紧发酵醅子，以减少窖中空气，抑制好气性细菌繁殖，是形成缓慢的正常发酵，但如踩得太紧，容易踩成团块，对发酵也是有害的。

浓香型的名酒厂都将回酒发酵列入工艺操作规程，有的厂制订了完整的回酒尾操作。每甑回酒尾4～5 kg，冲淡至酒度为20°，均匀洒到醅子上，进行回酒发酵，有增香作用。微量的乙醇可供给己酸菌作为碳源，促进窖内己酸乙酯的生成，同时乙醇可供给产酯酵母菌以产生香味物质。

在发酵中酯类的生成过程是缓慢地进行的，一般发酵期长，产品酯含量高。泸州曲酒厂把发酵期规定为60 d。发酵期长不仅可使本排酒的质量好，而且涉及母糟的质量，也关系到下一排酒的质量。粮糟在发酵过程中大体升温幅度为10～15 ℃。

⑥勾兑与贮存：新蒸馏出来的酒只能算半成品，具辛辣味和冲味，饮后感到燥而不醇和，必须经过一定时间的贮存才能作为产品。白酒在贮存过程中由于发生氧化和酯化反应，香味不断生成，又由于酒精分子与水分子发生缔合的缘故白酒的刺激辛辣味就大大减少，香气和味道都比新酒有明显的醇厚感，此贮存过程在白酒生产工艺上称为白酒的"老熟"或"陈酿"。名酒规定贮存期一般为3年。而一般大曲酒亦应贮存半年以上，这样对提高酒的质量是有很大好处的。另外在贮存前，要用特制调味酒对一般白酒进行调味，称为勾兑，这样才能使白酒的质量统一且稳定。

9.1.2 啤酒

啤酒是以大麦和水为主要原料，大米或谷物、酒花等为辅料，经制麦芽、糖化、煮沸，并经过酵母菌发酵酿制而成的一种含有二氧化碳，低酒精度的饮料。啤酒的历史悠久，大约起源于9 000年前的中东和古埃及地区，后跨越地中海，传入欧洲。啤酒是世界性饮料，现在除了伊斯兰教国家由于宗教原因不生产和饮用酒外，啤酒几乎遍及世界各地。

目前啤酒的分类按生产方式分类包括鲜啤酒和熟啤酒；按麦汁浓度分类包括高浓度（麦汁浓度16%以上）啤酒、中浓度（麦汁浓度8%～16%）啤酒，低浓度（麦汁浓度8%以下）啤酒；按色泽分类包括淡色啤酒、浓色啤酒和黑色啤酒；按所用酵母品种分类包括上面发酵啤酒和下面发酵啤酒；按生产原料分类包括加辅料啤酒、全麦啤酒和小麦啤酒。

1）原辅料和生产用水

（1）原料

生产啤酒的原料大麦，其主要化学成分是淀粉，其次是蛋白质、纤维素、半纤维素和脂肪等。根据籽粒生长形态可将大麦分成六棱、四棱和二棱大麦3种类型。一般用二棱大麦。其中二棱大麦的麦穗上只有两行籽粒，籽粒皮薄、大小均匀、饱满整齐，淀粉含量较高，蛋白质含量适当，是啤酒生产的最好原料。

生产啤酒用的大麦要求麦粒有光泽，呈淡黄色，仔粒饱满，大小均匀，表面有横向且细的皱纹，皮较薄，千粒重35～45 g，能通过2.8 mm筛孔径的麦粒应占85%以上。将大麦从横面切开胚乳断面应呈软质白色，透明部分越少越好（表明蛋白质含量低，这种麦粒不仅淀粉含量高，而且在浸渍时，吸水性好，出芽率高），淀粉含量在65%以上；含水量在12%～13%；在15 ℃浸泡48 h，大麦含水量不低于42%；蛋白质含量为9%～12%，其中1/3～1/2的蛋白质可溶解于麦芽汁中。

新收大麦必须经过贮藏后熟才能得到较高的发芽率和发芽力。发芽率是指全部样品中最终能发芽的麦粒的百分率，要求不得低于96%；发芽力是指在发芽3 d之内发芽粒的百分率，要求达到85%以上。

（2）辅料

①使用辅助原料的目的与要求：啤酒酿造中，常常添加一些含淀粉的未发芽谷物、糖类或糖浆作为麦芽辅助原料。以低廉而富含淀粉的谷物为麦芽辅助原料，可降低原料成本和

粮耗。使用糖或糖浆为辅料，可以节省糖化设备的容量，同时可以调节麦芽汁中糖的比例，提高啤酒发酵度；使用辅助原料，可以降低麦芽汁中蛋白质和多酚类物质的含量，降低啤酒色度，改善啤酒风味和非生物稳定性；使用部分辅助原料（如小麦）可以增加啤酒中糖蛋白的含量，改进啤酒的泡沫性能。

②常用的辅助原料的种类与酿造特性

a. 大米：大米作为辅助原料，主要是为啤酒酿造提供淀粉来源，一般用量为25% ~ 45%。大米的淀粉含量比大麦、玉米高出10% ~20%，而蛋白质含量低于两者3%左右，因此用大米代替部分麦芽，既可提高出酒率，又可啤酒色泽浅，口味清爽，泡沫细腻，酒花香味突出，非生物性好，出酒率高。但大米添加不宜过多，否则会造成麦芽汁 α-氨基氮含量过低，造成酵母繁殖能力差，发酵迟缓。

b. 玉米：欧美国家使用玉米为辅料比较普遍，而我国一般使用大米，少数啤酒厂用玉米作为辅料主要有（玉米颗粒、玉米片、玉米淀粉和膨化玉米）4种。玉米所含的蛋白质，纤维素比大米多，脂肪含量高出大米好几倍，而淀粉的量比大米少10%左右。玉米的油脂会使啤酒产生异味，而且减弱啤酒起泡力，所以除去油脂是必要的。玉米的油脂主要集中在胚中，所以一般先去胚，再用于啤酒生产。而且脂肪进入啤酒中易氧化，会引起啤酒风味变坏，所以生产中要使用新鲜的玉米，低脂玉米用量为30% ~35%。

c. 小麦：使用小麦作辅料可以使啤酒泡沫性能好，花色苷含量低，有利于啤酒非生物稳定性，且风味也较好。麦芽之中可同化性氮含量高，发酵速度快，啤酒最终 pH 较低，小麦富含 α-淀粉酶和 β-淀粉酶，有利于快速糖化，一般用量为15% ~20%。

d. 糖类或淀粉水解糖浆：在煮沸锅中直接添加糖类（蔗糖、葡萄糖）或淀粉水解糖浆（大麦糖浆、玉米糖浆），可以调节麦芽汁中糖的比例，提高发酵度。糖类缺乏含氮物质，为了保证酵母的营养，添加量一般为10%左右，糖浆的添加量可稍高，为30%左右。

e. 酒花：酒花又称蛇麻花、啤酒花等，它是雌雄异株。用于啤酒发酵的是未授粉的雌花。酒花化学成分非常复杂。啤酒酿造时使用啤酒花，可赋予啤酒香味和爽口苦味，提高啤酒泡沫的持久性，促进蛋白质的沉淀，有利于啤酒澄清；酒花还有抑菌作用，加入麦芽汁中能增强麦芽汁和啤酒的防腐能力。

酒花的化学成分非常复杂，对啤酒酿造有特殊意义：一是苦味物质（酒花中的 α-酸、β-酸具有苦味和防腐能力）；二是酒花精油（酒花中含有0.5% ~2.0%的酒花精油，在啤酒酿造中赋予特殊香气，它易溶于无水乙醇等有机溶剂中，在水中溶解度极小，容易被氧化，氧化物会使啤酒风味变坏，而且易于挥发。煮沸时几乎全部挥发掉，采用分次添加酒花的工艺，可以保留适量的酒花精油）；三是多酚物质（酒花中含有4% ~8%的多酚类物质，是影响啤酒风味和引起啤酒浑浊的主要成分。酒花中的多酚在麦芽汁煮沸时有沉淀蛋白质的作用，但这种沉淀作用在麦芽汁冷却、发酵甚至过滤装瓶后仍在继续进行，从而会导致啤酒浑浊。因此，酒花多酚对啤酒既有有利的一面，也有不利的一面，需要在生产中很好地控制）。

将酒花直接加入麦芽汁中煮制时，仅有30%左右的有效成分进入麦芽汁中而且酒花的保藏较麻烦，因此有必要把酒花中的有效成分提取出来。这样不仅解决了酒花贮藏的困难，而且减少了酒花有效成分因长时间受热造成的损失。目前常用的酒花制品有：酒花粉、酒花浸膏、异构酒花浸膏、酒花油等。

(3)水

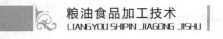

啤酒酿造用水包括糖化、洗糟、啤酒稀释用水等,可以使用地表水和地下水,其水质必须符合酿造用水的要求。

2)啤酒生产的基本原理与物质变化

(1)基本原理

啤酒生产是啤酒酵母利用麦芽汁中的糖、氨基酸等可发酵性物质通过一系列生物化学反应,产生乙醇,二氧化碳等副产物,从而得到具有独特风味的低度饮料酒。

(2)啤酒发酵过程中的物质变化

①糖的变化:在啤酒发酵过程中,可发酵的糖约有96%发酵为二氧化碳和乙醇,是代谢的主要产物;发酵的副产物有:甘油、高级醇、羰基化合物、有机酸、酯类等。

②含氮物质的变化:在发酵过程中,麦汁中含氮物质大约下降1/3,主要是由于氨基酸、氨态氮、短肽等同化氮与酵母存在着复杂的同化作用,与此同时酵母还能分泌出一些含氮物质。在20 ℃以上时,酵母的蛋白酶能缓慢降解自身的细胞蛋白质,发生自溶现象。自溶过分,啤酒产生酵母味,并出现胶体浑浊。这就是啤酒采用低温发酵的原因之一。

③酸度的变化:发酵过程中pH不断下降,前快后慢,最后稳定在4.0左右,正常下面发酵啤酒终了时pH为4.2~4.4。pH下降的主要原因是有机酸与二氧化碳的生成。pH的下降也有利于促进酵母在发酵液中的凝聚作用。

④酯类的形成:啤酒中含有适量的酯类,能增进啤酒的风味。对啤酒的香味起主导作用的乙酸乙酯、乙酸异戊酯,大部分是在前发酵阶段形成的。

⑤硫化物的形成:啤酒中的硫化物主要来源于原料中蛋白质的分解产物,主要有硫化物、二甲基硫、甲基和乙基硫醇、二氧化硫等。他们是生酒味的组成成分,具有异味或臭味,含量高则影响啤酒的风味。要减少硫化物的生成,主要控制制麦过程不能过分溶解蛋白质。

⑥连二酮的形成:连二酮即双乙酰(丁二酮)和2,3-戊二酮的总称,对啤酒的风味起主要作用的是双乙酰。双乙酰的口味阈值为0.1~0.2 mg/L,在啤酒中超过阈值会出现馊饭味。淡爽型成熟啤酒,双乙酰含量以控制在0.1 mg/L以下为宜;高档成熟啤酒最好控制在0.05 mg/L以下。

3)酵母

啤酒酵母在分类学上属于真菌,为子囊菌亚门、酵母属。啤酒酵母又分为上面发酵啤酒酵母和下面发酵啤酒酵母两种类型。此两类型酵母具有不同的生理特性,用于生产不同类型的啤酒。传统的上面酵母有啤酒酵母、萨士型啤酒酵母等;传统的下面酵母菌比较多,有弗罗信尔酵母、萨士酵母、卡尔斯伯酵母、u 酵母、E 酵母、776 号酵母等。

每个啤酒厂都有适合本厂使用的啤酒酵母。国内啤酒厂基本都使用下面酵母,较好的酒种有青岛啤酒酵母、首啤酵母、沈啤1号、沈啤5号。国内许多厂都采用u酵母作菌种,许多大厂使用的酵母与776号酵母相似。

上面发酵啤酒酵母和下面发酵啤酒酵母的区别见表9.1。

表 9.1 上面发酵啤酒酵母和下面发酵啤酒酵母的区别

区别内容	上面发酵	下面发酵
细胞形态	多呈圆形,多数细胞集结在一起	多呈卵圆形,细胞较分散
发酵时生理现象	发酵终了,大量细胞悬浮在液面	发酵终了,大部分酵母凝集沉淀于器底
发酵温度	15~25 ℃	5~12 ℃
对棉籽糖发酵	只能发酵 1/3 棉籽糖	能全部发酵棉籽糖
对蜜二糖发酵	缺乏蜜二糖酶,不能发酵蜜二糖	能发酵蜜二糖
37℃培养	能生长	不能生长
利用酒精生长	能	不能

4)麦芽制造

把原料大麦制成麦芽,称为制麦。发芽后制得的新鲜麦芽称为绿麦芽,经干燥和焙焦后的麦芽称为干麦芽。麦芽制备过程可分为:原料精造、原料分级、浸麦、干燥和除根 5 个步骤。

麦芽制备的主要目的是:使大麦生成各种酶,并使大麦胚乳中的成分在酶的作用下达到适度的溶解,去掉绿麦芽的生腥味,产生啤酒特有的色、香和风味的成分。

(1)制麦工艺流程

制麦的工艺流程如图 9.4 所示。

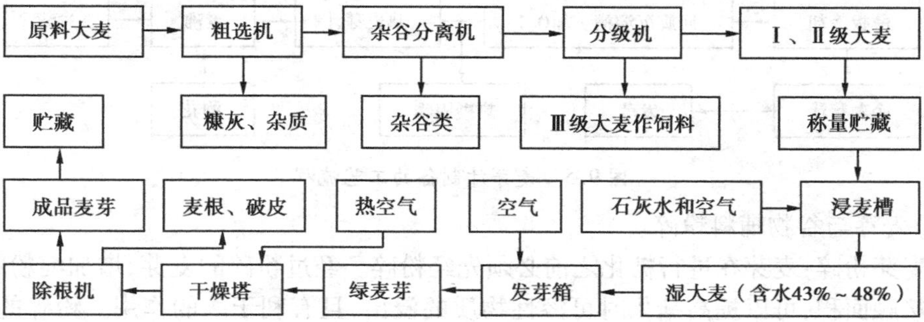

图 9.4 制麦的工艺流程

(2)麦芽生产方法

麦芽的生产方法参见麦芽糖制作。

(3)绿麦芽干燥及后续处理

绿麦芽水分含量为 40%~44%,通过干燥水分降至 5.0%~4.0%,一方面可以防止腐败变质,便于贮存;另一方面可以终止绿麦芽的生长和酶的分解作用;而且通过干燥还可以去除麦芽的生腥味,使麦芽产生特有的色、香、味。

绿麦芽干燥过程可大体分为凋萎期、焙燥期、焙焦期 3 个阶段,这 3 个阶段控制的技术条件如下:

①凋萎期:一般从 35~40 ℃起温,每小时升温 2 ℃,最高温度达 60~65 ℃,需时 15~24 h(视设备和工艺条件而异)。此期间要求风量大,每隔 2~4 h 翻麦一次。麦芽干燥程

度为含水量10%以下。但必须注意的是，麦芽水分还没降到10%以前，温度不得超过65 ℃。

②焙燥期：麦芽凋萎后，继续每小时升温2~2.5 ℃，最高达75~80 ℃，约需5 h，使麦芽水分降至5%左右。此期中每3~4 h翻动1次。

③焙焦期：进一步提高温度至85 ℃，使麦芽含水量降至5%以下。深色麦芽可增高焙焦温度到100~105 ℃。整个干燥过程24~36 h。

经干燥的麦芽应用除根机除掉麦根，同时具有一定的磨光作用。在商业性麦芽厂中，麦芽在出售前还要使用磨光机进行磨光，以除去麦芽表面的水锈和灰尘，保证麦芽外表美观、口味纯正、收得率高。而且麦芽质量的好坏，关系到啤酒的品质，因此生产厂家十分重视麦芽的质量。质量好的麦芽粉碎后，粗、细粉浸出率差比较小，糖化力大，最终发酵度高，溶解氮和氨基酸的含量高，黏度小。

5）麦芽汁制备

麦芽汁制备的过程，俗称糖化，指的是将麦芽粉碎与温水混合，借助麦芽自身的多种酶，将淀粉和蛋白质等分解为可溶性低分子糖类、糊精、氨基酸、胨及肽等，制的麦汁再经过过滤、麦汁煮沸和添加酒花、麦汁冷却等几个过程，其工艺流程如图9.5所示。

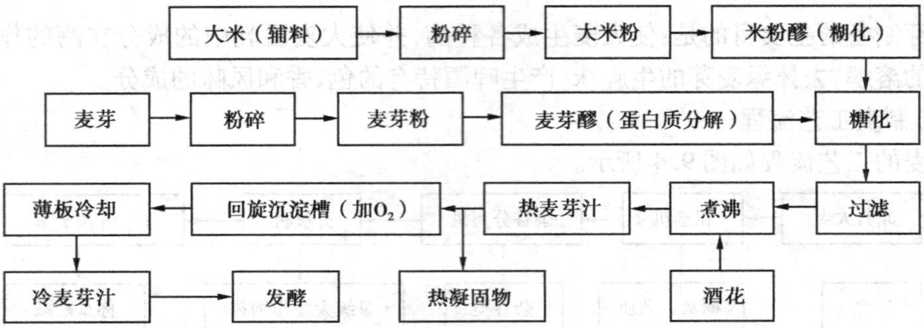

图9.5 麦芽汁制备的工艺流程

（1）麦芽与谷物辅料粉碎

①麦芽粉碎：麦芽在进行糖化之前必须先经粉碎。经过粉碎的麦芽，增加淀粉粒、酶以及水的接触面积，可以提高糖化时可溶性物质的浸出，且有利于酶的作用。粉碎的程度为麦芽皮壳破而不碎，如果颗粒过碎，麦皮中含有的苦味物质、单宁等会过多地进入麦芽汁中，使啤酒的颜色变深，口感变差，还会造成过滤困难。粉碎的方法有干粉碎、增湿干粉碎和湿粉碎，20世纪80年代后德国又推出连续浸渍湿粉碎。上述几种方法我国都有采用，但中、小型厂还是以干粉碎为主。

②谷物辅料粉碎：大米粉碎多使用辊式粉碎机粉碎。要求有较大的粉碎度，粉碎成细粉状，以增加浸出物的收得率，有利于它们的糊化和糖化。

（2）糖化

糖化是利用麦芽中所含有的各种水解酶，在适宜的条件下将麦芽和辅助原料中的不溶性大分子物质（淀粉、蛋白质、半纤维素及其中间分解产物等）逐步分解为可溶性的低分子物质的分解过程。由此制备的浸出物溶液就是麦汁。

①糖化工艺技术条件

a. 料水比(醪液浓度):淡色啤酒料水比为1∶4~5;浓色啤酒的料水比为1∶3~4。从醪液浓度看,淡色啤酒的第一麦汁浓度以控制在14%~16%为宜;浓色啤酒的第一麦汁浓度可适当提高到18%~20%。醪液过稀或过浓对浸出物收得率都有影响。

分开在糊化锅内进行糊化和液化的谷物辅料,投料时料水比一般控制在1∶5左右;采用麦芽为液化剂的,用1∶5左右;采用细菌α-淀粉酶为液化剂的,用1∶4左右。

b. 糖化温度:糖化时的温度一般分几个阶段进行控制,每个阶段所起的作用是不同的(表9.2)。

表9.2 糖化温度的阶段控制

温度/℃	控制阶段与作用
35~40	浸渍阶段:此时的温度称为浸渍温度,有利于酶的浸出和酸的形成,并有利于β-葡聚糖的分解
45~55	蛋白质分解阶段:此时的温度称为蛋白质分解温度,其控制方法如下: ①温度偏向下限,氨基酸生成量相对多一些;温度偏向上限,可溶性氮生成量较多一些 ②对溶解良好的麦芽来说,温度可以偏高一些,蛋白质分解时间可以短一些 ③对溶解特好的麦芽可以放弃这一阶段 ④对溶解不良的麦芽,温度应控制偏低,并延长蛋白质分解时间在上述温度下,β-葡聚糖分解作用继续进行
62~70	糖化阶段:此时的温度通称糖化温度,其控制方法如下: ①在62~65 ℃下,生成的可发酵性糖比较多,非糖的比例相对较低,适于制造高发酵度啤酒;同时在此温度下内肽酶和羧肽酶仍具活力 ②若控制在65~70 ℃,则麦芽的浸出率相对增多,可发酵性糖相对减少,非糖比例增加,适于制造低发酵度啤酒 ③控制65 ℃糖化,可以得到最高的可发酵浸出物得率 ④通过调整糖化阶段的温度,可以控制麦汁中糖与非糖之比 ⑤糖化温度偏高,有利于α-淀粉酶的作用,糖化时间缩短,生成非糖比例偏高
75~78	糊精化阶段:在此温度下,α-淀粉酶仍起作用,残留的淀粉可进一步分解,而其他的酶受到抑制或失活

c. pH:麦芽中各种主要酶的最适pH一般都较糖化醪的pH低,比较合理的糖化pH应为5.6左右。对残余碱度较高的酿造水应加石膏、加酸等处理;也可添加1%~5%的乳酸麦芽。

d. 糖化时间:随不同的糖化方法而异。

②糖化方法:糖化方法主要有煮出糖化法和浸出糖化法两大类基本方法,其他一些方法均由此演变而来。

a. 煮出糖化法:此法是将糖化醪液的一部分,分批地加热到沸点,然后与其余未煮沸的醪液混合,使全部醪液温度分阶段地升高到不同酶分解底物所要求的温度,最后达到糖化终了温度。煮出糖化法根据部分醪液煮沸的次数,分为1次、2次和3次煮出糖化法。

b. 浸出糖化法:浸出糖化法的全部糖化醪液自始至终不经煮沸,它是纯粹利用酶的作用进行糖化的方法。其特点是将全部醪液从一定的温度开始,缓慢分阶段升温到糖化终了温度。浸出糖化法常采用两段式糖化法。第1段在63~65 ℃、糖化20~40 min,然后升温至76~78 ℃进行第2段糖化。

c. 双醪糖化法(复式糖化法):为了节省麦芽,降低成本并改进质量,很多国家采用部分未发芽谷类原料作为麦芽的辅助原料,由此衍生出双醪糖化法,又称复式糖化法。双醪糖化法的特点是将麦芽和谷类辅料分别在糖化锅和糊化锅中进行处理,然后并醪。并醪以后按煮出糖化法操作进行糖化的,即为双醪煮出糖化法;而按浸出糖化法进行糖化的,即为双醪浸出糖化法。

双醪一次煮出糖化法(常误称为"二次煮出糖化法")适合于各类原料制造浅色麦汁,常用于酿制比尔森型啤酒。双醪浸出糖化法常用于酿制淡爽型啤酒和干啤酒,它的操作比较简单,糖化周期短,3 h 内即可完成。

d. 外加酶糖化法:传统糖化利用麦芽中的酶类进行,但现在在糖化中补充使用外加酶。即在糖化锅和糊化锅内添加一定量的α-淀粉酶、蛋白分解酶以及β-葡聚糖酶等,尤其在糊化锅内添加α-淀粉酶的较多。糖化过程中添加酶制剂,可加速淀粉糖化和蛋白质分解,并可节省麦芽,增加辅料用量,从而降低成本。在麦芽溶解不良以及酶活性低的情况下,可通过添加酶制品来补充酶源。

③糖化设备及其作用:糖化所需主要设备为糖化锅和糊化锅,两者的外形和构造大致相同。麦芽在糖化锅下料糖化,辅料在糊化锅下料,单独进行糊化和液化后,在并醪到糖化锅中同麦芽一起糖化;另外,部分醪液的煮沸也在糊化锅内进行。

(3)麦汁过滤和洗槽

糖化工序结束后,应在最短的时间内将糖化醪中从原料的溶出的物质与不溶性的麦槽分离,以得到澄清的麦汁,并获得良好的浸出物收得率。

麦汁过滤分两步进行,首先用过滤方法提取糖化醪中的麦汁,此称为第一麦汁或过滤麦汁,然后利用热水洗出第一麦汁过滤后残留于麦槽中的麦汁,此称为第二麦汁或洗涤麦汁。

目前,在生产上运用的麦汁过滤方法可分为过滤槽法、压滤机法和快速渗出槽法。前两种是传统的麦汁过滤方法,近年来在设备结构、材质和过滤机理方面已有显著的改进,大大提高了工作效率。过滤应趁热(75~78 ℃)进行,最早滤出的麦汁中含有较多的不溶性颗粒,应让其回流5~10 min,待麦汁清亮时再放入储存槽或流入麦汁煮沸锅。

洗涤麦槽应用76~78 ℃温水,当水温高于80 ℃时,其中的α-淀粉酶失活,易造成第二麦汁浑浊。洗涤麦汁的残糖浓度控制在1.0%~1.5%,对制造高档啤酒,应适当提高残糖浓度,一般在1.5%以上,以保证啤酒的高质量。

(4)麦汁煮沸和添加酒花

麦汁过滤结束,应升温将麦汁煮沸,以钝化酶活力,杀灭微生物,使蛋白质变性和絮凝沉淀,起到稳定麦汁成分的作用,并蒸发掉多余水分。

淡色啤酒的麦汁(11~12°)煮沸时间一般控制在90 min左右,浓色啤酒的可适当延长一些;在加压0.11~0.12 MPa条件下煮沸(温度高达120 ℃),时间可缩短一半左右。煮沸强度是指在煮沸时每小时蒸发的水分相当于麦汁的百分数,煮沸强度控制在每小时6%~8%以上,以每小时8%~12%为佳。煮沸时麦汁的pH控制在5.2~5.4范围内较为适宜。

酒花的添加量依据酒花的质量(α-酸含量)、消费者的嗜好、啤酒的品种、浓度等不同而异。目前我国的添加量为0.8～1.3kg/m^3 麦汁。在南方地区的酒花用量较低,为0.5～1.0 kg/m^3麦汁。

添加的方法也不尽相同。我国目前还是采用传统3～4次添加法为主。以3次法为例:第1次在煮沸5～15 min后添加总量的5%～10%,第2次在煮沸30～40 min后,添加总量的55%～60%,第3次在煮沸终了前10 min加入剩余的酒花。这最后一次添加的应是香型酒花或质量较好的酒花,以赋予啤酒较好的酒花香味。酒花制品的添加方法:酒花粉、添加酒花、酒花浸膏与整酒花的添加方法基本相同。另外酒花油还可在下酒时添加。

麦汁经煮沸并达到要求浓度后要及时分离酒花,除去热凝固物,同时应在较短时间内把它冷却到要求的温度,并设法除去析出的凝固物。这一过程通常借助于漩涡沉淀槽和薄板冷却器而实现。

麦汁冷却后,应给麦汁通入无菌空气,以供给酵母繁殖所需要的氧气。通气后的麦汁溶解氧浓度应达6～10 mg/L。

6)发酵工艺

(1)传统发酵

传统式分批发酵,每批1～2锅定型麦汁,经前发酵、后发酵等阶段。前发酵一般在具有密闭和敞口的发酵池中进行,后发酵在密闭的卧式发酵罐内进行。

①主发酵:主发酵又称前酵,为发酵的主要阶段。

a.接种:将麦芽汁冷却至接种温度(6.5～8.0 ℃),将所需的酵母量[为麦芽汁量的0.5%(体积分数)左右]加入,混合均匀。通入无菌空气,使溶解氧含量在8 mg/L左右。

b.厌氧发酵:酵母经繁殖20 h左右,待麦芽汁表面形成一层泡沫时,将增殖槽中的麦芽汁泵入发酵槽内,进行厌氧发酵。

c.冷却:发酵2～3 d,温度升至发酵的最高温度,进行冷却,先维持在最高温度2～3 d。以后控制发酵温度逐步回落,主发酵结束时,发酵液温度控制在4.0～4.5 ℃。

d.后发酵:主发酵最后一天急剧冷却,使大部分酵母沉降槽底,然后将发酵液送至贮酒罐进行后发酵。

②主发酵过程的现象和要求。

a.主发酵阶段:酵母代谢旺盛,大量可发酵性物质快速转换,代谢产物主要也在此阶段形成。主发酵阶段一般分为酵母繁殖期、起泡期、高泡期和泡盖形成期。

b.酵母繁殖期:麦芽汁中添加酵母8～16 h以后,液面上出现二氧化碳小气泡,逐渐形成白色、乳脂状的泡沫,酵母繁殖20 h以后立即进入主发酵池,与增殖期底部沉淀的杂质分离。

c.起泡期:入主发酵池4～5 h后,在麦芽汁表面逐渐出现更多的泡沫,由四周渐渐向中间扩散,泡沫洁白细腻,厚而紧密,如花菜状,发酵液中有二氧化碳小气泡上涌,并将一些析出物带至液面。此时发酵液温度每天上升0.5～0.8 ℃,每天降糖0.3～0.5,维持时间1～2 d,不需人工降温。

d.高泡期:发酵后2～3 d,泡沫增高,形成隆起,高达25～30 cm,并因发酵液酒花树脂和蛋白质-单宁复合物开始析出而逐渐变为棕黄色,此时为发酵旺盛期,需要人工降温,但是不能太剧烈,以免酵母过早沉淀,影响发酵。高泡期一般维持2～3 d,每天降糖1.5°Bé左右。

e. 落泡期：发酵 5 d 以后，发酵力逐渐减弱，二氧化碳气泡减少，泡沫回缩，酒内析出物增加，泡沫变为棕褐色。此时应控制液温每天下降 0.5 ℃左右，每天降糖 0.5 ~ 0.8°Bé。落泡期维持 2 d 左右。

f. 泡盖形成期：发酵 7 ~ 8 d，泡沫回缩，形成泡盖，应即时撇去泡盖，以防沉入发酵池内。此时应大幅度降温，使酵母沉淀。此阶段可发酵性糖已大部分分解，每天降糖 0.2 ~ 0.4°Bé。

③后发酵：主发酵结束后的发酵液称嫩啤酒，要转入密封的后发酵罐（也称贮酒罐），进行后发酵。后发酵的目的是：残糖继续发酵、促进啤酒风味成熟、增加 CO_2 的溶解量、促进啤酒的澄清。

（2）圆柱锥底发酵罐

采用大容量发酵罐生产啤酒是啤酒工业的发展趋势。现代发酵技术有圆柱锥底发酵罐、连续发酵和高浓度稀释发酵等。

①底部为锥形，便于生产过程中随时排放沉积于罐底的酵母。

②罐身设有冷却装置，便于发酵温度的控制。罐体外设有保温装置，可将罐体置于外，减少建筑投资，节省占地面积。

③采用密闭发酵，便于二氧化碳洗涤和二氧化碳回收；既可作发酵罐，也可作贮酒罐。

④罐内发酵液由于液体高度而产生二氧化碳梯度，并通过冷却方位的控制，可使发酵液进行自然对流，罐体越高对流越强。有利于酵母发酵能力的提高和发酵周期的缩短。

⑤发酵罐可采用仪表或微机控制，操作、管理方便。可采用 CIP 自动清洗系统，清洗方便。

⑥设备容量大，国内采用的罐容一般为 100 ~ 600 m^3。

（3）连续发酵

①多罐式连续发酵：多罐式连续发酵系统可分为四罐系统和三罐系统。其操作是将 3 个或 4 个发酵罐串联起来，麦芽汁和酵母首先进入第 1 发酵罐均匀混合，进行酵母繁殖。然后第一罐的麦芽汁缓慢流入第 2（第 3）发酵罐进行主发酵，主发酵结束后进入最后一个锥底发酵罐分离酵母，目前这种连续发酵方式已很少采用。

②塔式连续发酵：塔式发酵罐为一垂直的管柱体。无菌麦芽汁由泵分批经塔底送入塔内，稍加通风，麦芽汁在塔内一边上升，一边发酵，直到放满发酵塔为止。发酵中，温度由塔身冷却系统控制。塔底形成沉积的酵母层，发酵液在达到要求的酵母浓度梯度后，用泵继续泵入无菌麦芽汁，调节麦芽汁流量，使麦芽汁上升到达塔顶时，恰好达到所要求的发酵度。

③固定化酵母连续发酵：固定化酵母连续发酵就是将酵母细胞固定在载体上，放入生化反应器进行连续发酵，其原理与塔式连续发酵相似。固定化酵母连续发酵时具有酵母浓度高、活性强、酵母可长时间连续使用，设备利用率高、发酵条件（温度、pH、发酵时间、发酵终点）易于控制、发酵速度快等优点。

（4）高浓度稀释酿造法

高浓度稀释酿造法是目前国际上广泛采用的啤酒生产技术，方法一般有 3 种：麦芽汁稀释（高浓度糖化、麦芽汁稀释后再进行发酵）、前稀释（高浓度糖化、主发酵，后发酵时进行稀释）、后稀释（在啤酒主发酵、贮酒结束后再进行稀释）。稀释越向后，经济效益越高，但对稀释用水的要求更高。该法的最大优点是在不增加设备的基础上大幅度提高产量，提高设备利用率，并且可以降低生产成本，提高啤酒的风味和非生物稳定性。不足之处是糖化的原料利用率低、酒花利用率低。

7）啤酒过滤与灌装

（1）啤酒过滤与离心分离

啤酒发酵结束，需要经过机械过滤或离心分离，以去除啤酒中的少量酵母、微小的浑浊物质粒子、蛋白质等大分子物质以及细菌等，使啤酒澄清，改善啤酒的生物和非生物稳定性。

①过滤：过滤方式有滤棉过滤、硅藻土过滤、微孔滤芯过滤和板式过滤机过滤等几种。

滤棉过滤是传统方法，目前国内外除少数小厂外已极少使用。硅藻土过滤比较常用，它是以硅藻土作为助滤剂，而硅藻土过滤机有多种类型。板式过滤机是滤棉过滤机的发展，它没有滤框，只有滤板，主要用于精滤。

过滤可分粗滤和精滤两步进行。可先用硅藻土过滤机或滤棉过滤机进行粗滤，或采用离心分离的办法，以除去啤酒中的较大颗粒物质和酵母，再用板式过滤机精滤。经粗滤和精滤的啤酒，澄清度较高，非生物稳定性较好。

对于澄清度要求极高的啤酒，可在粗滤和精滤之后，采用微孔滤芯过滤，作为最后一道过滤工艺。

②离心分离：离心分离采用高速离心机进行，多采用锥形盘式啤酒离心分离机，转速达7 000 r/min左右。经离心分离的啤酒澄清度比较差，易产生冷浑浊，进一步用板式过滤机精滤，可提高啤酒澄清度。

（2）啤酒灌装和灭菌

啤酒灌装包括容器洗涤、灌装两个过程。根据灌装设备和包装容器的不同，可生产瓶装啤酒、罐装啤酒和桶装啤酒等。

熟啤酒灭菌均采用巴氏灭菌。基本过程分预热、灭菌和冷却3个过程，一般以30～35 ℃气温，缓慢地（约25 min）升到灭菌温度60～62 ℃，维持30 min，又缓慢地冷却到30～35 ℃。然后经检验、贴标签，最后装箱入库。

纯生啤酒不经过瞬间杀菌，或包装后不经过巴氏灭菌，而是经严格的除菌过滤和无菌包装。所谓除菌过滤，即采用微孔过滤，如采用陶瓷滤芯、微孔薄膜等，孔径大都选用0.45 μm。经此过滤，可滤去酵母菌和啤酒厂常遇的绝大部分污染菌，基本达到无菌要求。所谓无菌包装，则要求灌酒机和封盖机本身需具备高度的无菌状态，还要求对包装容器进行灭菌和从滤酒到装酒、封盖过程进行无菌操作，以及公用设施包括二氧化碳、压缩空气、引沫水、洗涤用水的无菌等。

9.1.3 黄酒

黄酒又称为老酒，是以稻米、黍米、玉米、小米、小麦等为主要原料，经蒸煮、加曲、糖化、发酵、压榨、过滤、煎酒、贮存、勾兑而成的酿造酒。

黄酒产地较广，名称多样。有的以产地取名，如绍兴酒，即墨老酒等；有的根据酿造方法取名，如加饭酒（发酵一段时间后续加新蒸的米饭），老熬酒（将浸米酸水反复煎熬，代替乳酸培养酒母)；有的以酒色取名，如元红酒(琥珀色)、竹叶青(浅绿色)、黑酒、红曲酒(红黄色)；但黄酒大多数品种色泽黄亮，故俗称黄酒。

根据原料分类包括稻米类黄酒和非稻米类黄酒(主要原料为黍米、玉米、青稞、荞麦、甘薯等)。按照产品含糖量分类包括干黄酒(总糖含量≤15.0 g/L，如元红酒)、半干黄酒[总糖含量15.1～40.0 g/L，大多数高档黄酒均属此类型，如加饭(花雕)酒]、半甜黄酒(总糖含量40.1～100.0 g/L，如善酿酒)和甜黄酒(总糖含量>100.0 g/L，如香雪酒、福建沉缸酒)。

1)原料

黄酒生产的主要原料是米类和水。米类主要为大米(糯米、粳米或籼米)，少数厂家用黍米(大黄米)或玉米等。我国南方都用大米，北方以前仅用黍米和粟米(小米)，现在也开始使用糯米、粳米或玉米酿酒。有些厂还试用糯高粱米或甘薯酿制黄酒。

生产黄酒的辅助原料有用于制麦曲的小麦等。

在黄酒生产中，米、曲、水分别被喻为"酒之肉""酒之骨""酒之血"，这表明了米、曲、水对酿制黄酒的重要性。

(1)米类原料

如上所述，黄酒的主要原料是大米，包括糯米、粳米和籼米，也有用黍米和玉米的。对米类原料的要求，一是淀粉含量高，蛋白质、脂肪含量低，以达到产酒多、酒气香、杂味少、酒质稳定的目的；二是淀粉颗粒中支链淀粉比例高，以利于蒸煮糊化及糖化发酵，产酒多，糟粕少，酒液中残留的低聚糖较多，口味醇厚；三是工艺性能好，吸水快而少，体积膨胀小。

①大米

a.糯米：糯米在北方也称江米，可分为粳糯和籼糯两类。粳糯米粒较短，一般呈椭圆形，所含淀粉几乎全部都是支链淀粉；籼糯米粒较长，一般呈椭圆形或细长形，所含淀粉绝大多数也是支链淀粉，直链淀粉只有0.2%～4.6%。

糯米由于所含淀粉几乎都是支链淀粉，在蒸煮过程中很容易完全糊化，糖化发酵后酒中残留的糊精和低聚糖较多，酒味香醇，是传统的酿造黄酒的原料，也是最好的原料，尤其以粳糯的酿酒性能最优。现今的名优黄酒大多都是以糯米为原料酿造的，如绍兴酒既是以品质优良的粳糯酿制的。

b.粳米：粳米粒形较宽，呈椭圆形，透明度高；直链淀粉含量为15%～23%；亩产量比糯米高。直链淀粉含量高的米粒，蒸饭时饭粒显得蓬松干燥，色暗，冷却后变硬，熟饭伸长度大；另外，浸米吸水及蒸饭糊化较为困难，在蒸煮是需要喷淋热水，使米粒充分吸水和糊化彻底，以确保糖化发酵的正常进行。

粳米因直链淀粉含量较高，质地较硬，浸米时的吸水率很低，蒸饭技术要求较高，用作酿黄酒原料也有不少优点，即糖化分解彻底，发酵正常而出酒率较高，酒质稳定等加上粳米亩产量较糯米高，因而，粳米已成为江苏、浙江两省生产普通黄酒的主要用米，部分粳米黄酒产品可以达到高档糯米黄酒的水平。

c.籼米：籼米米粒呈长椭圆形或细长形，直链淀粉含量较高，一般为23%～28%，有的高达35%。杂交晚的籼米可用来酿制黄酒。杂交籼如军优2号、汕优6号等品种，直链淀粉量在24%～25%，蒸煮后米饭黏湿而有光泽。但过熟会很快散裂分解。这类杂交晚籼既能保持米饭的蓬松性，又能保持冷却后柔软性，其品质特性偏向粳米，较符合黄酒生产工艺的要求。一般的早、中籼米酿酒性能要差一些，因其胚乳中的蛋白质含量高，淀粉充实度低，质地疏松，碾轧时容易破碎，蒸煮时吸水较多，米饭干燥蓬松，色泽较暗，冷却后变硬；淀粉容易老化，出酒率较低。老化淀粉在发酵时难以糖化成为产酸菌的营养源，使黄酒酒醪升酸，风味变差。故一般的早、中籼米酿酒性能要差一些。

d.大米的质量要求：黄酒酿造用米，应淀粉含量高，蛋白质、脂肪含量少；米粒大，饱满整齐，碎米少；米质纯，糠秕等杂质少。另外，应尽量使用新米，陈米对酒的质量有不利影响。

直链淀粉含量是评定大米蒸煮品质的重要指标，应尽量使用直链淀粉含量低、支链淀粉含量高的大米品种。

大米的淀粉、蛋白质、脂肪含量及破米率除与大米品种有关外，还与大米的精白度有关。从酿酒工艺角度，应尽量除去糙米的外层和胚，应将大米精白（将糙米碾成白米）。大米的精白度提高，大米淀粉的比例增加，蛋白质、脂肪、粗纤维及灰分等相应减少，碎米率也相应增加。

②黍米和粟米：黍米是我国北方人喜爱的主食之一，且能用来酿酒和制作糕点。

黍米从颜色来区分大致分为黑色、白色、梨色（黄油色）3种。其中以大粒黑脐的黄色黍米酿酒品质最好，它俗称为龙眼黍米，是黍米中的糯性品种，蒸煮时容易糊化，出酒率较高。其他品种则米粒较硬蒸煮困难，出酒率较低。黍米亩产量较低，供应不足，现在我国仅少数酒厂用黍米酿制黄酒。代表性的黍米黄酒有山东省的即墨黍米黄酒和兰陵美酒，以及辽宁省的大连黄酒等。

除黍米外，我国北方以前还曾用粟米酿造黄酒。粟米又称小米，主要产于华北和东北各省，虽播种面积较广，但亩产量很低。现由于供应不足，酒厂很少使用。

③玉米：近年来，国内有的厂家开始用玉米为原料酿制黄酒，一方面开辟了黄酒的新原料，另一方面为玉米的深加工找到了一条很好的途径。

玉米与大米相比，除淀粉含量稍低于大米外，蛋白质和脂肪含量都超过大米，特别是脂肪含量丰富。淀粉中直链淀粉占10%～15%，支链淀粉为80%～90%；黄色玉米的淀粉含量比白色的高。玉米所含的蛋白质大多为醇溶性蛋白，不含β-球蛋白，这有利于酒的稳定。玉米所含脂肪多集中于胚芽中（胚芽干物质中脂肪含量高达30%～40%），它给糖化、发酵和酒的风味带来不利的影响，因此，玉米必须脱胚，加工成玉米渣后才适于酿制黄酒。另外，与糯米、粳米相比，玉米淀粉结构致密坚硬，呈玻璃质的组织状态，糊化温度高，胶稠度硬，较难蒸煮糊化。因此，要十分重视对颗粒的粉碎度、浸泡时间和水温、蒸煮温度和时间的选择，防止因没有达到蒸煮糊化的要求而老化回生，或因水分过高饭粒过烂而不利发酵，导致糖化发酵不良和酒度低、酸度高的后果。

（2）水

黄酒中水分含量达80%以上，是黄酒的主要成分。黄酒生产用水量很大，每生产1 t黄酒需耗水10～20 t。用水环节包括制曲、浸米、洗涤、冷却、发酵和锅炉用水等。其中制曲、浸米和发酵用水为酿造用水，直接关系到黄酒质量。

酿造用水应基本符合我国生活用水的标准，某些项目还因符合酿造黄酒的专业要求：pH理想值为6.8～7.2，最高极限7.8；总硬度理想要求2～7°DH（德国度），最高极限12°DH；硝酸态氮理想要求0～2 mg/L以下，最高极限0.5 mg/L；游离余氯量理想要求0.1 mg/L，最高极限0.3 mg/L；铁含量要求0.5 mg/L以下；锰含量要求在0.1 mg/L以下等。当水中杂质超过规定标准时，应选择经济有效、简单方便的方法，加以适当的改良和处理。

(3)小麦

小麦是制作麦曲的原料。小麦中含有丰富的淀粉和蛋白质，以及适量的无机盐等营养成分，并有较强的黏延性以良好的疏松性，适宜霉菌等微生物的生长繁殖，使之产生较高活力的淀粉酶和蛋白酶等酶类，并能给黄酒带来一定的香味成分。小麦蛋白质含量比大米高，大多为麸胶蛋白和谷蛋白，麸胶蛋白的氨基酸中以谷氨酸为最多，它是黄酒鲜味的主要来源。制曲小麦应尽量选用皮层薄、胚芽粉状多的当年产的红色软质小麦。一般要求麦粒完整、饱满、均匀、无霉烂、无虫蛀、无农药污染。要求干燥适宜，外皮薄，呈淡红色，两端不带褐色的小麦为好，青色的和未成熟的小麦都不适用。另外，还要求尽量不含秕粒、尘土和其他杂质，并要防止混入毒麦。

在制曲麦时，可在小麦中配10%～20%的大麦，以改善曲块的透气性，促进好氧微生物的生长繁殖，提高麦曲的酶活力。

2)糖化发酵剂

(1)麦曲

麦曲是指在破碎的小麦粒上培养繁殖糖化菌而成的黄酒生产糖化剂。它的主要作用有两点：一是利用麦曲中的各种酶，主要是淀粉酶和蛋白酶，促使原料中淀粉和蛋白质等高分子物质水解。二是利用麦曲中糖化菌等微生物的代谢产物，给予黄酒独特的风味。麦曲是比较重要的黄酒生产糖化剂，不仅广泛应用于大米黄酒的生产，还用于黍米黄酒、玉米黄金的生产。

麦曲分为块曲和散曲，块曲主要是踏曲、挂曲、包草曲等，一般经自然培养而成；散曲主要有纯种生麦曲、爆麦曲、熟麦曲等，常采用纯种培养制成。

①踏曲制造：踏曲是块曲的代表，又称闹箱曲在农历八九间制作。它的制作方法如下：

a. 小麦过筛轧碎：小麦经过筛除去杂质，并使制曲小麦颗粒大小均匀。过筛后经轧碎机轧成3～5片，麦皮破裂，胚乳外露，利用微生物生长繁殖。

b. 加水拌曲：轧碎的麦粒放入拌曲箱中，加入20%～22%清水，迅速拌匀，使之吸水。要避免白心或水块，以防止产生黑曲或烂曲。拌曲可加入少量的优质陈麦曲子，稳定麦曲的质量。

c. 成形：其目的是将曲料压制成砖块形的培养基，也便于堆积、运输贮存。

d. 堆曲：将曲室打扫干净，并铺上谷皮和竹箅，然后把曲块搬入曲室内，测立成丁字形叠为两层，以利于通风及糖化菌生长繁殖。

e. 保温培养：一般麦曲入曲室后温度逐渐升高，经过3～5 d后，菌丝生长繁殖旺盛，品温可达50 ℃左右。此时要及时做好降温工作，继续培养20 d左右，品温逐渐下降，曲块随水分散失而变得坚硬，将其按井字形叠起，通风干燥后使用或入库贮存。

为确保麦曲质量，培养过程中的最高品温可控制在50～55 ℃，使黄曲霉不易形成分生孢子，利于菌丝体内积累淀粉酶，提高麦曲的糖化力。并对青霉之类的有害微生物起到抑制作用。成品曲的含水量一般为14%～16%。

②纯种麦曲：采用纯粹的黄曲霉或米曲霉菌种，在人工控制的条件下进行扩大培养制成的麦曲称为纯种麦曲。其工艺流程如图9.6所示。

图 9.6　培制纯种麦曲的工艺流程

a. 原菌（种曲）：必须选用曲香良好、淀粉酶活力强而蛋白酶活力较弱的菌种；不产生霉菌毒素；培养条件粗放，抵抗杂菌能力强；在小麦上能迅速生长，孢子密集健壮。

b. 通风培养：纯种熟麦曲的通风培养程序如图 9.7 所示。

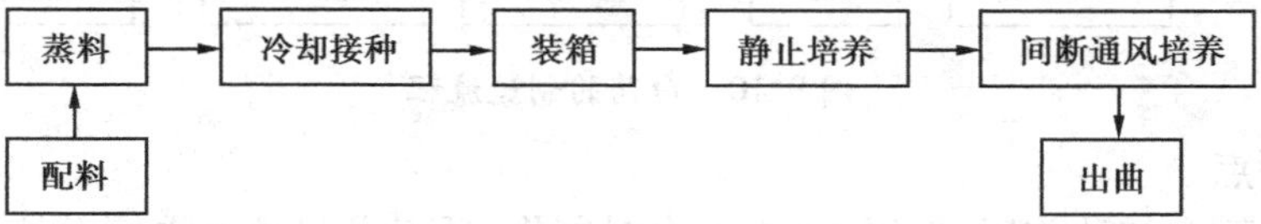

图 9.7　纯种熟麦曲的通风培养程序

（2）米曲

米曲是在整粒熟米饭上培养系列糖化菌而制得的黄酒糖化剂。相对于麦曲而言，米曲的使用量和适用范围要小得多。米曲主要有红曲、乌衣红曲和黄衣红曲。

①红曲：是以大米为原料，配以曲种和上等醋，在一定温度和湿度的条件下培养而成的一种紫红色的米曲。红曲中主要含有红曲霉和酵母菌等微生物，是我国黄酒生产使用的一种独特的糖化发酵剂，我国红曲主要产地在福建、浙江、台湾等地，其中以福建古田县的红曲最为有名。红曲除糖化发酵剂用于酿酒外，还可用作食品着色剂、酿造红腐乳、配制酒类和中医药等方向。红曲中的红曲霉特点是耐酸，在接种培养过程中能抑制杂菌生长。福建红曲的工艺流程如图 9.8 所示。

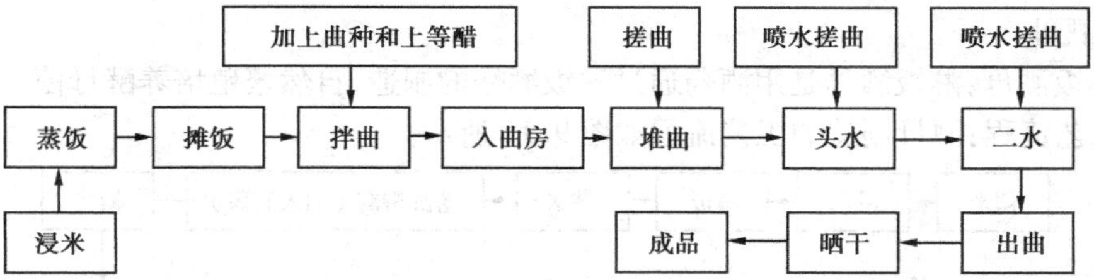

图 9.8　红曲的工艺流程

②乌衣红曲：是以籼米为原料，接入黑曲霉及红糟（是红曲霉和酵母菌的扩大培养产物），经一定培养过程制成，因曲粒表面长满乌衣绒、中心有红色斑点而得名。乌衣红曲具有糖化发酵力强、耐高温、耐酸等特点。用乌衣红曲酿酒出酒率高，色泽鲜红，酒味醇厚，但苦涩味较重，仅局限在浙江南部和邻近的福建地区。乌衣红曲工艺流程如图 9.9 所示。

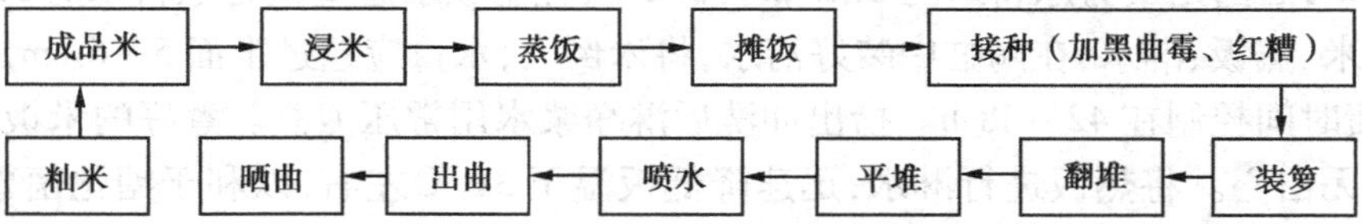

图 9.9　乌衣红曲的工艺流程

③黄衣红曲：是红曲霉、黄曲霉和酵母共生而制成的曲，制备过程和乌衣红曲相同。

（3）酒药

酒药作为黄酒生产的糖化发酵剂，主要用于生产淋饭母或淋饭法酿制的甜黄酒，是我国古代保藏优良菌种的独创方法。酒药的制造方法有传统的白药或药曲及纯粹培养的根霉曲等几种，现仅介绍白药的制造方法。

①工艺流程：制造方法如图 9.10 所示。

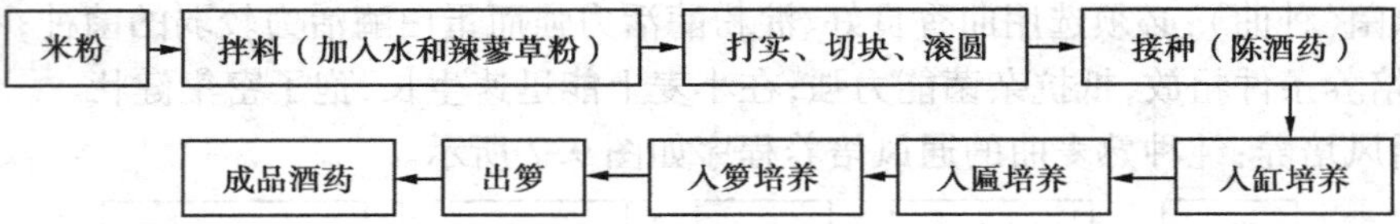

图 9.10　白药的制造流程

②操作要点

a. 酒药一般在初秋前后，气温 30 ℃左右时制作，适于发酵微生物的生长繁殖。同时早籼稻谷已经收割登场，辣蓼草的采集和加工已完成。

b. 酒药原料习惯使用早籼稻米，因其新鲜及富含蛋白质和灰分等营养成分，有利于糖化发酵菌的生长。辣蓼草中含有丰富的生长素，还附有疏松作用，所以米粉中加入少量的辣蓼草粉末，能促进酵母和根霉等糖化发酵微生物的发育生长。

c. 选择糖化发酵力强、生产正常、温度容易掌握、产酸低、酒香浓郁的陈酒药作为酒母，接入量为米粉的 1% ~3%。

d. 制蓼曲的配料比为糙米粉：辣蓼草：水 =20：(0.4 ~0.6)：(10 ~11)，使混合料的含水量达到 45% ~50%，培养温度为 32 ~35 ℃，控制最高品温为 37 ~38 ℃。

e. 酒药成品率约为原料的 85%。酒药成品应表面白色，口咬质地疏松，无不良气味，糖化发酵力强。

(4)酒母

①淋饭酒母：淋饭酒母是用酒药通过淋饭酒醅的制造，自然繁殖培养酵母菌。

a. 工艺流程：酒母制造的工艺流程如图 9.11 所示。

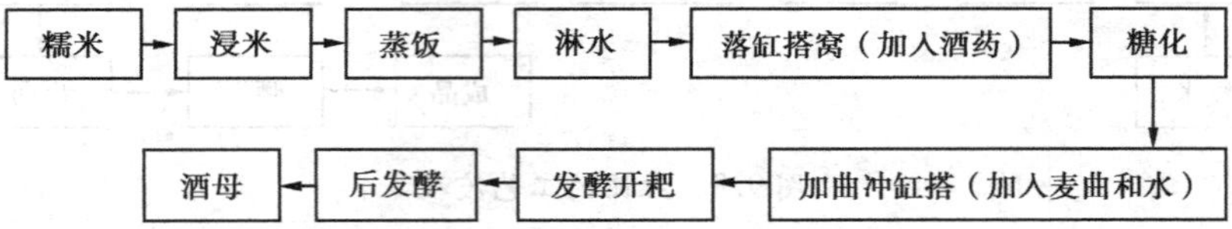

图 9.11　酒母制造的工艺流程

b. 操作要点

• 配料：常以每缸投料米量为基准，分 100 kg 和 125 kg 两种。麦曲用量为原料米的 15% ~18%，酒药用量为原料米的 0.15% ~0.2%，控制饭水总重量为原料米的 300%。

• 浸米、蒸饭、淋水：在陶缸中装好清水，将米倒入，水量应超过米面 5 ~6 cm，依气候的不同，浸渍时间控制在 42 ~48 h。捞出冲洗后淋净浆水用常压煎煮。煮好的米饭要饭粒松软，不糊，无白心。将热饭进行淋水，迅速降低饭温至 31 ℃左右，以利于糖化菌繁殖生长，促进糖化发酵。

• 落缸搭窝：发酵缸进行沸水灭菌清洗后，米饭落缸温度控制在 27 ~30 ℃，冷天可高至 32 ℃。在米饭中拌入酒药粉末，翻拌均匀，在米饭中央搭成 V 形和 U 形的凹圆窝，上面撒些药酒末，这个操作称为搭窝，其目的是为了增加米饭与空气接触机会，利于好气性糖化菌的生长繁殖，释放热量；同时还便于观察和检查糖液的发酵情况。

• 糖化：一般经过 36 ~ 48 h 的糖化，甜液将满至酿窝的 4/5 高度，浓度约 35°Bé，还原糖含量 15% ~ 25%，酒精含量在 3% 以上，可加入一定量的麦曲和水进行冲缸，充分搅拌。

• 发酵开耙：经 15 ~ 18 h 后，由于酵母大量繁殖，进行强烈的酒精发酵而使醪温迅速升高，品温达到一定值，可用木耙搅拌，俗称开耙。其目的一是为了降低和控制发酵温度，是各部位品温趋于一致；二是排出发酵醪中积聚的二氧化碳气体，供给新鲜空气，促进酵母繁殖，防止杂菌滋长。通常在第 1 天开耙以后，每隔 3 ~ 5 h 就进行第 2、第 3 和第 4 次开耙，使醪液品温保持在 26 ~ 30 ℃。

• 后发酵：自落坛起经 7 d 左右，即可灌坛。其目的是可减少醪液与空气接触，继续进行发酵生成更多的酒精，提高酵母质量。后发酵 20 ~ 30 d，醪中酒精含量达 15% 以上、总酸在 0.14% 以下便可作为酒母。

②纯种酒母：纯种酒母是用纯粹扩大培养方法制备的黄酒发酵所需的酒母，根据具体操作不同分为速酿酒母和高温糖化酒母。速酿酒母是在醪中添加适当的乳酸，调节 pH 以抑制杂菌的繁殖，是一种仿照黄酒生产方法制备的双边发酵酵母，其制作周期比淋饭酒母短得多；高温糖化酒母是先将醪采用 55 ~ 60 ℃高温糖化，然后高温灭菌，培养液经冷却后接入酵母，扩大培养，以提高酒母的纯度。

纯种酒母的扩大培养过程如图 9.12 所示。

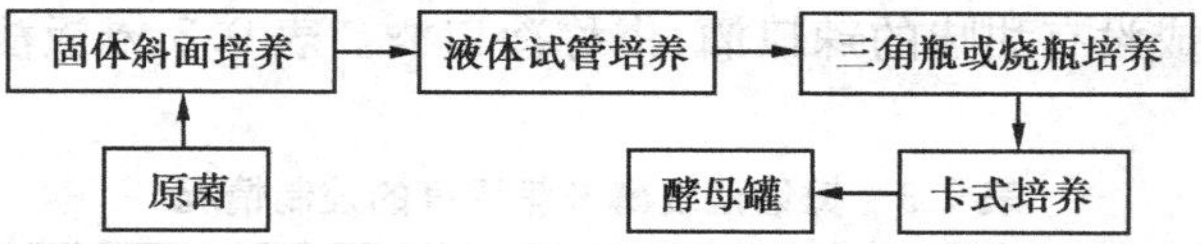

图 9.12　纯种酒母的扩大培养

3）稻米黄酒生产工艺（传统摊饭法）

（1）工艺流程

稻米黄酒生产工艺流程如图 9.13 所示。

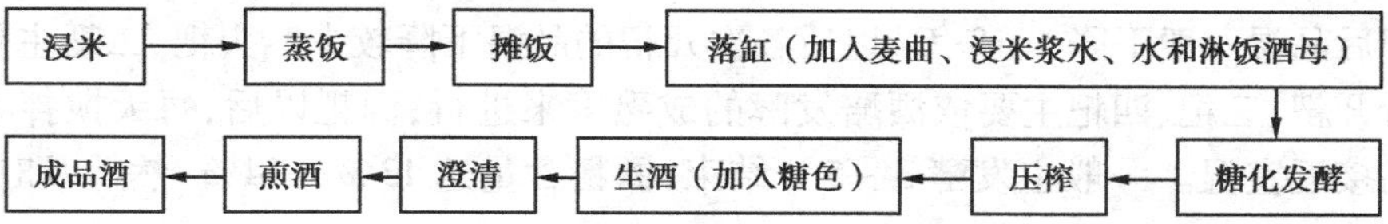

图 9.13　稻米黄酒生产工艺流程

（2）制作方法

①大米的精白：由于糙米的糠层含有较多的蛋白质、脂肪给黄酒带来异味，降低成品酒的质量；另外，糠层的存在妨碍大米的吸水性，米饭难以蒸透，影响糖化发酵；糠层所含的丰富营养会促使微生物旺盛发酵，品温难以控制，容易引起产酸菌的繁殖而使酒醪酸度升高，所以对糙米或精白度不足的原料应进行精白，以消除不利影响。

②浸米：浸米有两个目的，一是让大米吸水膨胀以利蒸煮，二是为了取得浸米的酸浆水。采用酸浆水配料发酵也是摊饭酒的重要特点。制备时应选用新收获的糯米，经过 18 ~ 20 h 的浸渍，浆水的酸度达 0.5 ~ 1 g/100mL。用浆水做配料，使发酵具有一定的原始酸度，可抑制杂菌的生长繁殖，保证酵母菌的正常发酵，浆水中的氨基酸、生长素可提供给酵母利用；多种有机酸被带入酒醪，改善了黄酒的风味。

③蒸煮:将浸好的米与浆水分离,然后进行蒸煮。蒸煮的目的有3点:一是使淀粉糊化。二是对原料进行灭菌。三是挥发掉原料中的异杂味。一般常压蒸煮15~25 min,对硬质粳米应适当延长蒸煮时间,并在蒸煮过程中淋烧85 ℃以上的热水,促进饭粒吸水膨胀,达到更好的糊化效果。蒸煮后经过摊冷降温到50~60 ℃。

④糖化发酵:将饭块打碎投入发酵缸内,一次投入麦曲、淋饭酒母和浆水,最后使落缸品温在27~29 ℃。为了保证成品酒酸度在0.45 g/100 mL以下,必须按3份酸浆水加4份清水的比例稀释,使发酵醪酸度保持在0.3~0.35 g/100 mL,从而使糖化和发酵顺利进行。

a. 发酵前期:糖化发酵前期主要是为了增殖酵母细胞,品温上升缓慢,投入的淋饭酒母,由于醪液稀释而酵母浓度仅在1×10^7个/mL以下,但由于加入了丰富的浆水,淋饭酒母中的酒母菌从高酒精含量的环境转入低酒精含量的环境后,生长繁殖能力大增。经过10多个小时,酵母浓度可达5亿个/mL左右,即进入主发酵阶段,此时温度上升较快。由于二氧化碳气的冲力,使发酵醪表面积聚一厚层饭层,阻碍热量的散发和新鲜氧气的进入。必须及时开耙(搅拌)控制酒醅的品温,促进酵母增殖,使酒醅糖化,使发酵趋于平衡。高温开耙(头耙在35 ℃以上)或低温开耙(头耙温度不超过30 ℃)是以饭面下15~20 cm的缸心温度为依据。高温开耙因发酵温度较高,酵母易早衰,发酵能力减弱,酿成的酒含较多的浸出物,口味较浓甜,俗称热作酒,又叫甜口酒。低温开耙的发酵比较完全,成品酒的味较低而酒度较高,易酿成没有甜味的辣口酒,俗称冷口酒。表9.3摊饭法发酵开耙温度的控制情况。

表9.3 摊饭法发酵开耙温度的控制情况

耙 数	头 耙	二 耙	三 耙
间隔时间/h	落缸后20	3~4	3~4
耙前温度/℃	35~37	33~35	30~32
室温/℃		10左右	

开耙后品温一般下降4~8 ℃,以后各次开耙的品温下降较少。头耙、二耙主要依品温高低进行开耙;三耙、四耙主要依酒醅发酵的成熟度来进行;四耙以后,每天搅拌2~3次,直到品温接近室温。一般主发酵3~5 d结束,酒精含量达13%~14%,然后及时灌坛,进行后发酵。

b. 发酵后期:后发酵一般控制室温在20 ℃以下为宜,约经2个月的时间,使一部分残留的淀粉和糖分继续糖化发酵,转化成酒精,使酒精含量升高2%~4%,并生成各种代谢产物,使酒成熟增香,酒质更趋于完善协调。

c. 发酵过程中成分的变化:发酵醪成分的变化几乎都由于酶的作用,非常复杂,有许多成分产生,其主要变化见表9.4。

表9.4 发酵醪中的主要变化

糖化	淀粉(米、小麦+曲、酒药)→糖分
酒精发酵	糖分—酵母→酒精+二氧化碳
酸的生成	糖分及其他(加酵母、霉菌、细菌)→有机酸(乳酸、琥珀酸等)
蛋白质的分解	蛋白质(米、小麦+曲、酒药)→肽→氨基酸—酵母→高级醇
脂肪的分解	脂肪(米、小麦、曲、酒药)→甘油、脂肪酸,再加酵母→酯

⑤压滤:压滤是把发酵醪中酒(液体部分)和糟粕(固体部分)分离的操作。

⑥澄清:压滤流出的酒称为生酒。在生酒中加入适量糖色搅匀后,自然澄清 2 ~ 3 d 后再进行精滤。

⑦煎酒:我国普遍采用 83 ~ 93 ℃的煎酒温度,日本清酒仅在 60 ℃下杀菌 2 ~ 3 min。

⑧成品包装:灭菌后的黄酒趁热灌装,入坛贮存。普通黄酒要求陈酿 1 年,优质黄酒要求陈酿 3 ~ 5 年。新酒经过贮存,色香味及其他成分都发生了变化,酒体醇香、绵软,口味协调。

4)玉米黄酒生产工艺

(1)工艺流程

玉米黄酒生产的工艺流程如图 9.14 所示。

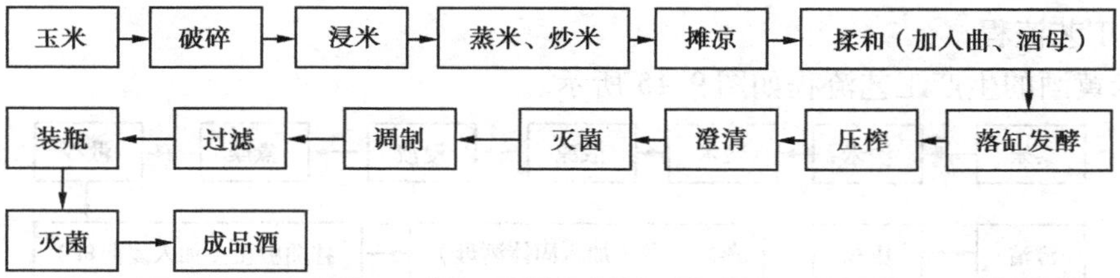

图 9.14　玉米黄酒生产的工艺流程

(2)操作要点

①破碎:玉米淀粉结构紧密,难以糖化,应预先粉碎、脱胚、去皮、洗净制成玉米碴,才能用于酿酒。玉米碴粒度要求在 30 ~ 35 粒/g,玉米粉碎粒度的大小,是关系到能否酿制具有相当浓度和风味的黄酒的关键。颗粒太小,蒸煮易黏糊,影响发酵;颗粒大,因玉米不易糖化,并且遇冷后淀粉易老化回生,蒸煮时间也长,所以必须有一定的粉碎度,使之容易蒸煮糊化。

②浸泡:选用经脱皮、去胚、淘洗干净的优质玉米碴,先用常温水浸泡 12 h,再加温到 50 ~ 65 ℃,保温浸渍 3 ~ 4 h。高温浸泡之后还需用常温浸泡,中间换水两次。整个浸泡时间为 48 h。

③蒸煮:经浸泡的玉米碴、略加冲洗,沥干后,装入蒸桶蒸煮,每甑约装 80 kg。待蒸汽全面透出玉米饭面时,在饭面上浇洒沸水或 80 ℃以上的热水 10 kg,以促使淀粉颗粒再次膨胀、再继续蒸煮。总共蒸煮 2 h,使玉米饭粒达到内外熟透、均匀一致、比较软糯时,从蒸桶中取出。

④淋饭冷却:为防止玉米淀粉的"回生老化",从蒸桶中取出后立即用凉水(井水)淋冷,并在气温较低时取头淋温水回淋。使饭粒温度里外、上下均匀一致,符合拌曲下缸需要的品温。

⑤炒米:把玉米碴总量的 1/3,投入 5 倍的沸水中,中火炒 2 h 以上,待成熟并有褐色焦香时,出锅摊凉,再与上述经蒸煮、淋饭的玉米碴饭粒揉和。目的是形成玉米酒的色泽和焦香味。

⑥加曲、加酒母：将玉米煮饭和玉米炒饭在槽中进行混合，翻拌，揉和。待凉至 60 ℃时，加入麦曲 5%，麸曲 15%，翻拌均匀。散冷至 30 ℃，加入干料 8% 的玉米面制成的酒母。

⑦落缸发酵：在容量为 500 kg 的缸中，先加入清水 50 kg，用乳酸调 pH4.5～5.0，然后将上述拌好后和酒母的米饭落入缸中。下缸品温为 16～18 ℃，室温控制在 15～18 ℃。待品温上升 5～7 ℃时开头耙。再经 5 h 左右开二耙，待走缸（自动翻腾）时停止开耙。玉米醪发酵容易产酸，要求发酵品温低些，控制发酵品温不超过 30 ℃为宜，发酵时间 7 d。

⑧榨酒、杀菌、贮存：发酵 7 d 后即行榨酒，再经澄清后，以 70～75 ℃、1 h 杀菌。冷却后贮存 2 个月，再经第 2 次过滤、装瓶、灭菌后出厂。

5）黍米黄酒

与稻米黄酒相比，黍米黄酒生产方法有较大的差别。下面以即墨老酒为例，介绍黍米黄酒的生产工艺。

（1）工艺流程

黍米黄酒的生产工艺流程如图 9.15 所示。

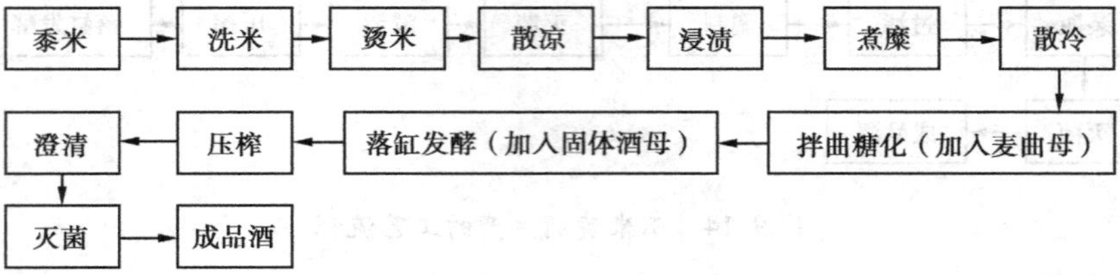

图 9.15　黍米黄酒的生产工艺流程

（2）操作要点

①洗涤和烫米：黍米颗粒小而谷皮厚，吸水困难，胚乳淀粉难以糊化，必须先烫米，使谷皮软化开裂，然后浸渍，使水分向内部渗透，促进淀粉松散，以利煮糜。具体方法是：清水洗米，沥干水分，沸水烫 20 min，并快速搅动，米粒略呈软化，稍微开裂即可。烫米后约静止 10 min，然后要搅拌散热至 35～40 ℃，再加水浸渍，而不能在烫米之后，直接把热的黍米放入冷水中，这样黍米将会破裂。

②浸渍：烫米时随搅拌散热，水温降至 35～45 ℃，开始静止浸渍，一般冬季 20～22 h，夏季 12 h 左右，春秋 20 h 左右。为防止产生异味，除冬季外，一般在浸渍期间需换清水 1～3 次。

③煮糜：方法是先在锅内放入相对于黍米质量 2 倍的清水并煮沸，渐次加入浸好捞出的黍米，并不停地搅拌、翻铲锅底及锅边。开始时先以猛火煮至呈黏性，再改文火慢煮，进行焖糜，此间每隔 15～20 min 再搅拌翻铲一次。从开锅下米到糜的煮熟出锅约需要 2 h。

除煮糜外，有的厂现在已改用带有搅拌设备的蒸煮锅蒸煮，在 0.196 MPa 表压蒸汽下蒸煮 20 min，焖糜 5 min，然后放糜散冷至 60 ℃，再添加麦曲或麸曲，拌匀，堆积糖化。

④摊晾散冷：取出煮好的糜，摊置在浅形拌曲木槽（俗称糜案）中摊散，吹风冷却，使品温降至 60 ℃后拌曲糖化。

⑤拌曲、糖化：糖化曲采用麦曲，多在夏季中伏天踏制并陈放 1 年以上，故又称之伏陈曲。用曲量为黍米原料的 7.5%。麦曲（块曲）使用时先粉碎成 2～3 cm 见方小块，在煮糜铁锅中焙炒 20 min，使部分有轻度焦化，然后粉碎成粉状，拌入糜中，糖化时间 1 h。

⑥加酒母：糖化后的糜继续散冷至30 ℃左右时，拌入固体酒母，其用量为原料黍米的0.5%。

⑦发酵：在糜入缸前，先将发酵缸用开水杀菌、揩干。糜入缸后一般22 h左右即可开头耙，再经8～12 h开第二耙，其后发酵逐渐减弱。发酵时间约为7 d。

⑧压榨、杀菌、贮存：发酵成熟醪用板框式气膜压滤机榨出清酒，再经过澄清、加热、杀菌工序即为成品。成品酒贮存于不锈钢制作的大罐中，经过90 d左右的贮存，装瓶、灭菌后出厂。每1 kg黍米可出酒1.7 kg左右。

9.1.4 醪糟

醪糟也称为酒酿、酒娘、酒糟、米酒、甜酒、甜米酒、糯米酒、江米酒、伏汁酒，是由糯米或者大米经过酵母发酵而制成的一种风味食品，其热量较高。富含碳水化合物、蛋白质、B族维生素、矿物质等，都是人体不可缺少的营养成分，还含有少量的酒精，有促进血液循环，帮助消化的功效，因此深受人们喜爱。在一些菜肴的制作上，糯米酒还常被作为重要的调味料。

1)原料

米酒的主要原料是糯米或大米，糯米分为长糯米和圆糯米。长糯米即是籼糯，米粒细长，颜色呈粉白、不透明状，黏性强。另有一种圆糯米，属粳糯，形状圆短，白色不透明，口感甜腻，黏度稍逊于长糯米，适合做粽子、醪糟、汤圆、米饭等。

糯米是一种温和的滋补品，有补虚、补血、健脾暖胃、止汗等作用。适用于脾胃虚寒所致的反胃、食欲减少、泄泻和气虚引起的汗虚、气短无力、妊娠腹坠胀等症。现代科学研究表明：糯米含有蛋白质、脂肪、糖类、钙、磷、铁、维生素B及淀粉等，为温补强壮品。其中所含淀粉为支链淀粉，所以在肠胃中难以消化水解。

糯米制成的酒，可用于滋补健身和治病。可用糯米、杜仲、黄芪、杞子、当归等酿成“杜仲糯米酒”，饮之有壮气提神、美容益寿、舒筋活血的功效。还有一种“天麻糯米酒”，是用天麻、党参等配糯米制成，有补脑益智、护发明目、活血行气、延年益寿的作用。糯米不但可以配药物酿酒，而且可以和果品同酿。如“刺梨糯米酒”，常饮能防心血管疾病，抗癌。

2)原理

糯米的主要成分是淀粉（多糖的一种），尤其以支链淀粉为主。将酒曲撒上后，首先根霉和酵母开始繁殖，并分泌淀粉酶，将淀粉水解成为葡萄糖。醪糟的甜味即由此得来。醪糟表面的白醭就是根霉的菌丝。随后，葡萄糖在无氧条件下在真菌细胞内发生糖酵解代谢，将葡萄糖分解成酒精和二氧化碳：

$$C_6H1_2O_6 \longrightarrow 2C_2H_5OH+2CO_2$$

然而在有氧条件下，葡萄糖也可被完全氧化成二氧化碳和水，提供较多的能量。

已经生成的酒精也可被氧化成为醋酸：

$$2C_2H_5OH+O_2 \longrightarrow CH_3COOH+H_2O$$

因此在发酵过程开始时，可以保留少量空气，以便使食用真菌利用有氧呼吸提供的大量能量快速繁殖，加快发酵速度。然而在真菌增殖后，就应该防止更多氧气进入，防止葡萄糖被氧化成二氧化碳或者醪糟变酸。

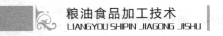

综上，发酵时间需要比较准确控制，恰到好处：过长则淀粉被分解完，酒味过大，像饮料，没有嚼头；时间不够则米尚未酥烂，口感黏，像糯米饭。发酵过程中最好不要打开，一来氧气会进入，二来可能引起杂菌污染。

3）糖化与发酵剂

酒药又称酒母或者曲，含有大量微生物，包括细菌和真菌，用于发酵多种食物，不同用途的曲其原料、制作方法和微生物成分都有区别。醪糟的酒曲以籼米为原料，多制成块状，呈白色。主要有效成分是两类真菌——根霉和酵母。

4）生产工艺

（1）工艺流程

醪糟的生产工艺流程如图9.16所示。

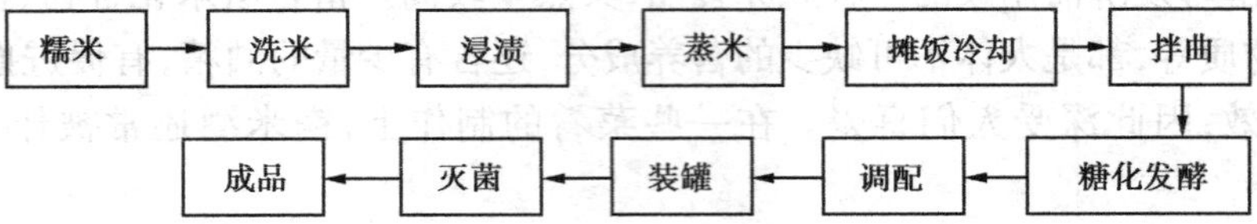

图9.16　醪糟的生产工艺流程

（2）操作要点

a. 原料选择与处理：选择新鲜无虫蛀、无霉变的上等糯米，用清水淘洗干净，泡1～2 h，然后沥干水分。

b. 蒸饭：在蒸煮锅蒸米15～30 min，要求米粒熟而不黏，冷却至20～40 ℃。

c. 拌曲：将适量的凉开水（料水比=1∶25）倒入容器内，用手拌匀。加入1%酒曲放入容器内，搅拌均匀。

d. 入缸发酵：将拌匀的米饭倒入缸内，在温度为30～35 ℃的条件下，发酵36～48 h，即可得到生醪糟。

9.1.5　生料新工艺酿酒

生料酿酒是一种以生粮食（无须先蒸煮）通过粉碎加水、加生料酒曲搅拌后直接发酵、一次蒸馏出酒的新式液态法酿造技术。我们以工艺流程对比来区别传统酿酒与这种新型工艺。

（1）传统酿酒

传统酿酒的生产工艺流程如图9.17所示。

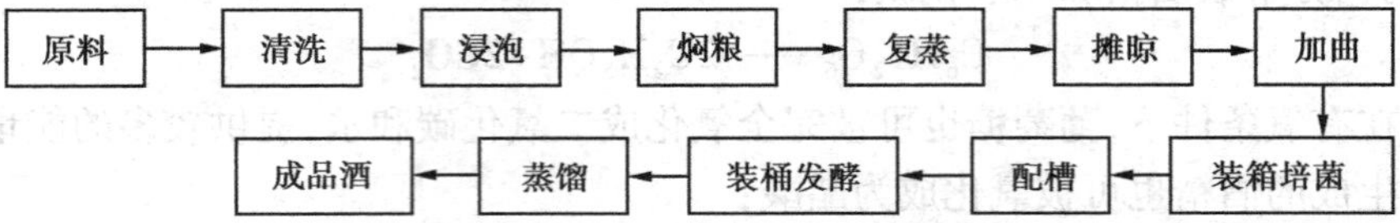

图9.17　传统酿酒的生产工艺流程

(2)新工艺酿酒

新工艺酿酒的生产工艺流程如图9.18所示。

图9.18　新工艺酿酒的生产工艺流程

通过对比,传统酿酒从粮食到成品酒要经过3次蒸馏近10道工序,操作难度与劳动强度都非常大;而新工艺仅需要2、3道工序即可出酒,一个人就可轻松操作,大大节约了燃料与人力成本,除了能大幅度节约30%～60%以上的燃料与人力成本,新工艺更大的优势还表现为出酒率更高;传统酿酒的出酒率(以大米为例)一般在40%左右,最高不超过60%(即50 kg大米最多出50°酒30 kg),新工艺酿酒由于采用酶活力更强的生料酒曲,出酒率可高达90%,微生物酒曲出酒率经检验高达94%(即50 kg大米可出50°酒47 kg)。正常情况下,新工艺出酒率均可比传统酿酒多出20%～40%。

传统酒曲酶活力差,故分解淀粉能力不强,出酒率仅40%～60%,药材菌种较多。故口感较饱满工艺操作难以掌控、稳定性一般;一般生料酒曲酶活力较强,出酒率能达90%,菌种数量少,口感很单薄难以保障酶制剂质量,故出酒时高时低,很不稳定;微生物酒曲酶活力很强,出酒率可达94%以上,菌种十分丰富,口感很饱满,光电选种,活力周期长,无须真空包装,出酒率很稳定。

9.2　粮食发酵调味品

9.2.1　酱油

酱油是以蛋白质原料和淀粉质原料为主料经微生物发酵酿制而成的调味品。酱油中含有多种调味成分:有酱油的特殊香气、食盐的咸味、氨基酸钠盐的鲜味、糖及其他醇甜物质的甜味、有机酸的酸味、酪氨酸等爽适的苦味,还有天然的红褐色色素,是人们生活中必不可少的咸、酸、鲜、甜、苦五味调和剂,色香俱备的调味佳品。

1)原料

(1)蛋白质原料

酱油酿造一般选择大豆、脱脂大豆作为蛋白质原料,也可以选用其他蛋白质含量高的代用原料。

①大豆:大豆是黄豆、青豆、黑豆的统称。大豆的主要成分一般为:蛋白质35%～45%,脂肪15%～25%,碳水化合物21%～31%,纤维素4.3%～5.2%,灰分4.4%～5.4%,水分8%～12%。大豆氮素成分中95%是蛋白质氮,其中水溶性蛋白质占90%。大豆蛋白质以大豆球蛋白为主,约占84%,乳清蛋白占5%左右。

酿造酱油时大豆原料的选择,以颗粒饱满、干燥、杂质少、皮薄新鲜、蛋白质含量高者为佳。大豆是一种重要的油料作物,用于酿造酱油,脂肪没有得到合理的利用。目前除一些高档酱油仍用大豆作为原料外,大多用脱脂大豆作为酱油生产的蛋白质原料。

②脱脂大豆:脱脂大豆按生产方法的不同可分为豆粕和豆饼两种。

a. 豆粕:豆粕又称为豆片,为片状颗粒。豆粕含粗蛋白质47% ~51%,脂肪1%,碳水化合物25%,粗纤维素5.0%,灰分5.2%,水分7% ~10%。豆粕蛋白质含量高,水分含量低,而且不必粉碎,因而适宜用于做酱油生产原料。

b. 豆饼:豆饼是用机榨法从大豆中提取油脂后的产物,由于压榨工艺条件不同可分为冷榨豆饼和热榨豆饼。冷榨豆饼生产时大豆未经高温处理,故出油率低,但豆饼中蛋白质基本没有变性,这种豆饼适合于制作豆制品;热榨豆饼是大豆轧片后加热蒸炒,使大豆细胞组织破坏,同时降低油脂黏度,再经压榨而成,这样可提高大豆出油率。热榨豆饼水分较少,蛋白质含量高质地疏松,易于粉碎,适合于酿制酱油。冷榨豆饼的一般成分:粗蛋白质43% ~46%,粗脂肪6% ~7%,碳水化合物18% ~21%,灰分5% ~6%,水分10% ~12%。热榨豆饼的一般成分:粗蛋白质45% ~48%,粗脂肪4% ~5%,碳水化合物18% ~21%,灰分5% ~6%,水分8% ~10%。

脱脂大豆由于在脱脂处理时破坏了大豆的细胞组织,脱脂后组织很容易吸水,酶容易渗透进去,酶作用速度加快,因此原料利用率高,酿造周期可以缩短。

③其他蛋白质原料:蛋白质含量高,不含有毒物质,无异味的物质均可选为酿造酱油的代用原料。如蚕豆、豌豆、绿豆、花生饼、葵花籽饼、芝麻饼、脱酚后的菜籽饼、棉籽饼、糖糟等。

(2)淀粉质原料

淀粉在酱油酿造过程中分解为糊精、葡萄糖,除提供微生物生长所需的碳源外,葡萄糖经酵母菌发酵生成的酒精、甘油、丁二醇等物质是形成酱油香气的前体物和酱油的甜味成分;葡萄糖经某些细菌发酵生成各种有机酸可进一步形成酯类物质,增加酱油香味;残留于酱油中的葡萄糖和糊精可增加甜味和黏稠感,对形成酱油良好的体态有利。另外,酱油色素的生成与葡萄糖密切相关。因此淀粉质原料也是酱油酿造的重要原料。

①小麦:小麦是传统方法酿造酱油使用的主要淀粉质原料,除含有丰富的淀粉外,还含有一定量的蛋白质。酱油中的氮素成分约有3/4来自大豆蛋白质,1/4来自小麦蛋白质,小麦蛋白质主要由麦胶蛋白质和麦谷蛋白质组成,这两种蛋白质中的谷氨酸含量分别达到38.9%和33.1%,是产生酱油鲜味的重要来源。小麦的化学成分为:淀粉67% ~72%,粗蛋白质10% ~13%,脂肪2%,纤维素1.9%,灰分2%,水分10% ~14%。

②麸皮:麸皮又称麦麸或麦皮,是小麦制面粉的副产品。麸皮的成分为:淀粉11.4%,戊聚糖17.6%,蛋白质16.7%,粗脂肪4.7%,粗纤维10.5%,灰分6.6%,水分12%。麸皮中钙、铁、磷等无机盐及维生素含量丰富。麸皮的化学成分随加工条件、小麦品种等不同稍有差异。麸皮质地疏松,表面积大并含有大量维生素及无机盐,适宜于米曲霉生长和产酶,有利于制曲,也有利于酱醅淋油。麸皮中戊聚糖含量高,戊聚糖是生成酱油色素的重要前体物,对增加酱油色泽有利。但麸皮中淀粉含量较低,影响酱油香气和甜味成分的生成量,这是麸皮作为酱油原料的不足之处。

③其他淀粉质原料:含有淀粉较多而又无毒无异味的物质,如薯干、碎米、大麦、玉米等,都可以作酿造酱油的淀粉质原料。

(3)食盐

食盐使酱油具有适当的咸味,并与氨基酸共同给予酱油鲜味,起到调味的作用。另外,在酱醅发酵时食盐有抑制杂菌的作用,在成品中有防止酱油变质的功用。

2)种曲制造

制造种曲的目的是要获得大量的纯菌种,要求菌丝发育健壮,产酶能力强、孢子数量多、孢子的耐久性强、发芽率高、细菌的混入量少,为制造成曲提供优良的种子。

(1)种曲的选择

菌种的选择十分重要,关系到酱油生产的成败和产品质量的好坏。在选择菌种时应该按照下列标准:酶的活力强,菌株分生孢子大、数量多、繁殖快的菌种;发酵时间短;适应能力强,对杂菌的抵抗能力强;产品香气和滋味优良;不产生黄曲霉毒素和其他有毒物质。

目前我国酱油生产上以使用米曲霉为主,常用的酿造菌株有沪酿 AS3. 951、上海酿造科学研究所的 UE336、重庆市酿造科学研究所的 3. 881、江南大学的 961 等。

(2)工艺流程

以豆粕和麸皮为原料的制种曲工艺流程如图 9. 19 所示。

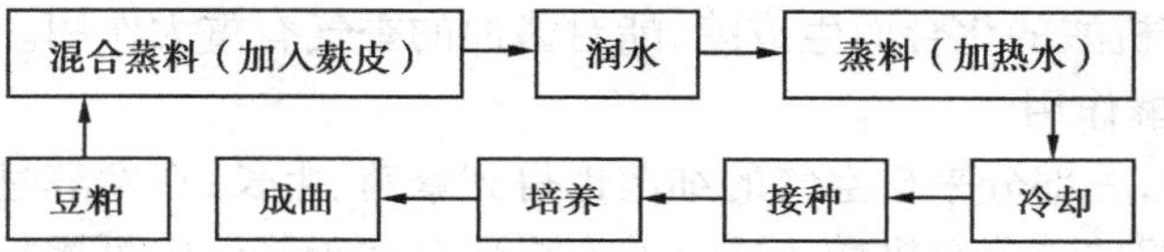

图 9. 19 制种曲工艺流程

3)酱油酿造的原理

在酱油酿造过程中,发酵是利用制曲中米曲霉所分泌的多种酶(蛋白酶和淀粉酶),将蛋白质和淀粉等高分子物质分解成氨基酸和糖。同时,在制曲和发酵过程中,从空气中落入的酵母菌和细菌也进行繁殖、发酵,如酵母菌发酵生成酒精,由乳酸菌发酵生成乳酸。可见发酵就是利用这些酶在一定条件下的作用,分解合成酱油的色、香、味、体。发酵期间所发生的一系列变化与微生物学和生物化学有着非常密切的关系。

(1)蛋白质的分解作用

各种酿造酱油原料如豆饼(豆粕)及麸皮中所含蛋白质经蛋白酶的分解作用,逐步降解成氨基酸。从而构成酱油的营养成分和风味成分,如谷氨酸和天冬氨酸具有鲜味,甘氨酸、丙氨酸、色氨酸具有甜味,酪氨酸却呈苦味。

(2)淀粉的糖化作用

制曲后的原料,还有部分碳水化合物尚未彻底糖化。在发酵过程中继续利用微生物所分泌的淀粉酶将残留的碳水化合物分解成葡萄糖、麦芽糖、糊精等。在糖化后的单糖中除葡萄糖外,还有果糖及五碳糖。酱油色泽主要由糖分和氨基酸发生的美拉德反应构成。另外,酒精发酵也需要糖分。淀粉糖化作用越完全,酱油的甜味越好,体态越浓厚,无盐固形物含量越高。

(3)脂肪水解作用

原料豆饼中残存油脂在 3% 左右,麸皮中粗脂肪含量也在 3% 左右,这些脂肪要通过脂肪酶、解酯酶的作用水解成甘油和脂肪酸,其中软脂酸、亚油酸与乙醇结合成的软酯酸乙酯和亚油酸乙酯是酱油香气成分的一部分。

(4)色素生成

酱油色素并不是单一成分组成的,它是在酿造过程中经过了一系列的化学变化产生的,酶褐变和非酶褐变反应时酱油颜色生成的基本途径。非酶褐变主要是美拉德反应,即氨基-羰基反应,它是氨基酸或蛋白质与糖在加热时产生复杂的化学变化,其最终产物为黑褐色的类黑素。类黑素是组成酱油颜色的一种重要色素。酱醅保温发酵时,原料的蛋白质和糖类水解越好,累积的氨基酸和还原糖越多,通过美拉德反应生产的酱油颜色就较深,酱油的色泽质量就越好。另外,酱油原料麸皮中含有较多的多缩戊糖(五碳糖),而五碳糖褐变性能最好,故适量配用麸皮可提高酱油色泽。

(5)酒精发酵作用

在制曲和发酵过程中,从空气中落入的酵母菌可繁殖、生长。在发酵过程中,酵母菌在10 ℃以下不能发酵,仅能繁殖,28~35 ℃上时最适合于繁殖和发酵;超过45 ℃酵母菌就自行消失。采取高温发酵法,酵母菌绝大部分被杀死,不会进行酒精发酵,因而酱油香气少、风味差。所以有些厂家采用后熟发酵来发挥酵母菌的作用,从而提高酱油的香气。在温度较低的情况下,酵母菌将葡萄糖分解成酒精和二氧化碳。酒精一部分被氧化成有机酸;一部分与氨基酸及有机酸的化合而生成酯,酯对酱油的香气有重大作用。

(6)酸类的发酵作用

在制曲过程中,一部分来自空气的细菌也得到繁殖、生长,在发酵过程中能使部分糖类变成乳酸、醋酸和琥珀酸等有机酸。适量的有机酸存在于酱油中可增加酱油风味。但是若控制不当,细菌大量繁殖,会造成发酵醅 pH 值偏低,导致原料利用率低,成品质量下降。

4)酱油的生产工艺(固态低盐发酵法)

固态低盐发酵工艺是指食盐含量在10%以下,所以食盐对酶活力的抑制作用影响不大,对各种发酵工艺的优缺点进行比较,低盐固态发酵法是目前我国酱油酿造工艺上最好的一种。下面就以固态低盐发酵法为例介绍酱油的生产工艺。

(1)工艺流程

固态低盐发酵法生产酱油的工艺流程如图9.20所示。

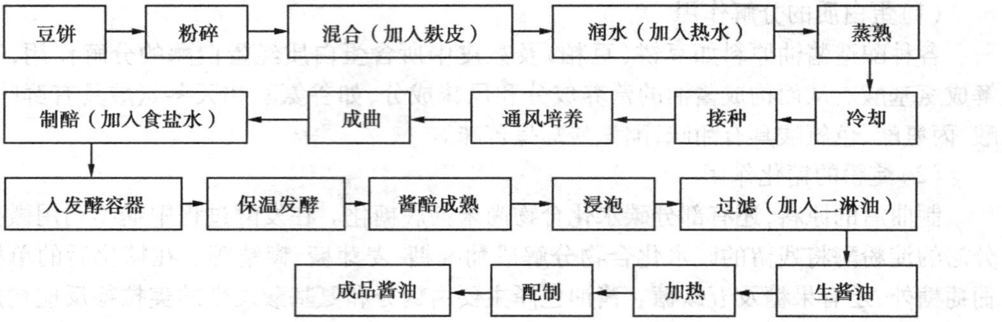

图9.20 酱油的生产工艺

(2)操作要点

①原料准备:豆饼粉碎是为润水、蒸熟创造条件的重要工序。豆饼颗粒过大,不容易吸足水分,因而不能蒸熟。同时在制曲过程中,影响菌丝的深入繁殖,减少了曲霉繁殖的总面积,相应地减少了酶的分泌量。因此需将豆饼扎碎,并通过筛孔直径为9 mm的筛子。

麸皮之所以适于制曲,是因其含有适合米曲霉生长所需要的淀粉与蛋白质等营养成分,并与酿造酱油的香气及色素形成有关;还因麸皮质地疏松,使米曲霉繁殖的表面积大,酶的活力也增强。

应该注意的是:一般来说原料越细越好。但原料细度要适当,如果原料过细,辅料比例又少,润水时易结块,制曲时通风不畅,就制不好曲,发酵时酱醅发黏,淋油不畅,在这种情况下,反而给以后各阶段造成生产上的困难,而且还影响原料利用率。

②润水:就是向原料内加入一定量的水,并经过一定时间均匀而完全的吸收,其目的是利于蛋白质在蒸料时迅速达到适当变性;使淀粉易于充分糊化,以便溶出米曲霉所要的营养成分;使米曲霉生长、繁殖得到必需的水分。

常用的原料配比为豆饼60% ~67%,麸皮30% ~40%,加水量为豆饼质量的80% ~100%。应随气温高低调节用水量,气温高则用水量多,气温低则用水量少。可采用螺旋输送式或旋转式蒸煮锅加水润水,也可完全人工翻拌加水。一般润水时间为1 ~2h。润水时要求水、料分布均匀,使水分充分渗入料粒内部。

③蒸料:蒸料的目的主要是使豆粕(或豆饼)及麸皮中的蛋白质适度变性,也就是具有立体结构的蛋白质中氢键被破坏后,使原来绕成螺旋状的多肽链变成松散紊乱状态。这样有利于米曲霉在制曲过程中旺盛生长和米曲霉中蛋白酶水解蛋白质。如果蒸汽压力过高和蒸煮时间过长,会使蛋白质过度变性,将松散紊乱状态的蛋白质又重新组织好,阻止了制曲过程中蛋白质的适度水解,或者破坏了部分氨基酸而降低了蛋白质的利用率。反之,如果温度太低,时间太短,蛋白质未适度变性,使蛋白酶不易分解蛋白质。因此要注意蒸煮的温度和时间。

通过蒸料可使物料中的淀粉化成可溶性淀粉和糖分,成为容易为酶作用的状态。此外,还可以通过加热蒸煮杀灭附在原料表面的微生物,以利于米曲霉的正常生长和发育。

通常采用旋转式蒸煮锅或刮刀式蒸煮锅蒸料。用旋转蒸煮锅蒸料,一般控制条件约为0.18 MPa,5 ~10 min;0.08 ~0.15 MPa,15 ~30 min。在蒸煮过程中,蒸锅应不断转动。蒸料完毕后,立即排汽,降压至零,然后关闭排汽阀,开动水泵用水力喷射器进行减压冷却。锅内品温迅速冷却至需要的温度(约50 ℃)即可开锅出料。

对蒸熟的原料要求感觉松散、不扎手,呈微红色,有光泽不发黑,有甜香气味,不带有糊味、苦味和其他不良气味。原料蛋白质消化率在80% ~90%。曲料熟料水分在45% ~50%。

④制曲:制曲是酱油加工中的关键环节。制曲工艺直接影响着酱油的质量。制曲中所培养的米曲霉分泌多种酶,其中最重要的蛋白酶和淀粉酶使原料中的蛋白质分解成氨基酸,把淀粉分解成各种糖类。因此,制曲过程就是生产各种酶的过程。制曲工艺合理,曲霉生长良好,分泌大量的各种酶,酶活力高,原料中蛋白质、淀粉等物质分解完全,原料利用率高。

制曲过程实质是创造米曲霉生长最适宜的条件,保证优良曲霉菌等有益微生物得以充分繁殖发育并积累大量的酶类。要制好曲,就必须创造适当环境条件,适应米曲霉的生理特性和生长规律,在制曲过程中,关键是掌握好温、湿度。近年来,制曲操作主要采用厚层通风制曲工艺。

a.厚层通风制曲工艺流程如图9.21所示。

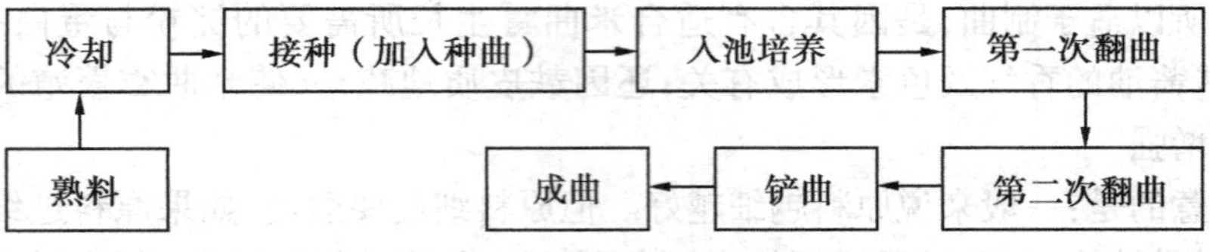

图 9.21　厚层通风制曲工艺流程

b. 操作要点

冷却、接种及入池：原料经蒸熟出锅后应迅速冷却，并将结块的原料打碎。使用旋转式蒸煮罐，可在罐内利用水力喷射器直接冷却。出罐后可用绞龙或扬散机扬开热料，使料冷却到 40 ℃左右接种，接种量为 0.3% ~0.5%。接种时先用少量麸皮将种曲拌匀后再掺入熟料中以增加其均匀性。

培养：一是入池，接种后的曲料即可入池培养，入池时应该做到料层松、匀、平，否则通风不一致，影响制曲质量。二是温度管理，接种后料层温度过高或上下品温不一致时，应及时开动鼓风机，调节温度在 30 ~32 ℃，促使米曲霉孢子发芽。静止培养 6 ~8 h，此时料层开始升温到 35 ~37 ℃，应立即开动鼓风机通风降温，维持曲料温度到 35 ℃，不低于 30 ℃。

曲料入池经 12 h 培养以后，品温上升较快，菌丝密集繁殖，曲料结块，通风的效果达不到控制品温作用，此时应进行第一次翻曲，使曲料疏松，保持正常品温在 34 ~35 ℃。继续培养 4 ~6 h 后，由于菌丝繁殖旺盛，又形成结块，及时进行第二次翻曲，翻完曲应连续鼓风，品温以维持 30 ~32 ℃为宜。培养 20 h 左右，米曲霉开始产生孢子，蛋白酶活力大幅度上升。培养 24 ~28 h 即可出曲。值得重视的是翻曲时间及翻曲质量是通风制曲的重要环节，翻曲要做到透彻，保证池底曲料要全部翻动，以免影响米曲霉的生长。

⑤发酵：将成曲粉碎，直接加入约 55 ℃相对密度为 1.089 ~1.097（12 ~13°Bé）的盐水，拌和均匀。盐水用量控制在制曲原料总量的 65% 左右，一般要求加入盐水量和曲子本身含水量的总和达到原料质量的 95% 左右为宜。成曲应及时拌加盐水入池发酵，以防久堆造成“烧曲”。通常在醅料入池的最初 15 ~25 cm，醅层控制水量略小，以后逐渐加大水量。最后将剩余盐水均匀淋于醅面，待盐水全部吸入料内，再在醅面封盐，盐层厚度为 3 ~5 cm，并在池面上加盖。

入池后，酱醅品温要求在 42 ~46 ℃，保持 4 d，从第 5 天起，每天在池底通入加热蒸汽 3 次，使品温逐步上升，最后到 48 ~50 ℃，一般发酵 8 d 酱醅基本成熟。为了增加风味，应延长到 12 ~15 d。还采用淋浇发酵工艺，酱醅面上不封盐，从成曲拌盐水入池第 2 天起，将架底下的酱汁回淋到发酵醅上，每天 2 次。4 d 后每天淋浇 1 次，发酵温度 5 d 内为 40 ~45 ℃。5 d 后逐步提高品温至 45 ~48 ℃，发酵期共 10 d。淋浇发酵可充分利用酱汁中的酶，减少氧化，提高酱油风味，但需要增加淋浇设备。

⑥浸泡：酱醅成熟后，加入 70 ~80 ℃的二淋油浸泡 20 h 左右，二淋油用量应根据计划产量增加 25% ~30%。品温 60 ℃以上时，可在发酵池中浸泡，也可移池浸泡，但必须保持酱醅疏松，以利浸滤。

⑦过滤：酱醅经二淋油浸泡后，过滤得到头淋油（即生酱油为产品），生头淋油可从容器架底下放出，溶加食盐，加食盐的量应视成品规格定。再加入 70 ~80 ℃三淋油浸泡 8 ~12 h，滤出二淋油；同法再加入热水（或自来水）浸泡 2 h 左右，滤出三淋油。此过滤法为间

歇过滤法。还可采用连续过滤法,操作程序和条件与间歇法大致相同。

⑧加热和配制:生酱油需经加热、配制、澄清等加工过程方可得到成品酱油。

酱油含盐量在16%以上,绝大多数的微生物繁殖受到一定的抑制。病原菌与腐败菌虽不能生存,但酱油本身带有曲霉、酵母及其他菌和生产过程中被污染的细菌,尤其是耐盐性的产膜酵母菌的存在会在酱油表面生白花,引起酱油酸败变质。因此加热灭菌作用有:

a. 杀菌防腐,使酱油具有一定的保质期。

b. 破坏酶的活性,使酱油组分保持稳定。

c. 通过加热增加芳香气味,还可挥发一些不良气味,从而使酱油风味更加调和。

d. 增加色泽,在高温下促使酱油色素进一步生成。

e. 酱油经过加热后,其中的悬浮物和杂质与少量凝固性蛋白质凝结而沉淀下来,经过滤后使产品澄清。

加热温度依酱油品种而定。一般酱油加热温度为65~70 ℃,时间20~30 min。有些酱油品种还加入甜味剂、助鲜剂以及某些香辛料等以增加酱油的花色品种,加量按各品种要求而定。为了防止酱油发白变质以及抑制酱油中的酵母、霉菌和杂菌的生长繁殖,可适量添加防腐剂。

⑨储存包装。

a. 储存:配制好的酱油在包装以前,要有一段时间的储存期。一方面可以改善成品酱油的风味和体态;另一方面静置可使微细的悬浮物质缓慢下降,使酱油得到进一步澄清,避免包装后出现沉淀物。

b. 包装:酱油经过包装以后,可以使酱油便于运输、装卸、存放、销售和计量,便于消费者携带和取用。目前市场上酱油的包装形式主要有瓶装、塑料装和塑料桶包装等。

★小贴士(如何购买酱油)

一摇:好酱油摇起来会起很多的泡沫,不易散去;三看:一看工艺,是酿造还是配制酱油。采用传统工艺的高盐稀态酿造酱油风味较好、含盐量较高,采用速酿工艺的低盐固态发酵酱油含盐量较低;二看指标,氨基酸态氮含量越高,味道越鲜;三看用途,酱油上应标注供佐餐用或供烹调用,供佐餐用的可直接入口卫生指标要求高,如果是供烹调用不能直接用于拌凉菜。

9.2.2 食醋

食醋是一种国际性的调味品。我国酿醋自周朝开始,已有2 500多年历史。在长期的食醋生产中,形成了具有独特风味的诸多名品,如山西陈醋、镇江香醋、北京熏醋、上海米醋、四川麸醋、江浙玫瑰醋、福建红曲醋等。按制造方法,食醋可分为酿造醋、合成醋、再制醋3大类。

①酿造醋:它是用粮食等为原料,经微生物制曲、糖化、酒精发酵、醋酸发酵等阶段酿制而成。除主要成分醋酸外,还含有各种氨基酸、有机酸、糖类、维生素、醇和酯等营养成分及风味成分,具有独特的色、香、味、体,是调味佳品,经常食用对健康也有益。

②合成醋:是用化学方法合成的醋酸配制而成,缺乏发酵调味品的风味,口味单调、颜色透明,如醋精、白醋就是合成醋。

③再制醋：是以酿造醋为基料，经进一步加工制成，如五香醋、蒜醋、姜醋、固体醋等。

1)制醋原料及其处理

(1)制醋原料

制醋原料按照工艺要求一般可分为主料、辅料、填充料和添加剂4大类。

①主料：它是制醋的主要原料，是能通过微生物发酵被转化而生成食醋的主要成分醋酸的原料，一般是含糖、淀粉、酒精三种主要化学成分的物质，如谷物、薯类、果蔬、糖蜜、酒精、酒糟以及野生植物等。我国目前多以含淀粉的粮食作为制醋的基本原料，因此，酿醋主料一般是指粮食。粮食原料中的淀粉含量丰富，还含有蛋白质、脂肪、纤维素、维生素和矿物质等成分。江南地区习惯上以大米为酿醋主料，长江以北则采用高粱、甘薯、小米、玉米味主料，东北地区以酒精、白酒为主料酿醋的较多。

②辅料：酿醋需要大量的辅助原料，一般使用谷糠、麸皮或豆粕作辅料。它们不仅含有一定量的碳水化合物，而且还含有丰富的蛋白质和矿物质，为酿醋用微生物提供营养物质，并增加成醋的糖分和氨基酸含量，形成食醋的色、香、味成分。

③填充料：固态发酵法制醋及速酿法制醋都需要填充料，其主要作用是疏松醋醅，积存和流通空气，有利于醋酸菌的好氧发酵。固态发酵法制醋一般使用粗谷糠(即砻糠)、小米壳、高粱壳等。速酿法制醋常以木刨花、玉米芯、木炭、瓷料等作为固定化载体。对填充料的要求是：疏松、有适当的硬度和惰性，没有异味，表面积大。

④添加剂。

a. 食盐：醋醅发酵成熟后，需及时加入食盐以抑制醋酸菌，防止醋酸菌将醋酸分解，同时，食盐还起到调和食醋风味的作用。

b. 砂糖、香辛料：砂糖、香辛料能增加成醋的甜味，并赋予食醋特殊的风味。

c. 炒米色：炒米色能增加成醋色泽及香气。

由于添加剂能不同程度地提高固形物在食醋中的含量，因此，它们不仅能改进食醋的色泽和风味，而且能改善食醋的体态。

(2)原料处理

①除去杂质：在投入生产之前，谷物原料多采用分选机处理，在分选机中将原料中的尘土和轻质夹杂物吹出，并经过几层筛网把谷粒筛选出来。鲜薯要经洗涤除去表面附着的尘土，洗涤薯类多用搅拌棒式洗涤机。

②粉碎与水磨：为了扩大原料同微生物酶的接触面积，使有效成分被充分利用，在大多数情况下，应先将粮食原料粉碎，然后再进行蒸煮、糖化。采用酶法液化通风回流制醋工艺时，用水磨法粉碎原料，淀粉更容易被酶水解，并可避免粉尘风扬。原料粉碎的常用设备是：锤式粉碎机、刀片轧碎机、钢磨。

③原料蒸煮：酿醋按糖化方法可分为煮料发酵、蒸料发酵、生料发酵、酶法液化发酵4种方法。除生料发酵法原料不蒸煮外，其余3种方法都要进行原料蒸煮。

粉碎后的淀粉质原料，润水后在高温条件下蒸煮，使植物组织和细胞破裂，细胞中淀粉被释放出来，由于吸水膨胀和高温条件，淀粉由颗粒状转变为溶胶状态，这个变化过程称为淀粉的糊化。淀粉糊化后，在糖化时更容易被淀粉酶水解。

蒸煮的另一个作用是高温杀灭原料中的杂菌，减少酿造过程中杂菌污染的机会。不同原料的淀粉，其糊化所需的温度是不相同的，考虑到要破坏植物细胞壁，使淀粉颗粒完全从植物细胞内释放出来以及对原料的灭菌作用,生产升高原料蒸煮温度都在 100 ℃或者 100 ℃以上。

2)糖化剂及糖化工艺

(1)糖化剂的类型

淀粉质原料酿制食醋,必须经过糖化、酒精发酵和醋酸发酵 3 个生化阶段。把淀粉转变为可发酵性糖所用的催化剂称为糖化剂。我国的糖化剂主要有以下 6 种类型。

①大曲:它包含的微生物以根霉、毛霉、曲霉和酵母菌为主,并有大量其他野生菌混杂其中,依靠霉菌的淀粉酶对淀粉进行水解。这类曲的制备工艺繁杂、淀粉利用率低、生产周期长,但优点是:便于保管和运输,酿成的食醋风味好。

②小曲:以碎米、糠为制曲原料,有的还添加中草药,利用野生菌或接入曲母制曲。在曲中繁殖的主要是根霉和酵母菌,依靠根霉所产生的淀粉酶进行糖化作用。小曲便于运输保管,酿醋时用量少,但这类曲对原料的选择性强,适用于糯米、大米、高粱等作原料酿醋。

③麸曲:它是以麸皮为主要制曲原料,纯培养的曲霉为制曲菌种,采用固体培养法制得的曲。麸曲是国内醋厂普遍使用的糖化剂,其优点是:曲的制备成本低、制曲周期短、糖化能力强、对酿醋原料适应性强、出醋率高。

④红曲:是我国特色曲之一。将红曲霉培养在米饭上能分泌出红色素和黄色素,并产生有较强活力的糖化酶。红曲被广泛用于食品增色和红曲醋的酿造上。

⑤液体曲:一般以纯培养的曲霉为菌种,经发酵罐深层培养,得到一种液态的含 α-淀粉酶和糖化酶的糖化剂,可替代固体曲用于酿醋。液体曲的生产机械化程度高。

⑥淀粉酶制剂:培养产生淀粉酶能力很强的微生物,再从其他培养液中提取淀粉酶并制成酶制剂,将它们用于食醋酿造的糖化剂。

(2)食醋生产的糖化工艺

①传统工艺法:传统的制醋方法,无论是采用蒸料还是煮料,之后的糖化工艺都是由野生菌制成的曲作为糖化剂对原料淀粉进行糖化。糖化过程中液化和糖化两个阶段无明显区分。该法过程中产生的各种有机酸较多,原料利用率不高,且糖化时间长达 5 ~7 d。

②高温糖化法:高温糖化法也称酶法液化法,它是先以 α-淀粉酶制剂在 85 ~90 ℃对原料粉浆进行液化,然后再用液体曲或麸曲在 65 ℃进行糖化。由于液体深层发酵制醋和回流法制醋等新工艺中,具有糖化速度快、淀粉利用率高等优点。

③生料糖化法:生料糖化法,就是淀粉质原料预先不经过蒸煮,直接用糖化剂对原料淀粉进行糖化。此法可节约能源 20% ~30%,省去润料、蒸煮、冷却等工序。首先,关键在于要拥有对生淀粉水解率高的微生物菌种,另外,用曲量要适当增大;其次,生料糖化产生出的糖要能迅速被酵母菌利用,始终让发酵醪中的可发酵糖保持在 2% 左右低水平,借助酵母菌生长优势及生成的酒精和各种有机酸来抑制杂菌生长繁殖,保证发酵的正常进行。

3)食醋发酵的基本原理

酿醋过程中发生着复杂的生化作用和化学反应,即使是用曲霉菌、酵母菌、醋酸菌纯菌种的酿醋过程也是如此,而用野生菌发酵的传统酿造工艺则更为复杂。这些复杂的反应与形成食醋的主体成分和色、香、味、体的形成有密切关系。

①糖化作用:糖化就是利用曲霉或谷物的芽孢中所分泌的淀粉酶,把淀粉水解为糊精、

麦芽糖、葡萄糖的过程。在实际生产中,淀粉不可能全部转化为葡萄糖,而存在大量的中间产物糊精。淀粉质原料经润水、蒸煮糊化,为酶作用于底物创造了有利条件,由于酵母缺少淀粉水解酶系,因此,需要借助曲的作用才能使淀粉转化为能被酵母发酵的糖。

②酒精发酵:酒精发酵是酵母菌在厌氧的条件下经过菌体内一系列酶的作用,把可发酵性糖转化成酒精和二氧化碳,然后通过细胞膜把产物排出菌体外的过程。把参与酒精发酵的酶称为酒化酶系,包括糖酵解(EMP)途径的各种酶以及丙酮酸脱羧酶、乙醇脱氢酶。

③醋酸发酵作用:醋酸发酵是继酒精发酵之后,酒精在醋酸菌分泌的酶作用下,氧化生成醋酸的过程。酒精氧化过程可分为两个阶段:首先在乙醇脱氢酶的催化下氧化生成乙醛;接着,乙醛在乙醛脱氢酶的作用下氧化生成乙酸。

4)固体发酵法酿醋工艺

食醋的整个生产过程在固态条件下进行。制醋时需拌入较多的疏松材料如砻糠、小米壳、高粱壳及麸皮等,使醋醅属性,能容纳一定量的空气。此法酿制的食醋醋香浓郁、口味醇厚、色泽好。采用此法制醋比较典型的产品还有山西老陈醋(高粱为原料、大曲为糖化剂)、镇江香醋(糯米为原料、麸曲为糖化剂)等。

(1)工艺流程

固体发酵法酿醋的工艺流程如图9.22所示。

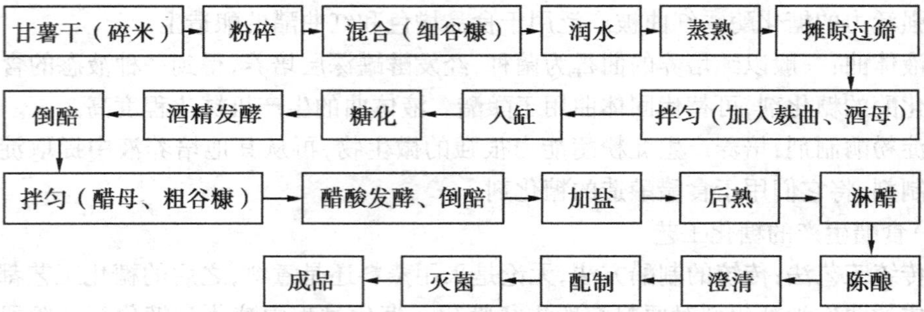

图9.22　固体发酵法酿醋的工艺流程

(2)操作要点

①原料配比(kg):甘薯干100,细谷糠175,蒸料前加入275,蒸料后加水125,麸曲50,酒母40,粗谷糠50,醋母40,食盐7.5~15。

②原料处理:甘薯干粉碎成粉,与细谷糠混合均匀,往料中进行第1次加水,随加随翻,使原料均匀吸收水分(润水),润水完毕后进行蒸料,加压蒸料为150 kPa蒸汽压,时间40 min。熟料取出后,过筛消除团粒,冷却。

③添加麸曲及酒母:熟料夏季降温至30~33 ℃,冬季降温至40 ℃以下后,进行第2次加水。翻拌均匀后摊平,将细碎的麸曲铺于面层,再将搅匀的酒母均匀撒上,然后拌匀,装入缸内,一般每缸装160 kg,醋醅含水量以60%~62%为宜,醅温24~28 ℃。

④淀粉糖化及酒精发酵:醋醅入缸后,缸口盖上草盖。室温保持在28 ℃左右。当醅温上升至38 ℃时,进行倒醅,倒醅的方法是每10~20个缸留出一个空缸,将已升温的醋醅移入空缸内,再将下一个醋醅移入新空出的缸内,依次把所有醋醅到一遍后,继续发酵。经过5~8 h,醅温又上升到38~39 ℃,再倒醅1次。此后,正常醋醅的醅温在38~40 ℃,每天倒

醅1次,2天后醅温逐渐降低。第5天,醅温降至33~35 ℃,表明糖化及酒精发酵已完成,此时,醋醅的酒精含量可达8%左右。

⑤醋酸发酵:酒精发酵结束后,每缸拌入粗谷糠10 kg以及醋酸菌种子(醋母)8 kg。在加入粗谷糠及醋母2~3 d后醅温升高,应控制醅温在39~41 ℃,不得超过42 ℃。通过倒醅来控制醅温并使空气流通,一般每天倒醅1次,经12 d左右,醅温开始下降,当醋酸含量达到7%以上,醅温下降至38 ℃以下时,醋酸发酵结束,应及时加入食盐。

⑥加盐:一般每缸醋醅夏季加盐3 kg,冬季加盐1.5 kg,拌匀,再放置2 d。

⑦淋醋:淋醋是用水将成熟醋醅的有用成分溶解出来,得到醋液。淋醋采用淋缸三套循环法:甲组淋缸放入成熟醋醅,用一组淋缸淋出的醋倒入甲组缸内浸泡20~24 h,淋下的称为头醋;乙组缸内的醋渣是淋出过头醋的头渣,用丙组缸淋下的三醋放入乙组缸内浸泡,淋下的是二醋;丙组淋缸的醋渣是淋出了二醋的二渣,用清水放入丙组缸内,淋出的就是三醋,淋出三醋后的醋渣残酸仅0.1%。

⑧陈酿:陈酿是醋酸发酵后为改善食醋风味而进行的贮存、后熟过程。有两种方法:一是醋醅陈酿,将加盐的固态醋醅压实,上盖食盐一层,并用泥土和盐卤调成泥浆封缸面,放置20~30 d;二是醋液陈酿,将成品食醋封存在坛内,贮存30~60 d。通过陈酿可增加食醋香味。

⑨灭菌及配制成品:头醋进入澄清池沉淀,得澄清醋液调整其浓度、成分,使其符合标准,除现销产品及高档醋外,一般要加入0.1%苯甲酸钠防腐剂。生醋加热至80 ℃以上进行灭菌,灭菌后包装即得成品。

5)液体深层发酵酿醋技术

深层发酵法是在醋酸发酵阶段采用深层发酵罐进行发酵。它可使发酵周期缩短,原料利用率提高,减轻劳动强度,但产品风味稍差。

(1)工艺流程

液体深层发酵酿醋技术工艺流程如图9.23所示。

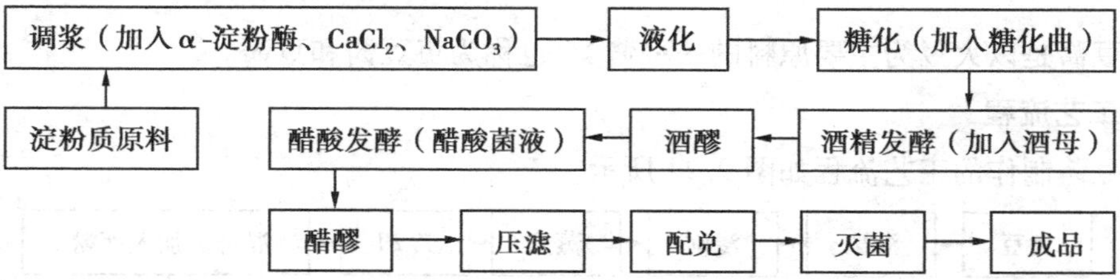

图9.23 液体深层发酵酿醋技术工艺流程

(2)操作要点

①调浆:原料粉碎后加水调至成18~20°Bé粉浆,加入原料质量0.2%的$CaCl_2$和0.1%~0.2%的$NaCO_3$,调整粉浆pH值为6.2~6.4,并按60~80 U/g原料加入细菌α-淀粉酶制剂,充分搅拌均匀。

②液化与糖化:液化与糖化在糖化罐内进行。操作时用泵将粉浆打入,升温至85~90 ℃,在此温度下维持15 min之后,用碘液检查呈棕黄色即液化完全。在升温至100 ℃并维持20 min,进行灭菌。然后将醪液迅速冷却63~65 ℃,加入原料量10%的麸曲或按1 g淀粉加入100 U糖化酶,糖化1~1.5 h。

③酒精发酵：将糖化醪泵入酒精发酵罐中，加水使糖化醪浓度为8.5°Bé，并使醪液降温至32 ℃。向罐中接入醪液量10%的酒母，发酵时间为3～5 d。酒精发酵结束时，酒醪的酒精含量为6%～7%。

④醋酸发酵：醋酸发酵罐为自吸式发酵罐。将空罐用清水洗净，用蒸汽在150 kPa下灭菌30 min，管道同样用蒸汽灭菌。将酒醪泵入发酵罐中，当醪液淹没自吸式发酵罐转子时，再启动进行自吸通风搅拌，装液量为罐容积的70%。接入醋酸菌种子液10%（体积分数）。发酵条件：料液酸度2%，温度33～35 ℃，发酵通风比为1：(0.08～0.1)（每分钟通入无菌空气是发酵液体积的0.08～0.1倍），发酵时间为40～60 h。当酒精被消耗完，醋酸量不再增加时，结束发酵，升温至80 ℃，维持10 min，灭菌。

⑤压滤：压滤所用设备为板框式过滤机。将压滤机进料阀打开，使贮存罐内的成熟发酵醪自然压进板框中。待一定时间后，开料泵将醋酸醪打进框内，最高压力为0.2MPa。要注意随时观察滤液的流量和澄清度，并做适当调整。醋醪打完后，通风压滤，然后进水洗渣。洗渣完毕，将板框松开清渣，滤布洗净晾干备用。

⑥配制和加热：取半成品醋进行化验，按质量标准进行配兑，并加入食盐2%，通过列管式换热器加热至75～80 ℃进行灭菌，然后输送至成品醋贮存罐。

★知识链接（食醋养生）

食醋具有消除疲劳；调节血液的酸碱平衡，维持人体内环境的相对稳定；帮助消化，有利于食物中营养成分的吸收；抗衰老，抑制和降低人体衰老过程中过氧化物的形成；具有很强的杀菌能力，可以杀伤肠道中的葡萄球菌、大肠杆菌、病疾干菌、嗜盐菌等；增强肝脏机能，促进新陈代谢；扩张血管，有利于降低血压，防止心血管疾病的发生；增强肾脏功能，有利尿作用，并能降低尿糖含量；可使体内过多的脂肪转变为体能消耗掉，并促进糖和蛋白质的代谢，可防治肥胖。

9.2.3 大豆酱

大豆酱是以大豆为主要原料的一种酱类，也称为黄豆酱和豆酱。

1）工艺流程

大豆酱制作的工艺流程如图9.24所示。

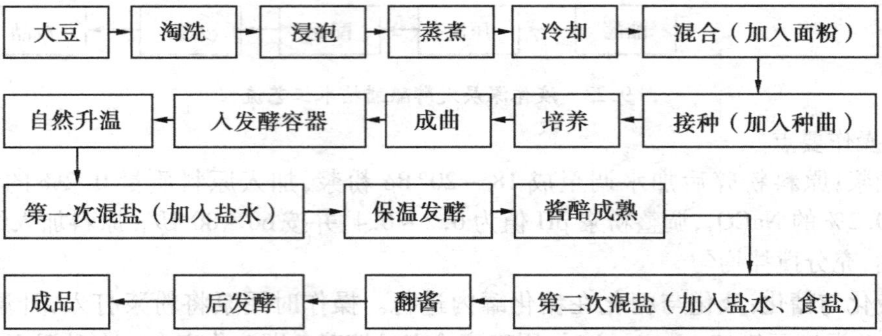

图9.24 大豆酱制作的工艺流程

2）操作要点

（1）大豆浸泡

将洗净的大豆放在容器内加冷水浸泡，直至豆粒表面无褶皱、豆内无白心并能于指间容易压成两瓣为适度。

（2）蒸煮

将浸泡适度的大豆用常压蒸或加压蒸。若常压蒸豆，一般蒸 2 h 左右，再焖 2 h 出锅；若加压蒸豆，待蒸汽由大豆面冒出后，加盖使蒸汽压力达到 0.05 MPa，再放出冷空气，继续通入蒸汽至压力达到 0.1 ~0.15 MPa，维持 30 ~60 min。

（3）制曲

制曲时可采用大豆 100 kg、标准粉 40 ~60 kg 的配比，参照酱油生产厚层通风制曲的方法。将蒸熟的大豆送入曲池，并加入面粉，通风冷却至 40 ℃，接种量为 0.1% 纯种（A. S3.042 米曲霉）曲精或 0.3% ~0.4% 种曲。由于豆粒较大，水分不易散发，制曲时间需要适当延长。

（4）食盐水的配制

配制相对密度为 1.110 6（14.5°Bé）和 1.198 3（24°Bé）两种浓度的食盐水，过滤后使用。

（5）制醅

把成曲倒入发酵容器，表面平整，稍压实，自然升温至 40 ℃左右。把 60 ~65 ℃相对密度为 1.110 6 食盐水加入至曲料面层，使食盐水逐渐全部渗入曲料中。食盐水用量为每 100 kg曲料加入 90 kg。

（6）发酵

在制好的酱醅表面撒一层细盐，再盖上盖，控制醅温在 45 ℃左右保温发酵 10 d，使酱醅成熟。在成熟的酱醅中补加相对密度为 1.198 3 食盐水和细盐，食盐水的用量为每 100 kg曲料加 40 kg，细盐用量与封面用量之和为每 100 kg 曲料 10 kg 细盐。用压缩空气或翻酱机充分搅拌，使酱醅与盐充分混匀并使细盐全部溶化。在室温下，后发酵 4 ~5 d，即得成品大酱。最后在成品酱中加入 0.1% 苯甲酸钠作为防腐剂。

粮食不仅可以生产酒类、酱油、醋等产品，还可以利用其丰富的原料经过生物发酵制取味精、药品、酶制剂等多种产品，应用非常广泛。未来可以开发的粮食发酵类产品还有很大的发展前景。

本章小结

粮食发酵调味主要包括酱油、醋、豆豉等，用的原辅料有大豆、大米、小米、黍米、玉米、高粱以及谷糠、稻壳等。发酵原理是利用微生物等将原辅料中的成分分解，得到的一类营养成分丰富，又有一定的食疗功效的调味品。受到了国内外消费者的喜欢，也是我们生活中不可缺少的产品。

粮食发酵酒类主要包括啤酒、黄酒、白酒、醪糟四大类，用的原辅料有小麦、大麦、大米、糯米、黍米、玉米、高粱以及谷糠、稻壳等。发酵原理是利用霉菌、酵母菌、细菌等将原辅料中的成分分解，得到的一类含醇饮料。由于其营养成分丰富，回味悠长，又有一定的食疗功效，受到了国内外消费者的喜欢，粮食发酵酒的制造，也解决了粮食过剩的问题，而且丰富了人们的生活。

复习思考题

1. 用来发酵制酒的食品原料有什么特点？这些原料一般是哪些？

2. 白酒的品种有哪些？其制作工艺大体是怎样的？哪些原料可以用来生产白酒？

3. 啤酒的种类有哪些？生产啤酒需要哪些物料？简述其生产工艺，并介绍影响啤酒质量的主要因素是什么？

4. 如果原料都是稻米，那么黄酒、米酒的制作工艺有什么不同？

5. 简述酱油生产的一般工艺流程。

6. 制作食醋的原料有哪些？以其中的一种原料为例，简述其制作工艺。

第10章 实验实训

本章内容只是选取了教材所涉及的部分实验,教材中还有很多内容可以作为教学实验项目使用。

10.1 二次发酵法制作小圆面包

1)工具

电子秤、面盆、和面机、发酵箱、烤箱。

2)配料

普通面粉450 g、盐4 g、糖5 g(放在酵母溶液里)+10 g(放在面团里)、酵母2 g、油20 g(放在面团里)+30 g(刷在面包表面)、水60 mL、牛奶(或豆奶)240 mL、白芝麻50 g、鸡蛋1个。

3)工艺流程

酵母活化→第1次和面→第1次发酵→第2次和面→成型→装盘→第2次发酵(饧发)→饰面→烘烤→冷却→包装。

4)实验过程

(1)酵母菌活化:取一小碗放入5 g白糖,加60 g开水溶解,冷却至30 ℃左右时,将酵母放入其中,搅拌均匀。酵母菌接触到糖之后就会把糖转换成二氧化碳和水,它自己也开始快速繁殖。

(2)和面:将250 g面粉、1 g盐拌匀,然后加入适量牛奶(约100 mL)和先前活化好的酵母菌和成面团。

(3)第1次发酵:将面团置于温度28 ℃、湿度70%的发酵箱中发酵至体积2倍大(时间约2 h)。

(4)第2次和面:将上述发酵好的面团取出来以后放入搅拌箱中,加入剩余的面粉、盐、糖、牛奶、鸡蛋和油脂,充分搅拌至成面筋网络(取一小块面可以横拉成半透明薄膜)。

(5)成型、装盘:将上述发酵好的面团分剂搓成圆形,光面朝上置于铺有焙烤专用纸且涂有油脂(防止面团与纸粘连)的烤盘中。

(6)第2次发酵(饧发):将面包生坯面团置于温度32 ℃、湿度70%的发酵箱中发酵至体积约2倍大(时间约1 h)。

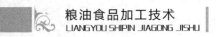

(7)饰面、烘烤、冷却和包装:参见第3章焙烤食品部分。

5)注意事项

(1)糖、盐:糖、盐作为酵母的营养物质,有利于促进酵母菌的生长繁殖;但如果过量则对酵母不利。

(2)油脂:过多油脂的存在会影响酵母菌的生长,因此,在二次发酵法生产面包时,不宜过早加入油脂。

(3)生坯:生坯从发酵箱中取出后,触碰时容易塌陷,饰面时要小心且不宜长时间停放吹风。

(4)鸡蛋:如果说不喜欢鸡蛋味,可以使用熟的浓豆浆、牛奶或其他蛋白质产品代替。

10.2 吐司面包的制作

吐司面包的制作工艺与小圆面包大致相同,不同之处如下:

(1)工具上多了1个吐司面包盒。

(2)一次发酵后的面团取出后分成3个小剂,每个250 g,擀成椭圆形面片后再纵向卷成圆柱形;如此3个生坯横向摆放在四壁涂有油脂的吐司盒内(共750 g物料),进行第2次发酵至体积充分膨胀(一般会长满整个吐司盒)。

(3)由于吐司面包体积较大,与小圆面包相比较,烘烤时宜低温、长时间。

10.3 小馒头饼干的制作

1)工具

电子秤、面盆、筛子、烤箱。

2)配方

马铃薯淀粉150 g、低筋面粉30 g、全脂奶粉(或豆奶粉)25 g、糖粉30 g、玉米油30 g、泡打粉2 g、鸡蛋1个。

3)工艺流程

和面→成型→烘烤。

4)实验过程

(1)将鸡蛋打散后,倒入糖粉拌匀,然后加入玉米油,拌匀。

(2)将马铃薯淀粉、低筋面粉、奶粉(或豆奶粉)和泡打粉放一起拌匀后过筛。

(3)将过筛后的粉料加入蛋、糖、油液中。用手工或机械将面粉揉匀成团,静置片刻。

(4)将此面团先搓成长条状,再搓成小圆球,摆放在铺有纸张的烤盘内,表面喷一层水。

(5)烤箱上下火预热至150 ℃,将烤盘送入其中烤15 min左右,至表面上色即可。

5)注意事项

(1)可以尝试将马铃薯淀粉改为红薯或其他种类的淀粉,比较它们在品质上的差别。

(2)如果说不喜欢鸡蛋味,可以使用熟的浓豆浆代替。

10.4 苏打饼干的制作

1)工具

电子秤、面盆、筛子、和面机、发酵箱、压面机、烤箱。

2)配料

冰块1 kg、低筋面粉2 kg、干酵母10 g、淀粉酶4 g、大麦芽粉10 g、小苏打30 g、植物油300 g、盐24 g、水适量。

3)工艺流程

和面(面粉+水)→加冰块→和面、搅面(面粉+水+酵母+淀粉酶)→发酵→加盐、小苏打→和面→擀面(或机械辊压,三次重叠)→扎孔、成型→烘烤→冷却→包装。

4)实验过程

(1)取1 000 g面粉加入凉水和成面团后,放入和面机中。于和面机内放入冰块,剩余的面粉、酵母和淀粉酶,慢速和面约5 min后,静置发酵16 h(加入淀粉酶的目的是利用它将淀粉转化为单糖,酵母菌可以将单糖转化为二氧化碳和水从而使面团膨胀)。

(2)在发酵好的面团中加入小苏打,这样可以中和因发酵而产生的酸,改善制品的味道、颜色和保存期。小苏打加入时应过筛且应伴有面团的pH值检测程序,具体加入量以使面团近中性为宜。

(3)食盐(8 g)、大麦芽粉过筛后加入以调整味道和促进淀粉的降解,然后加入油脂。慢速搅拌面团使物料充分混合后,再次发酵6 h。此过程中小苏打会中和因发酵产生的酸并使面团疏松,完善质地。

(4)取出面团,送压面机压成3 mm厚的面片;如此折叠3次以形成苏打饼干特有的轻薄层次。改变辊压筒间距,将此面片继续轧成1 mm厚的面片后继续辊压成苏打饼干特有的形状包括小孔。扎孔的目的是为了在烘烤过程中避免因二氧化碳和水分的扩散而使饼干变形。

(5)将剩余的食盐均匀撒在此饼干生坯上,进入3个温度区的烤箱依次进行烘烤。

(6)成熟后的饼干冷却后即可包装。

5)补充说明

(1)以上程序中的发酵时间较长,实际操作时可因发酵时的温度而进行改变。

(2)如果是纯手工操作,也可参考以上程序进行。

10.5 全蛋海绵蛋糕的制作

1)工具

电子秤、打蛋器(1个)、小面盆(1个)、中面盆(1个)、大面盆(1个)、木铲(1只)、勺子(1只)、蛋糕纸模。

2)配料

鸡蛋(5个)、面粉(120 g)、白糖(100 g)、食用液态油(30 g)、水(30 g)、泡打粉(2 g)。

3)工艺流程

蛋、糖混合→搅打成糊→筛入低筋粉→搅拌均匀→入模→烘烤

(先少量多次加入部分面糊)↓↑(后全部回加)

油、水、泡打粉混合

4)实验过程

(1)鸡蛋打开放入盛有白糖的中面盆,然后将此小面盆放入盛有约50 ℃温水的大面盆中。待蛋液升温后用打蛋器搅打(先高速,后低速)约5 min到呈黏糊状。此时面糊体积应有明显胀大,可以挂在打蛋器上;或取蛋糊可以在表面写字而不会立即消失。

(2)将过筛的面粉均匀撒在面糊表面,用木铲上下翻动使其均匀(不应见到干面粉)。此过程应注意面糊是否消泡了。若体积不变,则未消泡,若体积明显缩小,则消泡了(油脂有消泡作用)。消泡后的蛋糊做不出好的海绵蛋糕。

(3)取一小面盆放入食用液态油,泡打粉、水或牛奶,手工搅拌均匀。

(4)取少量上述搅拌好的面糊(只取面糊的少量部分而不是全部),加入盛有油、水等物料的小面盆中,手工搅拌均匀。如此多次加入、搅拌。将此小面盆中的混合物全部回倒入中面盆中来,搅拌均匀。

(5)取适当大小的纸蛋糕模,用油脂润内壁(防止蛋糕粘连)。用勺子往其中注入约3/4高度的面糊。

(6)将盛有面糊的蛋糕模放入烤箱。上、下火温160 ℃烤约20 min后,关火用余热再烤约15 min。即可取出。

(7)判断蛋糕是否熟透的方法,一是直接观察其体积变化,当体积在预料中变化时,可以判断为已熟;二是用一牙签插入蛋糕坯,抽出后看其上面是否干净。

5)注意事项

打蛋容器务必干净,特别是没有油污;鸡蛋务必要新鲜且打蛋时的温度应该控制在45 ℃左右;面粉应采用低筋粉,使用前应过筛;模具应该过油;烘烤的温度、时间掌握好,不能高温图快。

10.6 戚风蛋糕的制作

1）工具

电子秤、打蛋器（1 个）、小面盆（1 个）、中面盆（1 个）、大面盆（1 个）、木铲（1 只）、蛋糕纸模。

2）配料

鸡蛋（6 个）、低筋面粉（105 g）、细砂糖（90 g）、食用液态油（66 g）、牛奶（75 mL）、塔塔粉 3 g（柠檬汁或白醋均可）、香草精油 6 g。

3）工艺流程

蛋白、糖、塔塔粉混合（糖分 3 次加入）→搅打成雪花状

（蛋白糊分 3 次加入蛋黄糊）↓

蛋黄、糖、油脂、牛奶、低筋面粉（先后加入搅拌均匀）

↓

冷却←烘烤←装模←拌匀

4）实验过程

（1）鸡蛋打开，蛋白、蛋黄分开放入两个面盆中。

（2）在盛有蛋黄的面盆中放入约 6 g 的糖，搅拌均匀后放入约 66 g 的油脂，再搅拌均匀后放入牛奶；再往其中加入过筛后的低筋面粉，拌匀备用。

（3）在盛有蛋白的面盆中放入约 30 g 的糖和塔塔粉。将打蛋器用高速挡将蛋白打到呈雪花状，中途分 3 次将剩余的糖加入其中。将打好的雪花状蛋白膏，取约 1/3 与蛋黄混合，搅拌均匀；将剩下的蛋白分两次加入蛋黄中，搅拌均匀。

（4）取搅拌均匀的面糊，注入涂抹油脂的模具中，注意只能装入约 3/4 高度的面糊。

（5）将盛有面糊的蛋糕模放入烤箱。上、下火温 160 ℃，烤约 20 min 后，关火用余热再烤约 15 min。即可取出。

5）注意事项

戚风蛋糕的制作的注意事项参见 10.5 海绵蛋糕部分。

10.7 广式月饼的制作

1）工具

面盆、擀面杖、月饼模具。

2)配料

低筋面粉 100 g、转化糖浆 75 g、花生油 25 g、枧水 1.5 g。

3)工艺流程

糖浆、枧水、油脂混匀→加面粉和成面团→静置→擀皮→包馅→入模成型→喷水→初烘烤→饰面→再烘烤→冷却→包装。

4)实验过程

(1)将转化糖浆放入面盆内,加枧水拌匀后,加入花生油搅拌至看不到浮油为止。

(2)往其中加入 2/3 的面粉和匀后,静置 0.5 h;再加入剩余的面粉和匀,静置 3 h。

(3)将静置后的面团每个 18 g,馅料每个 45 g 搓成圆球状。将面团压成适当大小的圆形面皮,包裹馅料。再将圆球滚上少许高筋面粉,入模挤压成型后,均匀喷洒少量水。

(4)烤箱预热至 180 ℃,放入做好的月饼生坯,烤 5 min 后,取出饰面。饰面分为变色、上光两部分。变色方面可以根据美拉德反应和焦糖化反应发生的原理(还原糖、蛋白质、多肽、氨基酸、碱性条件等)自己选择、配制合适的饰面液;有时也用鸡蛋水;增加光亮度一般用液态油脂。饰面后继续烤 15 min,即可出炉。

(5)冷却、回油。

5)注意事项

(1)一般油脂的发烟点在 200 ℃左右,烘烤温度太高会使油脂劣变,产生有害物质。

(2)饰面后如果颜色不满意,可以改变配方或多次涂刷。

(3)刚出炉的月饼会比较干硬,放置 1 ~2 d 后,回油就好了。

10.8 苏式月饼的制作

1)工具

面盆、擀面杖。

2)配料

低筋面粉 270 g、油 110 g、白糖 25 g、水 60 g、馅料适量。

3)工艺流程

做水面、做油面→水面包油面→擀皮→包馅→烘烤→冷却→包装。

4)实验过程

①做水面:低筋面粉 150g、油 50g、白糖 25g、水 60g 混合后揉成面团,饧 20 min。

②做油面:低筋面粉 120g、油 60g 混合后揉成面团,饧 20 min。

③做酥皮:将水面、油面分别揪成 8 份小剂子。把 1 个水面剂子擀成圆形后包入 1 个油面小剂子,收口朝上。把面团擀开呈椭圆形,再从下往上卷起来。卷起后的褶皱要朝上,再把面团擀开,再卷起。

从卷起的面卷中部弯折，捏成圆球形面团，光面朝下，褶皱朝上，擀成圆形。

④包馅：将准备好的馅料包入酥皮中，收口朝上，轻轻按压呈圆饼形。

⑤烘烤：将月饼生坯放入烤箱，于上下火温度 180 ℃下烤 20 min 左右即成。

⑥冷却、包装。

5）注意事项

①油脂的选用可依个人的喜好，各种油脂的特点也可通过实验检查。

②把油心包入水油皮后，折叠擀开两次就差不多了，不是说次数越多越好，那样皮会破，后期操作会很麻烦。

③要让成品表面光洁，皮不破，卖相好，记住在折叠擀开的时候，一开始都要把收口朝上，到最后把卷起的面团两端捏拢，把褶皱的部分朝上，那样再擀开后包馅，收口，表面还是很光滑的。

④馅料的制作依个人喜好自行配方设计，也可参考第 3 章相关部分的内容。

10.9　馒头、花卷和包子的制作

1）馒头的制作

（1）工具：碗、面盆、和面机、擀面杖、刀、案板等。

（2）配料：面粉 500 g、干酵母 2 g、白糖 5 g（淡馒头 1%，甜馒头 10% ~20%）、盐 5 g、温水（35 ~40 ℃）250 mL（面：水=2：1）。

（3）工艺流程：活化酵母→和面→发酵→成型→饧发→蒸制→冷却。

（4）实验过程

①活化酵母：先将安琪酵母加入 30 ~35 ℃的温水（125 mL）至溶化，静置 3 ~5 min，使其活化，恢复新鲜状态的发酵活力。再放入面粉中搅拌，这样才能保证和好的面团充分发酵。

②和面：面粉、白糖与盐放在和面盆里用手拌匀，围成一圈，往其中倒入活化好的酵母水。先用少量的干料与之混合，逐步把所有的干料拌和均匀，拌和时多次加入清水进行揉和至成表面光滑的面团（注意加水方式和数量）。此工序完成时要求手、盆、面三光。

③发酵：和好的面团置于发酵箱中进行发酵，温度 28 ℃，湿度 75%。时间约 3 h。面团发酵是否完成，可以根据 3 个方面进行判断：一是面团体积膨胀程度；二是用刀切开面团，观察剖面气孔大小、多少；三是闻取面团气味，发酵好的面团略带酸味。如果没有发酵箱，夏天可随着自然温度进行发酵，发酵时用湿布盖住面团；如果是冬天则应采取保温措施。

④成型：发酵好的面团取出后再次揉搓（可适当加入干面粉，如有必要，也可适当加入纯碱或小苏打），至面团揉匀、光滑。将揉好的面团收口朝下，光面朝上整成圆长条形；其上可撒、抹面粉；然后用刀切成适当大小的生坯（也可用手搓成圆形）。将其放入蒸盘（馒头上锅前要在蒸盘上刷一层油或采取其他措施，以防馒头粘底）。生坯放置时要注意适当间隔，防止饧发、熟化时体积膨胀而粘连。

⑤饧发:如有发酵箱,可在温度35 ℃,湿度70%的环境下饧发至体积膨胀至足够大。如果说家庭制作,可在蒸锅内放入60~70 ℃的热水,盖上锅盖(也可在蒸锅内放入冷水,然后加热至锅外壁温手)进入饧发,需时50 min左右。至馒头生坯体积增大1.5~2倍,内部充满均匀的蜂窝状的气孔。

饧发是否完成的3个判断标准:一是看形状,饧好的馒头又圆又大;二是掂分量,饧好的馒头分量轻;三是用手按,饧好的馒头有弹性。

⑥蒸制:上锅蒸馒头。蒸馒头要旺火急蒸,一般需15 min(蒸汽冒出算起)直到熟透。

蒸馒头判断生熟有以下3种方法:一是用手轻拍馒头,有弹性即熟;二是撕一块馒头的表皮,如能揭开皮即熟,否则未熟;三是手指轻按馒头后,凹坑很快平复为熟馒头,凹陷下去不复原的,说明还没蒸熟。

⑦发酵辅料:添加少许白糖,可以提高酵母菌活性、缩短发面的时间;添加少许盐,能缩短发酵时间还能让成品更松软;添加少许醪糟,能协助发酵并增添成品香气;添加少许蜂蜜,可以加速发酵进程;添加少许牛奶,可以提高成品品质;添加少许酸奶,能让酵母菌开足马力去干活;添加少许鸡蛋液,能增加营养。

(5)注意事项

①水温:和面时的水温应根据气温调整。一般是冬暖夏凉。

②冷藏:如果是现吃现做,从揉面到面食开始加热的时间应控制在3 h之内;否则,可将揉好的面进行冷藏。

③酸碱:面团膨胀后,撕开呈蜂窝状并略有酸味时,这时可把面取出放在面板上加适量食用碱边加边揉;等闻不到酸味时,撕一块食指大的面团在炉边烤熟,掰开,如无黄色,鼻闻无酸味即施碱适合;如果呈黄色,便是碱多了,可放一会,再发一发,然后再蒸。如果闻到酸味,便是碱少了,还需要施一点碱再制形。

④酵母:馒头发酵用干酵母外,还有老面、生米酒等。

⑤膨松:面团蛋白质含量、揉面或搅拌程度和膨松剂的使用,都会影响馒头的膨松度。

⑥蒸馒头关火后不要马上开盖,应稍等,防止烫伤。

2)花卷、包子的制作

(1)花卷、包子的制作从开始到发酵这一步与馒头相同。

(2)如果说做花卷,将发酵好的面团取出后擀成长条状面片,上面抹上油、盐、葱花或其他作料,切成长方形小块,3层叠加,扭转成花卷形状。后续过程与馒头相同。

(3)如果说做包子,将发酵好的面团分成适当大小的小剂后,捏搓成圆球形,再擀成圆形面片,包上馅料,收口朝上。后续过程与馒头相同。

10.10 挂面加工

1)工具

调粉机机(或大面盆)、压面机、烘房及面架、操作台及面板、切面机、电子秤、包装材料等。

2)配料

小麦特一级粉(或面条专用粉)1 000 g、精制食盐 20 g、食用纯碱 2 g、海藻酸钠 4 g、水适量。

3)工艺流程

原料分别称重→面团调制→熟化→压片→切条→干燥→切断→计量包装。

4)实验步骤

(1)面团调制:将面粉等物料准确称量,然后将食盐、纯碱、海藻酸钠溶解于水,再将各种物料一并加入调粉机(或面盆)。为了能使面粉均匀吸水,需控制加水的量、方法。加水量控制在使面粉呈絮片状,不可成面团。调粉时间一般控制在 15 ~ 20 min,面团温度为 28 ~ 30 ℃。如果机器搅拌,采用中速挡。

(2)熟化:将调好的絮状面片熟化 20 ~ 30 min,其间要注意保湿。可用湿布将面盖上。

(3)压片:轧出面片厚薄均匀、平整光滑、无破边洞孔、色泽均匀一致并具有一定的韧性和强度,一般需要将前一次轧出的面片反复折叠轧 4 ~ 5 遍,直至将熟化后的面团经压辊压成厚约 1 mm 的面带。

(4)切条:用切条机将面带切成宽度适宜的面条。

(5)干燥:利用低温干燥工艺将切条后的面条干燥至含水量为 13% ~ 14%。

(6)切断、计量、包装:经干燥后的挂面下架,用切面机将其切成 240 mm 的长度,计量、包装即为成品。

5)注意事项

(1)面粉选择要符合要求,质量要有保障,必要时加工前面粉要过筛。

(2)面团调制时注意控制好加水量,最好一次加好。

(3)压面时喂料不足或短暂断料,会使面带出现破损,影响下道工序、增加断面头量。

(4)低温烘干时适当增加冷风定型的通风量,减少面条密度,使面条尽快失去表面水分,以减少落杆现象。在整个干燥过程中,温度、湿度不可剧烈波动,防止升温过快而出现酥面现象。

(5)切断称量的一般要求是计量要准确,要求误差在 1% ~ 2%。

10.11 饴糖的制作

1)实验原理

(1)大麦在发芽时会产生较多的淀粉酶将淀粉转化为低聚糖、葡萄糖以供生长需要,由此我们可以获得淀粉酶。

(2)淀粉在淀粉酶的作用下,转化为糊精、麦芽糖和葡萄糖的混合物饴糖。

2)工具

金属锅、粉碎机、大烧杯、发酵箱、烘箱。

3)配料

大麦 1 kg、糯米 kg、水适量。

4)工艺流程

大麦→浸泡→滤干→发芽→干燥→粉碎

↓

糯米→煮粥→冷却→发酵→过滤→熬糖

5)实验过程

(1)做大麦芽粉:将大麦浸泡至出小白点(夏天约 1 d,冬天约 3 d),滤干水分,保持湿润至出芽(夏天约 2 d,冬天约 5 d,芽长约 0.2 cm 即可)。晒干、风干或烘干皆可。需要时用粉碎机打成粉末,备用。

(2)发酵:将糯米淘洗干净,加水煮成黏稠稀饭。冷却至 50 ℃左右时,加入占稀饭质量 0.5% 左右的大麦芽粉,搅拌均匀。由于淀粉酶作用的原因,此时支链淀粉很快消失,黏稠度降低。但是饴糖还没有完全形成,需要继续发酵。于 55 ℃下保温约 8 h。

(3)过滤:发酵好的糯米稀饭,用双层纱布过滤,得饴糖的水溶液。

(4)干燥:将饴糖的水溶液水分蒸发干,即可得到饴糖。明火熬、烘箱烘、真空升华干燥等方法均可使用。3 种方法中所得饴糖质量以明火熬较差,烘箱烘、真空升华干燥较好。

6)注意事项

(1)淀粉酶以大麦芽最好,如果说没有大麦,小麦、稻谷、玉米、豌豆或蚕豆芽也行。

(2)玉米面、粳米、糯米等淀粉多的原料都可以使用,只是糯米比较好些。

(3)刚刚做出的饴糖颜色不是很白,可通过机械拉扯的方法变白。

10.12 米发糕的制作

1)工具

台秤、面盆、笊篱、磨浆机、发糕模具、发酵箱、蒸锅蒸饭柜(车)。

2)配料

籼米、面粉、蔗糖、活性干酵母、泡打粉、水。

3)工艺流程

洗泡米→磨浆→流程→发酵(加面粉或水)→加糖(碱、泡条粉或其他调味品)→入模→蒸制。

4)实验过程

(1)洗米与浸泡:称取籼米,自来水清洗 2 ~ 3 次,沥干后转入面盆中,以料液比 1 : 2,于 30 ℃下浸泡 21 h(以手能将浸泡后的米捏碎为好),用自来水清洗后沥干备用。

(2)磨浆:将沥干后的大米加水入磨浆机磨浆(水与米的质量比约 1 : 1)。

(3)发酵:磨出的米浆,调整浆浓至55%(视情况加入面粉或水),加入干米质量1%~2%的活性干酵母,入发酵箱。在35 ℃,相对湿度80%条件下,发酵4~15 h,至浆面有气泡出现或略带酸味时为好。

(4)辅料添加:发酵结束后,常常加入碱或小苏打(调整酸碱性)、泡打粉(膨松)、糖(调味),搅拌均匀。

(5)入模蒸制:将米浆倒入模具约2/3处,并可依据个人喜好添加适量葡萄干、红枣等做表面点缀。装饰完毕,将模具转入蒸柜蒸制15~20 min。

5)注意事项

(1)浸泡时间取决于浸泡时的温度以及大米的种类和质量。一般情况下,温度高,时间短;温度低,时间长。浸泡的最终结果是让大米充分吸收润胀,中间无白心,以利于磨浆。

(2)发酵时间取决于发酵温度、酵母活性、米粉含糖量等因素。发酵至体积膨胀,表面有气泡产生,可结束发酵过程。一般,米浆发酵时间较面团发酵时间长,有时达9 h左右。

(3)发酵剂(酵母)添加量对米发糕品质有显著影响。发酵剂(酵母)添加量大,可提高发酵速度。除干酵母外,生米酒、老米浆等富含酵母菌的物品均可采用。

(4)添加适量泡打粉作为膨松剂,即可调整酸碱性,改善制品风味,又能赋予其疏松多孔的结构。

10.13 石膏豆腐的制作

1)工具

电子秤、面盆、豆浆机、纱布、豆腐模具。

2)配料

优质大豆、石膏、消泡剂。

3)工艺流程

选料→泡豆→磨浆→滤浆→煮熟→冷却→点浆→蹲脑→入模→挤压→切块。

4)实验过程

(1)选料:通常采用百粒重12~15 g,皮色淡黄、有光泽的中粒大豆。

(2)浸泡:泡料的用水量为原料大豆的2.0~2.5倍,分次加入。浸泡时需定时搅拌,出料时擦破豆皮,用清水淋洗,沥去余水。泡料后大豆的吸水量为原料大豆的1.0~1.5倍,质量为1.5~1.8倍。浸泡时间与水温、气温有关。冬季水温5~13 ℃,时间为13~18 h;春、秋季水温12~18 ℃,时间为12~14 h;夏季水温17~25 ℃,时间为6~8 h。

(3)磨浆:先将浸泡过的大豆用浆渣自动分离磨浆机磨浆(水与湿豆的体积比约2∶3)得到浓浆;然后将豆渣加入清水,再次加入磨浆机得到稀浆。第二次加豆磨浆时,不再用清水而用稀浆,可提高大豆的出浆率。所得全部豆浆混合后用140目的尼龙网过滤备用。

(4)煮浆:将生豆浆煮沸,维持3~5 min。煮浆开始易产生大量泡沫溢锅,需添加原料量2%的消泡剂(油脚等)。

(5)点浆:点浆时的操作细节,参见第5章相关内容。

(6)蹲脑:点浆结束后,应将豆脑静置,不得再搅拌,以便豆花进一步聚集凝固、沉淀,即蹲脑。蹲脑时间一般应控制在20~30 min,不宜过长或过短,蹲脑时间过短,蛋白质凝固物的结构不牢固,保水性差,豆腐缺乏弹性,出品率低;而时间过长,则会使豆脑温度降低,影响下道工序的完成。

(7)成型:压制成型时要掌握好温度高低和压力大小。一般上包加压的温度以70 ℃左右为宜,压力大小因产品含水量要求和厚度而定。要求成品含水量少,压力可适当大些,厚度小时,因排水畅快,压力可适当低些。一般以50 kg/m^2 左右的压力成型2 h即可。

(8)冷却、包装:成型取出后,自然冷却至室温,然后进行包装。

5)注意事项

(1)浸泡后的大豆要达到以下要求:大豆要增重1倍以上,夏季可浸泡至九成,搓开豆瓣中间稍有凹心,中心色泽稍暗;冬季可泡至十成,搓开豆瓣呈乳白色,中心浅黄色,浸泡液的pH约为6。但使用砂轮磨浆时,浸泡时间可缩短1~2 h。

(2)石膏的加入:此工序是影响豆腐质量的重要因素之一,可以两种方式进行,即冲浆和点浆。冲浆第5章有详细说明。点浆要先用铜勺上下搅拌豆浆,使豆浆从底向上翻滚,然后,一边搅拌一边点石膏水,要先紧后慢。当出现50%芝麻大小的脑花时,搅拌要减慢,石膏水流量也相应减小;当出现80%脑花时,应停止搅拌和加卤,使脑花凝固下沉。搅拌时要方向一致,不能忽正忽反,更不能乱搅。

(3)蹲脑后,上层有一层黄浆水,正常的黄浆水应是澄清的淡黄色,这说明点脑适度,不老不嫩。若黄浆水色深黄为老脑,暗红色为过老;若黄浆水为乳白色且浑浊则为嫩脑,这时需再加石膏水补救。

10.14 内酯豆腐的制作

1)工具

泡豆容器、磨浆机、过滤筛(80目左右)、加热锅、内酯豆腐盒等。

2)配料

大豆1 kg、δ-葡萄糖酸内酯15 g、水6 L。

3)工艺流程

选料→浸泡→水洗→磨浆→过滤→煮浆→冷却→混合→灌装→加热成型→冷却→成品。

4)实验过程

(1)选豆:选择新鲜、饱满、整齐的大豆,清除杂质和变质的黄豆。

(2)浸泡:按1∶4添加泡豆水,水温17~25 ℃,pH在6.5以上,时间为6~8 h。

(3)水洗:用水清洗浸泡的大豆,去除浮皮和杂质,降低泡豆的酸度。

(4)磨制:磨制时每千克干豆加入50~55 ℃的热水3~5 L。

(5)煮浆:温度要求达到95~98 ℃,保持2 min,豆浆的浓度10%~11%。

(6)冷却:为使δ-葡萄糖酸内酯与豆浆均匀混合,豆浆冷却至30~35 ℃。

(7)混合:δ-葡萄糖酸内酯的加入量为豆浆的0.25%~0.3%,先与少量豆浆混合溶解后加入混均,混匀后立即灌装。

(8)灌装:把混合好的豆浆注入包装盒内,每袋重250 g,封口。

(9)加热凝固:把灌装的豆浆盒放入锅中加热,当温度超过50 ℃后,δ-葡萄糖酸内酯开始发挥凝固作用,使盒内的豆浆逐渐形成豆脑。加热的水温为85~100 ℃,加热时间为20~30 min,到时候立即冷却,以保持豆腐的形状。

5)产品质量标准

白色或淡黄色,具有豆腐特有香气和滋味,块形完整硬适中,质地细嫩,有弹性,无杂质。

6)注意事项

内酯豆腐的生产除利用了蛋白质胶凝性之外,还利用了δ-葡萄糖酸内酯的水解特性。δ-葡萄糖酸内酯并不能使蛋白质胶凝,其水解后生成的葡萄糖酸才有此作用。δ-葡萄糖酸内酯遇水会水解,但在室温下(30 ℃以下)水解速度很慢,而加热之后则会迅速水解。

内酯豆腐的生产过程中,煮浆使蛋白质形成前凝胶,为蛋白质的胶凝创造了条件;熟豆浆冷却后,为混合、灌装、封口等工艺创造了条件,混有δ-葡萄糖酸内酯的冷熟豆浆,经加热后,即可在包装内形成具有一定弹性和形状的凝胶体——内酯豆腐。

7)讨论题

(1)加热对于大豆蛋白由溶胶转变为凝胶有何作用?

(2)制作内酯豆腐的两次加热各有什么作用?

10.15　腐竹的制作

1)工具

容器、大豆、磨浆机、滤布、平底锅、电炉、竹竿、电扇、干燥室、小刀等。

2)配料

大豆、水。

3)工艺流程

选豆→清洗→浸泡→磨浆→滤浆→煮浆→加热提取腐竹→烘干→成品。

4)实验过程

腐竹的加工与豆腐的主要区别是腐竹制作不添加凝固剂点脑,只是将豆浆中的大豆蛋白结膜挑起干燥即成。

(1)清洗:选用颗粒饱满的新鲜黄豆,以高蛋白质低脂肪含量的为佳,进行筛选或水选,清除灰尘和杂质。

(2)浸泡:将大豆浸泡在4倍的水中。浸泡时间的长短决定于其温度的高低,一般冬天12 h以上,夏天2 ~3 h,春秋4 ~5 h。

(3)磨浆:生产腐竹对豆浆的浓度有一定要求,浆过稀则速度慢,耗能多;浆过浓会直接影响腐竹质量,一般要求每千克大豆制浓浆5 ~6 kg。

(4)煮浆:将生浆倒入锅内,进行煮浆,煮浆后再进行一次过滤,清除杂质。

(5)加热提取腐竹:过滤后的豆浆倒入平底锅内,用文火加热使锅内浆温保持为85 ~95 ℃,并在浆的表面进行吹风,当豆浆表面形成一层油质薄浆皮时,用剪刀顺锅边向中间轻轻地把浆皮划开分成两块,再用竹竿沿着锅边挑起;3 ~5 min后再形成一层,再次挑起。如此反复直到锅内豆浆表面不能再凝结成具有韧性的薄膜为止。

(6)烘干:把挂上竹竿的腐竹送到干燥室进行烘干,如果温度控制在35 ~40 ℃,约经42 h后,腐竹表面呈黄白色,明亮透光即为成品,一般每1 kg大豆生产成品0.5 kg。

5)产品质量标准

(1)感官指标:浅黄色、有光泽、支条均匀,有空心、味正、无杂质。

(2)理化指标:100 g腐竹含水不得超过10 g,蛋白质不得低于40 g,脂肪不得低于20 g,每千克含砷量不得超过0.5 mg,含铅量不得超过1 mg。

6)讨论题

影响腐竹形成的因素有哪些?

10.16 绿豆糕的制作

1)工具

容器、煮锅、捞子、磨子、烘箱。

2)配料

绿豆、红豆、白糖、红糖、色拉油、清水。

3)工艺流程

糖、油混合 ↓（至制糕粉）

制绿豆沙→制糕粉→糕粉→捏搓→静置→过筛→装模→压平→出模

制作红豆沙→分剂 ↑（至装模）

4)实验过程

(1)制绿豆沙:绿豆沙的制作一般是将绿豆浸泡后煮至皮破,然后去皮,将含绿豆沙的汤汁干燥后得绿豆沙。此种做法的缺点是很多营养素会随汤汁损失。现在可以比较方便地买到去皮绿豆,可以浸泡后蒸熟,再干燥后得到需要的绿豆沙。

(2)制绿豆粉:绿豆粉是制作绿豆糕的主要原料,绿豆粉可以全部是绿豆沙,但是这样可能会增加成本。有时商家会掺杂一点熟豌豆粉、熟面粉。绿豆糕粉可自制,也可购买。

(3)糕粉:糕粉由绿豆粉、绵白糖、色拉油和少量水调和而成。制作糕粉的过程也称为调粉。这几种物料的参考比例为5∶4∶3∶1.6。

(4)如使用机器调粉,可先将香油、糖粉、凉开水放入(如果说用白砂糖,可加入开水使砂糖溶解),然后放入干粉,搅拌均匀。

(5)如果说是手工操作,则应先在案板上放入干粉,围成圆形粉墙,然后在其中放入香油、糖粉、凉开水,搅拌均匀后再与干绿豆粉混合均匀,手工反复揉搓,使物料混合均匀(水的加入量可以调整,软硬干湿适当)。调好后绿豆糕粉堆积压紧,静置约15 min后,过16目的筛,使料粉充分松散。

(6)馅料的制作:将红豆、糖、油做成红豆沙(具体做法参见第5章相关部分),桂花等物料混合均匀,搓成长条备用。

(7)入模成型:绿豆糕的成型模子,一般均用硬木制成。可根据需要制成正方形、长方形、六角形、梅花形等。还可以刻上花纹图案。

先将过筛后的绿豆糕粉料松散撒满木模,去掉1/3左右的料粉,再将馅料分成小剂压入粉料中心处(绿豆面与馅料的体积比大约为2∶1),再次用绿豆糕粉填充模具,用手或擀面杖压紧,然后用刮板削平物料。

(8)出模:先开口向上,拿起印模,用木棒轻敲四周,再开口向下(与桌面成45°),将绿豆糕敲在垫有纸垫的蒸板上。因为所有物料均是熟料,此时的绿豆糕即可食用。如果作为商品销售,考虑保存时间等问题,可以汽蒸。

(9)加热、冷却、包装:加热凉透后的绿豆糕,即可包装。

10.17 米酒(醪糟)的制作

1)实验原理

糯米的主要成分是淀粉,尤其以支链淀粉为主。将酒曲撒上后,首先根霉和酵母开始繁殖,并分泌淀粉酶,将淀粉水解成为葡萄糖;葡萄糖在无氧条件下在真菌细胞内发生糖酵解代谢,将葡萄糖分解成为酒精和二氧化碳。

2)工具

蒸煮锅,纱布,筲箕,培养箱,便携式折光仪,温度计,酒精计,酸度计,糖度计,冰箱,玻璃棒,烧杯若干。

3)配料

上等糯米1 kg,酒曲10 g。

4)工艺流程

洗米→泡米→蒸米→冷却→加麯→做井窝→加曲→加水→封口→保温。

5)实验过程

(1)洗米、泡米:把糯米用清水淘洗干净,浸泡5 h左右(以手能够将米捏碎为宜),倒入筲箕内沥干。

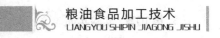

(2)蒸熟、冷却:在蒸煮锅内铺好纱布,把沥干的糯米倒在上面蒸熟,后倒入盆内冷却,待米温降到 30 ℃左右备用。

(3)拌曲:将适量凉开水倒入冷却好的糯米内,用手或工具拌匀。将 2/3 粉末状酒曲放入盆内,与饭拌匀。

(4)做井窝:可在容器底部撒一点酒曲,将上述糯米饭倒入容器内,表面抹平。用手在中间做个可见容器底部的井窝,以便观察发酵状况和测量糖度、酒精度、酸度(每天测 1 次)。

(5)发酵:再将余下的酒曲粉末加少许凉白开水,洒在糯米饭表面和井窝里,并盖上盖子,放入恒温培养箱内,设定温度 38 ℃左右,培养 2 ~3 d 后即成醪糟。

10.18 食醋酿造

1)实验原理

食醋是利用微生物细胞内各种酶类,在制作过程中进行一系列的生化作用。若以淀粉为原料酿醋,要经过淀粉的糖化、酒精发酵和醋酸发酵三个生化过程;以糖类为原料酿醋,需要经过酒精发酵和醋酸发酵;而以酒为原料,只需要醋酸发酵的生化过程。醋酸发酵是由醋酸杆菌以酒精作为基质,主要按下式进行酒精氧化而产生醋酸。

$$CH_3CH_2OH+O_2 \longrightarrow CH_3COOH+H_2O+118.0\ \text{kCal}$$

食醋的酿造有固态发酵和液态发酵两大类。

2)实验工具

培养箱、电炉、粉碎机、铝锅、三角瓶(100 mL 和 250 mL)、接种针、酒精灯、灭菌平板、烧杯。

3)实验材料

醋酸菌、酵母菌、麦曲、残次水果、麦麸、谷糠、食盐。

4)实验过程

(1)残次水果处理:将残次水果先摘果柄、去腐料部分,清洗干净,用筛孔 1.5 mm 粉碎机破碎,后将渣汁煮熟成糊状,倒入烧杯中。

(2)酒精发酵:待渣汁冷却至 30 ℃时,接入麦曲(1.6%)和酒母液(6%),于培养箱 30 ℃培养 5 ~6 h。这时逐渐有大量气泡产生,12 ~15 h 后气泡逐渐减少,此时水果中各种成分发酵分解,并有少量酒精产生。

(3)醋酸发酵:每烧杯中加入麦麸(50%)、谷糠(5%)及培养的醋母液 10% ~20%,使醋醪含水 54% ~58%,保温发酵。温度不超过 40 ℃,醋酸发酵 4 ~6 d,基本结束。

(4)加盐后熟:按醋醪量 1.5% ~2% 加入食盐,放置 2 ~3 d 使其后熟,增加色泽和香气。

(5)淋醋:将后熟的醋醪放在滤布上,徐徐淋入约与醋醪量相等的凉开水,要求醋的总酸为 5% 左右。

(6)灭菌及装瓶:灭菌(煎醋)温度控制在 60 ~70 ℃以上,时间为 10 ~15 min。煎醋后即可装瓶。

参考文献

[1] 蔺毅峰,杨萍芳,晁文. 焙烤食品加工工艺与配方[M]. 北京:化学工业出版社,2006.
[2] 张守文. 面包科学与加工工艺[M]. 北京:中国轻工业出版社,1996.
[3] 陆启玉. 粮油食品加工工艺学[M]. 北京:中国轻工业出版社,2013.
[4] 尤明华. 焙烤食品加工技术[M]. 北京:中国农业出版社,2010.
[5] 孟宏昌. 粮油食品加工技术[M]. 北京:化学工业出版社,2008.
[6] 籍保平,李博. 豆制品安全生产与品质控制[M]. 北京:化学工业出版社,2005.
[7] 胡国华. 食品添加剂在豆制品中的应用[M]. 北京:化学工业出版社,2005.
[8] 刘程. 食品添加剂实用大全[M]. 北京:北京工业大学出版社,2004.
[9] 华景清. 粮油食品加工技术[M]. 北京:中国计量出版社,2010.
[10] 佘纲哲. 稻米化学加工储藏[M]. 北京:中国商业出版社,1994.
[11] 董绍华. 农产品加工学[M]. 杭州:浙江农业大学出版社,1986.
[12] 高福成. 方便食品[M]. 北京:中国轻工业出版社,2000.
[13] 石彦国. 大豆制品工艺学[M]. 2 版. 北京:中国轻工业出版社,2005.
[14] 中国标准出版社第一编辑室. 中国食品工业标准汇编 · 豆制品卷[M]. 北京:中国标准出版社,2010.
[15] 付有利. 现代豆制品加工技术[M]. 北京:科技文献出版社,2011.
[16] 吴月芳. 豆制品工艺师[M]. 北京:中国劳动社会保障出版社,2012.
[17] 梁琪. 豆制品加工工艺与配方[M]. 北京:化学工业出版社,2007.
[18] 黎曦. 豆制品加工技术[M]. 成都:四川科学技术出版社,2008.
[19] 曾学英. 经典豆制品加工工艺与配方[M]. 长沙:湖南科技出版社,2013.
[20] 犀文图书. 百变豆制品[M]. 北京:中国纺织出版社,2013.
[21] 卫祥云. 中国豆制品产业发展研究[M]. 北京:中国轻工业出版社,2010.
[22] 李新华,董海州. 粮油加工学[M]. 2 版. 北京:中国农业大学出版社,2009.
[23] 孙俊良. 发酵工艺[M]. 2 版. 北京:中国农业出版社,2012.
[24] 杨昌鹏良. 发酵食品生产技术[M]. 北京:中国农业出版社,2014.
[25] 谢梅英,别智鑫. 发酵技术[M]. 北京:中国农业出版社,2007.
[26] 韩春然. 传统发酵食品工艺学[M]. 北京:化学工业出版社,2010.
[27] 胡永源. 粮油加工技术[M]. 北京:化学工业出版社,2006.
[28] 张敬哲,华景清. 粮油加工技术[M]. 北京:中国质检出版社,2010.
[29] 曾洁,胡新中. 粮油加工实验技术[M]. 北京:中国农业出版社,2014.
[30] 北京中医学院中医方剂教研组. 药性歌括百味白话解[M]. 3 版. 北京:人民卫生出版社,1978.
[31] 沈建福. 粮油食品工艺学[M]. 北京:中国轻工业出版社,2007.